图 7-15　Canvas 绘制的笑脸图案

图 8-6　Charles 工具栏

图 9-1　示例 15 的页面

图 9-2　灰度处理后的图片

图 9-3　二值化处理后的验证码图片

图 9-4　腾讯 OCR 识别结果

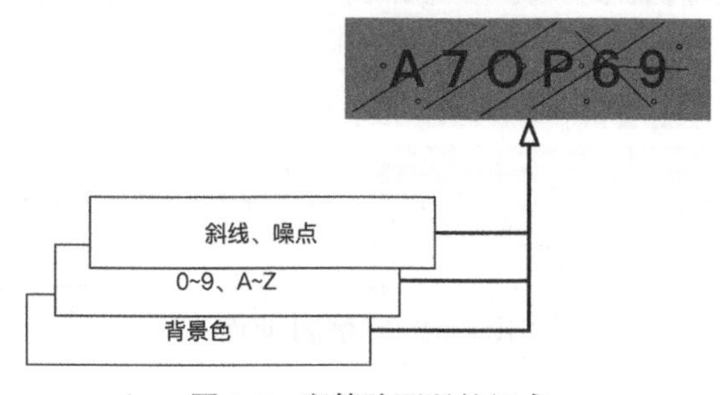

图 9-5　字符验证码的组成

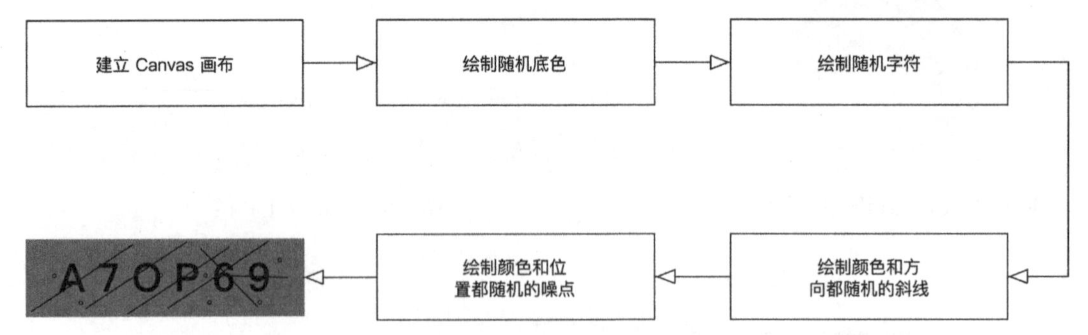

图 9-6　验证码的绘制流程

图 9-7　验证码

图 9-8　验证码

图 9-28　增加了干扰信息的计算型验证码

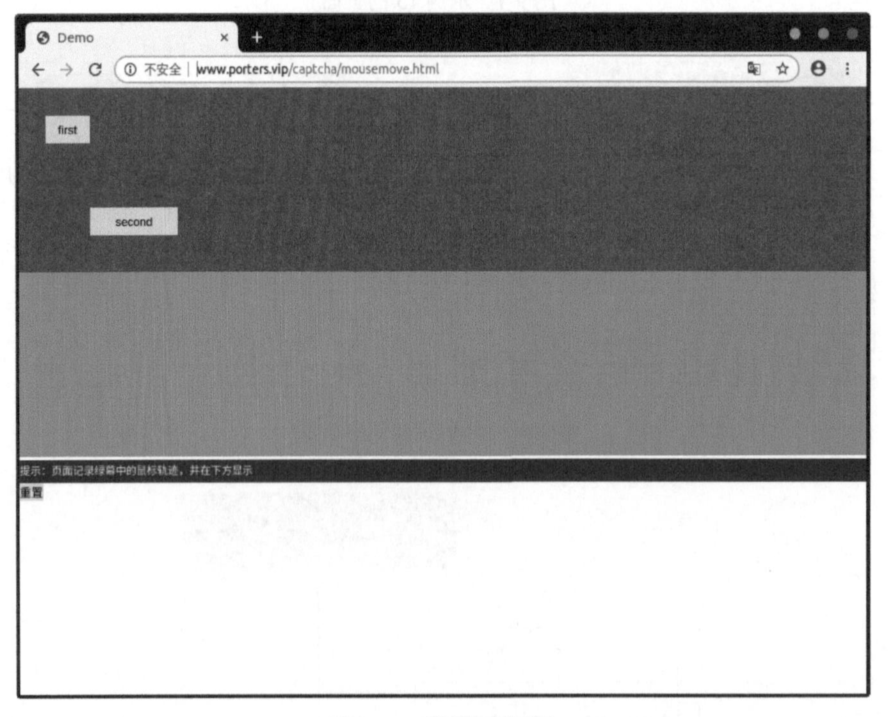

图 9-63　示例 21 页面

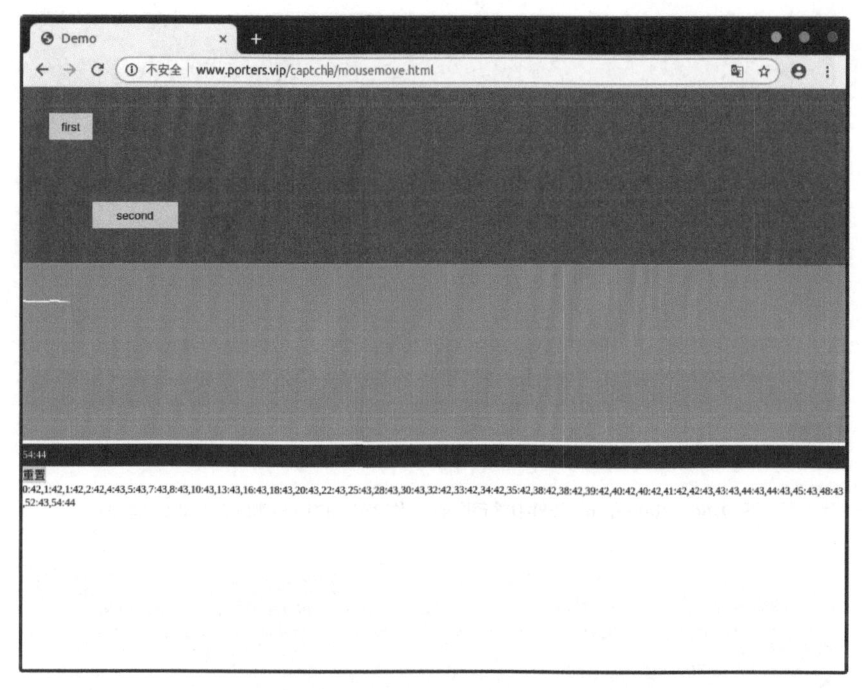

图 9-64　鼠标移动轨迹和坐标信息

图 9-65　Selenium 套件点击按钮时的轨迹和鼠标坐标信息

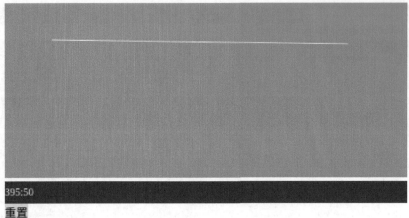

55:45,55:45,395:50

图 9-66 Selenium 套件执行滑动操作产生的鼠标轨迹和坐标信息

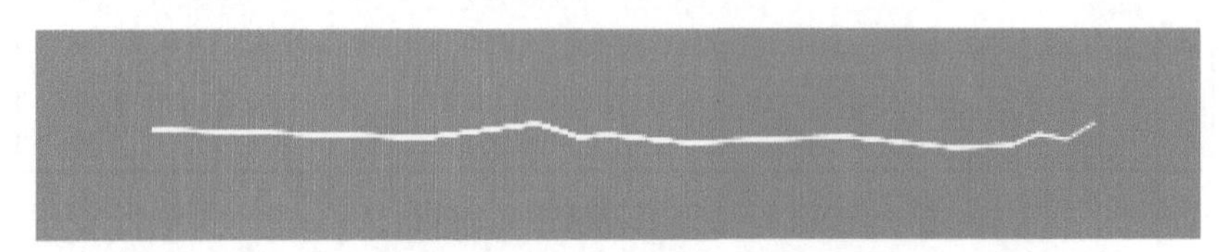

图 9-67 Selenium 套件模拟手臂晃动产生的鼠标轨迹

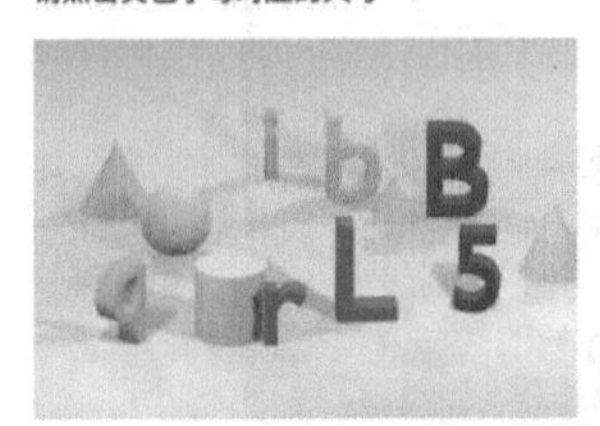

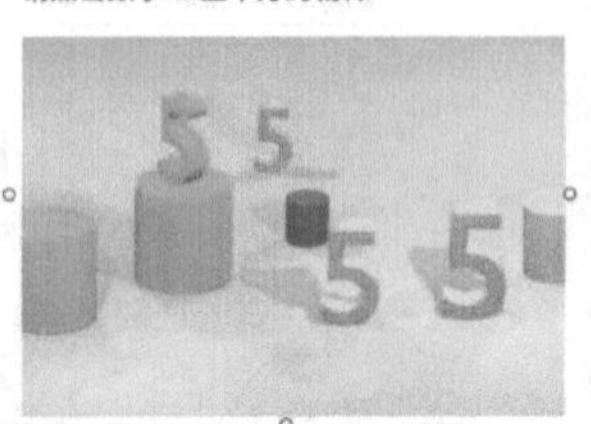

请点击与灰色物体有相同大小的红色物品。

请点击在蓝色球体右侧的大尺寸物品。

腾讯空间推理验证码　　　　极验空间推理验证码

图 9-72 空间推理验证码产品及所属公司

Python 3
反爬虫原理与绕过实战

韦世东◎著

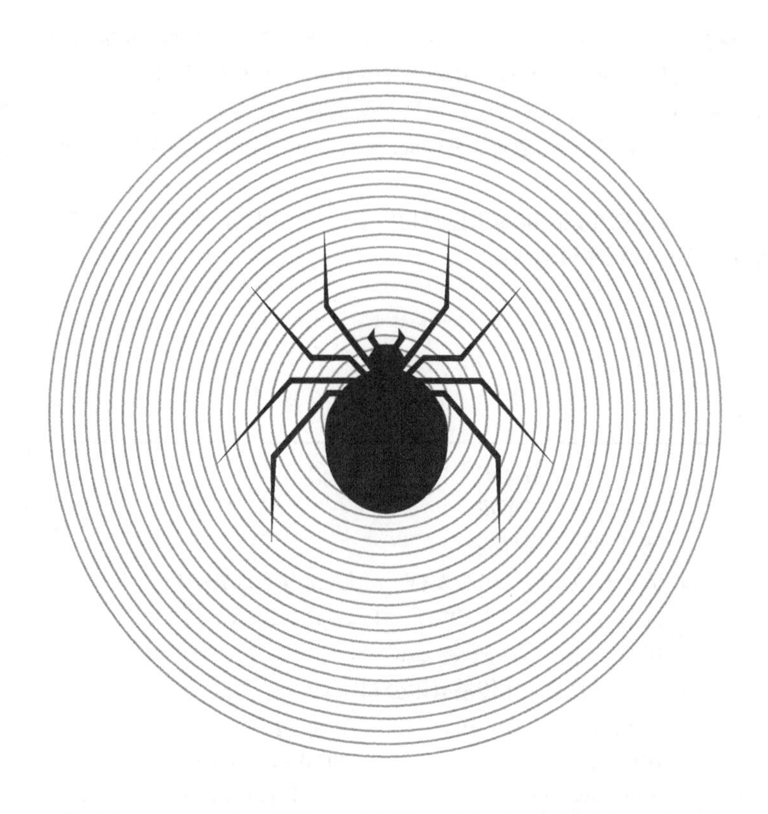

人 民 邮 电 出 版 社
北 京

图书在版编目（CIP）数据

Python 3反爬虫原理与绕过实战 / 韦世东著. -- 北京 : 人民邮电出版社, 2020.1
（图灵原创）
ISBN 978-7-115-52873-5

Ⅰ. ①P… Ⅱ. ①韦… Ⅲ. ①软件工具－程序设计
Ⅳ. ①TP311.561

中国版本图书馆CIP数据核字(2019)第268678号

内容提要

本书描述了爬虫技术与反爬虫技术的对抗过程，并详细介绍了这其中的原理和具体实现方法。首先讲解开发环境的配置、Web网站的构成、页面渲染以及动态网页和静态网页对爬虫造成的影响。然后介绍了不同类型的反爬虫原理、具体实现和绕过方法，还涉及常见验证码的实现过程，并使用深度学习技术完成了验证。最后介绍了常见的编码和加密原理、JavaScript代码混淆知识、前端禁止事件以及与爬虫相关的法律知识和风险点。

本书既适合需要储备反爬虫知识的前端工程师和后端工程师阅读，也适合需要储备绕过知识的爬虫工程师、爬虫爱好者以及Python程序员阅读。

◆ 著　　　韦世东
责任编辑　王军花
责任印制　周昇亮
◆ 人民邮电出版社出版发行　　北京市丰台区成寿寺路11号
邮编　100164　　电子邮件　315@ptpress.com.cn
网址　https://www.ptpress.com.cn
涿州市般润文化传播有限公司印刷
◆ 开本：800×1000　1/16　　彩插：2
印张：24.5　　2020年1月第1版
字数：565千字　　2024年9月河北第9次印刷

定价：89.00元

读者服务热线：(010)84084456-6009　印装质量热线：(010)81055316

反盗版热线：(010)81055315

广告经营许可证：京东市监广登字 20170147 号

序

我们正处于信息爆炸的大数据时代，数据在互联网上的传播和呈现方式多种多样，如何获取这些杂乱的数据呢？爬虫就是其中的一种方式。与此同时，在这茫茫的数据大海中，高质量的、整洁的数据变得越来越重要，这些数据甚至就是一个公司生存的支柱。要保护这些数据，不让它们被轻易爬走，反爬虫技术应运而生。

近几年，爬虫技术和反爬虫技术在不断斗争的过程中变得越来越高深和复杂。从简单的 User-Agent 识别到混淆验证码加密，“花样”越来越多，破解难度也越来越大，爬虫工程师和反爬虫工程师每天斗智斗勇，殚精竭虑。

知己知彼方能百战不殆。不论是爬虫工程师还是反爬虫工程师，如果想要把自己的方向做好，就需要对这两个方向的技术都有一定程度的研究。譬如拿爬虫工程师来说，如果对反爬虫的知识知其然而不知其所以然，势必会对反爬虫的绕过力有不逮。所以，双方都需要对爬虫和反爬虫技术有一定程度的了解。然而从目前来看，市面上还没有一本系统讲解爬虫和反爬虫技术的书。

我的好友韦世东是一名高级爬虫工程师，对各种爬虫和反爬虫的技巧进行过深入的研究。书中首先对各类反爬虫技术进行了合理的归类，然后通过剖析多个案例帮助大家理解各类反爬虫技术的原理。内容包括但不限于 Cookie 反爬虫、WebSocket 反爬虫、字体反爬虫、WebDriver 反爬虫、App 反爬虫、验证码反爬虫，几乎涵盖了市面上所有的反爬虫技术类型，内容十分详尽，另外他还针对各类反爬虫给出了对应的绕过和破解方案。通过本书，大家可以全面了解到爬虫和反爬虫的各类技术。本书干货满满，强烈推荐给大家。

崔庆才

微软小冰工程师

《Python 3 网络爬虫开发实战》作者

爬虫是当今互联网使用非常广泛的技术之一，现已应用于金融、房产、贸易与科技等诸多领域。无论是大数据计算、数据分析还是机器学习，都离不开爬虫。爬虫工作在很多时候是企业业务开展的基础与主线，将爬取内容进行清洗和处理，得到的就是极具价值的数据。

爬虫技术的门槛低，易于学习，因此成为初学者用来上手的学习对象。大数据和深度学习都需要大量的数据来支撑，而爬虫是目前较好的数据来源手段。随着这几年大数据和深度学习的火热，爬虫技术的发展进入了高峰期，由此给服务器带来的压力也成倍增长。

企业为了保证服务器的正常运转，或者为了降低服务器的运转压力与成本，不得不使出各种各样的技术手段来阻止爬虫工程师们毫无节制地向服务器索取资源，我们将这种行为称为反爬虫。反爬虫技术是互联网技术中为了限制爬虫而产生的技术总称。无论是在技术学习还是实际工作中，反爬虫技术都是所有爬虫工程师要面对的问题。常见的反爬虫原理和绕过技巧也是中高级爬虫工程师，尤其是在大型互联网企业的中高级爬虫工程师面试中关注的焦点。同样，作为一名开发者，了解反爬虫原理和绕过技巧有助于设计出更合理的反爬虫策略，会使你从同行中脱颖而出，大放异彩。

在平时的交流中，我发现很多朋友对于验证码识别、JavaScript 混淆、WebSocket 和字体反爬虫有一种莫名的恐惧感，觉得这些是很难解决的问题。实际上，只要我们了解其工作原理，就能够找到突破口。爬虫与反爬虫都是综合知识的应用，单纯了解某个反爬虫的实现方法或绕过技巧是不够的，我们应该深入了解其实现原理，这样才能够在爬虫工程师的职业道路上走得更远。

我希望通过梳理并总结以往工作中的经验，结合练习平台 Steamboat，帮助更多的爬虫工程师和开发者了解并掌握反爬虫技术与反爬虫绕过的技能。

本书案例均来自于实际的项目，大部分是国内知名互联网企业在用的反爬虫手段。由于爬虫技术的更新速度非常快，为了保证大家的学习质量，本书为读者准备了一个练习平台。书中介绍到的所有反爬虫示例均收录在练习平台中。大家只需要跟着书本指引操作，就可以在个人计算机或云服务器上搭建练习平台，这部分内容会在第 1 章中介绍。

反爬虫和绕过技巧涉及的知识点非常多，且跨度较大，本书主要讲解其中的原理和实践应用，让大家在学习之后可以快速将所学知识应用到实际工作当中。除此之外，还会讲解一些网络传输相关的知识以及一些工具的用法等。

以剑养剑，攻守兼备才能够在技术的江湖路上任逍遥。

阅读建议

这是一本围绕着反爬虫原理展开的书，书中提到了浏览器的基本结构、网页渲染原理、加密和混淆规范，还有很多 RFC 文档（Request For Comments，一系列以编号排定的互联网协议和标准文件）。RFC 文档分为提议性的、部分在用的和正式标准。无论是开发者还是爬虫工程师，熟读常见的 RFC 文档对工作会有很大的帮助。

动手实践很重要，这不仅能让你掌握书本知识，而且还有可能在练习中有新的发现。为此，本书为读者准备了一个练习平台，其中包含 21 个示例。练习平台上的示例均为本书作者编写，且与本书示例一一对应。因此，示例内容不会改动，并且无须担心相关的法律问题，这保证了大家的学习能顺利进行。

本书共 10 章，从开发环境配置到原理，再到实际的反爬虫案例剖析，内容循序渐进。建议读者按照章节顺序阅读，并在阅读过程中亲自动手练习，巩固所学知识。

本书内容

本书共 10 章，章节内容归纳如下。

- 第 1 章介绍了本书所涉及的大部分开发环境配置。本章无须完整阅读，在需要时查阅即可。
- 第 2 章介绍了 Web 网站的构成和页面渲染方面的知识。了解服务器端、客户端的组成，工作形式和通信协议，这会为我们后面的学习打下坚实的基础。
- 第 3 章简单讲述了动态网页和静态网页对爬虫造成的影响。回顾了一些爬虫方面的基本概念和知识，并对反爬虫这一概念进行了介绍和约定。
- 第 4 章以信息校验型反爬虫为主线，讲解了基于 HTTP 协议和 WebSocket 协议对客户端请求进行校验的反爬虫原理和具体实现方法，并以爬虫工程师的角度演示了绕过过程。
- 第 5 章介绍了常见的动态渲染反爬虫，深入了解其原理，并介绍了几种应对方法和多种渲染工具的基本用法。这一章通过场景假设的方式来讲解不同需求的应对方法。
- 第 6 章介绍了目前被广泛使用的文本混淆反爬虫知识，包括图片伪装、CSS 偏移、SVG 映射和字体反爬虫等。每个案例均以爬虫工程师的角度演示绕过过程，再剖析其原理。最后讨论了文本混淆反爬虫的通用解决方法。

- 第 7 章介绍了特征识别反爬虫，包括绕过过程和实现原理。相对其他反爬虫手段来说，特征识别反爬虫具有一定的隐蔽性。它在爬虫程序发起时对其进行识别和过滤，这能够有效地减轻服务器的压力。
- 第 8 章介绍了 App 数据爬取的关键和常用的反爬虫手段，包括代码混淆、参数加密和安全加固等，同时还介绍了抓包和 App 逆向方面的知识。
- 第 9 章是验证码相关的内容，包含市面上常见的验证码类型，例如字符验证码、计算型验证码和行为验证码。每个验证码案例均以爬虫工程师的角度演示绕过过程，再以开发者的角度演示验证码的实现过程。部分验证码的绕过用到了深度学习中的卷积神经网络和用于目标检测的 YOLO 算法。在最后一节中，我们对商用验证码厂商的产品进行了基本介绍和难度分析。
- 第 10 章是综合知识的介绍。首先介绍了常见的编码和加密原理，并以对应的 RFC 文档为基础，讲解编码、解码、加密和解密的过程。然后介绍了常见的 JavaScript 代码混淆知识，讲解了混淆原理和还原技巧，并动手实现了一个简单的混淆器。接着学习了前端禁止事件方面的知识，如禁止鼠标右键、禁止键盘按键等。最后通过几个案例了解了与爬虫相关的法律知识和风险点，并列出了《数据安全管理办法（征求意见稿）》中与爬虫相关的条例。

致谢

本书的顺利编写，得益于家人和朋友的帮助。首先感谢我的家人，我的爸爸妈妈、岳父岳母、夫人、妹妹和我的女儿。有了他们的支持，我才能用心写作。

特别感谢崔庆才（静觅）在我学习路上和写作期间给予的帮助。没有他的支持和帮助，我的进步也不可能这么快。他是我奋力追赶的目标，也是我前进的方向。

感谢唐轶飞（大鱼）为我解决学习路上遇到的问题。当我还是一个“萌新”的时候，是他给我解疑答惑，使我少走弯路，顺利成长。

感谢陈祥安（cxa）与我共同学习、共同进步。他是一个乐于奉献的人，常把新的学习材料和知识分享给我，让我保持对新技术的研究热情。

感谢我的前同事李宏强、我的师弟盘启强和我的妹妹韦东慧。他们参与了书中部分案例的编写，并在写作过程中提供了很多帮助。也正是有了他们的帮助，这本书的内容才变得如此精彩。

感谢在我学习过程中与我探讨技术的各位朋友，QQ 群群友和微信群群友，他们对技术的研究和原理探究的精神带动着我，使我学到不少知识。

感谢掘金社区为本书提供的支持。

感谢王军花编辑，她在书稿立项和写作过程中给我提供了很多建议，这正是本书内容如此流畅的原因。

感谢在我学习之路和写作过程中提供帮助的每一个人！

免责声明

爬虫技术是一把双刃剑。本书的写作初衷是希望读者将本书学到的技术用于防护，提高应用防护等级。本书中的所有内容仅供技术学习与研究，请勿将本书讲解的反爬虫绕过方法和技巧用于非法用途。

相关资源

书中用到的部分代码存放在 GitHub（详见 https://github.com/asyncins/antispider）[①]，代码与章节内容的对应关系可查阅仓库中的 README.md 文件。

我是一个爬虫工程师，同时也是 Python 开发者和 Rust 开发者。我会在微信公众号和技术博客中更新相关的技术文章，欢迎读者访问交流。当然，大家也可以添加我的微信，期待和你共同进步，一起变强！

夜幕团队

进击的 Coder

算法和反爬虫

韦世东微信

韦世东

2019 年 6 月

① 本书代码也可从图灵社区（iTuring.cn）本书主页免费注册下载。

目录

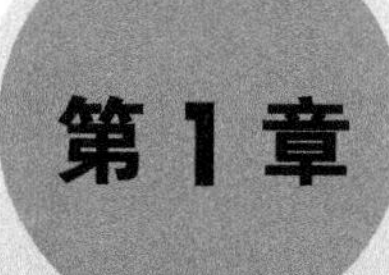

第1章 开发环境配置

爬虫与反爬虫都是涉及前后端和服务器等多方面知识的综合应用。在学习反爬虫和对应的绕过技巧等知识时，需要用到一些辅助工具，因此在开始正式的学习之前，我们需要配置对应的开发环境和练习环境。本章将对书中所用的软件、第三方库和环境配置进行统一说明。

1.1 操作系统的选择

常见的操作系统有 Windows、Linux 和 macOS。大部分生产环境所用的操作系统是 Linux，这使得它具有天然的开发优势。本书也将使用 Linux 操作系统作为学习环境。书中大部分软件安装、环境配置和案例将以 Linux 为基础，少部分案例会在 Windows 上演示。

Linux 系统的分支很多，且版本各不相同，本书写作与案例演示基于 Ubuntu 18.04 LTS（用户量最庞大的 Linux 分支）。由于不同的分支或版本在设置和操作方面会有差异，为了确保学习体验，建议使用与本书相同的操作系统。考虑到部分读者对 Linux 的安装和使用并不熟悉，所以本节将演示如何在 Windows 系统中通过虚拟机软件安装 Linux 系统。对 Linux 系统操作熟练的读者或者已有 Linux 系统的读者可以跳过本节。

1.1.1 Ubuntu 简介

Ubuntu 是一个以桌面应用为主的开源操作系统，是用户量最庞大的 Linux 分支。Ubuntu 的第一个正式版本于 2004 年 10 月推出，版本号为 4.10。正式版的推出引起了全球开发者的广泛关注，成千上万的自由软件爱好者加入了 Ubuntu 社区。发展至今，Ubuntu 已经有了很多版本和衍生品，例如服务器专版、长期支持版和 OpenStack 云版本等。Ubuntu 每 6 个月发布一个版本，每两年发布的第 4 个版本将获得对大规模部署的长期支持，即长期支持版（也称 LTS）。

相关链接

- Ubuntu 官方网址：https://ubuntu.com/。
- Ubuntu 下载地址：https://ubuntu.com/download/desktop。

首先，我们需要下载 Ubuntu 系统安装镜像。打开 Ubuntu 官网后，点击导航栏的 Download 菜单，提供了不同用途的 Ubuntu 版本，如图 1-1 所示。

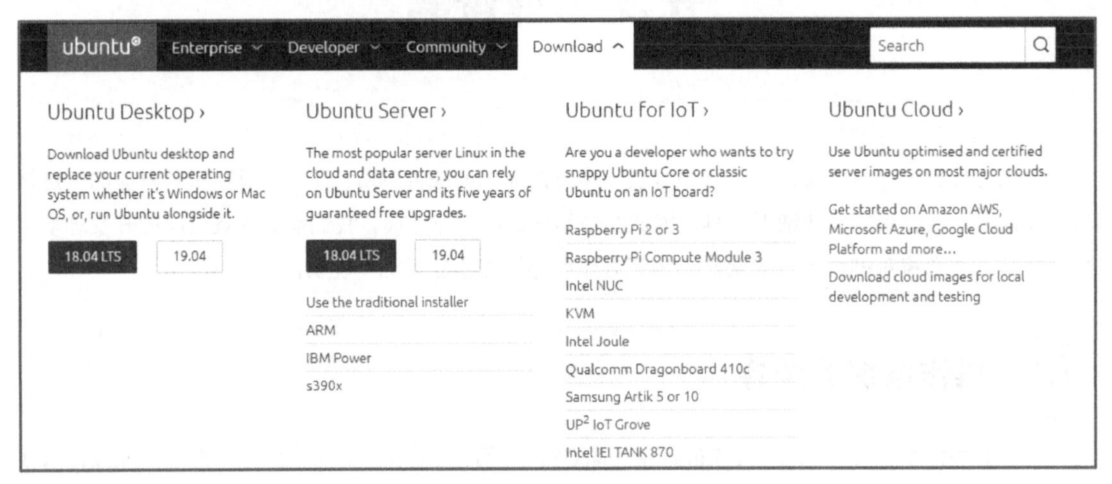

图 1-1 Ubuntu 可选版本

本书写作与案例演示基于 Ubuntu 18.04 LTS，即 Ubuntu Desktop 选项下的 18.04 LTS 版。点击对应按钮即可下载系统镜像。当然，也可以直接打开 Ubuntu 下载地址，在下载列表中选择 Ubuntu 18.04.2 LTS 版。

1.1.2 VirtualBox 的安装

VirtualBox 是一款性能优异、简单易用的虚拟机软件。它支持的虚拟操作系统包括 Windows、Linux 和 macOS。如果你现在使用的操作系统并不是 Ubuntu，但又希望能够按照书中指引学习，那么安装虚拟机软件是很好的选择。

相关链接

- VirtualBox 官方网址：https://www.virtualbox.org。
- VirtualBox 下载地址：https://www.virtualbox.org/wiki/Downloads。

打开 VirtualBox 下载地址，页面如图 1-2 所示，用户可以根据所用的操作系统选择对应的安装文件（如 Windows hosts）。

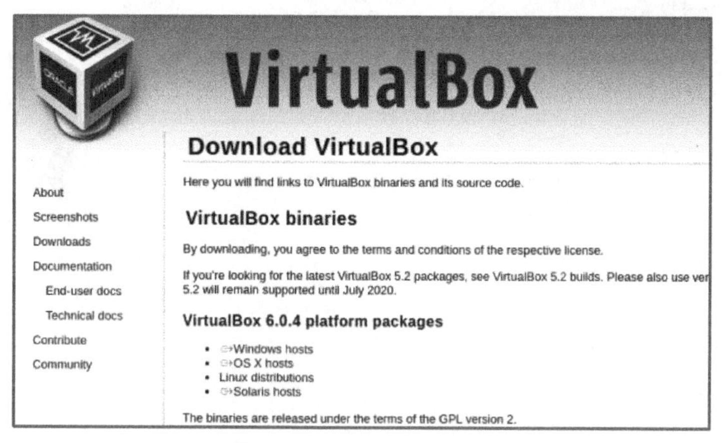

图 1-2 VirtualBox 下载页

下载完成后，双击打开 VirtualBox 安装文件，安装界面如图 1-3 所示。

图 1-3 VirtualBox 安装界面

接着按照 VirtualBox 安装向导的指引进行安装即可。

1.1.3 安装 Ubuntu

VirtualBox 软件界面如图 1-4 所示，左侧是虚拟机列表，右侧是快捷操作栏。

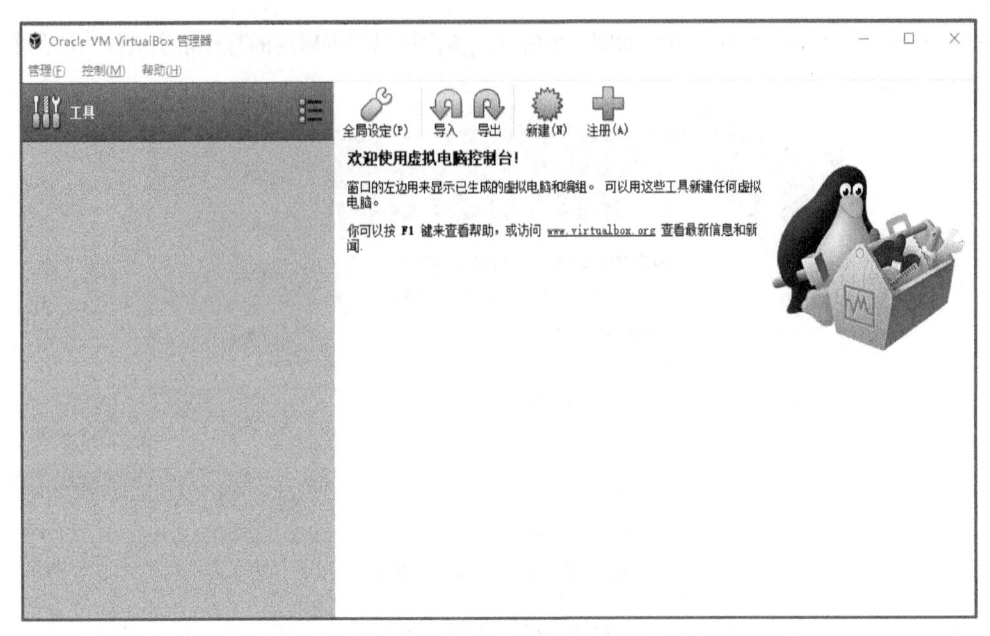

图 1-4　VirtualBox 软件界面

点击右侧的“新建”按钮，在弹出的设置窗口中填入虚拟机名称“ubuntu”（也可以填写其他名称），然后根据自己的情况选择空间充裕的磁盘，如图 1-5 所示，接着点击“下一步”按钮即可。

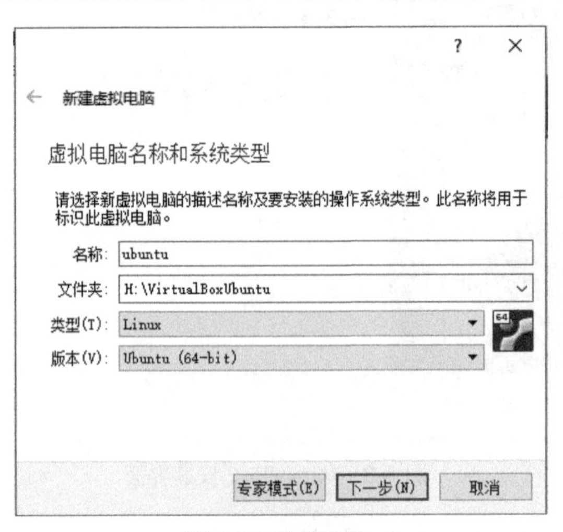

图 1-5　设置窗口

接着，根据自己计算机的实际情况分配虚拟机内存，在通常情况下不少于 2048 MB。如果本机内存充裕，建议分配 8192 MB 以上，这里的内存配置如图 1-6 所示。

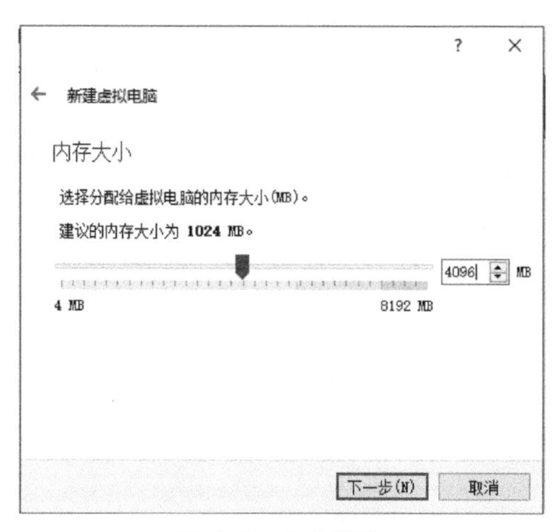

图 1-6 内存配置

接下来，到了虚拟硬盘分配环节。新建的虚拟机一般选择“现在创建虚拟硬盘”，在“选择虚拟硬盘文件类型”选项卡中选择默认的硬盘文件类型，即“VDI（VirtualBox 磁盘映像）”选项，并在“存储在物理硬盘上”选项卡中选择“动态分配”选项。在分配大小时，建议分配 60 GB 左右的硬盘空间，如果磁盘空间并不充裕，那么可以设置 30 GB，如图 1-7 所示。

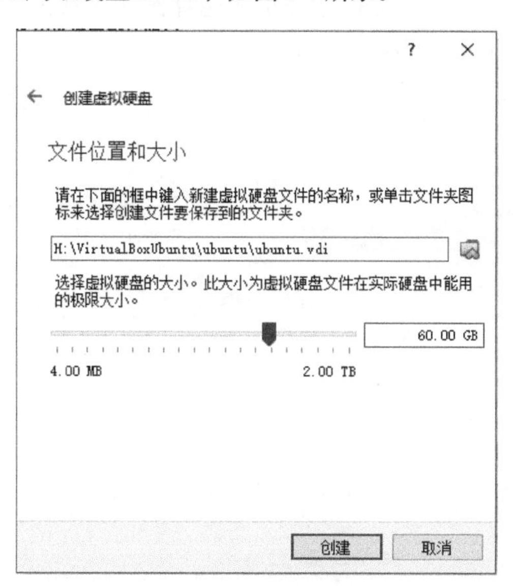

图 1-7 磁盘空间配置

此时配置还没有全部完成，在配置向导结束后，点击软件界面右侧的“设置”按钮，并在弹出的设置面板中选择左侧的“系统”选项，然后在“处理器”选项卡中分配至少 2 个处理器，如果本机处理器数量较多，也可以分配 4 个处理器，如图 1-8 所示。

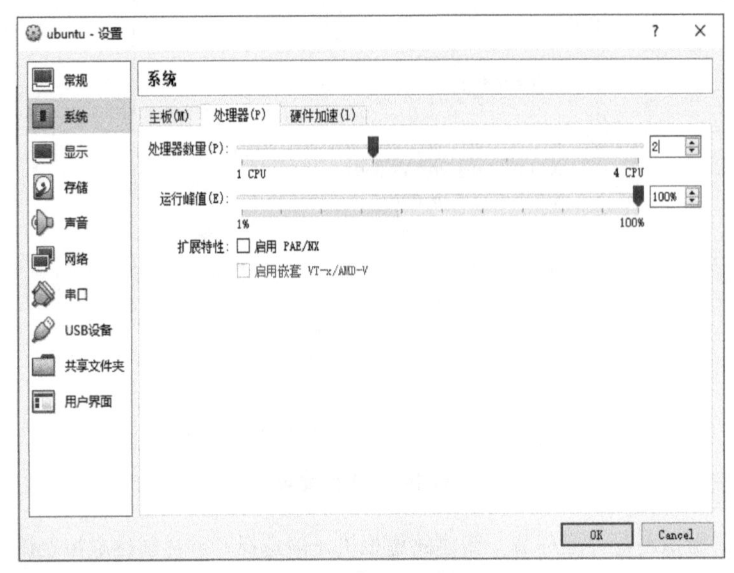

图 1-8　处理器配置界面

接着选择左侧菜单栏中的"存储"选项，并在右侧"分配光驱"处点击光驱图标，选择"选择一个虚拟光盘文件"，然后在弹出的文件选择框中选择刚才下载的 Ubuntu 系统镜像文件，即 ubuntu-18.04.2-desktop-amd64.iso，如图 1-9 所示。

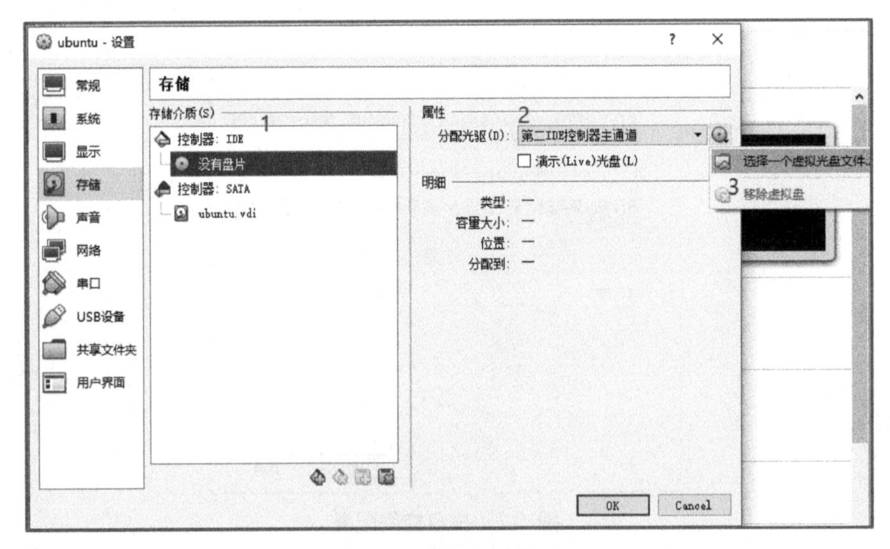

图 1-9　分配光驱界面

配置完毕后，选择右侧的"启动"选项，此时虚拟机软件会打开一个新的窗口并加载 Ubuntu 系统镜像。等待几秒后，虚拟机窗口就会出现如图 1-10 所示的 Ubuntu 系统安装引导界面。

图 1-10 Ubuntu 系统安装引导界面

在界面左侧可以选择操作系统的默认语言，例如“中文（简体）”，右侧可选择试用或安装 Ubuntu 系统。我们需要安装 Ubuntu 系统，所以这里选择“安装 Ubuntu”选项。安装过程中如果不清楚如何选择选项，就使用默认选项，然后根据安装指引的提示选择所在地区并填写其他用户信息即可。接下来就进入真正的系统安装阶段，待安装完成后（耗时约 30 分钟）重启 Ubuntu 系统，打开的 Ubuntu 系统界面如图 1-11 所示。

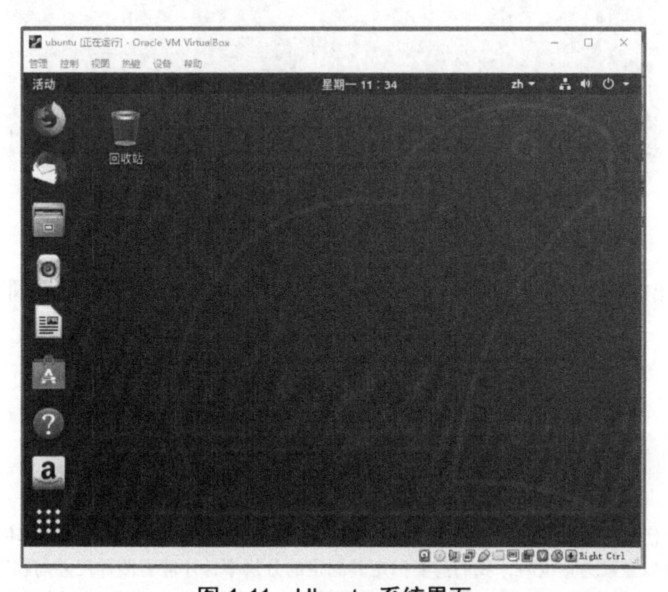

图 1-11 Ubuntu 系统界面

需要注意的是，分配给虚拟操作系统的资源对系统性能有着直接的影响，推荐的资源分配如下。

- 内存大小为 8 GB（8192 MB）。
- 虚拟硬盘大小为 60 GB。
- 处理器数量为 4。

1.1.4 全屏设置

系统安装完毕后，我们发现 VirtualBox 的窗口无法放大，它的默认大小是 800 像素×600 像素[①]，这显然会影响到我们的体验和操作。想要全屏使用虚拟机软件，需要做一些额外的设置。在虚拟机软件的顶部菜单栏中找到“设备”选项，并在子菜单中选择“安装增强功能”，如图 1-12 所示。

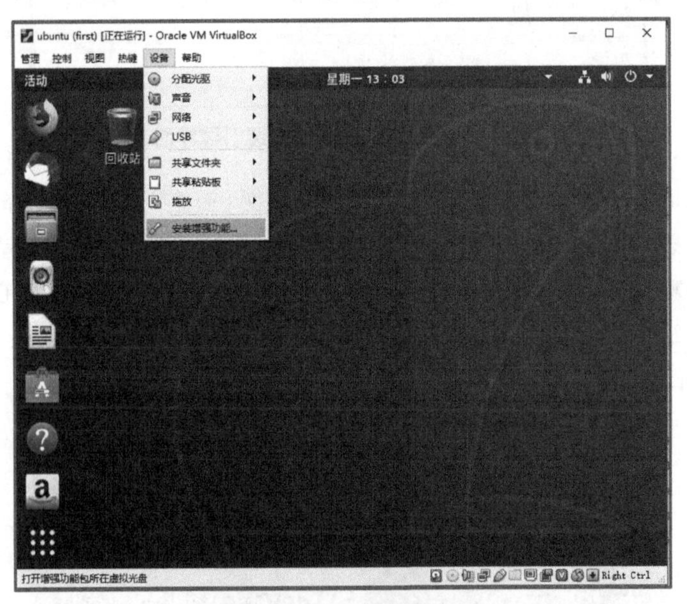

图 1-12 虚拟机软件界面

此时系统会弹出如图 1-13 所示的软件安装确认提示框，点击“运行”按钮即可。

① 像素是计算机屏幕常用的单位，英文简称 PX（Picture Element），它是构成影像的最小单位。像素是一个相对的单位，当图片尺寸以像素为单位时，我们需要指定其固定的分辨率，才能将图片尺寸与物理上的实际尺寸相转换，因此经常会省略 PX 和像素，如本句表达为“它的默认像素大小是 800 × 600”或“它的默认大小是 800 × 600”。

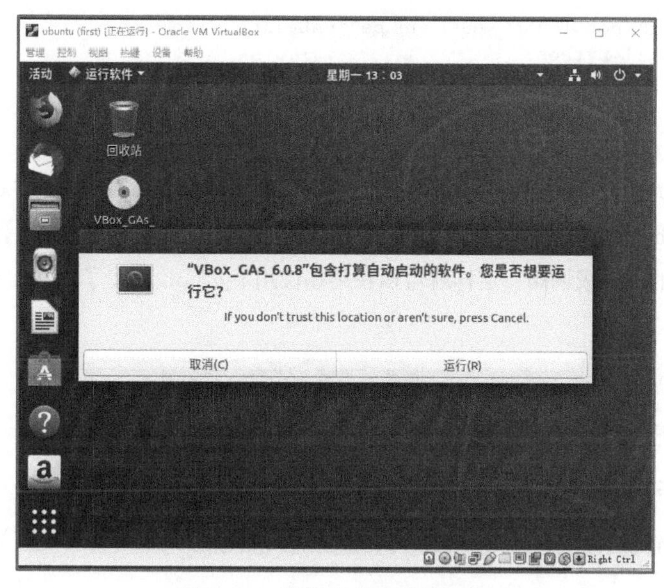

图 1-13 软件安装确认提示框

然后系统就会自动安装用于全屏显示的辅助软件。软件安装时，Ubuntu 系统终端显示如图 1-14 所示的安装信息。

```
Verifying archive integrity... All good.
Uncompressing VirtualBox 6.0.8 Guest Additions for Linux........
VirtualBox Guest Additions installer
Copying additional installer modules ...
Installing additional modules ...
VirtualBox Guest Additions: Starting.
VirtualBox Guest Additions: Building the VirtualBox Guest Additions kernel
modules.  This may take a while.
VirtualBox Guest Additions: To build modules for other installed kernels, run
VirtualBox Guest Additions:   /sbin/rcvboxadd quicksetup <version>
VirtualBox Guest Additions: or
VirtualBox Guest Additions:   /sbin/rcvboxadd quicksetup all
VirtualBox Guest Additions: Building the modules for kernel 4.18.0-15-generic.

This system is currently not set up to build kernel modules.
Please install the gcc make perl packages from your distribution.
VirtualBox Guest Additions: Running kernel modules will not be replaced until
the system is restarted
Press Return to close this window...
```

图 1-14 安装信息

安装完成后，点击 VirtualBox 右上角的“最大化”按钮，就可以全屏使用 Ubuntu 系统了。

1.1.5 Python 设置

Ubuntu 18.04 自带 Python 3.6，因此我们无须再次安装。但在使用时不能直接输入 `python`，而是要输入 `python3`。当输入 `python` 时，会得到如下提示：

```
Command python' not found, but can be installed with:
sudo apt install python3
sudo apt install python
sudo apt install python-minimal
You also have python3 installed, you can run 'python3' instead.
```

这是因为Python 3.6并不是Ubuntu系统预设的默认值，如果想要将Python 3.6与命令 `python` 绑定，就需要调高Python 3.6的优先级。虽然输入 `python3` 并不会影响日常使用，但为了统一命令，我们需要将Python 3的优先级调高，这样就可以在终端使用 `python` 命令了。在Ubuntu系统中设置优先级的命令格式为：

```
update-alternatives: --install <链接><名称><路径><优先级>
```

对应的设置命令如下：

```
$ sudo update-alternatives --install /usr/bin/python python /usr/bin/python3.6 2
```

命令执行后，当我们再次输入 `python` 时，就会进入熟悉的Python命令交互界面，此时终端显示的内容如下：

```
Python 3.6.7 (default, Oct 22 2018, 11:32:17)
[GCC 8.2.0] on linux
Type "help", "copyright", "credits" or "license" for more information.
>>>
```

这代表我们成功地将Python 3.6与 `python` 命令绑定到一起了。

在Python中安装第三方库时，需要使用包管理工具pip，Ubuntu系统并没有为我们准备这个包管理工具，我们需要自己安装。安装命令如下：

```
$ sudo apt-get install python3-pip
```

待安装完毕后，通过如下命令检查是否成功安装：

```
$ pip --version
```

命令执行后，终端输出如下内容：

```
pip 9.0.1 from /usr/lib/python3/dist-packages (python 3.6)
```

这代表我们已经成功地在Ubuntu系统中安装了Python的包管理工具pip。要注意的是，pip并不需要像Python 3.6那样与命令进行绑定，可以直接使用。

1.2 练习平台 Steamboat

为了让读者能够按照书本所述内容进行练习，本书提供了一个练习平台（平台名为 Steamboat），并将其打包成 Docker 镜像。该镜像包含了书中 20 多个示例，读者可以使用线上练习平台（详见 www.porters.vip），也可以通过本节指引在个人计算机或云服务器上搭建练习平台。

本节中，我们就来学习 Docker 和 Steamboat 的安装及使用。

1.2.1 安装 Docker

Docker 是一个用 Go 语言编写的开源的应用容器引擎，具有轻量、便捷、低开销等优点。开发者可以将应用和对应的运行环境包装到一个可移植的容器中，并发布到任何装有 Docker 的机器上。本书配套的练习平台 Steamboat 和书中所用的异步渲染服务 Splash 都是 Docker 镜像，所以我们有必要了解 Docker 的相关知识和基本操作。

相关链接

- Docker 官方网站：https://www.docker.com/。
- Docker 安装介绍：https://docs.docker.com/install/。

Docker 引擎分为如下两种。

- Docker Enterprise：简称 Docker EE，专为企业开发和大型 IT 团队而设计。
- Docker Community Edition：简称 Docker CE，适合 Docker 新手和小型团队，共有 3 个版本。
  - Stable 版，即稳定版
  - Test 版，即测试版
  - Nightly 版，即最新版

本书所选的 Docker 引擎和版本为 Docker CE Stable。安装 Docker CE 之前，需要设置 Docker 存储库，对应的命令如下：

```
$ sudo apt-get update
```

在安装过程中，需要允许 apt 通过 HTTPS 协议使用存储库，对应的设置命令如下：

```
$ sudo apt-get install \
    apt-transport-https \
    ca-certificates \
    curl \
    gnupg-agent \
    software-properties-common
```

接着添加 Docker 官方的 GPG 密钥，对应命令如下：

```
$ curl -fsSL https://download.docker.com/linux/ubuntu/gpg | sudo apt-key add -
```

确认密钥添加成功的命令如下：

```
$ sudo apt-key fingerprint 0EBFCD88
```

命令执行后，终端给出以下提示：

```
pub   rsa4096 2017-02-22 [SCEA]
      9DC8 5822 9FC7 DD38 854A  E2D8 8D81 803C 0EBF CD88
uid           [ unknown] Docker Release (CE deb) <docker@docker.com>
sub   rsa4096 2017-02-22 [S]
```

这说明密钥添加成功。然后添加 Stable 版本的存储库，对应命令如下：

```
$ sudo add-apt-repository \
    "deb [arch=amd64] https://download.docker.com/linux/ubuntu \
    $(lsb_release -cs) \
    stable"
```

接着更新 apt 索引，对应命令如下：

```
$ sudo apt-get update
```

待索引更新完毕后，就可以安装 Docker CE 了，命令如下：

```
$ sudo apt-get install docker-ce docker-ce-cli containerd.io
```

该命令执行后，会安装最新版的 Docker CE。

安装验证

Docker CE 安装完成后，并不会给出类似“安装成功”的提示。为了确认安装成功并确保 Docker CE 正常运行，我们可以通过运行 hello-world 镜像进行验证，对应命令如下：

```
$ sudo docker run hello-world
```

命令执行后，终端给出以下提示：

```
Hello from Docker!
This message shows that your installation appears to be working correctly.
```

提示中出现的 `Hello from Docker` 字样就说明 Docker CE 正常运行。

1.2.2　安装 Steamboat

Steamboat 由以下 3 个 Docker 镜像组成。

- steamboat-part1，版本号为 sp1，包含练习平台导航页和大部分示例。
- steamboat-part2，版本号为 sp2，包含示例 12。

- steamboat-part3，版本号为 sp3，包含示例 3。

Steamboat 镜像存储在阿里云容器镜像仓库中，其下载命令为：

```
$sudo docker pull
registry.cn-hangzhou.aliyuncs.com/steamboat/steamboat:[镜像版本号]
```

其中命令中的[镜像版本号]即上方给出的 sp1/sp2/sp3。镜像下载命令如下：

```
$ sudo docker pull
registry.cn-hangzhou.aliyuncs.com/steamboat/steamboat:sp1
$ sudo docker pull
registry.cn-hangzhou.aliyuncs.com/steamboat/steamboat:sp2
$ sudo docker pull
registry.cn-hangzhou.aliyuncs.com/steamboat/steamboat:sp3
```

我们可以通过如下命令检查镜像是否下载成功：

```
$ sudo docker images
```

此时控制台会输出如图 1-15 所示的信息。

```
REPOSITORY                                              TAG     IMAGE ID
registry.cn-hangzhou.aliyuncs.com/steamboat/steamboat   sp1     ca3f3a3fd0bf
registry.cn-hangzhou.aliyuncs.com/steamboat/steamboat   sp3     5c75ec9ef2b6
registry.cn-hangzhou.aliyuncs.com/steamboat/steamboat   sp2     0487eb7998d9
```

图 1-15　控制台输出

列表显示 sp1、sp2 和 sp3 这 3 个镜像，说明镜像下载成功。列表中的 `IMAGE ID` 为镜像 ID，当我们需要启动镜像时，就会用到它。

每个镜像开放了不同的端口，对应的端口列表如下。

- **sp1**：80、8090、8205、8207。
- **sp2**：8202。
- **sp3**：8206。

运行镜像时，需要为端口设置映射。例如运行 sp2 时，需要将宿主机的端口映射到 8202，对应命令如下：

```
$ sudo docker run -d -p 8202:8202 0487eb7998d9
```

启动多个镜像时，就要运行多条命令，而且还需要设置端口映射，颇为麻烦。我们可以编写一个 shell 脚本 runp.sh 完成这些工作，其内容如下（要注意的是，每行命令最后面的字符串是 IMAGE ID。ID 的值有可能发生变化，这里需要填写实际的 ID 值，值可以通过 `docker images` 命令查看）：

```
# sp1
sudo docker run -d -p 80:80 -p 8090:8090 -p 8205:8205 -p 8207:8207 9b5cc6bd42d0
# sp2
sudo docker run -d -p 8202:8202 0487eb7998d9
# sp3
sudo docker run -d -p 8206:8206 5c75ec9ef2b6
```

当我们需要启动 Steamboat 时，只需在终端执行 `sh runp.sh` 命令，便可以在浏览器中输入 http://localhost 访问练习平台页面了。

1.2.3　Steamboat 使用说明

Steamboat 首页包括示例导航和快速索引两个部分。读者可以根据快速索引找到本书对应章节的示例，如图 1-16 所示。

图 1-16　快速索引

点击对应的下拉菜单，即可找到该节中对应的示例。如图 1-17 所示，该导航根据示例编号按升序排序。

图 1-17　示例导航

点击示例标签卡中的按钮后，浏览器就会在新窗口中打开对应的示例页面。

1.3 第三方库的安装

在学习过程中，我们会用到很多 Python 第三方库及其关联软件。在本节中，我们将介绍这些库及其关联软件的安装方法。

1.3.1 Requests

爬虫对网络的请求最为频繁，所以一个易用的网络请求库有助于我们更好地完成工作。Requests 是一个简单易用的 HTTP 请求库，它是爬虫工程师常用的库之一，其中文文档网址为 https://requests.kennethreitz.org//zh_CN/latest/user/quickstart.html。我们可以通过 Python 的包管理工具 pip 安装该库，具体命令如下：

```
$ pip install requests
```

如果希望安装指定版本的 Requests，可以在安装库的时候指定版本号，如：

```
$ pip install requests==2.21.0
```

它的使用非常简单。如果想要对某个 URI 发出 GET 请求，只需要使用 Requests 提供的 `get()` 方法即可。我们可以在终端中尝试：

```
$ python
>>> import requests
>>> content = requests.get("http://www.example.com")
>>> print(content.status_code)
200
>>>
```

上述代码完成了几件事，首先在终端中进入 Python 命令行模式，接着导入 Requests 库，然后向 www.example.com 发起 GET 请求并将网站的响应内容赋值给 `content` 对象，最后打印输出本次请求的响应状态码。

终端输出的 `200` 就是本次请求的响应状态码，这代表本次请求得到了服务器的响应。

1.3.2 Selenium

Selenium 是一个用于 Web 应用程序测试的工具。我们可以通过它驱动浏览器执行特定的操作，例如点击、下滑、资源加载与渲染等。

相关链接

- ❑ Selenium 官方网站：https://www.seleniumhq.org/。
- ❑ Selenium 官方文档：https://www.seleniumhq.org/docs/。
- ❑ Selenium 中文文档：https://selenium-python-zh.readthedocs.io/en/latest/。

与其他第三方库一样，我们可以使用 Python 的包管理工具 pip 安装 Selenium，具体命令如下：

```
$ pip install selenium
```

如果此时终端显示如下提示：

```
Successfully installed selenium-3.141.0 urllib3-1.25.3
```

就代表 Selenium 安装成功。

1.3.3　浏览器驱动

Selenium 安装成功后，并不能直接调用浏览器，它对浏览器的操控是通过浏览器驱动发出的。不同的浏览器对应的驱动不同，例如 Chrome 浏览器的驱动是 ChromeDriver，而 Firefox 浏览器的驱动是 GeckoDriver。要注意的是，浏览器驱动版本必须与计算机上的浏览器版本对应，否则无法正常使用。

提示　如未安装 Chrome 浏览器，可按照 1.4.7 节的指引进行安装。

相关链接

ChromeDriver 下载地址：http://chromedriver.storage.googleapis.com/index.html。

在下载 ChromeDriver 之前，需要先确认 Chrome 浏览器的版本。打开 Chrome 浏览器后点击其右上角三个点菜单中的“帮助”选项，并选择“关于 Google Chrome”，即可看到如图 1-18 所示的版本信息。

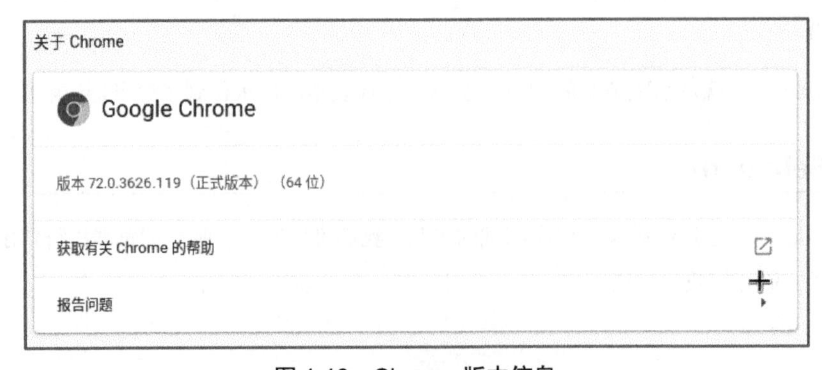

图 1-18　Chrome 版本信息

确认对应的驱动版本后，打开驱动下载网址下载对应版本的压缩包。使用如下命令将压缩包解压后得到的 chromedriver 文件复制到/user/bin/目录下：

```
$ sudo mv chromedriver /usr/bin/
```

接着在终端输入如下命令，查看 ChromeDriver 版本号：

```
$ chromedriver --version
```

如果此时终端显示如下信息：

```
ChromeDriver 75.0.3770.90
(a6dcaf7e3ec6f70a194cc25e8149475c6590e025-refs/branch-heads/3770@{#1003})
```

这代表 ChromeDriver 可以正常使用。刚才提到，浏览器版本与驱动版本必须对应，否则无法使用。我们可以通过 Python 代码来验证浏览器与驱动版本是否匹配，唤起终端并输入以下内容：

```
$ python
>>> from selenium import webdriver
>>> browser = webdriver.Chrome()
```

如果在命令执行后唤起如图 1-19 所示的浏览器窗口，且终端无报错，则代表浏览器与驱动程序匹配，可以正常使用。

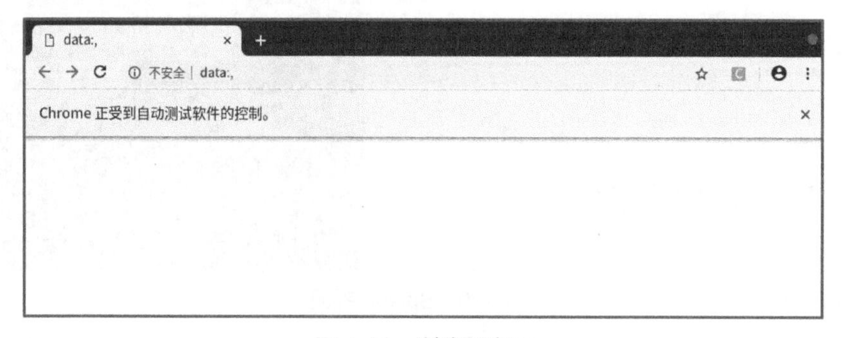

图 1-19 浏览器窗口

如果出现闪退或者终端报错，提示会话相关的信息，那么很有可能是浏览器与驱动不匹配，请检查浏览器版本号与驱动版本号。

与 Chrome 浏览器不同，Firefox 浏览器驱动（下载地址：https://github.com/mozilla/geckodriver/releases/）并不需要版本匹配，因为它是向下兼容的，所以我们只需要下载最新版本的 GeckoDriver 即可。下载后，同样需要将驱动文件复制到/usr/bin/目录下。然后在终端输入如下命令即可查看 GeckoDriver 的版本号：

```
$ geckodriver --version
```

控制台输出版本号相关的信息则代表驱动可用，否则根据错误提示寻找解决办法。

1.3.4　Splash

Splash 是一个异步的 JavaScript 渲染服务。它是带有 HTTP API 的轻量级 Web 浏览器，能够并行处理多个页面请求，可以在页面上下文中执行自定义的 JavaScript 以及模拟浏览器中的点击、下滑等操作。

Splash 的安装方式有两种，一种是下载已经封装好的 Docker 镜像，另一种是从 GitHub 下载源码后安装，这里我推荐第一种安装方式。在安装好 Docker 后，只需要从 DockerHub 中拉取 Splash 镜像并运行即可，相关命令如下：

```
$ sudo docker run -it -p 8050:8050 scrapinghub/splash
```

命令中的 `-p 8050:8050` 是将本地的 8050 端口与 Splash 镜像的 8050 端口进行映射。命令运行后，在浏览器输入 http://localhost:8050，如果看到如图 1-20 所示的界面，就代表 Splash 服务已经正常启动了。

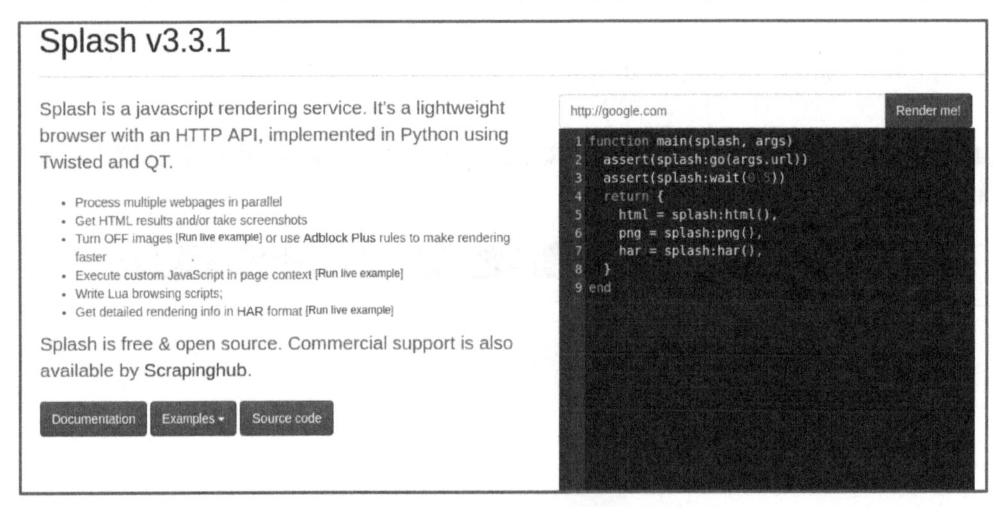

图 1-20　Splash 界面

Splash 提供了一个可视化的操作页面。在页面右侧输入目标网站的 URL 地址后点击 Render me! 按钮，在几秒钟后就可以看到资源加载信息和页面截图了。

1.3.5　Puppeteer

Puppeteer 是谷歌官方出品的一个 Node.js 库，提供了一个高级 API 来控制 DevTools 协议上的 Chrome 或 Chromium。Puppeteer 默认无界面运行，但可以配置为运行有界面的 Chrome 或 Chromium。

在用户浏览器中，使用 Puppeteer 可以完成大多数手动执行的操作。有开发者开源了支持 Python 的 Puppeteer 库，叫作 Pyppeteer，其文档网址为 https://miyakogi.github.io/pyppeteer/。要注意的是，它仅支持在 Python 3.6 + 的环境下运行。同样，我们可以使用 Python 包管理工具 pip 来安装 Pyppeteer，命令如下：

```
$ pip install pyppeteer
```

安装后，如果终端显示如下内容：

```
Successfully built pyppeteer
Installing collected packages: appdirs, pyee, tqdm, urllib3, websockets, pyppeteer
Successfully installed appdirs-1.4.3 pyee-6.0.0 pyppeteer-0.0.25 tqdm-4.32.2
urllib3-1.25.3 websockets-7.0
```

就代表 Pyppeteer 库安装成功，并提示我们它安装了一些依赖。

接着我们可以用官方示例代码验证安装结果。新建名为 pyteer.py 的文件，并在其中写入如下代码：

```
import asyncio
from pyppeteer import launch

async def main():
    # 初始化浏览器对象
    browser = await launch()
    page = await browser.newPage()
    # 访问指定 url
    await page.goto('http://example.com')
    # 打开网址后进行截图并保存在当前路径
    await page.screenshot({'path': 'example.png'})
    # 关闭浏览器对象
    await browser.close()

asyncio.get_event_loop().run_until_complete(main())
```

然后唤起终端，并在命令行模式下运行 pyteer.py 文件：

```
$ python pyteer.py
```

这里要注意的是，第一次运行 Pyppeteer 时，它会下载最新版本的 Chromium（大小约 100 MB），所以第一次运行的等待时间较长。命令运行完毕后，在 pyteer.py 的同级目录下就会多出名为 example.png 的图片，如图 1-21 所示，这说明 Pyppeteer 安装成功，且可以正常运行。

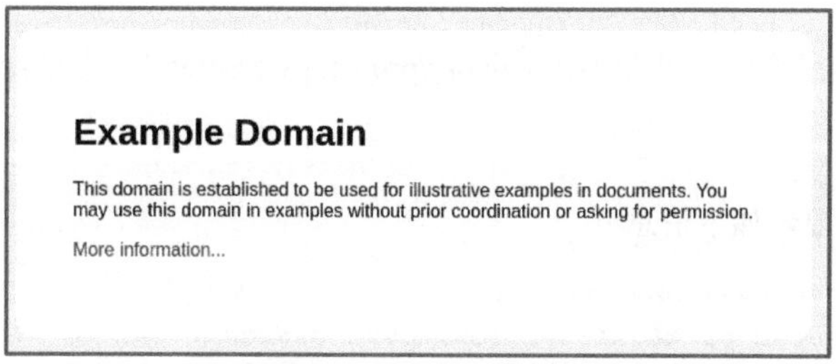

Example Domain

This domain is established to be used for illustrative examples in documents. You may use this domain in examples without prior coordination or asking for permission.

More information...

图 1-21 example.png

1.3.6 PyTesseract

图像识别也是爬虫工程师经常面对的问题，尤其是验证码。现在验证码除少部分需要主观意识去判断和操作以外，大部分依旧是图形验证码，如图 1-22 所示，这时候我们就可以使用图像识别进行处理。

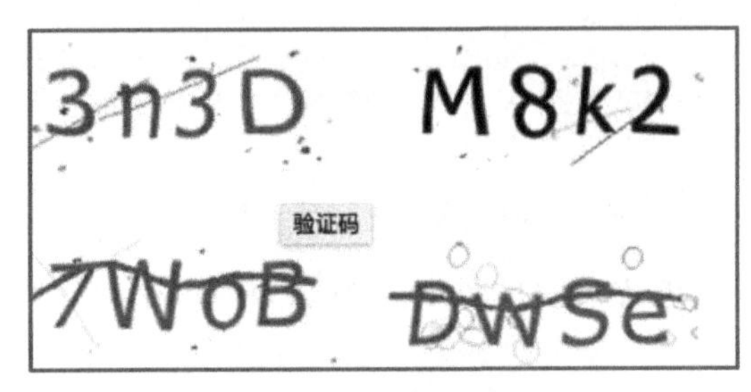

图 1-22 图形验证码

OCR（Optical Character Recognition，光学字符识别）是指通过扫描字符并检测暗、亮的模式确定其形状，然后用字符识别方法将形状翻译成计算机文字的过程。OCR 采用光学方式将纸质文档中的印刷体文字转换成为黑白点阵的图像文件，并通过识别软件将图像中的文字转换成文本格式，供文字处理软件进一步编辑加工的技术。

Tesseract 是一个开源文本识别器引擎，允许开发者在 Apache 2.0 许可下使用。它可以直接使用，也可以通过 API 从图像中提取文本。Tesseract 的安装说明网址为 https://github.com/tesseract-ocr/tesseract/wiki，其中对于常见操作系统的安装都有说明。Ubuntu 系统对应的安装命令如下：

```
$ sudo apt install tesseract-ocr --fix-missing
$ sudo apt install libtesseract-dev --fix-missing
```

Tesseract 安装完成之后，Python 还不能直接调用。我们需要安装 PyTesseract ，它对谷歌出品的 Tesseract-OCR（详见 http://code.google.com/p/tesseract-ocr/）做了一层封装，是 Python 中的光学字符识别库。我们可以用它读取 Python Imaging Library 支持的所有图像类型，包括 JPEG、PNG、GIF、BPM 和 TIFF 等。

PyTesseract 库的使用介绍详见 https://pypi.org/project/pytesseract/，其安装命令为：

```
$ pip install pytesseract
```

安装完成后，如果终端显示如下信息：

```
Successfully built pytesseract
Installing collected packages: Pillow, pytesseract
Successfully installed Pillow-6.0.0 pytesseract-0.2.7
```

就代表 PyTesseract 库安装成功，并提示我们它安装了一些依赖。

接着我们可以在使用之前访问 example.com 得到的截图，验证 PyTesseract 库是否可用。新建名为 pyocr.py 的文件，并将以下代码写入文件：

```
try:
    from PIL import Image
except ImportError:
    import Image
import pytesseract

print(pytesseract.image_to_string(Image.open('example.png')))
```

这段代码比较简单，首先导入 Image 库和 PyTesseract 库，接着使用 PyTesseract 库中的 `image_to_string()` 方法识别 example.png 图片中的文字，并打印识别结果。其运行结果下：

```
Example Domain
This domain is established to be userd for illustrative examples in documents. You may
use this domain in examples without prior coordination or asking for permission.
More information.
```

通过与原图对比可以看出，PyTesseract 库的识别准确率是比较高的。

1.4 常用软件的安装

在本节中，我们将学习如何安装书中用到的软件。

1.4.1 nginx

nginx 是一个高性能的 HTTP 和反向代理服务，也是一个 IMAP/POP3/SMTP 服务，其优点是内存占用少、并发能力强、稳定性高。nginx 是跨平台的，它可以在大多数类 UNIX 系统上运行，同时也支持 Windows 系统。

相关链接

- nginx 官方网站：http://nginx.org/。
- nginx 安装介绍：http://nginx.org/en/docs/install.html。

Ubuntu 系统的软件仓库中已经包含了 nginx 的安装包，所以我们可以直接用如下命令安装它：

```
sudo apt-get install nginx
```

如果安装过程中未报错，则代表 nginx 安装成功。

nginx 的启动命令为：

```
$ sudo systemctl start nginx.service
```

命令执行后，打开浏览器并访问 http://localhost 即可看到如图 1-23 所示的 nginx 欢迎页面。

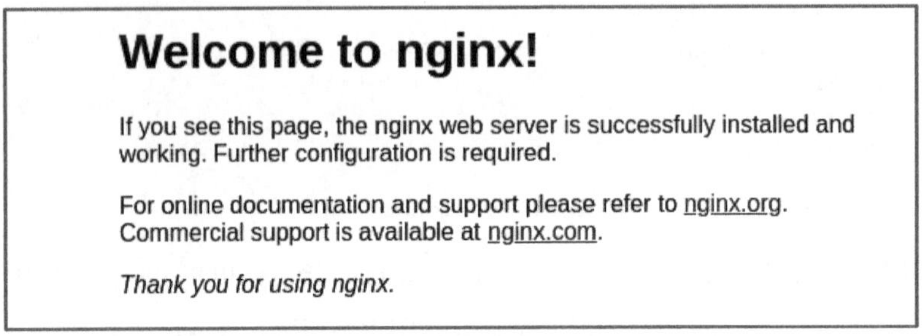

图 1-23　nginx 欢迎页面

图 1-23 代表 nginx 安装成功并正常运行。我们还可以使用如下命令将它设置为开机启动：

```
$ sudo systemctl enable nginx.service
```

执行该命令后，如果控制台显示如下信息：

```
Synchronizing state of nginx.service with SysV service script with /lib/systemd/
systemd-sysv-install.
Executing: /lib/systemd/systemd-sysv-install enable nginx
```

就代表 nginx 开机启动设置成功。

1.4.2　Charles

Charles 是一个 HTTP 代理与监视软件，方便开发人员查看手机和 Internet 之间的所有 HTTP 和 HTTPS 网络记录，包括请求、响应和含有 Cookie 及缓存信息的 HTTP 头。需要注意的是，Charles 是一个收费软件，它提供了 30 天的免费试用时间。实际上，即使过了试用期，也可以继续使用，但每次使用的持续时长不能超过 30 分钟。因此，有时候会出现软件自动关闭的情况。

提示　抓包工作将在 Windows 系统中完成，所以 Charles 的安装和运行都在 Windows 系统中。

相关链接

- Charles 官方网站：https://www.charlesproxy.com/。
- Charles 下载网址：https://www.charlesproxy.com/download/。

我们可以在 Charles 官网下载最新的版本，其下载页面如图 1-24 所示。

图 1-24　Charles 下载页面

在图 1-24 中选择操作系统对应的安装包，如 Windows 64 bit，然后按照默认选择安装即可。

1.4.3　PC 端 SSL 证书

Charles 软件安装在 Windows 系统中，所以 SSL 证书的安装工作也在 Windows 系统中进行。打开 Charles 软件，点击菜单栏中的 Help 选项，并在弹出的列表中选择 SSL Proxying→Install Charles Root Certificate，如图 1-25 所示，此时会弹出如图 1-26 所示的 Windows 证书安装引导界面。

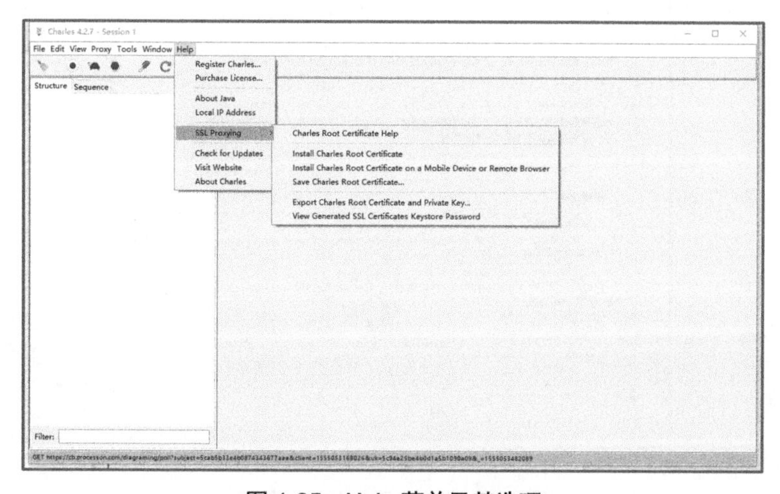

图 1-25　Help 菜单及其选项

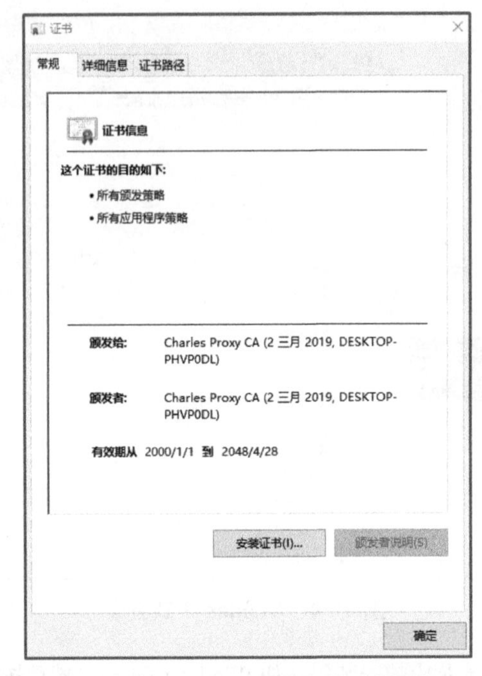

图 1-26 Windows 证书安装引导界面

点击“安装证书”按钮，在“证书导入向导”界面的“存储位置”框中选择“本地计算机”，如图 1-27 所示。

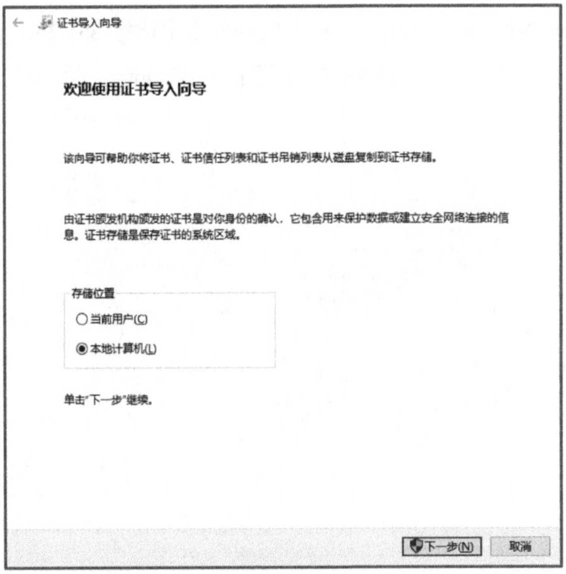

证书导入向导

欢迎使用证书导入向导

该向导可帮助你将证书、证书信任列表和证书吊销列表从磁盘复制到证书存储。

由证书颁发机构颁发的证书是对你身份的确认，它包含用来保护数据或建立安全网络连接的信息。证书存储是保存证书的系统区域。

存储位置
○ 当前用户(C)
◉ 本地计算机(L)

单击“下一步”继续。

下一步(N) 取消

图 1-27 “证书导入向导”界面

接着在“证书存储”界面中选择“将所有的证书都放入下列存储”，如图 1-28 所示。

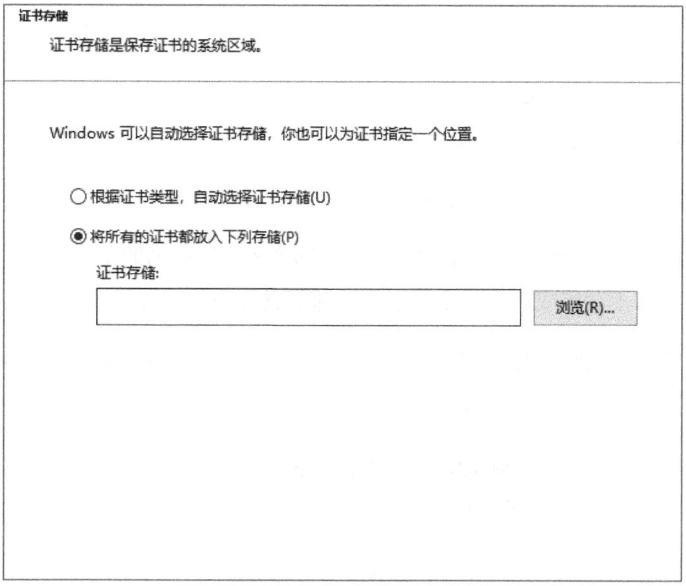

证书存储
证书存储是保存证书的系统区域。
Windows 可以自动选择证书存储，你也可以为证书指定一个位置。
根据证书类型，自动选择证书存储(U)
将所有的证书都放入下列存储(P)
证书存储:
浏览(R)...

图 1-28　“证书存储”界面

点击“浏览”按钮，在弹出的证书存储列表中选择“受信任的根证书颁发机构”，如图 1-29 所示。

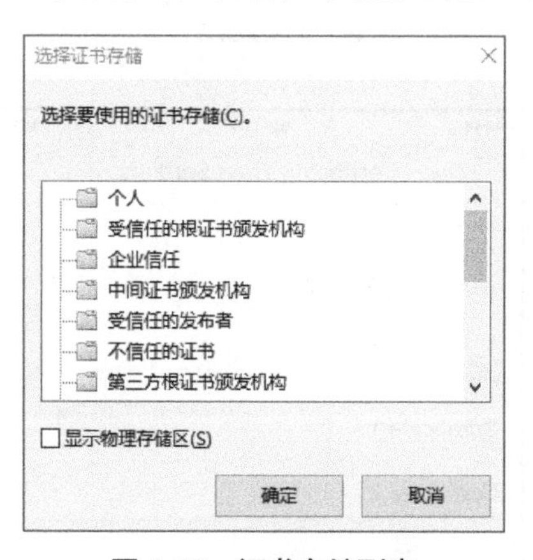

图 1-29　证书存储列表

点击“确定”后，按照向导指引完成其他的确认选项，操作完毕后会弹出导入结果。至此，Windows 操作系统中的 Charles SSL 证书安装完毕。

除在计算机中安装 SSL 证书之外，我们还需要在手机端安装证书。下面介绍 iOS 系统和 Android 系统中的证书安装步骤，读者可根据所用的操作系统进行操作。

1.4.4 iOS 系统的证书设置

在安装证书之前，请确认以下事项。

- 手机与计算机处于同一网络。
- 按照上一节的指引安装 SSL 证书。
- 为手机设置网络代理，代理 IP 为计算机 IP，端口号为 8888。

打开浏览器并访问 http://chls.pro/ssl，该页面是 Charles SSL 证书的下载页。访问该页面后，会自动下载 SSL 证书。证书下载完成后，点击证书文件即可进入安装环节。

安装工作完成后，需要将证书添加到操作系统的信任列表中。iOS 官网给出了具体的操作方法（详见 https://support.apple.com/en-nz/HT204477）。

当安装通过电子邮件发送给您或从网站下载的配置文件时，必须手动打开 SSL 信任。请转至“设置”→“常规”→“关于”→“证书信任设置”，在“为根证书启用完全信任”下，启用证书的信任。

苹果官网的英文版证书启用界面如图 1-30 所示，我们只需要启用名为 Charles Proxy CA 的证书的信任即可。

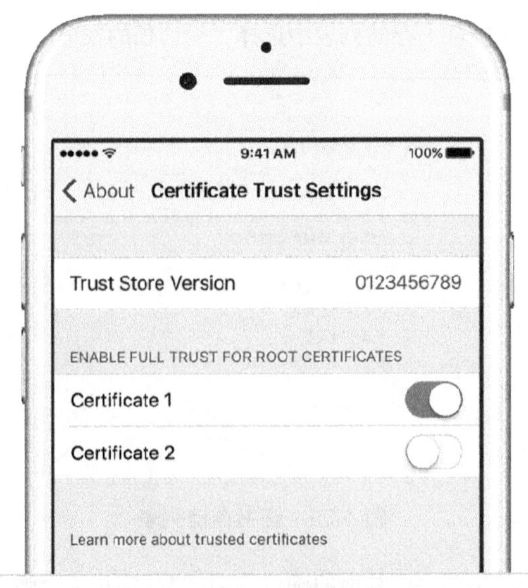

图 1-30 iOS 证书启用界面[①]

① 图 1-30 为苹果公司官方的“证书信任设置”英文界面，用户按照指引操作即可看到文字描述中的 Charles Proxy CA 证书。

1.4.5 Android 模拟器的安装与证书设置

Android 模拟器是一个能够在计算机上运行 Android 系统的应用软件。常见的 Android 模拟器有网易 MuMu 模拟器和夜神模拟器，这两款模拟器中的 Android 操作系统版本号均低于 7，完全符合我们的需求。由于它们只能在 Windows 操作系统或 macOS 操作系统上运行，所以本书将以 Windows 操作系统作为演示平台。

提示 选择使用 Android 模拟器而不是 Android 手机的原因是：新版 Android 系统的安全防护策略级别较高，而我们需要在低版本的系统中对软件应用进行抓包。具体原因将在第 8 章中详细介绍。

前往网易 MuMu 模拟器官方网站（详见 http://mumu.163.com/）下载该模拟器的安装文件，然后双击该文件开始安装，安装界面如图 1-31 所示。

图 1-31 网易 MuMu 模拟器安装界面

安装时既可以根据个人需求选择“自定义安装”，也可以按照推荐选项选择“快速安装”。安装完成后选择“启动 MuMu 模拟器”，启动后的界面如图 1-32 所示。

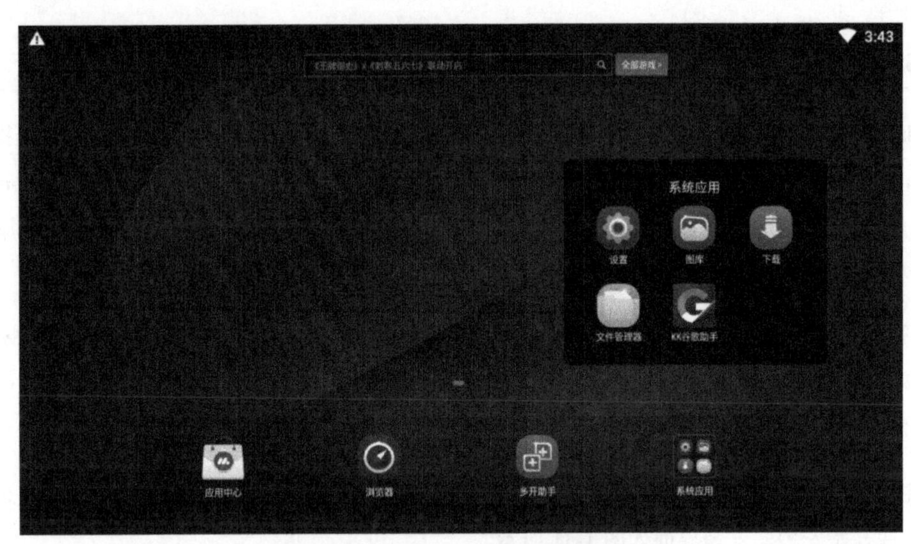

图 1-32 网易 MuMu 模拟器界面

接下来，我们需要在模拟器启动的 Android 系统中安装 Charles SSL 证书。在桌面的“系统应用”中找到并打开“设置”，然后在“设置”界面中选择 WLAN，之后会进入如图 1-33 所示的网络设置界面。

图 1-33 网络设置界面

该界面中只有 1 个网络，用鼠标长按可选择该网络（因为单击无法触发网络设置面板，所以需要长按），并在弹出的网络设置面板中选择“修改网络”，如图 1-34 所示。

图 1-34 网络设置面板

在设置代理前，我们需要查看本机的 IP 地址，然后将该 IP 地址填入网络代理配置面板的“代理服务器主机名”中，并在下方的“代理服务器端口”处填写“8888”。本书案例所用计算机的 IP 地址为 192.168.100.18，对应的网络代理配置面板如图 1-35 所示。

图 1-35 网络代理配置面板

保存网络代理配置后，我们就可以在模拟器中下载对应的 SSL 证书了。回到模拟器主界面，打开浏览器并访问 http://chls.pro/ssl，该页面是 Charles SSL 证书的下载页。如图 1-36 所示，浏览器访问该页面后，会自动下载 SSL 证书。

图 1-36 浏览器下载 SSL 证书

MuMu 模拟器内置的浏览器在下载文件时，界面左上角会出现下载图标，点击它就可以看到下载的文件。图 1-36 中的 getssl-1.crt 就是我们刚才访问 SSL 证书下载页面时下载的证书。点击该证书文件，然后按照系统提示继续安装即可。

1.4.6 Postman

Postman 是一个完整的 API 开发环境，因简单易用而深受广大开发者的欢迎，我们可以使用它模拟浏览器向服务器端发起网络请求。Postman 提供了非常简单的参数配置界面，这在很大程度上缩减了我们在请求模拟和参数构造上所花费的时间，从而能够更好地把重心放在业务逻辑上。

相关链接

- Postman 官网：https://www.getpostman.com/。
- Postman 下载地址：https://www.getpostman.com/downloads。

Postman 官网会根据我们所用的操作系统给出对应版本的下载链接，如图 1-37 所示，这里选择 Windows x64 即可。

图 1-37　Postman 官网的下载界面

下载完成后将压缩包解压，进入 Postman 目录，找到名为 Postman 的可执行文件并双击打开，如图 1-38 所示，界面左侧是请求记录列表，右侧是操作区域。

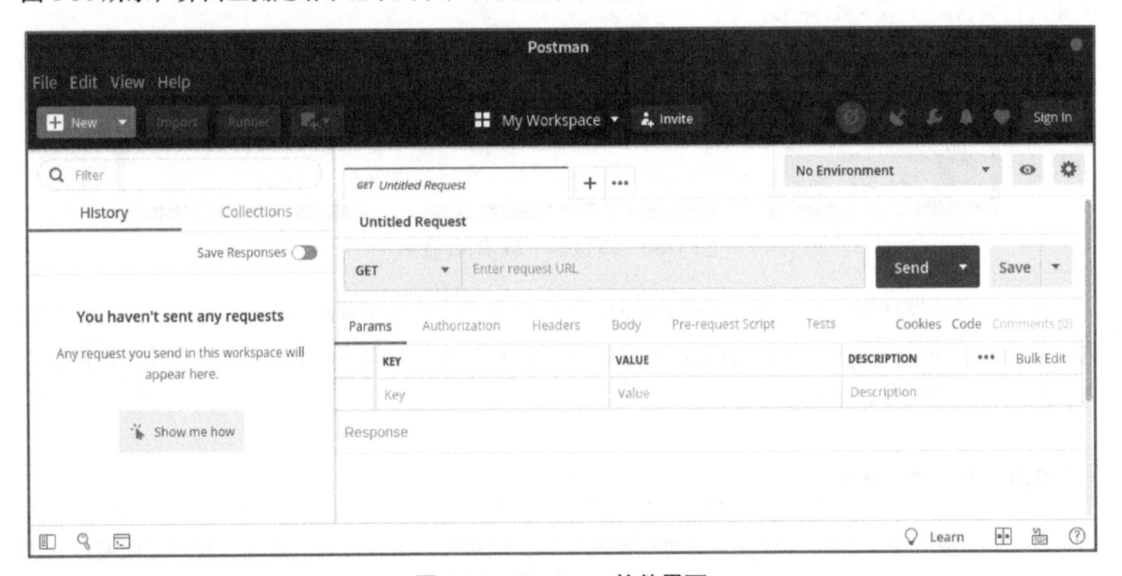

图 1-38　Postman 软件界面

我们可以通过一个例子来学习如何使用 Postman。假如现在需要向 www.example.com 网站发起 GET 请求，并且将本次请求所用请求头中的 User-Agent 头域设置为 Python，Referer 头域设置为 http://www.huawei.com。那么只需要在右侧上半部分的 URL 框中输入网址 www.example.com，然后在右侧中部选择 Headers 选项卡，接着在文本框中设置 User-Agent 和 Referer 的头域名称以及对应的值，如图 1-39 所示。

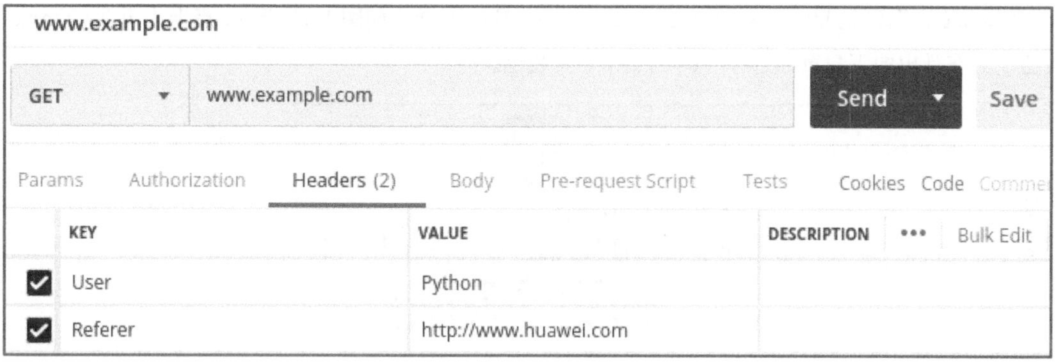

www.example.com

GET www.example.com Send Save

Params Authorization Headers (2) Body Pre-request Script Tests Cookies Code Comme

KEY	VALUE	DESCRIPTION
User	Python	
Referer	http://www.huawei.com	

图 1-39 Headers 选项卡

最后点击旁边的 Send 按钮即可。除了以上所填写的请求头信息之外，还可以添加其他请求头信息。在请求发送后，右侧下半部分会显示本次请求得到的响应。响应内容包括状态码、请求耗时、响应正文和响应头信息等。本次请求得到的响应正文如图 1-40 所示。

Body Cookies Headers (12) Test Results Status: 200 OK Time: 438 ms Size: 967 B Download

Pretty Raw Preview HTML

```
1  <!doctype html><html><head><title>Example Domain</title><meta charset="utf-8" /><meta http-equiv
   ="Content-type" content="text/html; charset=utf-8" /><meta name="viewport" content="width
   =device-width, initial-scale=1" /><style type="text/css">
2      body {
3          background-color: #f0f0f2;
4          margin: 0;
5          padding: 0;
6          font-family: "Open Sans", "Helvetica Neue", Helvetica, Arial, sans-serif;
7
8      }
9      div {
10         width: 600px;
11         margin: 5em auto;
12         padding: 50px;
13         background-color: #fff;
14         border-radius: 1em;
15     }
16     a:link, a:visited {
17         color: #38488f;
18         text-decoration: none;
19     }
20     @media (max-width: 700px) {
```

图 1-40 响应正文

1.4.7　Google Chrome

Google Chrome（简称 Chrome）是一款由 Google 公司开发的网页浏览器，其内置的开发者工具是一套 Web 开发和调试工具，能够对网站进行迭代、调试和分析。我们可以通过 Chrome 开发者工具观察真实上网环境的网络请求和资源加载信息，甚至可以对页面中的 JavaScript 进行调试。

Chrome 官网详见 https://www.google.cn/intl/zh-CN/chrome/，如图 1-41 所示，点击“下载 Chrome”按钮，并在弹出的下载页面选择“64 位.deb”安装包。

图 1-41　Chrome 官网

安装包下载完成后，Ubuntu 软件会自动弹出安装提示，此时只需要点击“安装”按钮即可。安装完成后，Chrome 的快捷方式会自动添加到应用列表中。

Chrome 开发者工具又称调试工具，在 Chrome 浏览器中可以通过快捷键 F12 唤起，如图 1-42 所示。

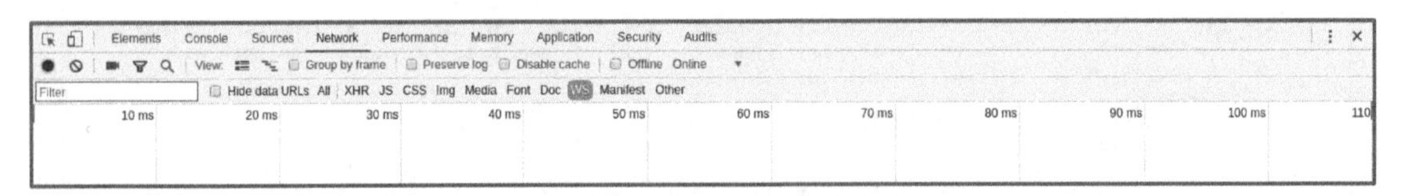

图 1-42　开发者工具界面

开发者工具界面是面板风格布局，面板及对应功能如下。

- 元素面板 Elements：检查和调整页面，编辑样式和 DOM。
- 控制台面板 Console：记录调试信息或者使用它作为 shell 在页面上与 JavaScript 交互。
- 源代码面板 Sources：断点调试、实时编辑。
- 网络面板 Network：记录请求信息及资源加载情况。
- 性能面板 Performance：记录和查看网站生命周期内发生的各种事件。

- 内存面板 Memory：跟踪内存信息。
- 应用面板 Application：检查加载的所有资源，包括本地和会话存储、Cookie、应用程序缓存、图像、字体和样式表。
- 安全面板 Security：调试混合内容问题和证书问题等。
- 审计面板 Audits：分析网页内容加载过程，检测网页性能。

最常用到的是网络面板、元素面板和源代码面板。我们可以通过一个例子来了解开发者工具和面板的用法。在已唤起开发者工具的情况下，用鼠标点击 Network，然后在浏览器地址栏中输入 http://www.example.com 并敲击回车键。此时观察网络面板的变化，可以看到网络面板中多了两条记录，如图 1-43 所示。

Name	Status	Type	Initiator
www.example.com	200	document	Other
favicon.ico	404	text/html	Other

图 1-43　网络面板中的网络请求记录

从记录中能够看到本次请求的地址、响应状态码和响应内容类型等。如果想要查看更详细的信息，则需要点击具体记录的 Name 列。点击后，网络面板会自动分为左右两栏，如图 1-44 所示，左侧是请求记录列表，右侧是单条请求记录的请求信息与响应信息。

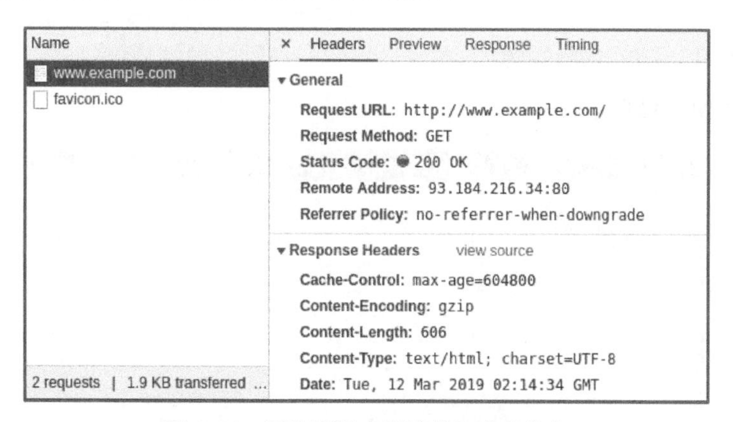

图 1-44　网络面板中的请求与响应信息

右侧面板中的 Headers 中记录着请求总览信息、请求头信息和响应头信息，Response 中记录着本次请求获得的响应正文。

1.4.8　JADX

如果想查看 Android 应用的代码，就需要将该应用的 APK 安装包反编译成可读的代码。JADX 是一款开源的 APK 反编译工具，我们可以用它将 APK 反编译成代码，其 GitHub 仓库地址为 https://github.com/skylot/jadx。

根据 JADX 项目 README.md 文件中介绍的方法，安装和启动 JADX。JADX 依赖 JDK 8，所以在编译安装它之前，需要先安装 JDK 8。JDK 是 Java 语言的开发工具包，JDK 8 指的是该工具包的 1.8.0 版本。OpenJDK 是 JDK 的开源版本，它的功能和作用与 JDK 相同，但安装过程非常简单。我们按照 OpenJDK 官网（详见 http://openjdk.java.net/install/）推荐的安装方式即可。对应的安装命令为：

```
$ sudo apt-get install openjdk-8-jre
```

执行安装命令后，Ubuntu 系统就会在软件仓库中安装指定的软件，这时有可能出现需要确认的选项，输入 y 即可。安装好 JDK 8 后，我们就可以编译并安装 JADX 了。首先使用 `git clone` 命令将 JADX 源码克隆到计算机中：

```
$ git clone https://github.com/skylot/jadx.git
```

接着进入 JADX 目录并运行构建命令：

```
$ cd jadx
$ ./gradlew dist
```

项目构建完成后，就可以使用如下命令启动 JADX 的图形界面了：

```
$ cd build/jadx/
$ bin/jadx-gui lib/jadx-core-*.jar
```

JADX 图形界面如图 1-45 所示。

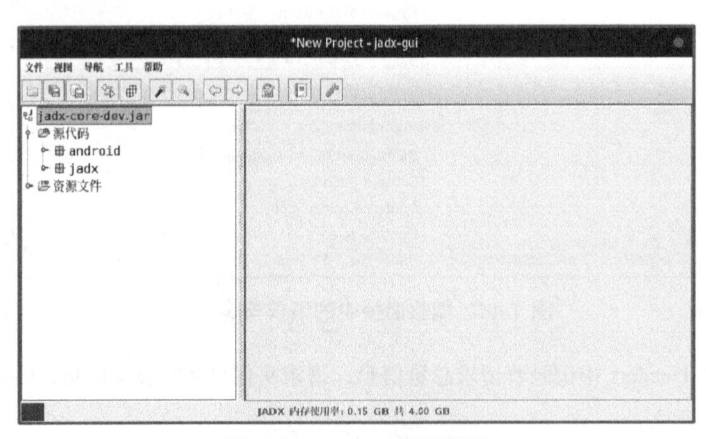

图 1-45 JADX 图形界面

在图 1-45 中，左侧是项目目录，右侧为文件内容显示区域。在 JADX 菜单栏中有文件、视图、导航、工具和帮助等选项。至此，JADX 软件安装完毕。

1.5 深度学习环境配置

本书将介绍深度学习在验证码校验方面的应用并动手实现几个案例。深度学习领域的库或框架非常多，有 PyTorch、Caffe、TensorFlow、Darknet 等，我们可以利用它们快速实现需求。

下面我们就来了解深度学习所需的环境配置。

1.5.1 NVIDIA 显卡驱动安装

GPU（Graphics Processing Unit，图形处理器）是显卡的核心组成部分，能够执行复杂的计算，所以成为进行深度学习的首选处理器。深度学习的计算量非常大，以一张像素大小为 200×40 的彩色图片为例，它的输入数据量为 200×40×3=24 000，其中 3 代表 RGB 通道数量。假如训练样本的数量为 20 000，那么计算量就是 480 000 000（4.8 亿）。面对如此大的计算量，人们在深度学习的过程中通常会选择计算能力更强的 GPU，而不是 CPU。

GPU 的计算能力称为算力，可以在 NVIDIA 官网查看（详见 https://developer.nvidia.com/cuda-gpus）。NVIDIA GeForce 系列部分产品的算力，如图 1-46 所示。

GeForce and TITAN Products

GPU	Compute Capability
NVIDIA TITAN RTX	7.5
Geforce RTX 2080 Ti	7.5
Geforce RTX 2080	7.5
Geforce RTX 2070	7.5
Geforce RTX 2060	7.5
NVIDIA TITAN V	7.0
NVIDIA TITAN Xp	6.1
NVIDIA TITAN X	6.1
GeForce GTX 1080 Ti	6.1

GeForce Notebook Products

GPU	Compute Capability
Geforce RTX 2080	7.5
Geforce RTX 2070	7.5
Geforce RTX 2060	7.5
GeForce GTX 1080	6.1
GeForce GTX 1070	6.1
GeForce GTX 1060	6.1
GeForce GTX 980	5.2
GeForce GTX 980M	5.2
GeForce GTX 970M	5.2

图 1-46 NVIDIA GeForce 系列部分产品的算力

在驱动安装开始前，你需要确认你的计算机搭载了一张 GPU 算力超过 3.5 的独立显卡。如果没有，那么可以跳过 1.5.1 节、1.5.2 节和 1.5.3 节的介绍。

首先，我们需要将显卡驱动加入 PPA 源[①]并且更新软件列表，相关命令如下：

```
$ sudo add-apt-repository ppa:graphics-drivers
$ sudo apt-get update
```

① PPA 是 Personal Package Archives 的缩写，表示个人软件包文档。

然后使用命令查找 NVIDIA 显卡驱动的最新版本号：

```
$ sudo apt-cache search nvidia
```

此时控制台将输出如下内容：

```
nvidia-dkms-410 - NVIDIA DKMS package
nvidia-driver-410 - NVIDIA driver metapackage
nvidia-headless-410 - NVIDIA headless metapackage
nvidia-headless-no-dkms-410 - NVIDIA headless metapackage - no DKMS
nvidia-kernel-common-410 - Shared files used with the kernel module
nvidia-kernel-source-410 - NVIDIA kernel source package
nvidia-utils-410 - NVIDIA driver support binaries
xserver-xorg-video-nvidia-410 - NVIDIA binary Xorg driver
...
```

接着使用如下命令查看系统推荐的显卡驱动：

```
$ ubuntu-drivers devices
```

此时控制台将输出如下内容：

```
== /sys/devices/pci0000:00/0000:00:01.0/0000:01:00.0 ==
modalias : pci:v000010DEd00001D01sv00007377sd00000000bc03sc00i00
vendor   : NVIDIA Corporation
model    : GP108 [GeForce GT 1030]
driver   : nvidia-driver-418 - third-party free
driver   : nvidia-driver-415 - third-party free
driver   : nvidia-driver-410 - third-party free
driver   : nvidia-driver-396 - third-party free
driver   : nvidia-driver-430 - third-party free recommended
driver   : nvidia-driver-390 - distro non-free
driver   : xserver-xorg-video-nouveau - distro free builtin
```

显卡驱动版本与后续安装的 CUDA 版本需要对应，NVIDIA 官网给出的对照表如图 1-47 所示。

Table 1. CUDA Toolkit and Compatible Driver Versions

CUDA Toolkit	Linux x86_64 Driver Version	Windows x86_64 Driver Version
CUDA 10.1.105	>= 418.39	>= 418.96
CUDA 10.0.130	>= 410.48	>= 411.31
CUDA 9.2 (9.2.148 Update 1)	>= 396.37	>= 398.26
CUDA 9.2 (9.2.88)	>= 396.26	>= 397.44
CUDA 9.1 (9.1.85)	>= 390.46	>= 391.29
CUDA 9.0 (9.0.76)	>= 384.81	>= 385.54
CUDA 8.0 (8.0.61 GA2)	>= 375.26	>= 376.51
CUDA 8.0 (8.0.44)	>= 367.48	>= 369.30
CUDA 7.5 (7.5.16)	>= 352.31	>= 353.66
CUDA 7.0 (7.0.28)	>= 346.46	>= 347.62

图 1-47 CUDA 与显卡驱动的版本对照

当前 CUDA 版本号为 10.1（详见 https://developer.nvidia.com/cuda-toolkit），这里我们需要选择版本号大于等于 418.39 的显卡驱动。打开系统中的“软件和更新”，切换到“附加驱动”选项卡，并在驱动列表中选择合适的显卡驱动，如图 1-48 所示。

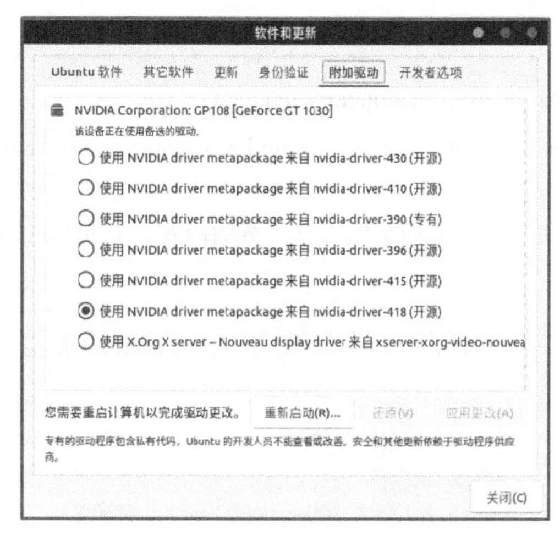

图 1-48 “附加驱动”选项卡

然后点击右下角的“应用更改”按钮，此时系统会根据我们的选择安装对应的驱动，待驱动安装完毕后，重新启动计算机即可。

重启计算机后，在应用列表中找到“设置”选项，并选择“详细信息”选项，点击“About”，可以看到如图 1-49 所示的硬件信息。

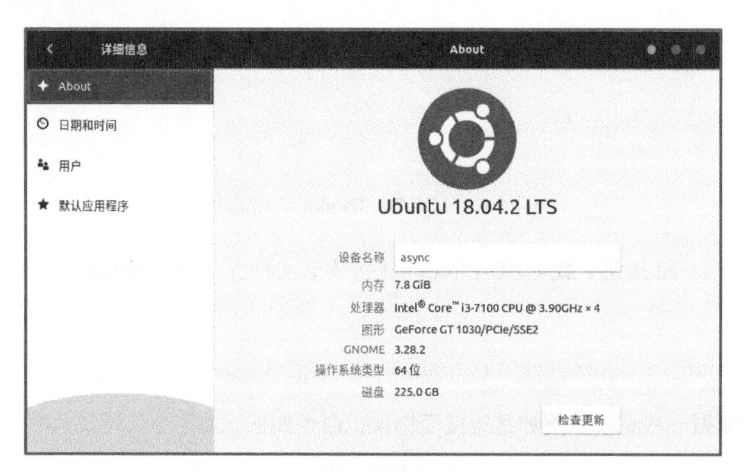

图 1-49 硬件信息

如果“图形”对应的信息与计算机中的 GPU 信息一致，则表示显卡驱动安装成功。

1.5.2 CUDA Toolkit 的安装

CUDA Toolkit 为创建高性能 GPU 加速应用程序提供了开发环境。

相关链接

- ❑ NVIDIA 开发者中心：https://developer.nvidia.com。
- ❑ CUDA Toolkit 下载地址：https://developer.nvidia.com/cuda-downloads。

打开 CUDA Toolkit 下载地址并根据系统选择下载的版本。这里以 Ubuntu 18.04 为例，下载选项的选择如图 1-50 所示。

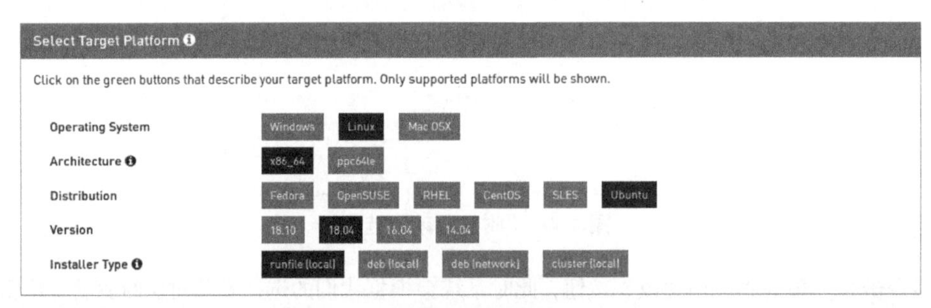

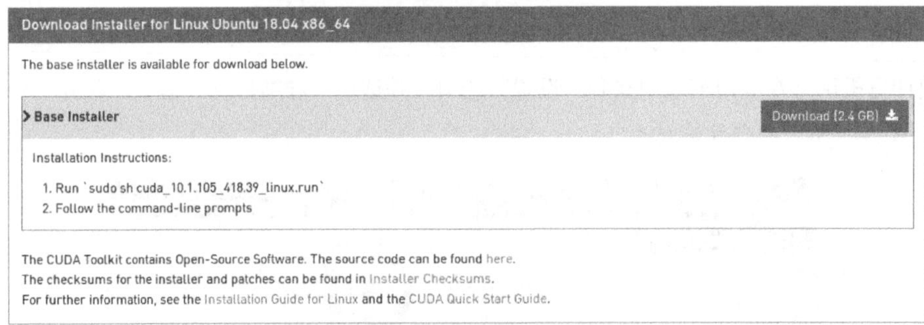

图 1-50 CUDA Toolkit 下载页面

然后点击 Download 按钮下载 CUDA Toolokit 的安装文件。文件下载完成后，使用如下命令运行安装文件：

```
$ sudo sh cuda_10.1.105_418.39_linux.run
```

在安装过程中需要做一些选择，例如是否接受协议，命令如下：

```
Do you accept the above EULA? (accept/decline/quit):
```

此时输入 `accept` 选项代表同意协议。接着需要选择如图 1-51 所示的安装内容。

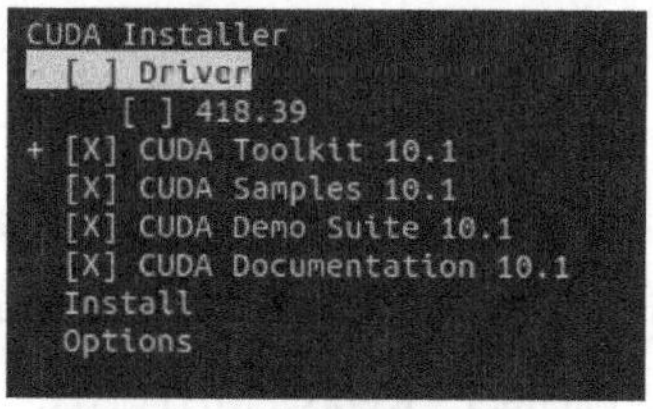

```
CUDA Installer
- [ ] Driver
     [ ] 418.39
+ [X] CUDA Toolkit 10.1
  [X] CUDA Samples 10.1
  [X] CUDA Demo Suite 10.1
  [X] CUDA Documentation 10.1
  Install
  Options
```

图 1-51 选择安装内容

按下回车键可以选择或取消选择。由于之前安装过显卡驱动，所以这里不选择驱动选项，其他选项不变。接着选择下方的 Install 选项即可进入安装流程。安装完毕后，还需要在环境变量中配置 CUDA。打开环境变量配置文件的命令如下：

```
$ sudo nano ~/.bashrc
```

然后将以下内容写入配置文件末尾：

```
export PATH=/usr/local/cuda-10.1/bin${PATH:+:${PATH}}
export
LD_LIBRARY_PATH=/usr/local/cuda-10.1/lib64${LD_LIBRARY_PATH:+:${LD_LIBRARY_PATH}}
```

其中 `cuda-10.1` 为实际安装版本。如果计算机安装的是其他版本，则需要修改路径。

保存配置文件后，使用如下命令启用新的环境变量：

```
$ source ~/.bashrc
```

然后执行 `nvidia-smi` 命令就可以看到如图 1-52 所示的显卡信息。如果右上角显示的 CUDA Version 值与刚才安装的版本号相同，代表 CUDA Toolkit 安装成功。

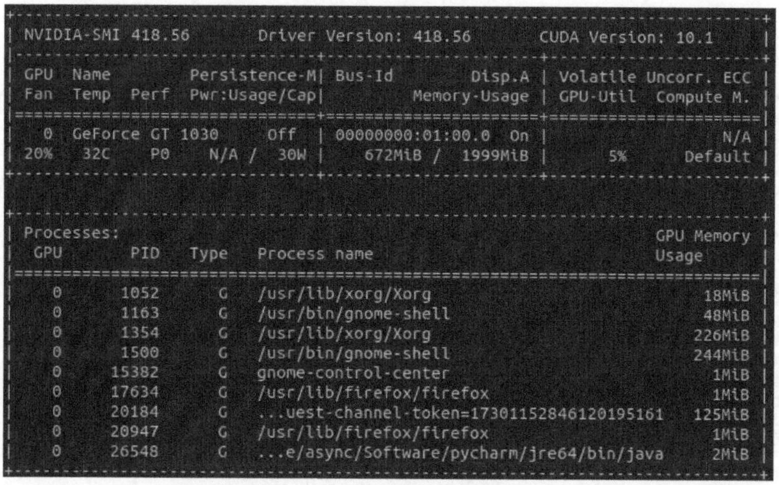

```
+-----------------------------------------------------------------------------+
| NVIDIA-SMI 418.56       Driver Version: 418.56       CUDA Version: 10.1     |
|-------------------------------+----------------------+----------------------+
| GPU  Name        Persistence-M| Bus-Id        Disp.A | Volatile Uncorr. ECC |
| Fan  Temp  Perf  Pwr:Usage/Cap|         Memory-Usage | GPU-Util  Compute M. |
|===============================+======================+======================|
|   0  GeForce GT 1030     Off  | 00000000:01:00.0  On |                  N/A |
| 20%   32C    P0    N/A /  30W |    672MiB /  1999MiB |      5%      Default |
+-------------------------------+----------------------+----------------------+

+-----------------------------------------------------------------------------+
| Processes:                                                       GPU Memory |
|  GPU       PID   Type   Process name                             Usage      |
|=============================================================================|
|    0      1052      G   /usr/lib/xorg/Xorg                            18MiB |
|    0      1163      G   /usr/bin/gnome-shell                          48MiB |
|    0      1354      G   /usr/lib/xorg/Xorg                           226MiB |
|    0      1500      G   /usr/bin/gnome-shell                         244MiB |
|    0     15382      G   gnome-control-center                           1MiB |
|    0     17634      G   /usr/lib/firefox/firefox                       1MiB |
|    0     20184      G   ...uest-channel-token=17301152846120195161   125MiB |
|    0     20947      G   /usr/lib/firefox/firefox                       1MiB |
|    0     26548      G   ...e/async/Software/pycharm/jre64/bin/java     2MiB |
+-----------------------------------------------------------------------------+
```

图 1-52 显卡相关信息

1.5.3 cuDNN 的安装

cuDNN（深度神经网络库）用于给深度神经网络的 GPU 加速，让深度学习研究人员和框架开发人员专注于训练和开发，而不是将时间花在 GPU 性能调优上。cuDNN 加速被广泛应用在深度学习领域，支持它的框架有 Caffe、Caffe2、Chainer、Keras、MATLAB、MXNet、TensorFlow 和 PyTorch 等。

相关链接

- NVIDIA 注册：https://developer.nvidia.com/rdp/form/cudnn-download-survey。
- cuDNN 下载地址：https://developer.nvidia.com/rdp/cudnn-download。
- cuDNN 安装说明：https://docs.nvidia.com/deeplearning/sdk/cudnn-install/index.html#installlinux-tar。

在下载 cuDNN 之前，我们需要在 NVIDIA 开发者平台进行注册，完成注册并登录后才能访问下载页面。下载时必须根据 CUDA Toolkit 版本下载 cuDNN 压缩包，本书使用的 CUDA Toolkit 的版本号为 10.1，对应的 cuDNN 版本号为 v7.5.1。cuDNN 下载页面如图 1-53 所示。

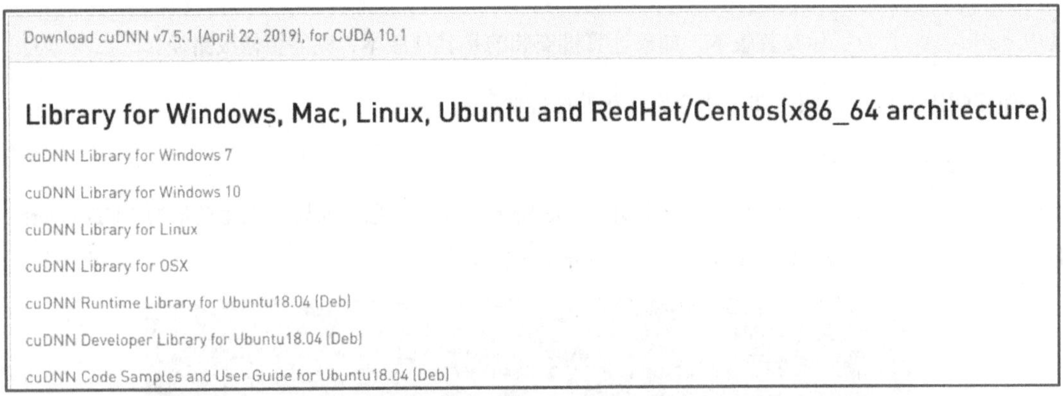

Download cuDNN v7.5.1 (April 22, 2019), for CUDA 10.1

Library for Windows, Mac, Linux, Ubuntu and RedHat/Centos(x86_64 architecture)

cuDNN Library for Windows 7

cuDNN Library for Windows 10

cuDNN Library for Linux

cuDNN Library for OSX

cuDNN Runtime Library for Ubuntu18.04 (Deb)

cuDNN Developer Library for Ubuntu18.04 (Deb)

cuDNN Code Samples and User Guide for Ubuntu18.04 (Deb)

图 1-53 cuDNN 下载页面

下载时选择 cuDNN Library for Linux 即可。下载完成后，根据 cuDNN 安装说明进行安装。首先使用如下命令解压 cuDNN 压缩包：

```
$ tar -xzvf cudnn-10.1-linux-x64-v7.5.1.10.tgz
```

然后将以下文件复制到 CUDA Toolkit 目录中，并更改文件权限，对应命令如下：

```
$ sudo cp cuda/include/cudnn.h /usr/local/cuda/include
$ sudo cp cuda/lib64/libcudnn* /usr/local/cuda/lib64
$ sudo chmod a+r /usr/local/cuda/include/cudnn.h /usr/local/cuda/lib64/libcudnn*
```

此时 cuDNN 安装完毕。

接着我们使用如下命令验证 cuDNN 是否安装成功：

```
$ nvcc -V
```

如果此时终端输出如下内容：

```
nvcc: NVIDIA (R) Cuda compiler driver
Copyright (c) 2005-2019 NVIDIA Corporation
Built on Fri_Feb__8_19:08:17_PST_2019
Cuda compilation tools, release 10.1, V10.1.105
```

就说明 cuDNN 已成功安装。

1.5.4 深度学习库 PyTorch

PyTorch 是使用 GPU 和 CPU 优化的深度学习张量库，我们将会在本书中使用它来实现验证码字符识别。

相关链接

- PyTorch 官网：https://pytorch.org/。
- PyTorch 安装指南：https://pytorch.org/get-started/locally。

打开 PyTorch 安装指南对应的网址，根据系统和环境选择对应的 PyTorch 版本。如果没有显卡驱动和 CUDA Toolkit，在 CUDA 一栏中选择 None。本书所用的版本如图 1-54 所示。

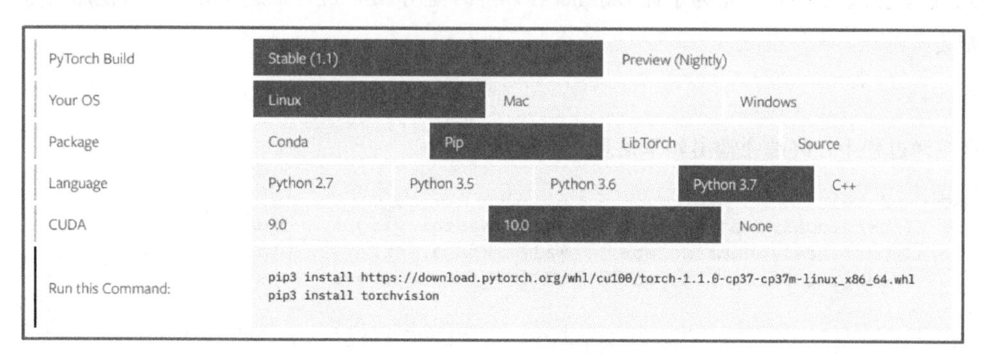

图 1-54 PyTorch 版本

根据要求选择后，PyTorch 会给出对应的安装命令。图 1-54 中给出的命令如下：

```
$ pip3 install
https://download.pytorch.org/whl/cu100/torch-1.1.0-cp37-cp37m-linux_x86_64.whl
$ pip3 install torchvision
```

执行该命令，就可以安装 PyTorch。

对应的库安装完毕后，可以使用 Python 代码验证 PyTorch 是否安装成功。Python 代码及输出如下：

```
>>> import torch
>>> torch.cuda.is_available()
True
```

要注意的是，输出结果为 `True` 或 `False` 仅代表 GPU 是否可用，如无报错，均说明 PyTorch 库已成功安装。

1.5.5 深度学习框架 Darknet

Darknet 是一个用 C 语言编写的开源神经网络框架，易于安装且运行速度非常快，同时支持 CPU 和 GPU 计算。在本书中，我们将使用它来实现验证码目标检测。

相关链接

- Darknet 官网：https://pjreddie.com/darknet/。
- Darknet GitHub：https://github.com/pjreddie/darknet。

首先从 Darknet 的 GitHub 仓库克隆 Darknet 项目，克隆命令如下：

```
$ git clone https://github.com/pjreddie/darknet.git
```

克隆完成后，进入 Darkent 项目目录 darknet，并打开 makefile 文件，将第一行的 `GPU=0` 修改为 `GPU=1`。这里更改 GPU 选项是为了让 Darknet 在训练时使用 GPU 进行加速计算。接着使用 `make` 命令编译安装：

```
$ make
```

在编译过程中，终端会输出如下信息：

```
mkdir -p obj
gcc -I/usr/local/cuda/include/  -Wall -Wfatal-errors  -Ofast...
gcc -I/usr/local/cuda/include/  -Wall -Wfatal-errors  -Ofast...
gcc -I/usr/local/cuda/include/  -Wall -Wfatal-errors  -Ofast...
...
gcc -I/usr/local/cuda/include/  -Wall -Wfatal-errors  -Ofast -lm...
```

如果没有出现报错信息，就代表顺利完成编译。接着我们可以使用如下命令验证 Darknet 是否安装成功：

```
$ ./darknet
```

如果终端输出如下内容：

```
usage: ./darknet <function>
```

那么说明 Darknet 已成功安装。

1.5.6　图片标注工具 LabelImg

LabelImg 是一个用 Python 语言编写的图像标注工具，其图像和标注结果可以用于对目标检测模型进行训练。标注信息如图 1-55 所示，标注结果会以 PASCAL VOC 格式保存为 XML 文件。

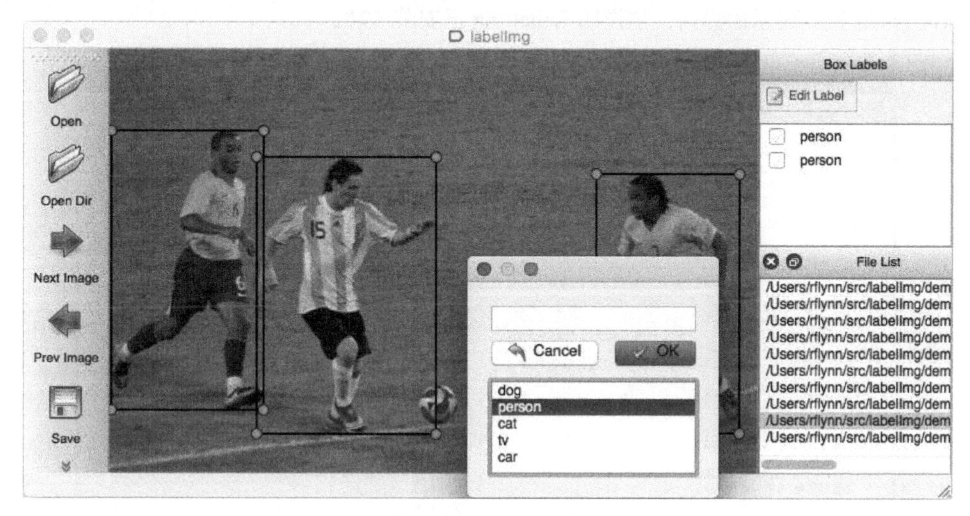

图 1-55　标注信息

相关链接

LabelImg 的 GitHub 仓库地址：https://github.com/tzutalin/labelImg。

由于 LabelImg 是基于 Qt 5 实现的图形界面，所以我们要先安装它，命令如下：

```
$ sudo apt-get install pyqt5-dev-tools
```

然后使用如下命令将 LabelImg 项目克隆到本地：

```
$ git clone https://github.com/tzutalin/labelImg
```

接着进入 labelImg 项目，并安装依赖：

```
$ cd labelImg
$ pip install -r requirements/requirements-linux-python3.txt
```

最后就可以使用如下命令编译 labelImg 了：

```
$ make qt5py3
```

此时如果终端输出如下内容：

```
pyrcc5 -o resources.py resources.qrc
```

就说明编译成功。

编译成功后，我们就可以使用 LabelImg 了。使用如下命令启动 LabelImg：

```
$ python labelImg.py
```

此时会弹出如图 1-56 所示的界面，这说明 LabelImg 已安装成功。

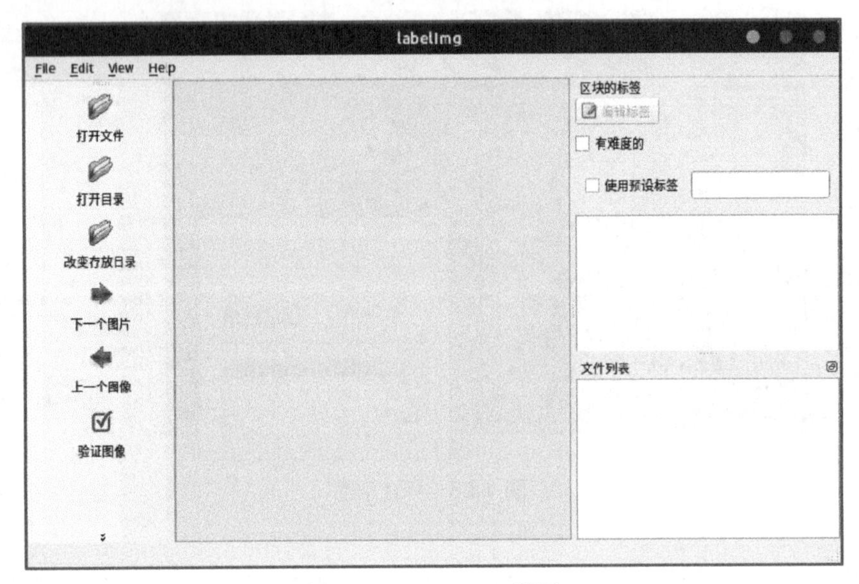

图 1-56 LabelImg 界面

1.6 Node.js 环境配置

Node.js 是一个基于 Chrome V8 引擎的 JavaScript 运行环境，它的存在使开发者可以在不依赖浏览器的情况下编译和运行 JavaScript 代码。

1.6.1 Node.js 的安装

我们既可以从 Node.js 官网下载安装包，也可以通过它的版本管理工具 NVM 来安装它。使用 NVM 的好处是可以在计算机中安装多个版本的 Node.js，并且安装过程也比较简单。

相关链接

- Node.js 官网：https://nodejs.org。
- NVM 的 GitHub 仓库：https://github.com/nvm-sh/nvm。

首先下载并安装 NVM，对应的命令如下：

```
$ wget -qO- https://raw.githubusercontent.com/nvm-sh/nvm/v0.34.0/install.sh | bash
```

然后刷新环境变量，对应的命令如下：

```
$ source ~/.bashrc
```

接着验证 NVM 是否安装成功。在终端执行以下命令：

```
$ command -v nvm
```

此时终端会输出如下内容：

```
nvm
```

这代表 NVM 已经成功安装，并且正常运行。接着就可以安装 Node.js 了，在终端执行以下命令：

```
$ nvm install node
```

此时终端输出如下内容：

```
Downloading and installing node v12.4.0...
Downloading https://nodejs.org/dist/v12.4.0/node-v12.4.0-linux-x64.tar.xz...
##########################################################################################
########### 100.0%
```

这代表 Node.js 最新版本已被下载并安装。

接下来验证 Node.js 是否已经安装成功。新建一个名为 nodev.js 的文件，并将以下内容写入文件：

```
console.log('node 可用');
```

最后在同级目录下唤起终端，在终端执行以下命令：

```
$ node nodev.js
```

如果此时终端输出如下内容：

```
node 可用
```

代表 Node.js 已经成功安装，并且正常运行。

1.6.2 UglifyJS 的安装

UglifyJS 是一个用 JavaScript 编写的 JavaScript 压缩工具，本书中我们将用它实现一个简单的 JavaScript 代码混淆器。在终端执行以下命令：

```
$ npm install uglify-js -g
```

命令执行后，终端输出如下内容：

```
+ uglify-js@3.6.0
added 3 packages from 38 contributors in 1.9s
```

这代表 UglifyJS 已成功安装。

第 2 章

Web 网站的构成和页面渲染

爬虫与反爬虫的较量总是围绕着 Web 网站展开，爬虫的主要目的是获取 Web 网站中的内容。开发者要想限制爬虫获取数据，就需要了解 HTML 从文档变成内容丰富的页面所要经历的每个阶段，例如网络请求、资源匹配、数据传输和页面渲染等。所以在学习反爬虫之前，我们有必要了解 Web 网站的构成和页面渲染过程的相关知识。

Web 网站由服务器端和客户端组成，服务器端主要负责为客户端提供文件资源提取和数据保存等服务，而客户端则将服务器端的资源转化为用户可读的内容。服务器端与客户端之间的信息交互需要通过网络进行传输，而网络传输会根据对应的网络协议进行，三者之间的关系如图 2-1 所示。要注意的是，客户端与服务器端必须使用相同的网络协议才能够实现通信。

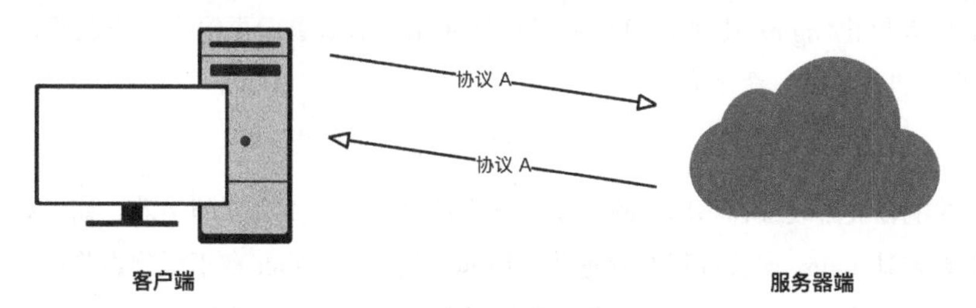

图 2-1　服务器端、客户端与网络协议间的关系

在本章中，我们将了解常见的网络协议、请求与响应、页面渲染等知识。

2.1 nginx 服务器

Web 网站的功能由编程语言实现，例如 Java、Python 和 PHP 等。编程语言专注于网站功能的实现，资源映射与连接处理则由服务器软件完成。常见的服务器软件有 Apache、nginx 和 Tomcat 等，接下来我们将通过 nginx 来增进对服务器的了解。

nginx 是一个 HTTP 和反向代理服务器，同时也是邮件代理服务器和通用的 TCP / UDP 代理服务器。它具有模块化设计、可扩展、低内存消耗、支持热部署等优秀特性，所以非常多的 Web 应用将其作为服务器软件。本书也将使用它实现一些反爬虫的功能。

nginx 有一个主进程和若干工作进程，其中主进程用于读取和评估配置并维护工作进程，工作进程会对请求进行实际处理。nginx 采用基于事件的模型和依赖于操作系统的机制，有效地在工作进程之间分发请求。工作进程数在配置文件中进行定义，可以设定具体数值或使用默认选项。

2.1.1 nginx 的信号

信号（signal）是控制 nginx 工作状态的模块，我们可以在终端使用信号来控制 nginx 的启动、停止和配置重载等。信号的语法格式如下：

```
nginx -s signal
```

其中 `signal` 是信号名称。常用的 nginx 信号有以下几种。

- **stop**：快速关机。
- **quit**：正常关机。
- **reload**：重新加载配置文件。
- **reopen**：重新打开日志文件。

假如我们需要停止 nginx 服务，但又希望它处理完当前请求后再停止工作进程，可以在终端向 nginx 发送正常关机的信号，命令为：

```
$ nginx -s quit
```

当 nginx 的配置被更改或者添加新的辅助配置文件时，它们不会立即生效。如果想让新的配置生效，就必须重新启动 nginx 或者进行配置重载。假如我们希望 nginx 在不影响当前任务处理的情况下重载配置，可以通过终端向 nginx 发送重新加载配置文件的信号，命令为：

```
$ nginx -s reload
```

一旦主进程收到配置重载信号，它将检查新配置文件的语法有效性，并尝试应用其中的配置。如果成功，主进程将启动新的工作进程并向旧工作进程发送关闭请求，否则主进程将回滚更改，并继续使用旧配置。旧工作进程在接收关闭请求后会停止接受新连接，并且继续为当前请求提供服务，直到当前请求处理完毕才关闭。

更多 nginx 信号的知识可前往 nginx 官方文档查看，详见 http://nginx.org/en/docs/control.html。

2.1.2 nginx 配置文件

nginx 由模块组成，而这些模块由配置文件中特定的指令控制，也就是说 nginx 的配置文件决定了 nginx 及其模块的工作方式。nginx 的配置文件分为主配置文件和辅助配置文件：主配置文件名为 nginx.conf，默认存放在 /etc/nginx 目录中；辅助配置文件要求以 .conf 作为文件后缀，并且默认存放在 /etc/nginx/conf.d 目录中。要注意的是，nginx 允许同时存在多个辅助配置文件。

nginx 的指令分为简单指令和块指令。一个简单的指令由指令名称和参数组成，它们以空格作为分隔符，并以分号结尾，如：

```
error_page  404  /404.html;
```

其中 error_page 是指令名称，404 和 /404.html 共同组成参数，作用是指定 404 错误显示的 HTML 文件。

块指令与简单指令具有相同的结构，但它不是以分号结尾，而是以花括号包围的一组附加指令结束，如：

```
location /404.html {
    root  /home/async/www/error_page;
}
```

如果块指令内包含其他指令，则该块指令称为上下文。常见的上下文有 events、http、server 和 location。要注意的是，这里还有一个隐藏的 main 上下文，它并非实际存在，类似于层级的根目录，即所有的指令的最外层都是 main。main 上下文作为其他上下文的参考对象，例如 events 和 http，必须写在 main 上下文中，server 必须写在 http 中，而 location 则必须写在 server 中。对于它们的关系，我们可以通过一段简单的配置来理解：

```
http {
    server {
        location / {
            root /www/index index.html;
        }
        location /images/ {
            # ...
        }
    }
}
```

配置文件的注释符为#。以上配置默认监听 80 端口，当我们在本地访问 http://localhost/ 时，服务器将根据配置文件设定的资源路径寻找资源，并将符合条件的资源发送给客户端，如果资源不存在，则发送 404 错误。我们并没有在配置中添加任何有关 main 的文字，但 http 上下文确实包含在 main 中。

nginx 提供了一个默认的辅助配置文件 default.conf，存放在 /etc/nginx/conf.d 目录中，里面包含了若干 server 块指令示例。我们可以在终端使用如下命令查看 default.conf 文件的内容：

```
$sudo cat /etc/nginx/conf.d/default.conf
```

命令执行后，终端会输出如下内容（以 ... 代替部分被注释的内容）：

```
server {
    listen       80;
    server_name  localhost;

    #charset koi8-r;
    #access_log  /var/log/nginx/host.access.log  main;

    location / {
        root   /usr/share/nginx/html;
        index  index.html index.htm;
    }

    #error_page  404              /404.html;

    # redirect server error pages to the static page /50x.html
    #
    error_page   500 502 503 504  /50x.html;
    location = /50x.html {
        root   /usr/share/nginx/html;
    }

    # proxy the PHP scripts to Apache listening on 127.0.0.1:80
    # ...
    #}
}
```

2.1.3 简单的代理服务

提供资源是服务器的功能之一，接下来我们就来学习如何通过 nginx 实现简单的代理服务。本次任务要求服务器根据用户的请求 URL，响应服务器本地目录中的资源（如 /data/www 目录中包含的 HTML 文件和 /data/images 目录中包含的图片文件）。我们可以通过编辑 nginx 的配置文件，将 URL 和本地目录中的资源进行映射，从而实现这个需求。

首先，我们需要准备本地目录的资源。在用户目录（如 /home/async）下创建 www 文件夹，将包含任意内容的 index.html 文件放到 www 目录中。在 www 文件夹中创建 images 文件夹，并在里面放置一张名为 example.png 的图片。

然后使用编辑器打开 nginx 默认的辅助配置文件 default.conf，将其中的所有代码注释后，编写新的配置：

```
http {
    server {
    }
}
```

在通常情况下，server 需要确定监听的端口和服务器名称，nginx 一旦决定处理请求，就会根据块指令中定义的指令参数测试请求头中指定的 URI。我们将下方的 location 添加到 server 中：

```
location / {
    root /home/async/www;
}
```

配置中的 location 指定“/”与请求中的 URI 进行比较。对于匹配的请求，URI 将指向 root 指令中指定的路径，即 /home/async/www，以便将本地资源与请求对应。如果存在多个匹配的 location 块指令，那么 nginx 会选择具有最长前缀的块指令。当无法匹配到其他前缀时，就会匹配“/”。

接下来添加第二个 location 块指令：

```
location /images/ {
    root /home/async/www;
}
```

它将匹配以“/images/”开头的 URI（“/”也匹配此类请求，但由于“/”的前缀长度比“/images/”短，所以优先匹配“/images/”）。完整的辅助配置文件内容如下：

```
server {
    location / {
        root /home/async/www;
    }

    location /images/ {
        root /home/async/www;
    }
}
```

如果想让刚才的配置生效，我们需要给 nginx 发送重载配置的信号：

```
$ nginx -s reload
```

配置生效后，nginx 就会监听 80 端口（80 是默认值），我们可以在浏览器中访问 http://localhost/。服务器为响应这次请求，会根据配置文件中指定的文件路径搜索 HTML 文件，并优先选择名为 index.html 的文件作为响应内容。如果在浏览器中访问 http://localhost/images/example.png，那么 nginx 会根据配置文件，从指定的路径中搜索 example.png 文件，如果存在，则返回文件资源，否则触发 404 错误。

在真正访问 http://localhost/之前，还有两件事要做。第一件事是编辑 nginx 主配置文件，将配置中 User 指定的用户从 nginx 改为你的操作系统的用户名（比如我的操作系统的用户名为 async）。打开主配置文件的命令为：

```
$sudo nano /etc/nginx/nginx.conf
```

主配置文件的第一行即是 User 设置。

第二件事是关闭 SELinux。SELinux 是美国国家安全局（NSA）对于强制访问控制的实现，默认安装在版本较新的 Linux 系统中。如果当前操作系统中没有 SELinux，则无须关闭。打开 SELinux 配置文件的命令为：

```
$sudo nano /etc/selinux/config
```

注意将配置文件中的 `SELINUX=enforcing` 改为 `SELINUX=disabled`，保存改动后重新启动操作系统。

接着我们用浏览器访问 http://localhost/，此时显示的内容如图 2-2 所示。

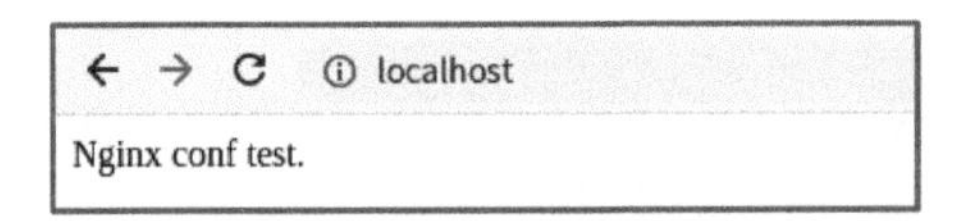

图 2-2 浏览器显示的内容

再试一试访问 http://localhost/images/example.png，浏览器显示的内容如图 2-3 所示。

图 2-3 浏览器中显示的图片

当我们使用浏览器访问指定的 URL 后，如果浏览器中能够正确显示我们准备的 HTML 内容和图片，就说明 nginx 辅助配置已生效。

2.1.4 nginx 模块与指令

nginx 内置了很多模块，可以从 nginx 文档中的 Modules reference 部分查看。其中比较常用的模块是 ngx_http_rewrite_module（详见 http://nginx.org/en/docs/http/ngx_http_rewrite_module.html），我们可以通过学习该模块来熟悉 nginx 模块的语法。

ngx_http_rewrite_module 模块的主要作用是重定向，它通过正则表达式或判断语句来更改请求的 URI。该模块有一些主要的指令，这些指令分别是 if、set、break、return 和 rewrite。if 指令的语法和语境如表 2-1 所示。

表 2-1　if 指令的语法和语境

语法	if(condition){...}
默认	-
语境	server, location

我们可以看到 if 指令的语法是：

```
if 条件 {
    ...
}
```

这与其他编程语言的语法非常相似，很容易理解。if 指令没有默认值，使用范围限制在 server 块和 location 块内。它的条件有以下几种情况。

- **变量名称**：如果变量的值是空字符串或 0，则条件的布尔值为 false；在 nginx 1.0.1 版本之前，任何以 0 开头的字符串都被认为是错误的值。
- **=或!=**：比较变量和字符串。
- **~或~***：将变量与正则表达式匹配，区分大小写。如果正则表达式包含}或;字符，则整个表达式应该用单引号或双引号括起来。
- **-f 或!-f**：检查文件是否存在。
- **-d 或!-d**：检查目录是否存在。
- **-e 或!-e**：检查文件、目录或符号链接是否存在。
- **-x 或!-x**：检查可执行文件。

我们可以通过一些例子来理解这些条件判断：

```
# 当请求头中 User-Agent 头域的值包含 MSIE 字符串，则重定向到指定 URI
if ($http_user_agent ~ MSIE) {
    rewrite ^(.*)$ /msie/$1 break;
}
# 当请求头中 Cookie 头域的值满足条件，则设定$id 变量值为正则部分
if ($http_cookie ~* "id=([^;]+)(?:;|$)") {
    set $id $1;
}
```

```
# 如果请求方式是 POST，则返回 405
if ($request_method = POST) {
    return 405;
}
# 限制下载速度为 10k，$slow 可以通过 set 指令设置
if ($slow) {
    limit_rate 10k;
}
#当请求头中 Referer 头域的值为空或 www.example.com 时，允许访问，否则返回 403
valid_referers none www.example.com;
if ($invalid_referer) {
    return 403;
}
```

我们可以从其中选出一个作为验证对象。打开 nginx 辅助配置文件 default.conf，并在文件中添加对 Referer 的判断语句：

```
server {
    location / {
        # 对请求的 Referer 进行验证，如果没有 Referer 头域
        # 或者头域值为 www.example.com，则允许访问
        valid_referers none www.example.com;
        if ($invalid_referer) {
            return 403;
        }
        root /home/async/www;
    }
    location /images/ {
        root /home/async/www;
    }
}
```

为了让 nginx 启用新配置，我们需要给它发送 `reload` 信号：

```
$ nginx -s reload
```

为了验证请求的过滤效果，我们可以使用 Postman 进行测试。首先测试没有 Referer 头域的请求，得到的结果如图 2-4 所示。

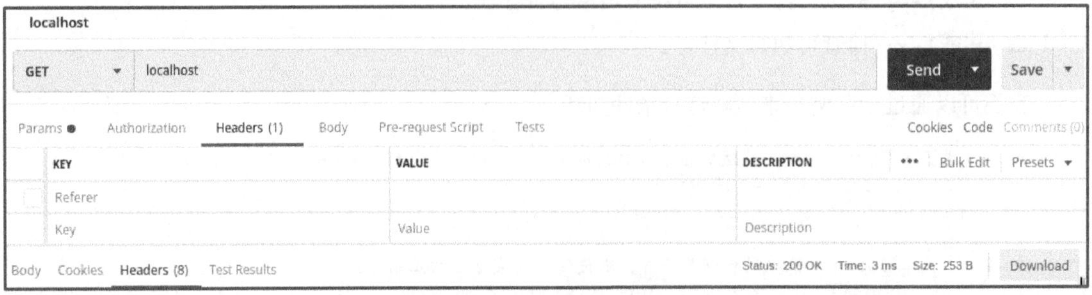

图 2-4　Postman 请求结果 1

本次请求的响应状态码为 200，说明服务器可以正常响应客户端的请求。然后测试 Referer 头域的值不满足条件的情况，结果如图 2-5 所示。

localhost							
GET	localhost				Send	Save	
Params	Authorization	Headers (1)	Body	Pre-request Script	Tests	Cookies Code	Comments (0)
	KEY	VALUE	DESCRIPTION	•••	Bulk Edit	Presets	
☑	Referer	www.async.vip					×
	Key	Value	Description				
Body	Cookies	Headers (5)	Test Results	Status: 403 Forbidden	Time: 10 ms	Size: 324 B	Download

图 2-5 Postman 请求结果 2

本次请求的响应状态码为 403，说明服务器对 Referer 头域的值进行判断后，发现它并不符合要求。除了以上给出的`$invalid_referer` 和`$request_method` 变量之外，还有哪些变量呢？在介绍`ngx_http_core_module` 时，我们给出了 nginx 支持的嵌入式变量，其中常用的变量及含义如表 2-2 所示。

表 2-2 nginx 中常用的变量及其含义

变 量 名	描 述
`$args`	请求参数
`$arg_name`	请求参数中的 `name` 字段
`$content_type`	Content-Type 头域的值
`$cookie_name`	指定名称的 Cookie
`$host`	Host 头域值
`$request`	完整的原始请求行
`$scheme`	请求方案，如 HTTP 或 HTTPS
`$server_protocol`	请求协议，如 HTTP/1.0，HTTP/1.1 或 HTTP/2.0
`$uri`	当前请求的 URI
`$request_method`	请求方法，比如 GET 或 POST

nginx 所支持的嵌入变量详见 http://nginx.org/en/docs/http/ngx_http_core_module.html#variables。

nginx 指令列表详见 http://nginx.org/en/docs/http/ngx_http_core_module.html#Directives。以 `limit_rate` 指令为例，其语法和语境如表 2-3 所示。

表 2-3 **limit_rate** 指令的语法和语境

语法	**limit_rate** *rate*
默认	limit_rate 0;
语境	http, server, location, if in location

limit_rate 的作用是限制客户端的传输速度，单位为字节/秒，默认值为 0，即不限速。limit_rate 是对单个请求设置限制的，意味着如果客户端同时打开两个连接，则总速率将是指定限制的两倍。除了全局限速以外，还可以根据条件设置限速：

```
server {
    if (condition) {
        set $limit_rate 100k;
    }
}
```

ngx_http_rewrite_module 模块的语法和语境如表 2-4 所示。

表 2-4 **ngx_http_rewrite_module** 模块的语法和语境

语法	rewrite regex replacement [flag];
默认	-
语境	server, location, if

如果指定的正则表达式与请求 URI 匹配，则 URI 将根据 replacement 字符串的指定进行更改。该 rewrite 指令按照其在配置文件中出现的顺序依次执行，可以使用标志终止对指令的进一步处理。如果替换字符串以 http://、https://或$scheme 开头，则处理停止并将重定向返回给客户端。

flag 参数可以是以下值之一。

- **last**：停止处理当前的 ngx_http_rewrite_module 指令集，并开始搜索与更改后的 URI 匹配的新位置。
- **break**：ngx_http_rewrite_module 与 break 指令一样，可以停止处理当前的指令集。
- **redirect**：返回带有 302 代码的临时重定向。如果替换字符串不以 http://、https://或 $scheme 开头，则使用它。
- **permanent**：返回 301 代码的永久重定向。

官方给出的重定向示例代码如下：

```
server {
    ...
    rewrite ^(/download/.*)/media/(.*)\..*$ $1/mp3/$2.mp3 last;
```

```
    rewrite ^(/download/.*)/audio/(.*)\..*$ $1/mp3/$2.ra  last;
    return  403;
    ...
}
```

但是如果将这些指令放在/download/位置内，则该 last 标志应替换为 break，否则 nginx 将进行 10 次循环并返回 500 错误：

```
location /download/ {
    rewrite ^(/download/.*)/media/(.*)\..*$ $1/mp3/$2.mp3 break;
    rewrite ^(/download/.*)/audio/(.*)\..*$ $1/mp3/$2.ra  break;
    return  403;
}
```

2.1.5 nginx 日志

日志是 nginx 的重要组成部分，记录着每一次请求的相关信息，是开发者了解客户端请求和服务器端响应状态的好帮手。nginx 的日志分为访问日志和错误日志，存储路径可以在 nginx 主配置文件中查看，设置访问日志存放路径的指令名为 access_log，而设置错误日志存放路径的指令名为 error_log，示例命令如下：

```
access_log  /var/log/nginx/access.log  main;
error_log /var/log/nginx/error.log;
```

1. 访问日志

访问日志主要记录客户端访问 nginx 的请求信息，如客户端的 IP 地址、请求的 URI、响应状态、Referer 头域的值等。以下记录为本机 nginx 访问记录中的一条：

```
127.0.0.1 - - [11/Mar/2019:08:42:43 +0800] "GET / HTTP/1.1" 304 0 "-" "Mozilla/5.0 (X11;
Fedora; Linux x86_64; rv:62.0) Gecko/20100101 Firefox/62.0" "-"
```

nginx 中与访问日志相关的指令是 log_format 和 access_log。log_format 用来设置访问日志的格式，也就是日志文件中每条日志记录的格式，它在主配置文件中的设置如图 2-6 所示。

```
log_format  main  '$remote_addr - $remote_user [$time_local] "$request" '
                  '$status $body_bytes_sent "$http_referer" '
                  '"$http_user_agent" "$http_x_forwarded_for"';
```

图 2-6 访问日志格式

访问日志默认使用 main 格式，并且里面记录了很多的信息，这些信息的含义如表 2-5 所示。

表 2-5 log_format 支持的变量及其释义

$remote_addr	客户端的 IP 地址。如果客户端使用代理，那么就会显示代理服务器的 IP 地址
$remote_user	客户端的用户名（通常为“-”）
$time_local	客户端访问时间和时区
$request	请求的 URL 以及请求方法
$status	响应状态码，如 200 和 404 等
$body_bytes_sent	客户端发送的文件主体内容字节数
$http_user_agent	客户端所使用的代理
$http_x_forwarded_for	客户端 IP 地址。如果客户端使用代理，那么仍然显示客户端的 IP 地址
$http_referer	客户端访问来源链接

2. 错误日志

错误日志主要记录客户端访问 nginx 错误时的请求信息，不支持自定义格式。错误日志有多种等级，如 debug、info、notice、warn、error 和 crit，从左到右日志级别逐步递增。nginx 的主配置文件中将错误日志的级别设为 warn。以下记录为本机 nginx 错误记录中的一条：

```
2019/03/10 20:30:44 [error] 11160#11160: *1 "/home/async/www/index.html" is forbidden
(13: Permission denied), client: 127.0.0.1, server: , request: "GET / HTTP/1.1", host:
"localhost"
```

我们可以在错误记录中看到错误发生的具体时间、原因、客户端的 IP 地址、请求方式和协议版本等信息，这对我们排查错误和测试有很大的帮助。

2.1.6 小结

nginx 是一款轻量、高性能的服务器应用，配置灵活、功能强大，深受开发者喜爱。nginx 具有条件判断、连接限制和客户端信息获取等功能，这些功能为开发者限制爬虫程序提供了条件。

2.2 浏览器

网页是一个包含 HTML 标签的纯文本文件，也是构成 Web 应用的元素之一。除了 HTML 文件外，网页中还包含 JavaScript、CSS、图片和其他媒体等文件。我们最常用的客户端就是浏览器，它帮助我们发起网络请求，并将服务器端返回的资源渲染成错落有致的页面。

爬虫程序可以模拟浏览器向服务器端发起网络请求，它们得到的资源与正常访问服务器端得到的资源是相同的，但显示的内容却不同。这是因为浏览器具有解释 HTML、JavaScript 和 CSS 的能力，而爬虫程序不具备这些能力，这个差异造成爬虫程序无法做到“所见即所得”。很多反爬虫手段利用了浏览器和爬虫程序之间的差异，因此要想深入理解反爬虫，我们必须了解浏览器的相关知识。

2.2.1 浏览器的主要结构

浏览器的主要组件如图 2-7 所示。

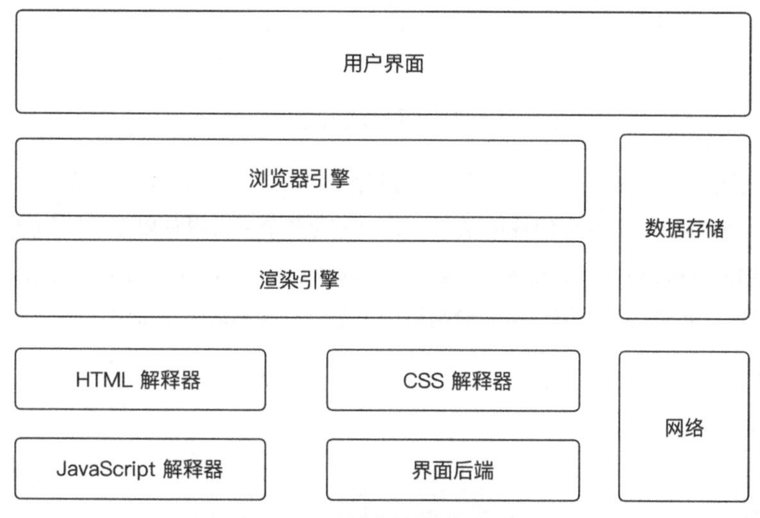

图 2-7 浏览器的主要组件

- 用户界面：包括地址栏、前进/后退/刷新等按钮、页面主窗口等。
- 浏览器引擎：负责将用户的操作传递给对应的渲染引擎。
- 渲染引擎：能够调用解释器解释 HTML、CSS 和 JavaScript 代码，然后根据解释结果重排页面并绘制渲染树。
- HTML 解释器：解释 HTML 代码。
- JavaScript 解释器：解释 JavaScript 代码。
- CSS 解释器：解释 CSS 代码。
- 界面后端：绘制组合框和窗口等基本部件。
- 数据存储：在本地存储一些体积较小的数据，如 Cookie、Storage 对象等。
- 网络：自动加载 HTML 文档中所需的其他资源。

HTML、JavaScript 和 CSS 的代码都需要解释器才能运行。浏览器之所以能够将 HTML 文本变成内容丰富的网页，就是因为内置了对应的解释器，否则这些代码只能作为文本出现。

2.2.2 页面渲染

页面渲染是浏览器特有的功能，也是爬虫程序无法做到“所见即所得”的重要原因。页面渲染是将资源从文本变成网页的过程，如图 2-8 所示。

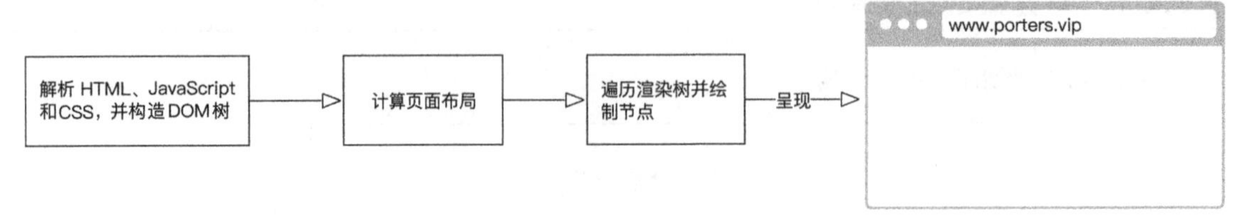

图 2-8 页面渲染流程

首先，渲染引擎会解析 HTML 文档并将其转换为 DOM 节点，同时解析外部 CSS 文件和页面标签中的样式代码。CSS 和 DOM 共同组成渲染树，其中包含多个带有视觉属性（例如颜色、大小）的矩形。在渲染树构建完成之后，就会进入布局的过程，此时每个节点都会确定在浏览器中的具体位置。然后进入绘制阶段，此时会遍历渲染树并绘制每一个节点，绘制的结果最终会显示在屏幕上。

浏览器的工作流程如图 2-9 所示。

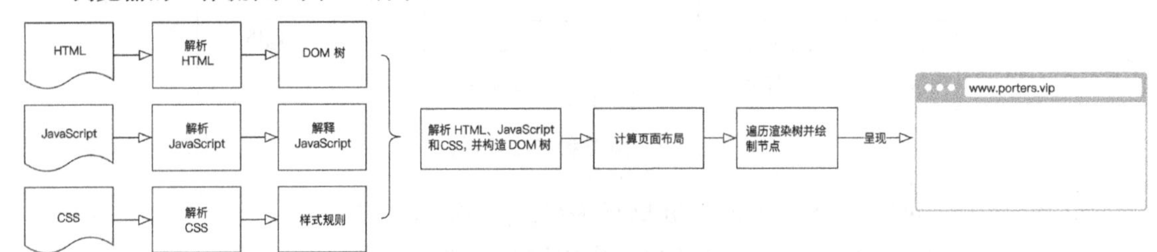

图 2-9 浏览器的工作流程

要注意的是，在这个过程中，有很多工作可以同时进行，比如 HTML 文档的解析和 CSS 的解析，而且解析工作和网络请求也有可能同时进行。我们也可以理解为渲染工作和资源加载工作是异步进行的，这种异步的工作方式使得浏览器显示内容的速度变得更快。

CSS 样式和 JavaScript 都作用于 HTML，二者之间的不同是 CSS 样式只是修饰 HTML，而 JavaScript 可以通过可编程的 DOM 改变页面显示的内容。我们可以通过一个例子来理解这段话，HTML 文档的代码如下：

```
<!DOCTYPE html>
<html>
  <head>
      <meta charset="utf8"></meta>
  </head>
```

```
  <body>
    <h2 class="title">华为消费者业务简介</h2>
    <p>
      <span class="colors">华为消费者业务</span>产品全面覆盖手机、移动宽带终端、终端云等
    </p>
    <p>凭借自身的全球化网络优势、全球化运营能力，致力于将最新的科技带给消费者</p>
    <p>让世界各地享受到技术进步的喜悦，以行践言，实现梦想</p>
    <p id="slogen"></p>
  </body>
</html>
```

这段代码在浏览器中的显示效果如图 2-10 所示。

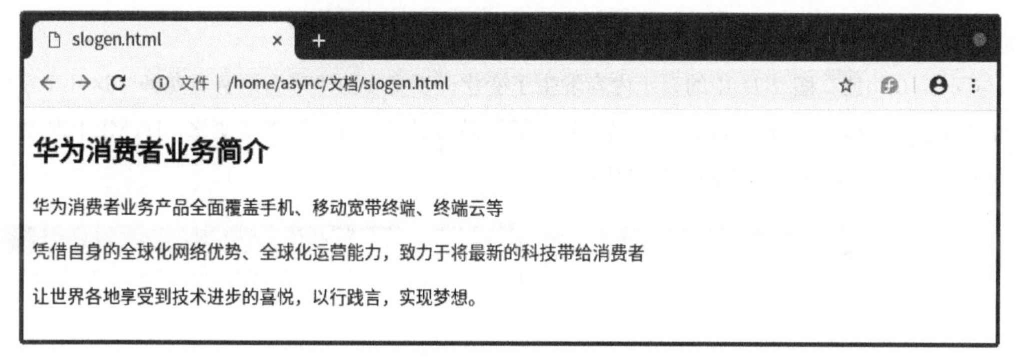

图 2-10 HTML 例子

接着我们在 HTML 文档中加入一些 CSS 代码和 JavaScript 代码：

```
<head>
  <!--增加 CSS 代码-->
  <style>
    .title {color:gray;}
    .colors {color:gray;font-size: 22px;}
    #slogen {font-size:16px;}
  </style>
</head>
<body>
  <!--增加 JavaScript 代码 -->
  <script>
    var slg = document.getElementById('slogen');
    var text = '勇敢做自己！';
    slg.innerHTML = text;
  </script>
</body>
```

保存代码后，刷新浏览器，就可以看到如图 2-11 所示的页面。

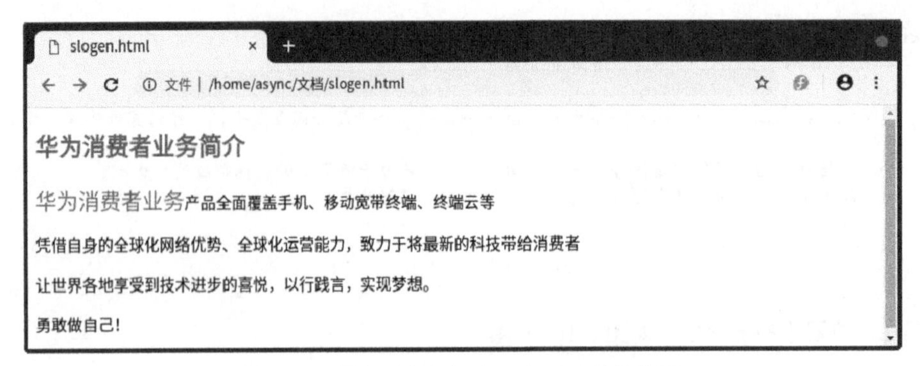

图 2-11　添加 CSS 和 JavaScript 后的页面

与图 2-10 相比，图 2-11 中的显示内容发生了变化。正文中的“华为消费者业务”这几个字变大了，同时颜色也变浅了，正文最后还多出一句“勇敢做自己!”。页面发生了变化，HTML 代码也被改变了吗？这两个页面的源代码如图 2-12 所示。

```
slogen.html
view-source:/home/async/文档/slogen.html
1  <!DOCTYPE html>
2  <html>
3      <head>
4          <meta charset="utf8"></meta>
5      </head>
6      <body>
7          <h2 class="title">华为消费者业务简介</h2>
8          <p><span class="colors">华为消费者业务</span>产品全面覆盖手机、移动宽带终端、终端云等</p>
9          <p>凭借自身的全球化网络优势、全球化运营能力，致力于将最新的科技带给消费者</p>
10         <p>让世界各地享受到技术进步的喜悦，以行践言，实现梦想。</p>
11         <p id="slogen"></p>
12     </body>
13 </html>
```

```
slogen.html
view-source:/home/async/文档/slogen.html
1  <!DOCTYPE html>
2  <html>
3      <head>
4          <meta charset="utf8"></meta>
5          <style>
6              .title {color:gray;}
7              .colors {color:gray;font-size: 22px;}
8              #slogen {font-size:16px;}
9          </style>
10     </head>
11     <body>
12         <h2 class="title">华为消费者业务简介</h2>
13         <p><span class="colors">华为消费者业务</span>产品全面覆盖手机、移动宽带终端、终端云等</p>
14         <p>凭借自身的全球化网络优势、全球化运营能力，致力于将最新的科技带给消费者</p>
15         <p>让世界各地享受到技术进步的喜悦，以行践言，实现梦想。</p>
16         <p id="slogen"></p>
17         <script>
18             var slg = document.getElementById('slogen');
19             var text = '勇敢做自己! ';
20             slg.innerHTML = text;
21         </script>
22     </body>
23 </html>
```

图 2-12　页面源代码对比

可以看到网页源代码中 HTML 主体是相同的，也就是说虽然页面显示的内容变了，但 HTML 主体并没有发生太大变化。这说明 CSS 和 JavaScript 样式造成的页面内容改变是在浏览器显示层面的，而非直接改变 HTML 文本。

2.2.3 HTML DOM

假如需要动态改变页面上的元素，实现页面元素的添加、移除和修改，甚至是重排，那么就需要获得能够对 HTML 文档中所有元素进行访问的入口，这个入口就是文档对象模型，简称 DOM（Document Object Model）。DOM 是 W3C 组织推荐的处理可扩展标志语言的标准编程接口。在网页中，组织页面或文档的对象被放在一个树形结构中，其中用来表示对象的标准模型就称为 DOM。DOM 能够以一种独立于平台和语言的方式访问和修改一个文档的内容和结构。它是表示和处理一个 HTML 或 XML 文档的常用方法。DOM 的设计以对象管理组织（OMG）的规约为基础，因此可以用于任何编程语言。

实际上，DOM 以面向对象的方式描述文档模型，定义了表示和修改文档所需的对象的名称、对象的行为、对象的属性和对象之间的关系。HTML 文档的每个部分都可以看作一个节点，比如下面这样。

- 整个 HTML 文档是一个文档节点。
- 每个 HTML 标签是一个元素节点。
- 包含在 HTML 元素中的文本是文本节点。
- 每一个 HTML 属性是一个属性节点。
- 注释属于注释节点。

HTML 文档的所有节点组成了一个如图 2-13 所示的节点树。

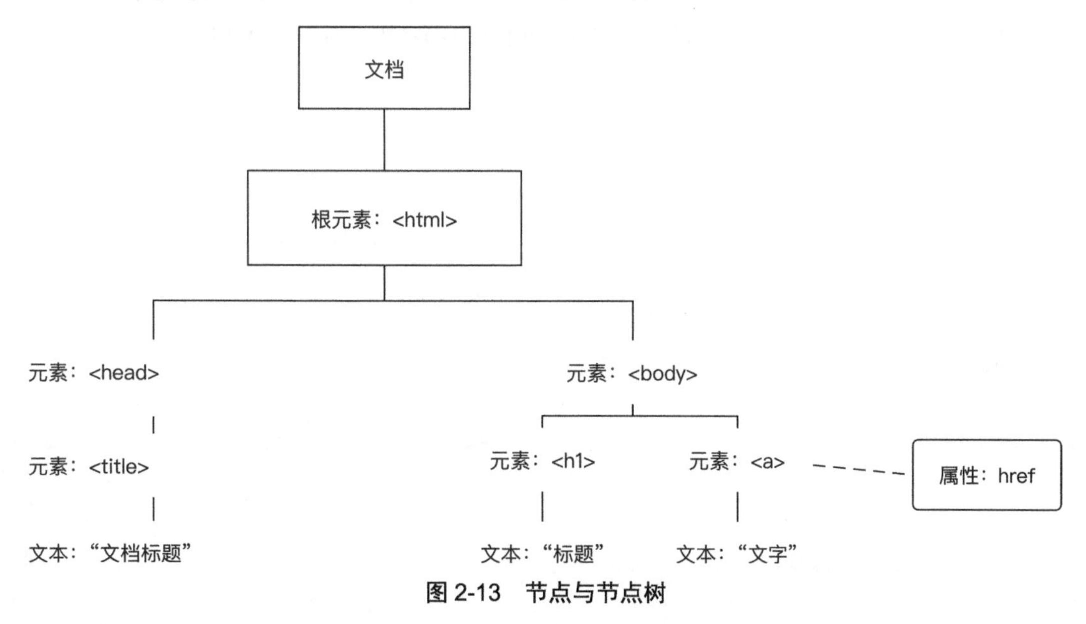

图 2-13 节点与节点树

节点树起始于文档节点，并由此伸出枝条，直到处于这棵树最低级别的所有文本节点。节点树中的节点可以拥有层级关系，比如父节点、子节点和兄弟节点等。父节点拥有子节点，而同级的子节点互为兄弟节点。节点树与节点之间的关系如图 2-14 所示。

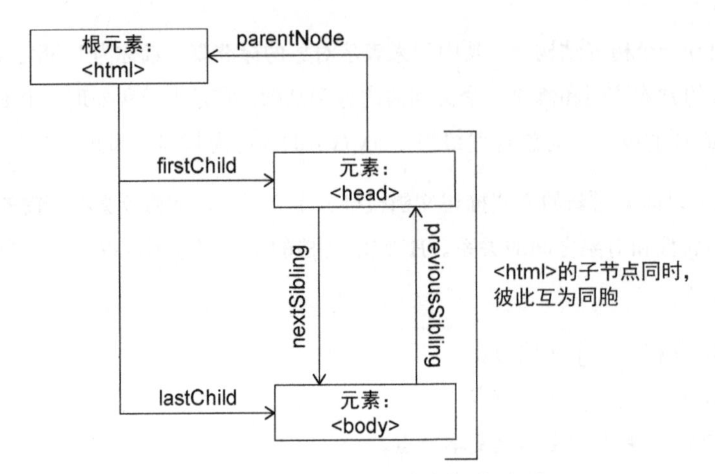

图 2-14　节点树与节点之间的关系

HTML DOM 使 JavaScript 有能力改变 HTML 事件，这意味着可以在事件发生时执行 JavaScript 代码，比如用户在页面上点击按钮或者页面加载时。2.2.2 节中使用 JavaScript 改变网页显示内容的例子就是在页面加载时改变了 DOM 的位置，原 HTML 文档的 DOM 树由图 2-15 变为图 2-16。

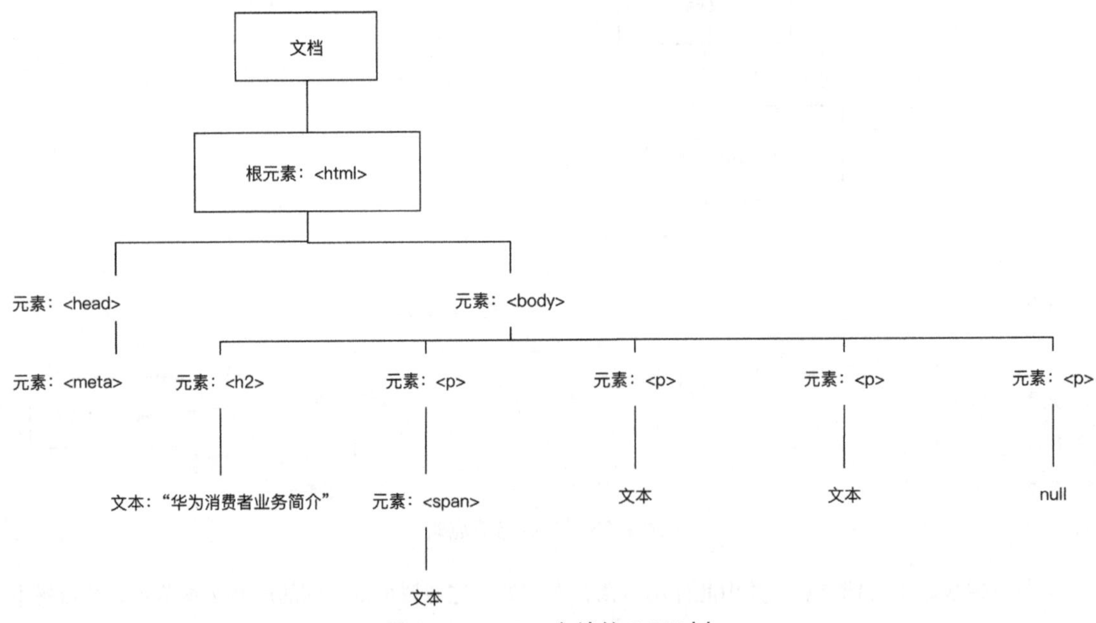

图 2-15　HTML 文档的 DOM 树

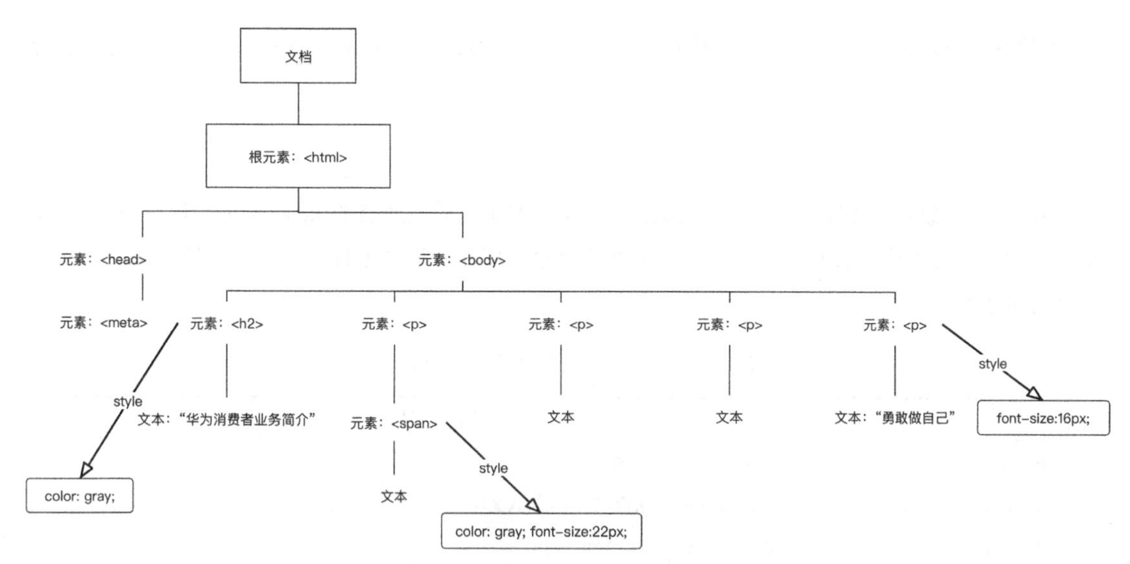

图 2-16　添加 CSS 和 JavaScript 后的 HTML DOM 树

HTML DOM 的改变会使页面重新布局和绘制，所以我们才会看到网页内容的变化。

很多网站使用 JavaScript 来丰富页面显示效果，比如图 2-17 中的输入框格式验证和点击切换验证码等。

*手机号码：130000　手机号码的格式不正确!

*密码：•

*确认密码：•

*验证码：输入图形验证码　PUZJ

图 2-17　输入框格式验证

HTML DOM 非常重要，它为 JavaScript 提供了访问 HTML 中所有元素的入口，是开发者实现动态网页的前提。

2.2.4 浏览器对象 BOM

浏览器提供了一个对象模型，开发者可以通过它访问浏览器的属性或实现一些方法，这个对象模型就是浏览器对象模型，简称 BOM（Browser Object Model）。BOM 并没有正式的标准，在交互性方面，由于现代浏览器几乎实现了与 JavaScrip 相同的方法和属性，所以这些方法和属性被认为是

BOM的方法和属性。BOM中有很多对象，例如window、window.navigator、window.screen和window.history等。

1. window对象

window对象表示浏览器窗口，所有的浏览器都支持它，并且所有的JavaScript全局对象、函数以及变量均自动成为该对象的成员。全局变量是该对象的属性，全局函数则是该对象的方法。window对象的属性如表2-6所示。

表2-6 window对象的属性及其描述

属性	描述
closed	返回窗口是否被关闭
defaultStatus	设置或返回窗口状态栏中的默认文本
document	对document对象的只读引用
history	对window.history对象的只读引用
innerheight	返回窗口的文档显示区的高度
innerwidth	返回窗口的文档显示区的宽度
length	设置或返回窗口中的框架数量
location	用于窗口或框架的location对象
name	设置或返回窗口的名称
navigator	对window.navigator对象的只读引用
opener	返回对创建此窗口的窗口的引用
outerheight	返回窗口的外部高度
outerwidth	返回窗口的外部宽度
pageXOffset	设置或返回当前页面相对于窗口显示区左上角的 x 位置
pageYOffset	设置或返回当前页面相对于窗口显示区左上角的 y 位置
parent	返回父窗口
screen	对window.screen对象的只读引用
self	返回对当前窗口的引用，等价于window属性
status	设置窗口状态栏的文本
top	返回最顶层的先辈窗口
window	等价于self属性，它包含了对窗口自身的引用
screenLeft screenTop screenX screenY	只读整数。声明了窗口的左上角在屏幕上的 x 坐标和 y 坐标。IE、Safari和Opera支持screenLeft和screenTop，而Firefox和Safari支持screenX和screenY

我们可以通过 window 对象获取浏览器的宽度和高度：

```
document.write(window.innerHeight )  // 打印浏览器窗口的内部高度
document.write("<br>")  // 打印换行符
document.write(window.innerWidth )// 打印浏览器窗口的内部宽度
// 代码输出结果类似 400 611
```

除了属性之外，window 对象还提供了一些方法，如表 2-7 所示。

表 2-7 **window** 对象提供的方法及其描述

方　法	描　述
alert()	显示带有一段消息和一个确认按钮的警告框
blur()	把键盘焦点从顶层窗口移开
clearInterval()	取消由 setInterval()设置的 timeout
clearTimeout()	取消由 setTimeout()方法设置的 timeout
close()	关闭浏览器窗口
confirm()	显示带有一段消息以及确认按钮、取消按钮的对话框
createPopup()	创建一个弹出窗口
focus()	把键盘的焦点给予窗口
moveBy()	基于当前窗口的坐标，向某个方向移动指定像素距离
moveTo()	把窗口的左上角移动到一个指定的坐标
open()	打开一个新的浏览器窗口或查找一个已命名的窗口
print()	打印当前窗口的内容
prompt()	显示可提示用户输入的对话框
resizeBy()	按照指定的像素调整窗口的大小
resizeTo()	把窗口的大小调整到指定的宽度和高度
scrollBy()	按照指定的像素值来滚动内容
scrollTo()	把内容滚动到指定的坐标
setInterval()	按照指定的周期（以毫秒计算）调用函数或计算表达式
setTimeout()	在指定的毫秒数后调用函数或计算表达式

如果要打开新窗口和关闭当前窗口，可以使用 window.open()和 window.close()方法。

2. **window.navigator** 对象

window.navigator 对象包含访问者浏览器的有关信息，没有公开的标准，所有的浏览器都支持它。该对象的属性如表 2-8 所示。

表 2-8 **window.navigator** 对象的属性及其描述

属 性	描 述
appCodeName	返回浏览器的代码名
appMinorVersion	返回浏览器的次级版本信息
appName	返回浏览器的名称
appVersion	返回浏览器的平台和版本信息
webdriver	返回指明浏览器是否被 WebDriver 驱动的布尔值
browserLanguage	返回当前浏览器的语言
cookieEnabled	返回指明浏览器中是否启用 Cookie 的布尔值
cpuClass	返回浏览器系统的 CPU 等级
onLine	返回指明系统是否处于脱机模式的布尔值
platform	返回运行浏览器的操作系统平台
systemLanguage	返回操作系统使用的默认语言
userAgent	返回由客户机发送服务器的 User-Agent 头部的值
userLanguage	返回操作系统的自然语言设置
hardwareConcurrency	返回 CPU 核心数量
plugins	返回浏览器插件列表

要注意的是，window.navigator 对象的返回值是可以被改变的。

3. window.location 对象

window.location 对象存储在 window 对象的 location 属性中，表示窗口当前显示的文档的 Web 地址，其属性如表 2-9 所示。

表 2-9 **window.location** 对象的属性及其描述

属 性	描 述
hash	设置或返回从井号（#）开始的 URL（锚）
host	设置或返回主机名和当前 URL 的端口号
hostname	设置或返回当前 URL 的主机名
href	设置或返回完整的 URL
pathname	设置或返回当前 URL 的路径部分
port	设置或返回当前 URL 的端口号
protocol	设置或返回当前 URL 的协议
search	设置或返回从问号（?）开始的 URL（查询部分）

window.location 对象的 href 属性存放的是文档的完整 URL，其他属性则分别描述了 URL 的各个部分。该对象用于表示浏览器当前显示的文档的 URL（或位置），但其实它所能做的远远不止这些。

它还能够控制浏览器显示的文档的位置。如果把一个含有 URL 的字符串赋予该对象或它的 href 属性，浏览器就会把新的 URL 所指的文档装载并显示出来。此外，还可以修改部分 URL，此时只需要给该对象的其他属性赋值即可。这样做就会创建新的 URL，其中的一部分与原来的 URL 不同，浏览器会将它装载并显示出来。例如设置了 window.location 对象的 hash 属性，那么浏览器就会转移到当前文档中一个指定的位置。同样，如果设置了 search 属性，那么浏览器就会重新装载附加了新的查询字符串的 URL。

window.location 对象的 reload()方法可以重新装载当前文档，replace()可以装载一个新文档而无须为它创建一个新的历史记录。也就是说，在浏览器的历史列表中，新文档将替换当前文档。该对象提供的方法如表 2-10 所示。

表 2-10 **window.location** 对象提供的方法及其描述

属　性	描　述
assign()	加载新的文档
reload()	重新加载当前文档
replace()	用新的文档替换当前文档

下面这行代码执行的操作与我们单击浏览器的刷新按钮时执行的操作一样：

```
location.reload()
```

4. **window.screen** 对象

window.screen 对象存放访问者浏览器的屏幕信息。JavaScript 程序将利用这些信息优化它们的输出，以达到用户的显示要求。该对象没有公开的标准，但所有浏览器都支持它。window.screen 对象的属性如表 2-11 所示。

表 2-11 **window.screen** 对象的属性及对应描述

属　性	描　述
availHeight	返回显示屏幕的高度（不包括 Windows 任务栏）
availWidth	返回显示屏幕的宽度（不包括 Windows 任务栏）
bufferDepth	设置或返回调色板的比特深度
colorDepth	返回目标设备或缓冲器上调色板的比特深度
deviceXDPI	返回显示屏幕的每英寸水平点数

（续）

属　　性	描　　述
deviceYDPI	返回显示屏幕的每英寸垂直点数
fontSmoothingEnabled	返回用户是否在显示控制面板中启用了字体平滑
height	返回显示屏幕的高度
logicalXDPI	返回显示屏幕每英寸的水平方向的常规点数
logicalYDPI	返回显示屏幕每英寸的垂直方向的常规点数
pixelDepth	返回显示屏幕的颜色分辨率
updateInterval	设置或返回屏幕的刷新率
width	返回显示器屏幕的宽度

5. window.history 对象

window.history 对象包含用户在浏览器窗口中访问过的 URL，没有公开的标准，但所有浏览器都支持它。该对象只有 length 一个属性，用于返回浏览器历史列表中的 URL 数量。

window.history 对象最初用来显示窗口的浏览历史，但出于隐私方面的原因，它不再允许脚本访问已经访问过的实际 URL。唯一保持使用的方法只有 back()、forward()和 go()，如表 2-12 所示。

表 2-12 window.history 对象提供的方法及对应描述

方　　法	描　　述
back()	加载历史列表中的上一个 URL
forward()	加载历史列表中的下一个 URL
go()	加载历史列表中的某个具体页面

下面这行代码所执行的操作与单击两次浏览器的后退按钮时执行的操作一样：

```
history.go(-2)
```

2.2.5 小结

在本节中，我们学习了浏览器的组成和页面的渲染过程，并了解到 JavaScript 和 CSS 对网页内容的改变实际上是对 DOM 的操作，而非直接改变 HTML。除此之外，我们还可以通过浏览器对象获取一些浏览器的信息，这些信息可以作为开发者判断客户端类型的依据。

2.3 网络协议

网络协议是连接客户端与服务器端的桥梁。学习与网络协议相关的知识，能让我们对网络通信过程以及通信所需条件有一个全面的认识，可以帮助我们提升爬虫技术或者设计出更有效的反爬虫方案。

常见的网络协议有 HTTP 协议、WebSocket 协议、FTP 协议、SSH 协议和 View-Source 协议等。在本节中，我们主要学习在 Web 应用中使用最多的 HTTP 协议和 WebSocket 协议。

2.3.1 认识 HTTP

当我们在浏览器的地址栏中输入 http://www.huawei.com 并按下回车键时，我们就通过浏览器向服务器发起了一次 HTTP 请求，服务器会根据本次请求的信息将服务器上的资源响应给浏览器，浏览器按照规则进行渲染后，得到如图 2-18 所示的网页。

图 2-18 浏览器渲染后的网页

超文本传输协议（Hyper Text Transfer Protocol，简称 HTTP）是互联网中应用最为广泛的一种应用层协议，所有的超媒体文档都必须遵守这个标准。HTTP 协议是为 Web 浏览器和 Web 服务器之间的通信设计的，但是也可以用于其他目的。HTTP 协议是无状态协议，这意味着服务器不会在两个请求之间保留任何的数据或者状态。虽然它通常基于 TCP/IP 层，但是它可以在任何可靠的传输层上使用。

HTTP 协议有多个版本，如 HTTP/1.0、HTTP/1.1 和 HTTP/2.0，其中应用最广泛的是 HTTP/1.1。本书介绍的 HTTP 协议相关知识基于 HTTP/1.1 版本，RFC 文档编号为 2616（详见 https://tools.ietf.org/html/rfc2616）。

如图 2-19 所示，HTTP 协议遵循传统的客户端–服务器端模型，客户端打开连接以发出请求，然后等待服务器端响应。

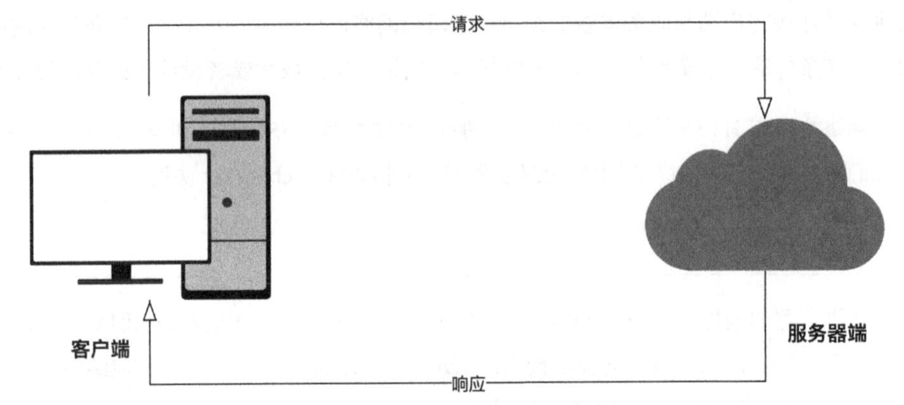

图 2-19 客户端-服务器端模型

HTTP 协议可以减少网络传输次数，使浏览器更加高效，它不仅保证了计算机正确快速地传输超文本文档，还能确定传输文档中的哪一部分或优先显示哪一部分（如文本先于图形）等。

2.3.2 资源与资源标识符

HTTP 请求的目标称为资源，它可以是文档、照片、视频或其他任何东西。资源由统一资源标识符（URI）进行标识，在 Web 页面中，资源的标识和位置主要由单个 URL（统一资源定位符）给出。URL 通常被称为 Web 网址，是最常见和使用最多的 URI。当我们在浏览器的地址栏中输入 URL 或者单击超链接时，就确定了要获取的资源的地址，比如我们在浏览器的地址栏中输入 https://developer.mozilla.org，就是告知浏览器加载目标服务器上的对应资源。

URL 由不同的部分组成，一些是强制性的，另一些是可选的。RFC2616 给出的 HTTP URL 格式如下：

```
http_URL = "http:" "//" host [ ":" port ] [ abs_path [ "?" query ]]
```

URL 由协议类型名称、域名、端口号、资源路径和查询参数组成，其中端口号的默认值为 80。在实际场景中，我们看到的 URL 会更复杂，如 http://www.exp.com:80/path/to/file.html?key=v&name=abc#python，它由协议类型名称、域名、端口号、资源路径、查询参数和锚点组成，对应的 URL 结构如图 2-20 所示。

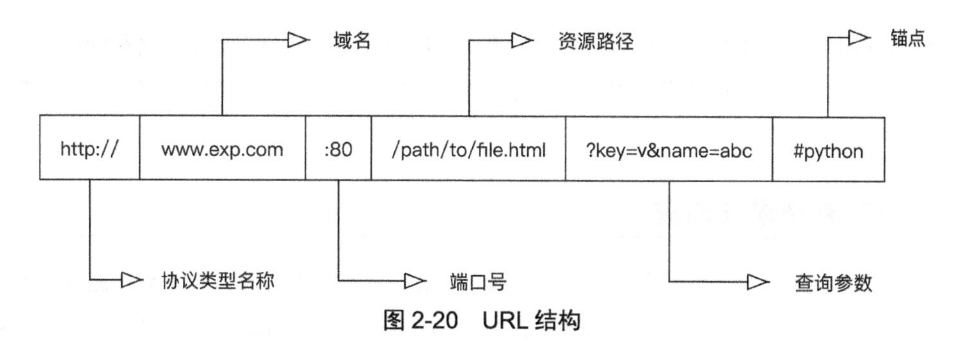

图 2-20　URL 结构

每个组成部分的作用如下。

- **协议类型名称**：表示浏览器必须使用的协议，通常是 HTTP 协议或其安全版本 HTTPS。
- **域名**：表示正在请求哪个 Web 服务器，也可以直接使用主机地址。
- **端口号**：用于表示 Web 服务器上的资源入口，如 Web 服务器使用 HTTP 协议的标准端口号（HTTP 为 80，HTTPS 为 443）来授予对其资源的访问权限。
- **资源路径**：Web 服务器上资源的路径，在 Web 的早期，这样的路径代表了 Web 服务器上的物理文件位置，如今它主要是由 Web 服务器处理的抽象标识。
- **查询参数**：用&符号分隔的键值对。在将资源返回给用户之前，Web 服务器可以使用这些参数来执行额外的操作。每个 Web 服务器都有自己的参数规则，了解特定 Web 服务器如何处理参数的唯一可靠方法是询问 Web 服务器的所有者或应用程序的开发者。
- **锚点**：资源内部的一种“书签”，浏览器会根据锚点将对应的内容呈现给用户，而不需要用户滑动页面来寻找内容。例如，在 HTML 文档中，浏览器将滚动到定义锚点的位置；在视频或音频文档中，浏览器将尝试转到锚点所代表的时间。值得注意的是，# 之后的部分（也称片段标识符）永远不会随请求一起发送到服务器。

除了 HTTP 协议和 HTTPS 协议之外，服务器和浏览器也能够处理其他协议，如表 2-13 所示。

表 2-13　协议名称及描述

协议名称	描　述
HTTP/HTTPS	超文本传输协议/安全等级更高的超文本传输协议
FTP	文件传输协议
SSH	安全外壳协议
mailto	电子邮件协议
view-source	用于查看资源源代码的协议
WS/WSS	WebSocket 协议/安全等级更高的 WebSocket 协议

URN是使用较少的URI，叫作统一资源名称，它用于在特定名称空间中按名称标识资源，比如urn:ietf:rfc:7230标识了IETF规范7230。要注意的是，URN仅仅用于标识资源，并不能像URL那样定位资源。

2.3.3 HTTP请求与响应

HTTP请求是指从客户端向服务器端发起的请求消息。以浏览器为例，它向Web服务器发出了一条请求其实就是向服务器传递了一个数据块，这个数据块也称为请求信息。HTTP请求信息由请求行、请求头和请求正文组成。

请求行以请求方法开头并以空格分隔，后面跟着请求URI和协议的版本号，最后以CRLF作为结尾，且在结尾处不允许出现单独的CR或LF字符。请求行的格式如下：

```
Method Request-URI HTTP-Version CRLF
```

示例：`GET http://www.exp.com/user.html HTTP/1.1 (CRLF)`。

除了GET之外，常见的请求方法还有POST、PUT、DELETE、OPTIONS和HEAD等。

请求头可以声明浏览器所支持的语言、浏览器版本以及希望接受的数据类型等。例如，我们使用浏览器访问http://www.example.com时，请求头的内容为：

```
Accept:
text/html,application/xhtml+xml,application/xml;q=0.9,image/webp,image/apng,*/*;q=0.8
Accept-Encoding: gzip, deflate
Accept-Language: zh-CN,zh;q=0.9
Cache-Control: max-age=0
Connection: keep-alive
Host: www.example.com
If-Modified-Since: Fri, 09 Aug 2013 23:54:35 GMT
If-None-Match: "1541025663"
Upgrade-Insecure-Requests: 1
User-Agent: Mozilla/5.0 (X11; Fedora; Linux x86_64) AppleWebKit/537.36 (KHTML, like
Gecko) Chrome/72.0.3626.119 Safari/537.36
```

下面简要说明一些常用头域。

- **`Accept`**：客户端希望接受的数据类型，比如`Accept: text/html`代表客户端希望接受的数据类型是HTML类型。
- **`Accept-*`**：指定客户端可接受的内容，比如`Accept-Encoding`用于指定可接受的编码，`Accept-Language`用于指定可接受的语言类型。
- **`Content-Type`**：互联网媒体类型（简称MIME类型），代表具体请求的媒体类型信息（比如`text/html`代表HTML格式，`image/gif`代表GIF图片，`application/json`代表JSON类型）。

- `Host`：指定请求资源的域名（或IP）和端口号，内容为请求URL的原始服务器或网关的位置。
- `Cookie`：可以理解为在HTTP协议下，服务器或其他脚本语言维护客户端信息的一种方式，是保存在客户端（比如浏览器）的文本文件。Cookie中往往包含客户端或者用户的相关信息。
- `Referer`：记录上一次访问的页面地址，也可以理解为标识此次请求的来源URL。

请求头和请求正文之间是一个空行，这个空行表示请求头已经结束，接下来的内容就是请求正文。请求正文包含本次请求提交的查询参数。GET请求的请求正文示例如下：

```
keyword=德玛西亚&time=1542398562015
```

上面的请求正文只有一行内容，包含`keyword`头域和`time`头域。很多开发者将头域称为字段，这两种叫法都是可以的，在本书中我们使用“头域”这一称呼。实际上，HTTP请求正文还可以包含更多内容，比如使用网页版有道翻译时，请求正文如下：

```
i: 德玛西亚之翼
from: AUTO
to: AUTO
smartresult: dict
client: fanyideskweb
salt: 15597905976630
sign: b054ae008ed4bd3499606a3cacc55140
ts: 1559790597663
bv: 81eda17dc48cc8bed5d01154f3dd0136
doctype: json
version: 2.1
keyfrom: fanyi.web
action: FY_BY_REALTlME
```

HTTP响应是指服务器端根据客户端的请求返回的信息。HTTP响应由状态码、响应头和响应正文组成。状态码是一个3位数字（如200），它的第一位代表了不同的响应状态。响应状态共有5种，含义如下。

- 1代表信息响应类，表示接收到请求并且继续处理，这类响应是临时响应。
- 2代表处理成功响应类，表示动作被成功接收、理解和接受。
- 3代表重定向响应类，为了完成指定的动作，必须接受进一步处理。
- 4代表客户端错误，表示客户请求包含语法错误或者是不能正确执行的请求。
- 5代表服务器端错误，服务器不能正确执行一个正确的请求。

爬虫工程师通常根据响应状态码判断本次请求的状态，并决定后续的处理逻辑。表2-14列出了常见的状态码及其含义。

表 2-14 常见的状态码及其含义

状态码	含义
101	协议切换，客户端要求服务器切换协议并且服务器已确认切换
200	服务器已成功处理了请求
201	请求已经被实现，有一个新的资源已经依据请求的需要而建立，且其 URI 已经随 Location 头信息返回
204	服务器成功处理了请求，但没有返回任何内容
301	请求的网页已永久移动到新位置，即永久重定向
302	请求的网页临时跳转到其他页面，即临时重定向
305	请求的资源必须通过指定的代理才能被访问
400	服务器端无法解析该请求
401	未授权，即当前请求需要用户验证
403	服务器已经接收到此请求，但是拒绝执行
404	失败，相应资源不存在
500	服务器内部错误，无法完成请求
502	作为网关或者代理的服务器在尝试执行请求时，从上游服务器接收到无效的响应

要求通信双方都支持对响应头域的扩展，如果存在不支持的响应头域，一般会作为实体头域处理。表 2-15 列出了响应头域及其含义。

表 2-15 响应头域及其含义

响应头	含义
`Allow`	服务器支持的请求方法（比如 GET、POST 等）
`Content-Encoding`	文档的编码（encode）方法。只有在解码之后，才可以得到 `Content-Type` 头指定的内容类型
`Content-Length`	内容长度。只有当浏览器使用持久 HTTP 连接时才需要这个数据
`Content-Type`	文档的 MIME 类型。默认为 `text/plain`，但通常需要显式指定为 `text/html`
`Date`	消息被发送时的日期和时间（时间格式为 GMT）
`Expires`	指定一个日期/时间，超过该时间则认为此回应已经过期
`Last-Modified`	所请求的对象的最后修改日期
`Location`	进行重定向或在创建某个新资源时指定位置
`Refresh`	浏览器应该在多少时间之后刷新文档，单位为秒
`Server`	服务器名称及版本
`Set-Cookie`	设置与页面关联的 Cookie
`Status`	本次请求的状态码

响应正文才是请求的最终目的，比如访问网页时响应正文为网页的 HTML 代码。爬虫爬取的网页数据其实就是服务器端解析请求 URL 后返回的文本资源，如访问华为官网的首页后，得到的响应正文如图 2-21 所示。

```
<meta name="applicable-device" content="pc,mobile">
<meta http-equiv="X-UA-Compatible" content="IE=edge,chrome=1">
<meta name="viewport" content="width=device-width, user-scalable=no, initial-scale=1.0, maximum-scale=1.0, minimum-scale=1.0">


<title>华为云 +智能，见未来</title>

<meta name="keywords" content="华为云，云主机，云服务器，云数据库，云计算"/>
<meta name="description" content="华为云为用户提供云服务器,云数据库,云存储,CDN,大数据,云安全等公有云产品和电商,金融,游戏等多种解决方案,7x24小时客服支持
```

图 2-21 华为官网响应正文部分截图

2.3.4 Cookie

Cookie 可以理解为在 HTTP 协议下，服务器或其他脚本语言维护客户端信息的一种方式，是保存在客户端（比如浏览器）的文本文件，Cookie 中往往包含客户端或者用户的相关信息。

1. 背景

在客户端与服务器能够进行动态交互的 Web 应用程序出现之前，Cookie 还没有被熟知，是 HTTP 的无状态特性促进了 Cookie 的产生。HTTP 的无状态指的是无状态协议，HTTP 协议对于事务处理没有记忆能力，缺少状态意味着如果服务器需要与客户端进行多次交互，那么客户端必须在每一次交互时都主动提交身份信息。

面对这个问题，人们想出了两种能够保持 HTTP 连接状态的技术：Cookie 和 Session。Cookie 是通过客户端来保持状态的解决方案。从定义上来说，Cookie 就是由服务器发给客户端的特殊信息，这些信息以文本文件的形式存放在客户端。客户端每次向服务器发送请求的时候，都会携带这些特殊的信息。在登录网站的时候，经常能够看到登录框处有类似“记住我”的选项，如果勾选了它，那么在重新打开网站甚至第二天访问该网站时，就不需要进行烦琐的登录操作了。因为勾选了这个选项之后，网站会将用户的身份信息记录在 Cookie 中，在浏览器下一次向服务器发起请求的时候，会自动携带 Cookie 信息，从而实现自动登录的功能。

Cookie 通过在客户端存储身份信息的方式与服务器保持状态，而 Session 通过服务器来保持状态。Session 对象会存储特定用户会话所需的属性及配置信息。当用户在应用程序的 Web 页面之间跳转时，存储在 Session 对象中的变量不会丢失，会在整个用户会话中一直存在下去。如果用户在访问 Web 网页的时候还没有 Session，则 Web 服务器将自动创建一个 Session 对象，当会话过期或被放弃后，服务器也会终止会话。

2. 生存周期与持久性

Cookie 在生成时会被指定一个 `Expire` 值，该值就是 Cookie 的生存周期。Cookie 在这个周期内是有效的，但是超出周期后就会被清除。如果将 Cookie 的生存周期设置为 0 或者负数，那么在你关闭浏览器的时候，Cookie 就会被浏览器清除，下一次打开网页时再生成新的 Cookie 值。这个功能常用于金融类网站，因为需要在浏览器关闭时立即清除用户的身份信息，更好地保证信息安全。像这样即用即清除的 Cookie 通常称为会话 Cookie，而刚才提到的类似“记住我”或“一周内免登录”选项，是将 Cookie 值保存起来，在生存周期内还可以继续使用，长时间保持用户状态的 Cookie 称为持久 Cookie。

3. 属性和结构

Cookie 由变量名称和值组成，其中变量既有标准的变量，也有自定义格式的变量，具体格式如下：

```
NAME=VALUE; Expires=DATE; Path=PATH; Domain=DOMAIN_NAME; SECURE
```

- `NAME` 和 `VALUE` 是 Cookie 的名称与值。
- `Expires` 通常是一个日期变量，格式为 `DD-MM-YY HH:MM:SS GMT`。正如刚才所说，`Expires` 决定了 Cookie 的生存周期，值为空就代表这是一个会话 Cookie，即 Cookie 文件将随着浏览器的关闭而自动消失。
- `Path` 属性规定了在 Web 服务器上，哪些路径下的页面可以获取服务器设置的 Cookie。一般情况下，如果用户输入的 URL 的路径部分从第一个字符开始包含 `Path` 属性所定义的字符串，浏览器就认为通过检查。如果 `Path` 属性的值为“/”，则 Web 服务器上所有的 WWW 资源均可读取该 Cookie。该项设置是可选的，如果省略，则 `Path` 的属性值为 Web 服务器传给浏览器的资源路径名。
- `Domain` 指定了可以访问 Cookie 信息的域名并且它是一个只写变量。它规定了哪些 Internet 域中的 Web 服务器可以读取浏览器所存的 Cookie，即只有来自这个域的页面才可以使用 Cookie 中的信息。这项设置是可选的，如果省略它，Cookie 的属性值为该 Web 服务器的域名。比如将 `Domain` 的值设为 `taobao.com`，那么所有类似 m.taobao.com 或者 taobao.com 的页面就可以访问 Cookie 中的信息。
- `SECURE`：如果在 Cookie 中标记该变量，表明只有当浏览器和 Web 服务器之间的通信协议为加密认证协议时，浏览器才向服务器提交相应的 Cookie。当前这样的协议只有一种，即 HTTPS。

小技巧 Cookie 的属性可以搭配使用，比如借助 `Domain` 和 `Path` 这两个属性，就可有效地控制 Cookie 文件被访问的范围。

4. 产生过程

在正常情况下，Cookie 值可以由服务器端或 JavaScript 代码设定。在客户端第一次向服务器端发起请求之前，客户端是不会有 Cookie 值的。当客户端的请求到达服务器端后，服务器端可以将 Cookie 值写在响应头中并返回给客户端，或者客户端工具（如浏览器）在渲染页面时，由页面中的 JavaScript 代码生成 Cookie 值。双端交互及 Cookie 的产生过程如图 2-22 所示。

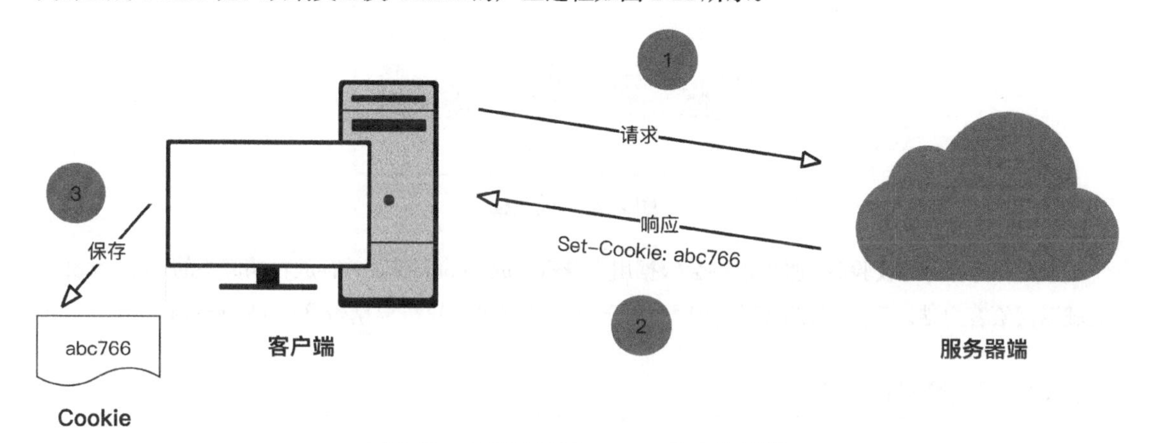

图 2-22　双端交互及 Cookie 的产生过程

服务器生成 Cookie 值并将其添加到响应头中返回给浏览器，浏览器检测到响应头中的 `Set-Cookie` 头域后将对应的 Cookie 值保存起来，而后每一次请求都会自动携带对应的 Cookie，除非 Cookie 过期或者被清除。

除了服务端在响应头中使用 `Set-Cookie` 头域向客户端发送 Cookie 这种方式外，还可以通过 JavaScript 代码设置 Cookie，比如：

```
document.cookie = 'async=569cls8fs2';
```

5. 应用场景

在 Web 应用中，Cookie 常常被用来记录和验证用户的身份信息，有些应用还会将 Cookie 作为过滤“垃圾流量”的验证条件。图 2-23 是一个登录框，当用户输入账号和密码并点击“登录”按钮时，用户身份信息就会被发送到服务器端进行校验。

图 2-23 登录框

当用户身份通过校验后，服务器端会根据用户身份生成 Cookie 值，并存放在响应头的 `Set-Cookie` 头域返回给客户端。客户端在后续请求网页时无须重新登录，只需要携带这个 Cookie 值。

2.3.5 了解 HTTPS

由于 HTTP 协议以明文方式发送请求正文，并且不提供任何方式的数据加密，所以攻击者可以截取 Web 浏览器和网站服务器之间的传输报文，从而读取传输的信息。因此，HTTP 协议不适合传输敏感信息，如身份证号、登录密码等。

超文本传输安全协议（Hypertext Transfer Protocol Secure，简称 HTTPS 或 HTTPS 协议）正是为了解决 HTTP 协议的缺陷而生的。它在 HTTP 协议的基础上加入了安全套接层（Secure Sockets Layer，简称 SSL 协议）和传输层安全（Transport Layer Security，简称 TLS）协议，SSL 协议依靠证书来验证服务器的身份，并为浏览器和服务器之间的通信加密。HTTPS 协议是以安全为目标的 HTTP 通道，被广泛应用于万维网上的安全敏感通信场景，例如资金交易和网络支付场景。HTTPS 协议和 HTTP 协议的区别主要为以下几点。

- HTTP 协议不需要证书，而 HTTPS 协议需要到 CA 申请证书，大部分证书不是免费的。
- HTTP 是超文本传输协议，信息以明文方式传输，HTTPS 则是具有安全性的 SSL 加密传输协议。
- HTTP 协议和 HTTPS 协议使用的是完全不同的连接方式，所用端口也不一样，前者的默认端口为 80，后者的默认端口为 443。
- HTTP 协议的连接很简单，并且是无状态的；HTTPS 协议是由 SSL 协议和 HTTP 协议构建的可进行加密传输、身份认证的网络协议，也是无状态的。

SSL 协议及其继任者 TLS 协议都是为网络通信提供安全服务的安全协议。TLS 协议与 SSL 协议在传输层对网络连接进行加密。SSL 协议提供的服务主要有以下几种。

- 认证客户端和服务器端，确保数据发送到正确的地方。
- 加密数据，防止数据中途被窃取。
- 维护数据的完整性，确保数据在传输过程中不被改变。

2.3.6 认识 WebSocket

WebSocket 是一种在单个 TCP 连接上进行全双工通信的协议，被广泛应用于对数据实时性要求较高的场景，如体育赛事播报、股票走势分析、在线聊天等。WebSocket 通信协议于 2011 年被 IETF 定为标准 RFC6455（详见 https://tools.ietf.org/html/rfc6455），并由 RFC7936 补充规范。RFC6455 共有 14 个部分，包括 WebSocket 协议背景与介绍、握手、设计理念、术语约定、双端要求、掩码以及连接关闭等内容。

WebSocket 协议使客户端和服务器端之间的数据交换变得更加简单，它允许交互双方创建持久连接，同时支持服务器端主动向客户端推送数据。

在 WebSocket 协议出现之前，如果 Web 应用想要实现消息推送与实时数据展示功能，那么需要使用轮询的手段。轮询指的是客户端以特定的时间间隔向服务器端发出 HTTP 请求，服务器端返回最新的数据给客户端的过程。这种传统模式的缺点很明显，客户端需要不断地向服务器端发出请求，而 HTTP 请求可能包含较长的头部，但其中真正有效的数据可能只是很小的一部分，显然这样会浪费很多的带宽资源。

在这种情况下，HTML5 定义了 WebSocket 协议。WebSocket 协议在实现相同功能的情况下可以更好地节省服务器资源，并且能够让双端进行实时通信。在数据传输方面，它对二进制的支持和数据压缩也比 HTTP 协议更好。

2.3.7 WebSocket 握手

与 HTTP 协议不同的是，WebSocket 协议只需要发送一次连接请求。连接请求的完整过程被称为握手，即客户端为了创建 WebSocket 连接而向服务器端发送特定的 HTTP 请求并声明升级协议。WebSocket 是独立的、创建在 TCP 上的协议，双端通过 HTTP/1.1 协议进行握手，握手成功后才会转为 WebSocket 协议。

使用 WebSocket 协议进行通信时，客户端与服务器端的交互顺序如下。

(1) 客户端发起握手请求。

(2) 服务器端收到请求后验证并返回握手结果。

(3) 连接建立成功，可以互相发送消息。

关于握手的标准，在协议中有相关的说明：

The opening handshake is intended to be compatible with HTTP-based server-side software and intermediaries, so that a single port can be used by both HTTP clients talking to that server and WebSocket clients talking to that server. To this end, the WebSocket client's handshake is an HTTP Upgrade request :

- GET /chat HTTP/1.1.
- Host: server.example.com.
- Upgrade: websocket.
- Connection: Upgrade.
- Sec-WebSocket-Key: dGhlIHNhbXBsZSBub25jZQ==.
- Origin: http://example.com.
- Sec-WebSocket-Protocol: chat, superchat.
- Sec-WebSocket-Version: 13.

In compliance with [RFC2616], header fields in the handshake may be sent by the client in any order, so the order in which different header fields are received is not significant.

上方协议内容约定，握手由客户端发起，握手时使用的协议是 HTTP 协议而非 WebSocket 协议。握手时发出的请求叫作升级请求，客户端在握手阶段通过 `Connection` 和 `Upgrade` 这两个头域告知服务器端，要求将通信的协议升级为 WebSocket，对应头域为：

```
Connection: Upgrade
Upgrade: websocket
```

`Sec-WebSocket-Version` 和 `Sec-WebSocket-Protocol` 这两个头域表明通信版本和协议约定，`Sec-WebSocket-Key` 则作为一个防止无端连接的保障（其实在实际应用中并没有什么保障作用，因为 key 的值完全由客户端控制，服务器端并无验证机制），其他的头域与 HTTP 协议中头域的作用一致。

假设客户端发出一个符合握手约定的 HTTP 请求，那么服务器端需要先对信息进行验证，并将握手结果回复给客户端。服务器端返回的握手结果包含状态码和当前所用的协议，返回信息的含义如下。

- `Status Code` 代表本次握手结果，状态码中的 101 表示连接成功。
- `Connection` 和 `Upgrade` 表明当前所用协议。

- Sec-WebSocket-Accept 是经过服务器确认并加密过后的 Sec-WebSocket-Key。

如果客户端收到如下响应，那么说明握手成功：

```
Status Code: 101 Web Socket Protocol Handshake
Sec-WebSocket-Accept: T5ar3gbl3rZJcRmEmBT8vxKjdDo=
Upgrade: websocket
Connection: Upgrade
```

2.3.8 数据传输与数据帧

双方握手成功并确认协议后，就可以互相发送信息了。WebSocket 协议对传输规范也作了对应的约定（其中…代表省略部分）：

In the WebSocket Protocol, data is transmitted using a sequence of frames. To avoid confusing network intermediaries (such as intercepting proxies) and for security reasons

...

which together define the "Payload data".Certain bits and opcodes are reserved for future expansion of the protocol.

上方协议内容约定，在 WebSocket 协议中使用帧传输数据时，出于安全原因，客户端发送的消息必须进行掩码，如果服务器收到未掩码的帧，则关闭连接。服务器发送给客户端的消息则不进行掩码，如果客户端收到掩码的帧，就关闭连接。

帧协议用操作码定义帧类型、有效载荷长度、指定位置的扩展数据和应用程序数据，它们共同定义“有效载荷数据”，还保留了一些位和操作码，用于将来的扩展协议。帧协议允许将每个消息分成一帧或多帧，在发送到客户端后由客户端将信息拼接完整。数据帧的格式如图 2-24 所示。

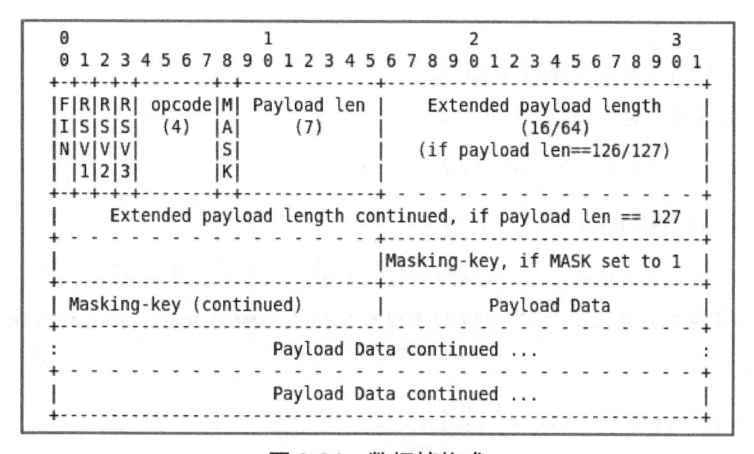

图 2-24 数据帧格式

数据帧由 FIN、RSV1、RSV2、RSV3、opcode、MASK、Payload len、Masking-key 和 Payload Data 等部分组成，含义如下。

- FIN：占 1 位（bit）。
  - `0`：不是消息的最后一个分片。
  - `1`：是消息的最后一个分片。
- RSV1、RSV2 和 RSV3：各占 1 位。

  在一般情况下全为 `0`。当客户端和服务器端协商采用 WebSocket 协议扩展时，这 3 个标志位可以不为 `0`，且值的含义由扩展部分进行定义。如果出现非零的值，且并没有采用 WebSocket 协议扩展，则连接出错。
- opcode：占 4 位。
  - `%x0`：一个延续帧。当 opcode 为 `0` 时，表示本次数据传输采用了数据分片，当前收到的数据帧为其中一个数据分片。
  - `%x1`：这是一个文本帧（text frame）。
  - `%x2`：这是一个二进制帧（binary frame）。
  - `%x3~%x7`：保留的操作代码，用于后续定义的非控制帧。
  - `%x8`：连接断开。
  - `%x9`：这是一个心跳请求（ping）。
  - `%xA`：这是一个心跳响应（pong）。
  - `%xB~%xF`：保留的操作代码，用于后续定义的控制帧。
- MASK：占 1 位。
  - `0`：不对数据载荷进行掩码异或操作。
  - `1`：对数据载荷进行掩码异或操作。
- Payload len：占 7 位或（7 + 16）位或（7 + 64）位。
  - `0~126`：数据载荷的长度等于该值。
  - `126`：后续 2 字节代表一个 16 位的无符号整数，该无符号整数的值为数据的长度。
  - `127`：后续 8 字节代表一个 64 位的无符号整数（最高位为 0），该无符号整数的值为数据的长度。
- Masking-key：占 0 字节（Byte）或 4 字节。
  - 当 MASK 为 `1` 时，携带了 4 字节的 Masking-key。

■ 当 MASK 为 0 时，没有 Masking-key。

掩码算法：按位进行循环异或运算，先对该位的索引取模来获得 Masking-key 中对应的值 x，然后将该位与 x 进行异或运算，而得到真实的数据。注意，掩码的作用并不是防止数据泄露，而是防止早期版本的协议中存在代理缓存污染攻击（proxy cache poisoning attacks）等问题。

❑ Payload Data：载荷数据。

双端接收到数据帧之后，就可以根据数据帧各个位置的值进行处理或信息提取。

服务器端与客户端都应该使用 WebSocket 协议规范中规定的格式，将数据转化为帧后再发送，而接收方在收到数据帧后需要按照规定的格式进行解包和数据提取。

2.3.9 WebSocket 连接

WebSocket 协议的数据传输是通过网络进行的，所以我们可以在 Chrome 浏览器的开发者工具中找到 Network 面板，然后查看 WebSocket 的连接信息及传输的数据。

ECHO TEST 是基于 WebSocket 应用程序和服务器的测试平台，我们可以通过观察测试平台中的网络信息来加深对 WebSocket 的理解。测试平台的网址为 http://www.websocket.org/echo.html，打开网址后唤起 Chrome 开发者工具并切换到 Network 面板，然后点击页面中的 Connect 按钮，页面会主动向测试平台的 WebSocket 服务器发起握手，此时可以看到网络请求记录中有一条状态码为 101 的记录，如图 2-25 所示。

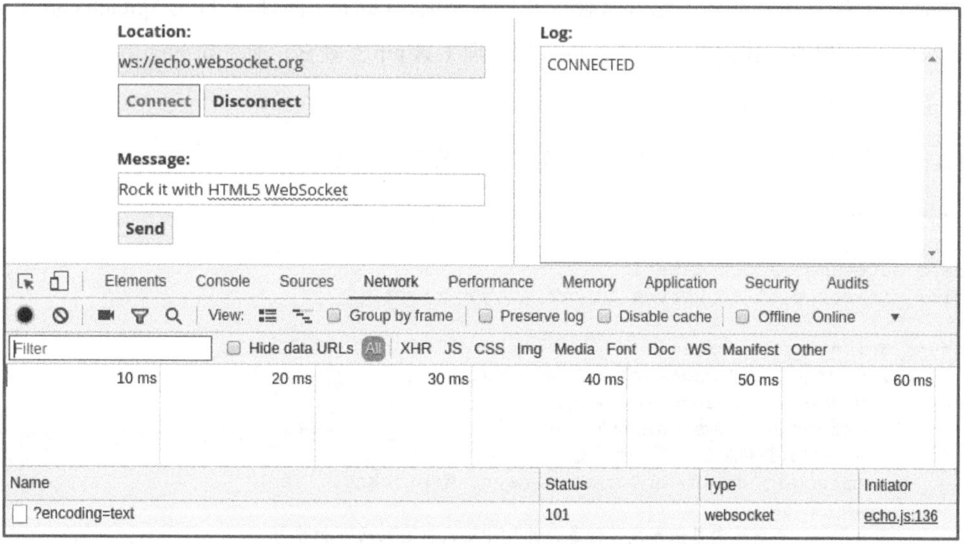

图 2-25　ECHO TEST 页面及 Network 面板

接着点击 Send 按钮，此时客户端向服务器端发送一条信息，服务器端会立即返回内容相同的信息。我们可以在网络请求记录中选中此条请求，然后在右侧的面板中选择 Frames，就可以看到 WebSocket 双端传输的数据内容了，如图 2-26 所示。

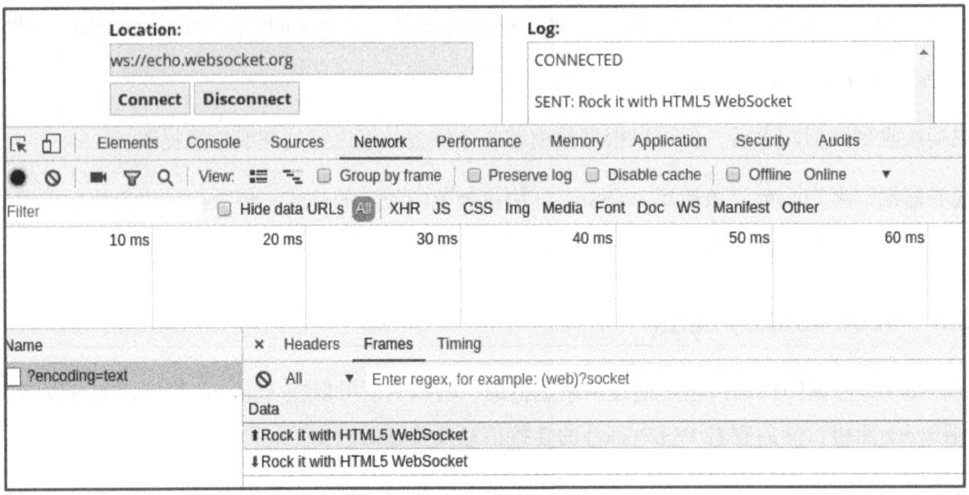

图 2-26 双端传输的数据

图中箭头向上的数据是客户端发送给服务器端的，箭头向下的是服务器端推送给客户端的。除了可以使用浏览器连接以外，还可以使用其他的客户端连接，只要握手时发送的请求头符合要求即可。我们可以使用 aiowebsocket 这个第三方库来连接测试平台的 WebSocket 服务器。aiowebsocket 是一个用 Python 代码编写的开源库，它非常轻量并且很灵活，GitHub 网址为 https://github.com/asyncins/aiowebsocket。使用前，我们可以通过 Python 包管理工具 pip 安装它，命令如下：

```
$ pip install aiowebsocket
```

然后新建一个名为 wsocket.py 的文件，并将以下代码写入文件：

```
import asyncio
import logging
from datetime import datetime
from aiowebsocket.converses import AioWebSocket

async def startup(uri):
    async with AioWebSocket(uri) as aws:
        # 初始化 aiowebsocket 库的连接类
        converse = aws.manipulator
        # 设定需要向服务器发送的信息
        message = b'AioWebSocket - Async WebSocket Client'
        while True:
            # 不断地向服务器发送信息，并打印输出信息的内容和时间
            await converse.send(message)
```

```
            print('{time}-Client send: {message}'.format(time=datetime.now()
                .strftime('%Y-%m-%d %H:%M:%S'), message=message))
            # 不断地读取服务器推送给客户端的信息，并打印输出信息的内容和时间
            mes = await converse.receive()
            print('{time}-Client receive: {rec}'.format(time=datetime.now()
                .strftime('%Y-%m-%d %H:%M:%S'), rec=mes))


if __name__ == '__main__':
    # 设定远程服务器地址
    remote = 'wss://echo.websocket.org'
    try:
        # 开启事件循环，调用指定的方法
        asyncio.get_event_loop().run_until_complete(startup(remote))
            except KeyboardInterrupt as exc:
            logging.info('Quit.')
```

保存后可以使用以下命令运行 wsocket.py 文件：

```
$pyhton wsocket.py
```

终端会输出如图 2-27 所示的双端互推消息。

```
2019-03-12 14:36:29-Client send: b'AioWebSocket - Async WebSocket Client'
2019-03-12 14:36:29-Client receive: b'AioWebSocket - Async WebSocket Client'
2019-03-12 14:36:29-Client send: b'AioWebSocket - Async WebSocket Client'
2019-03-12 14:36:29-Client receive: b'AioWebSocket - Async WebSocket Client'
2019-03-12 14:36:29-Client send: b'AioWebSocket - Async WebSocket Client'
2019-03-12 14:36:31-Client receive: b'AioWebSocket - Async WebSocket Client'
2019-03-12 14:36:31-Client send: b'AioWebSocket - Async WebSocket Client'
2019-03-12 14:36:32-Client receive: b'AioWebSocket - Async WebSocket Client'
```

图 2-27 双端互推消息

在运行结果中，`send` 代表客户端发送给服务器端的消息，而 `receive` 代表服务器端推送给客户端的消息。

2.3.10 连接保持

WebSocket 协议可以保持双端持久连接，那么一旦连接就不会断开了吗？

服务器端开发者如果不希望所有连接都长期打开，可以定时给客户端发送一个 Ping 帧，客户端收到 Ping 帧后必须回复一个 Pong 帧。如果客户端不响应，那么服务器端就可以主动断开连接。

除此之外，还可以使用其他的方法，比如客户端连接后，需要先向服务器端发送验证信息，如果能够通过服务器端验证，则保持连接，否则立即关闭。

2.3.11 小结

WebSocket 协议可以让服务器端与客户端双向通信，并且保持长久连接。握手时使用的是 HTTP 协议，握手成功后才升级为 WebSocket 协议。要注意的是，WebSocket 协议规范只作为参考，并不是强制实现，所以服务器端和客户端的连接条件和消息格式通常由服务器端开发者决定。这意味着服务器端可以在握手时对客户端进行身份校验，在消息传递或数据帧方面也可以设计一些用于反爬虫的方法。服务器端可以以任何理由关闭连接，开发者常常利用这些特点限制爬虫连接或者获取数据。

本章总结

本章首先介绍了服务器端、客户端和网络协议之间的关系，然后学习了服务器软件 nginx 的基本使用方法和工作原理，动手实现了简单的代理服务，并进一步了解了 nginx 的模块指令和日志功能。接着通过学习浏览器的知识了解到，JavaScript 和 CSS 对页面内容的改变是通过 DOM 实现的，并不会改变 HTML 的代码，这为我们后面理解反爬虫奠定了基础。最后深入讲解了 HTTP 协议和 WebSocket 协议的知识。

现在我们已经熟悉了 HTML 从文档变成内容丰富的页面所要经历的每个阶段及其特性，接下来将学习反爬虫方面的知识。

第3章

爬虫与反爬虫

我们在上一章中了解到，浏览器将HTML文档变成内容丰富的网页靠的是渲染引擎和对应的解释器，这也是浏览器和爬虫程序有所区别的地方。

在开始真正的反爬虫知识学习前，我们还需要了解反爬虫产生的原因、定义和分类等知识，这些内容对于我们在实际案例中理解反爬虫原理和实现绕过有很大的帮助。本章中，我们将会涉及以下主题。

- 动态网页与网页源代码。
- 爬虫知识回顾。
- 反爬虫的概念与定义。

在本章的结尾部分，我们将简单了解一下爬虫与反爬虫之间互相对抗的现状。

3.1 动态网页与网页源代码

传统的静态网页是指没有数据库和不可交互的纯HTML网页，它的页面生成后，如果不修改代码，网页的显示内容和显示效果基本上不会发生变化。传统的动态网页是指在不改变页面HTML代码的情况下，能够根据不同用户或者不同操作而显示不同内容的网页。动态网页在开发、管理和交互性方面的优势远超静态网页。

在爬虫领域中，静态网页与动态网页的定义与传统定义是完全不同的。

- 静态网页指的是网页主体内容的渲染工作在服务器端完成，并通过响应正文返回的网页。
- 动态网页指的是主体内容或者全部内容都需要客户端执行JavaScript代码来计算或渲染的网页。

在上一章的学习中，我们了解到 JavaScript 可以通过 DOM 改变页面的显示内容，但 HTML 代码并不会被改变。由于 JavaScript 解释器的存在，JavaScript 可以在浏览器中解释和运行。

网页源代码指的是什么呢？它指的是未经过浏览器解释和 JavaScript 引擎渲染的文本，它的文本内容与 HTML 原文件中的内容是相同的。在表 2-13 中，有一个叫作 view-source 的协议，这个协议的作用就是显示资源的源代码。除了在页面空白处单击鼠标右键并选择查看网页源代码这种方式之外，我们还可以直接使用 view-source 协议查看网页源代码，比如华为云平台（huaweicloud.com）的网页源代码 URL 为 view-source:huaweicloud.com，内容如图 3-1 所示。

```
<meta name="applicable-device" content="pc,mobile">
<meta http-equiv="X-UA-Compatible" content="IE=edge,chrome=1">
<meta name="viewport" content="width=device-width, user-scalable=no, initial-scale=1.0, maximum-scale=1.0, minimum-scale=1.0">


<title>华为云 +智能，见未来</title>

<meta name="keywords" content="华为云，云主机，云服务器，云数据库，云计算"/>
<meta name="description" content="华为云为用户提供云服务器,云数据库,云存储,CDN,大数据,云安全等公有云产品和电商,金融,游戏等多种解决方案,7x24小时客服支持,帮助企业轻松上云-华为云,"/>



<link type="image/x-icon" href="//img.huaweicloud.com/static/images/global/favicon.ico?sttl=201903121055" rel="icon">
```

图 3-1 华为云平台网页源代码部分截图

爬虫并不是一种“所见即所得”的程序，它通过网络请求的方式获取资源。在得到的资源中，最重要的就是响应正文。但是由于 Python、Java 和 PHP 等编程语言没有 JavaScript 解释器和渲染引擎，所以使用编程语言编写的爬虫程序无法渲染页面，它们只能爬取响应正文中的内容，也就是网页源代码中的内容。如果想要爬取动态网页中的数据，那么就需要借助 JavaScript 解释器和渲染引擎将渲染后的网页代码以文本的形式传给爬虫。有一些工具已经集成了渲染页面所需的组件，并且开放 API 允许编程语言操作页面以获取渲染后的页面代码。爬虫工程师常用的渲染工具如下。

- Splash：异步的 JavaScript 渲染服务。
- Selenium：自动化测试框架。
- Puppeteer：一个通过 DevTools 协议控制 Chrome 的 Node.js 库。

我们会在后续的章节中用到这些工具。

3.2 爬虫知识回顾

爬虫指的是按照一定规则自动抓取万维网信息的程序，分为通用爬虫和聚焦爬虫两大类，前者的目标是在保持一定内容质量的情况下爬取尽可能多的站点，而后者的目标则是在爬取少量站点的情况下尽可能保持精准的内容质量。爬虫通常从一个或多个 URL 开始，在爬取的过程中不断将新的并且符合要求的 URL 放入待爬队列，直到满足程序的停止条件。

爬虫的爬取过程可以分为下面 3 个步骤。

(1) 请求指定的 URL 以获取响应正文。

(2) 解析响应正文内容并从中提取所需信息。

(3) 将上一步提取的信息保存到数据库或文件中。

以网上商城中的智能手机数据为例，商品信息如图 3-2 所示。

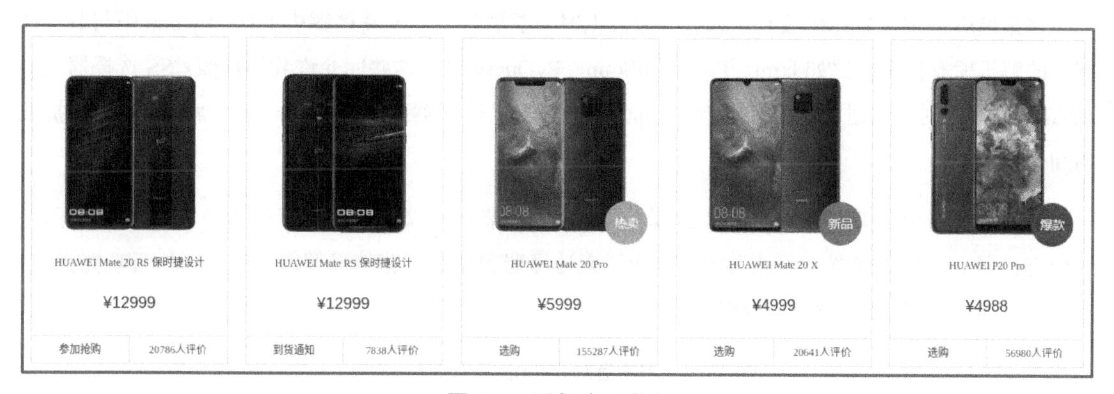

图 3-2　手机商品数据

如果想要爬取图 3-2 中的商品名称、价格和封面图，那么首先要请求对应的 URL 以获取服务器端返回的响应正文，然后使用 CSS 选择器或路径语言 XPATH 解析网页内容并提取所需的商品名称、价格和封面图，得到的数据类似表 3-1，最后将数据存入文件或数据库。

表 3-1　商品数据示例

序　号	商品名称	价　格	封面图存储路径
1	HUAWEI Mate 20 RS 保时捷设计	12 999 元	/img/12999-mata-20rs
2	HUAWEI Mate 20 Pro	5999 元	/img/5999-meta20pro
3	HUAWEI Mate 20 X	4999 元	/img/4999-meta20x

用户只需要打开浏览器并在地址栏中输入网址即可通过浏览器向服务器发起请求，浏览器会根据一定的规则解析和渲染页面，将 HTML、图像和视频等内容转化成可读的网页。由于浏览器是一个封闭的应用程序，所以爬虫程序无法通过浏览器读取页面内容，只能模拟浏览器向服务器发起网络请求。如何用代码向网页发起网络请求呢？

以 Python 语言为例，它提供了对应的模块帮助开发者实现网络请求，比如 urllib 模块中的 `request`。除了内置的网络操作模块以外，一些优秀的开发者在此基础上进行封装，开发出了功能更丰富的网络请求库，如 Requests 库。安装好 Requests 库之后，我们就可以编写代码向指定的 URL 发出网络请求了，向 www.porters.vip 发出 GET 请求的代码如下：

```
import requests
url = 'http://www.porters.vip'
resp = requests.get(url)
```

服务器端返回的信息存储在 resp 对象中，当我们需要查看响应状态码和响应正文时，从 resp 对象中将对应的内容取出来即可。

如果响应正文是 HTML 文档，那么提取数据时还需要使用一些文档解析工具。Python 中与 HTML 相关的解析库有很多，比如 lxml、BeautifulSoup、PyQuery 等，这些库允许我们按照 CSS 选择器或者 XPATH 的规则对文本进行定位和提取。下面我们以 CSS 选择器为例，了解一些页面解析和数据提取的知识。

CSS 选择器分为类别选择器、ID 选择器、标签选择器、子类选择器、后代选择器、伪类选择器、通用选择器、群组选择器、属性选择器、伪元素选择器和相邻同胞选择器等，丰富多样且功能强大，表 3-2 为 CSS 选择器的语法规则和描述。

表 3-2 CSS 选择器的语法规则及描述

<table>
<tr><th>选择器的语法规则</th><th>例 子</th><th>例子描述</th></tr>
<tr><td>.class</td><td>.intro</td><td>选择 class="intro" 的所有元素</td></tr>
<tr><td>#id</td><td>#firstname</td><td>选择 id="firstname" 的所有元素</td></tr>
<tr><td>*</td><td>*</td><td>选择所有元素</td></tr>
<tr><td>element</td><td>p</td><td>选择所有 <p> 元素</td></tr>
<tr><td>element,element</td><td>div,p</td><td>选择所有 <div> 元素和所有 <p> 元素</td></tr>
<tr><td>element element</td><td>div p</td><td>选择 <div> 元素内部的所有 <p> 元素</td></tr>
<tr><td>element>element</td><td>div>p</td><td>选择父元素为 <div> 的所有 <p> 元素</td></tr>
<tr><td>element+element</td><td>div+p</td><td>选择紧接在 <div> 元素之后的所有 <p> 元素</td></tr>
<tr><td>[attribute]</td><td>[target]</td><td>选择带有 target 属性的所有元素</td></tr>
<tr><td>[attribute=value]</td><td>[target=_blank]</td><td>选择 target="_blank" 的所有元素</td></tr>
<tr><td>[attribute~=value]</td><td>[title~=flower]</td><td>选择 title 属性包含单词 flower 的所有元素</td></tr>
<tr><td>[attribute|=value]</td><td>[lang|=en]</td><td>选择 lang 属性值以 en 开头的所有元素</td></tr>
<tr><td>:link</td><td>a:link</td><td>选择所有未被访问的链接</td></tr>
<tr><td>:visited</td><td>a:visited</td><td>选择所有已被访问的链接</td></tr>
<tr><td>:active</td><td>a:active</td><td>选择活动链接</td></tr>
<tr><td>:hover</td><td>a:hover</td><td>选择鼠标指针位于其上的链接</td></tr>
</table>

（续）

选择器的语法规则	例　子	例子描述
:focus	input:focus	选择获得焦点的 <input> 元素
:first-letter	p:first-letter	选择每个 <p> 元素的首字母
:first-line	p:first-line	选择每个 <p> 元素的首行
:first-child	p:first-child	选择属于父元素的第一个子元素的每个 <p> 元素
:before	p:before	在每个 <p> 元素的内容之前插入内容
:after	p:after	在每个 <p> 元素的内容之后插入内容
:lang(language)	p:lang(it)	选择以 it 开头的 lang 属性值的每个 <p> 元素
element1~element2	p~ul	选择前面有 <p> 元素的每个 <ul> 元素
[attribute^=value]	a[src^="https"]	选择其 src 属性值以 https 开头的每个 <a> 元素
[attribute$=value]	a[src$=".pdf"]	选择其 src 属性以.pdf 结尾的所有 <a> 元素
[attribute*=value]	a[src*="abc"]	选择其 src 属性中包含 abc 子串的每个 <a> 元素
:first-of-type	p:first-of-type	选择属于其父元素的首个 <p> 元素的每个 <p> 元素
:last-of-type	p:last-of-type	选择属于其父元素的最后 <p> 元素的每个 <p> 元素
:only-of-type	p:only-of-type	选择属于其父元素唯一的 <p> 元素的每个 <p> 元素
:only-child	p:only-child	选择属于其父元素的唯一子元素的每个 <p> 元素
:nth-child(n)	p:nth-child(2)	选择属于其父元素的第二个子元素的每个 <p> 元素
:nth-last-child(n)	p:nth-last-child(2)	同上，但从最后一个子元素开始计数
:nth-of-type(n)	p:nth-of-type(2)	选择属于其父元素第二个 <p> 元素的每个 <p> 元素
:nth-last-of-type(n)	p:nth-last-of-type(2)	同上，但从最后一个子元素开始计数
:last-child	p:last-child	选择子元素中的最后一个 <p> 元素
:root	:root	选择文档的根元素
:empty	p:empty	选择没有子元素的每个 <p> 元素（包括文本节点）
:target	#news:target	选择当前活动的 #news 元素
:enabled	input:enabled	选择每个启用的 <input> 元素
:disabled	input:disabled	选择每个禁用的 <input> 元素
:checked	input:checked	选择每个被选中的 <input> 元素
:not(selector)	:not(p)	选择非 <p> 元素的每个元素
::selection	::selection	选择被用户选取的元素部分

我们可以通过一个实际的例子来学习如何使用解析库。假如需要获取网上商城的商品名称，那么我们应该先确认商品名称对应的 HTML 标签和属性，如图 3-3 所示。

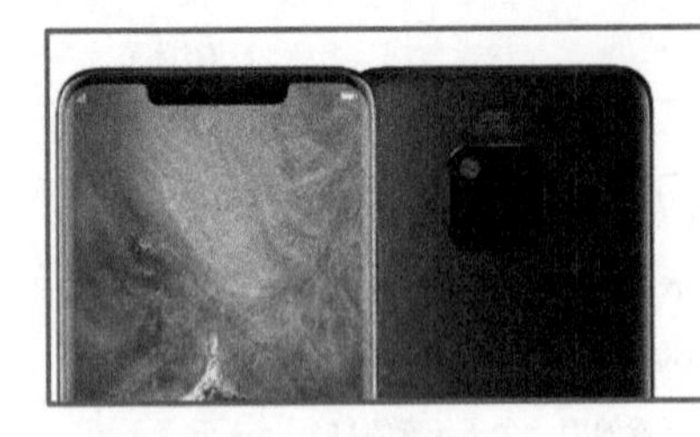

图 3-3　网上商城的商品信息

我们可以在 Chrome 开发者工具的“元素”面板中找到该商品名称的 HTML 标签和属性，如图 3-4 所示。

```
▼<div class="product-meta">
    <h1 id="pro-name">HUAWEI Mate 20 Pro (UD) 8GB+128GB 全网通版（翡冷翠）</h1> == $0
    <input class="hide" value="10086052461373" id="product_sku">
    <input class="hide" value="10086393052224" id="product_productId">
  ▶<div class="product-slogan" id="skuPromWord" style="display: block;">…</div>
```

图 3-4　商品名称的 HTML 标签和属性

商品名称所在的标签为 `<h1>`，该标签的 `id` 属性值为 `pro-name`。确认 HTML 标签和属性后，就可以开始编写代码了，具体如下：

```
import requests
from parsel import Selector
url = 'https://www.vmall.com/product/10086393052224.html'
# 向目标网址发起网络请求
resp = requests.get(url)
# 使用响应正文初始化 Selector，得到 sel 实例
sel = Selector(resp.text)
# 根据 HTML 标签和样式属性从文本中提取商品名称
res = sel.css('#pro-name::text').extract_first()
print(res)
```

代码比较简单。首先导入 Requests 库和 Parsel[①]库中的 `Selector`，接着定义目标 URL 并使用 Requests 库的 `get()`方法请求指定的 URL，然后根据商品名称的 HTML 标签和属性使用 CSS 选择器定位并提取文本，最后输出商品名称。运行结果为：

```
HUAWEI Mate 20 Pro (UD) 8GB+128GB 全网通版（翡冷翠）
```

可以发现，运行结果与网页中的商品名称一致，说明本次文本解析成功。

---

① Parsel 库是 Scrapy 开发团队开源的一个支持 XPath 和 CSS 选择器语法的网页解析库。

3.3 反爬虫的概念与定义

爬虫程序的访问速率和目的与正常用户的访问速率和目的是不同的，大部分爬虫会无节制地对目标应用进行爬取，这给目标应用的服务器带来巨大的压力。爬虫程序发出的网络请求被运营者称为“垃圾流量”。

开发者为了保证服务器的正常运转或降低服务器的压力与运营成本，不得不使出各种各样的技术手段来限制爬虫对服务器资源的访问。因为爬虫和反爬虫是综合技术的应用，反爬虫的现象与爬虫工程师所用的工具和开发语言有关，甚至与爬虫工程师的个人能力也有一定关联，所以反爬虫的概念非常模糊，业内并没有明确的定义。

本书约定，限制爬虫程序访问服务器资源和获取数据的行为称为反爬虫。限制手段包括但不限于请求限制、拒绝响应、客户端身份验证、文本混淆和使用动态渲染技术。这些限制根据出发点可以分为主动型反爬虫和被动型反爬虫。

- **主动型反爬虫**：开发者有意识地使用技术手段区分正常用户和爬虫，并限制爬虫对网站的访问行为，如验证请求头信息、限制访问频率、使用验证码等。
- **被动型反爬虫**：为了提升用户体验或节省资源，用一些技术间接提高爬虫访问难度的行为，比如数据分段加载、点击切换标签页、鼠标悬停预览数据等。

除此之外，还可以从特点上对反爬虫进行更细致的划分，如信息校验型反爬虫、动态渲染型反爬虫、文本混淆型反爬虫、特征识别型反爬虫等。需要注意的是，同一种限制现象可以被归类到不同的反爬虫类型中，比如通过 JavaScript 生成随机字符串并将字符串放在请求头中发送给服务器，由服务器校验客户端身份的这种限制手段既可以说是信息校验型反爬虫，又可以说是动态渲染反爬虫。

爬虫与反爬虫是对立关系，但这种关系就像剑与盾一样，既互相针对，又相互促进。这两种技术的较量除了技术博弈外，还要考虑时间成本和经济成本。

反爬虫不仅要了解网站流量情况，还需要了解爬虫工程师常用的手段，并从多个方面进行针对性的防护。反爬虫的方案设计、实施和测试等都需要耗费大量的时间，而且往往需要多个部门配合才能完成。从这个角度来看，除了技术难度外，时间成本也是非常高的。

经济方面的开支通常有 IP 代理费用、云服务器购买费用、VIP 账户开通费用等。除此之外，还要耗费比反爬虫更多的时间，这是因为当目标网站的算法或者网页结构更改时，爬虫代码也需要做对应的改变，有时候甚至需要重写代码。我们可以通过表 3-3 了解到它们之间针锋相对又互相进步的关系。

表 3-3 爬虫与反爬虫之间的对抗关系

序 号	爬 虫	反 爬 虫
1	使用 Python 代码向目标网站发起网络请求，爬取网站数据	监控到异常流量，如果请求并非来自浏览器，则拒绝请求
2	模拟浏览器标识，欺骗目标网站服务器	监控到大量请求均来自同一个浏览器标识，考虑爬虫伪造，限制访问频率
3	使用 IP 轮换或多机的方式对目标网站发起请求	在一些入口或表单处增加验证码，以区别正常用户和爬虫
4	简单的验证码可以通过代码识别，复杂的验证码则通过接入打码平台，继续对目标网站发起请求	完善账号体系，规定只有 VIP 才能浏览关键信息，避免珍贵的数据被爬虫大规模爬取
5	注册多个账号并开通网站 VIP	自定义混淆规则对网站的重要信息进行混淆，增加爬虫识别难度
6	当解密成本较高时，采用屏幕截图的方式获取关键数据	根据自动化测试框架或浏览器的特征区别用户与爬虫
7	成本太高，有可能放弃爬取	成本太高，无法完全限制爬虫

爬虫与反爬虫都是综合技能的应用，其中涉及的技术知识包括 Web 开发、服务器、数据传输、编程语言特性和工具特性等。

本章总结

本章首先介绍了动态网页和静态网页的概念，以及二者源代码的区别。然后回顾了爬虫的基础知识，并以网上商城的商品名称为例演示了爬虫如何发起网络请求和解析页面。最后讲解了反爬虫产生的原因和反爬虫分类，并在本书中约定了反爬虫的具体定义。

现在我们已经打好了基础，接下来将通过实际的案例学习反爬虫的原理和对应的绕过方法。

第 4 章

信息校验型反爬虫

经过前面几章的学习，我们已经对反爬虫和 Web 网站构成有了一定的了解。在本章中，我们将学习开发者主动实现的反爬虫：信息校验型反爬虫。

信息校验中的“信息”指的是客户端发起网络请求时的请求头和请求正文，而“校验”指的是服务器端通过对信息的正确性、完整性或唯一性进行验证或判断，从而区分正常用户和爬虫程序的行为。

在 Web 应用中，用户每次切换页面或者点击链接时都有可能会产生一次网络请求，这些网络请求先经过服务器，然后转发到对应的后端程序。以华为商城为例，华为商城服务器中的请求记录每天都超过千万，这些记录的发起者包括正常用户和爬虫程序，要怎样确认用户身份呢?

前面我们已经了解到发起网络请求时会发送请求头和请求正文，那么服务器端通过校验请求头或者请求正文中特定的信息，就可以区分正常用户和爬虫程序了。接下来，我们就通过一些实际的案例来学习信息校验型反爬虫。

4.1 User-Agent 反爬虫

User-Agent 反爬虫指的是服务器端通过校验请求头中的 User-Agent 值来区分正常用户和爬虫程序的手段，这是一种较为初级的反爬虫手段。

4.1.1 User-Agent 反爬虫绕过实战

示例 1：校园新闻网列表页 User-Agent 反爬虫。

网址：http://www.porters.vip/verify/uas/index.html。

任务：爬取校园新闻网站页面右侧“本周热点”列表中的新闻标题，页面如图 4-1 所示。

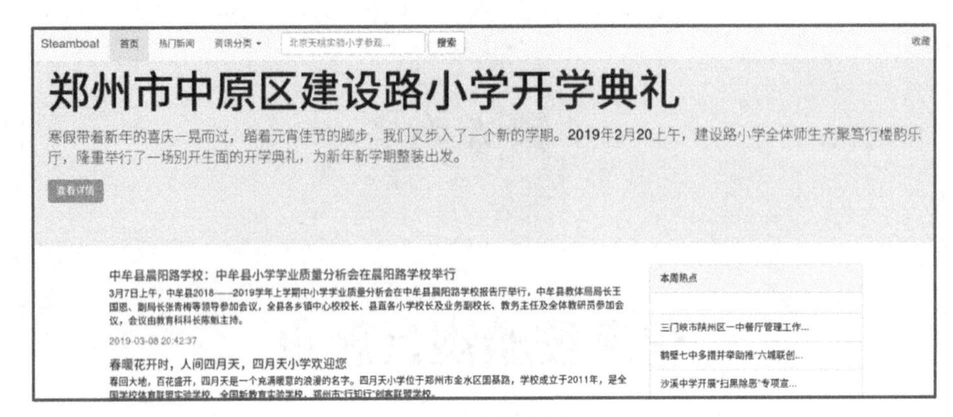

图 4-1　示例页面内容

在编写代码之前，我们要对目标网站进行分析，查看页面中目标数据的 HTML 标签、属性或者网络请求信息等。在定位目标数据后，就可以开始编写 Python 代码，向目标网站发起网络请求并从响应正文中提取所要的信息。目标数据对应的 HTML 标签和属性如下：

```
<div class="panel panel-default">
  <!-- Default panel contents -->
  <div class="panel-heading">本周热点</div>
  <div class="panel-body"></div>
  <!-- List group -->
  <ul class="list-group">
    <li class="list-group-item">三门峡市陕州区一中餐厅管理工作...</li>
    <li class="list-group-item">鹤壁七中多措并举助推"六城联创...</li>
    <li class="list-group-item">沙溪中学开展"扫黑除恶"专项宣...</li>
    <li class="list-group-item">中牟县晨阳路学校："点缀生活 ...</li>
    <li class="list-group-item">上饶市第二保育院开展预防手足口...</li>
  </ul>
```

其中 `<li>` 标签的 `class` 属性为 `list-group-item`，对应的 CSS 选择器的写法为：

```
.list-group-item
```

接着，我们使用 Python 语言编写请求代码：

```
import requests
from parsel import Selector
url = 'http://www.porters.vip/verify/uas/index.html'
# 向目标网址发起网络请求
resp = requests.get(url)
# 打印输出状态码
print(resp.status_code)
# 如果本次请求的状态码为 200，则继续，否则提示失败
if resp.status_code == 200:
    sel = Selector(resp.text)
    # 根据 HTML 标签和属性从响应正文中提取新闻标题
    res = sel.css('.list-group-item::text').extract()
```

```
    print(res)
else:
    print('This request is fial.')
```

代码运行结果为：

```
403
This request is fial.
```

请求并没有成功，但是浏览器却可以正常打开，这是为什么呢？难道是网站出了什么问题吗？我们可以用 Postman 试一试，Postman 请求结果如图 4-2 所示。

图 4-2 Postman 请求结果 3

浏览器和测试工具都可以正常访问，偏偏爬虫程序不可以，肯定是遇到反爬虫了。但它究竟是如何识别爬虫的呢？3 种不同的客户端向服务器端发起请求，其中两种能够得到正常的响应，Python 代码却不能，并且是在第一次请求的时候就被拒绝了，说明在第一次访问时就被识别了。3 种不同的客户端，意味着可能有 3 种不同的客户端身份标识，而在 HTTP 中只有 User-Agent 是最接近身份标识这个答案的。我们不妨尝试一下，在爬虫程序中使用浏览器或者 Postman 的身份标识。Requests 库允许使用自定义的请求头信息，我们将刚才的代码改为：

```
import requests
from parsel import Selector
# 使用 Postman 的身份标识
header = {"User-Agent": "Postman"}
url = 'http://www.porters.vip/verify/uas/index.html'
# 向目标网址发起网络请求，但将客户端身份标识切换为 Postman
resp = requests.get(url, headers=header)
# 打印输出状态码
print(resp.status_code)
```

```
# 如果本次请求的状态码为 200，则继续，否则提示失败
if resp.status_code == 200:
    sel = Selector(resp.text)
    # 根据 HTML 标签和属性从响应正文中提取新闻标题
    res = sel.css('.list-group-item::text').extract()
    print(res)
else:
    print('This request is fial.')
```

运行结果如下：

```
200
['三门峡市陕州区一中餐厅管理工作...',
 '鹤壁七中多措并举助推"六城联创...',
 '沙溪中学开展"扫黑除恶"专项宣...',
 '中牟县晨阳路学校："点缀生活 ...',
 '上饶市第二保育院开展预防手足口...']
```

状态码为 200，说明这次的请求得到了正常响应。运行结果中的标题列表说明我们已经绕过了目标服务器的反爬虫手段，爬取到了目标数据。

4.1.2 User-Agent 反爬虫的原理与实现

经过刚才的例子，你一定很好奇 User-Agent 是什么，为什么可以用 Postman 的身份标识绕过反爬虫呢？用浏览器的身份标识可以吗？接下来，我们就来了解 User-Agent 的相关知识。

浏览器是一种用于检索并展示万维网信息资源的应用程序，这些信息资源可以是网页、图片、影音或其他内容，它们由统一资源标识符标识。信息资源中的超链接可使用户方便地浏览相关信息。使用浏览器在各个网页之间跳转其实就是访问不同的信息资源。浏览器、服务器和资源间的交互过程如图 4-3 所示。

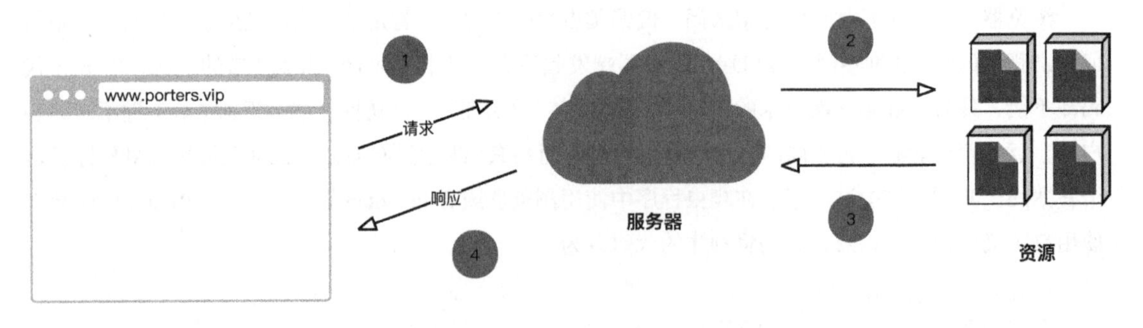

图 4-3 浏览器、服务器和资源间的交互过程

能向服务器发起请求的客户端不仅有浏览器，还有 Android 应用程序、网络请求应用软件和编程语言等。服务器会根据客户端传递的请求信息以及身份信息返回客户端所希望接收的内容，那么服务

器如何得知客户端到底是什么程序呢?

User-Agent 就是请求头域之一,服务器能够从 User-Agent 对应的值中识别客户端使用的操作系统、CPU 类型、浏览器、浏览器引擎、操作系统语言等。浏览器 User-Agent 头域值的格式为:

```
浏览器标识 (操作系统标识; 加密等级标识; 浏览器语言) 渲染引擎标识 版本信息
```

以 Fedora 系统中的 Firefox 浏览器和 Chrome 浏览器为例,它们的 User-Agent 头域对应的值如下。

- Firefox: `Mozilla/5.0 (X11; Fedora; Linux x86_64; rv:62.0) Gecko/20100101 Firefox/62.0`。
- Chrome: `Mozilla/5.0 (X11; Linux x86_64) AppleWebKit/537.36 (KHTML, like Gecko) Chrome/72.0.3626.119 Safari/537.36`。

对比两个浏览器的 User-Agent 值可以发现,它们的浏览器标识头都是 `Mozilla`,操作系统标识相近,但渲染引擎、浏览器版本和厂商不同。服务器正是通过这些差异来区分客户端身份的。

在网络请求中,User-Agent 是客户端用于表明身份的一种标识,服务器通常通过该头域的值来判断客户端的类型。要注意的是,User-Agent 头域并非不可缺少,而且它的值可以被更改。

浏览器的角色如图 4-4 所示。可以看出,User-Agent 的角色是终端的身份标识,这意味着服务器可以清楚地知道这一次请求的发起者是 Firefox 浏览器,而不是其他应用程序。

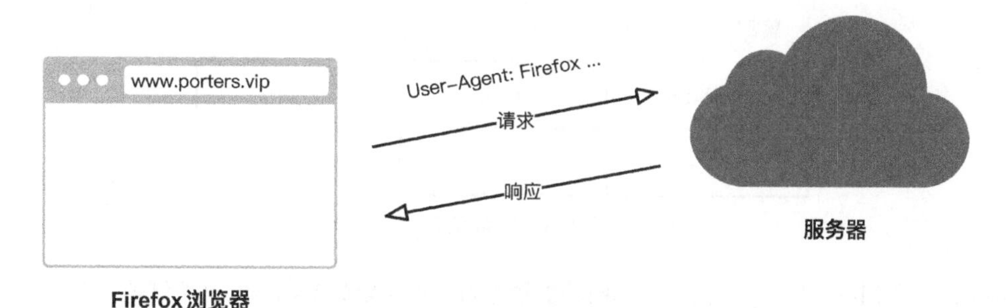

图 4-4 浏览器的角色

之所以选择 User-Agent 头域作为校验对象,是因为很多编程语言和软件有默认的标识。在发起网络请求的时候,这个标识会作为请求头参数中的 User-Agent 头域值被发送到服务器。比如使用 Python 中的 Requests 库向服务器发起 HTTP 请求时,服务器读取的 User-Agent 值为:

```
python-requests/2.21.0
```

使用 Java 和 PHP 等语言编写的库也常设置有默认的标识,但并不是全都有,这跟开发者有关。要注意的是,HTTP 协议并未强制要求请求头的格式。

既然客户端发起请求时会将 User-Agent 发送给服务器端，那么我们只需要在服务器端对 User-Agent 头域值进行校验即可，校验流程如图 4-5 所示。客户端标识种类繁多，如何有效区分呢？这就需要用到黑名单策略了。

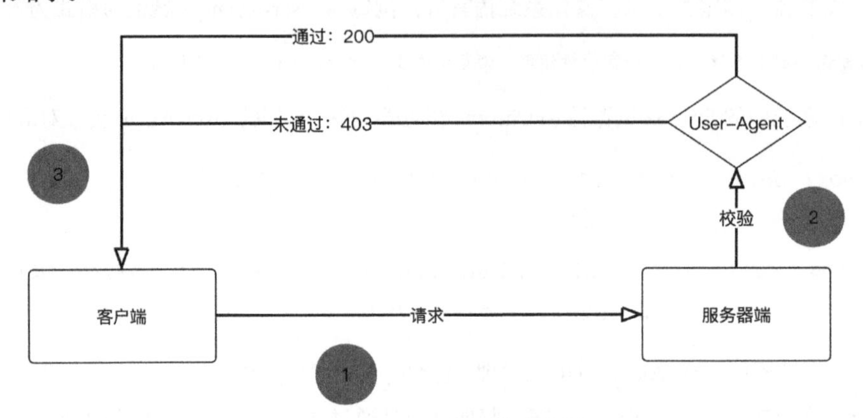

图 4-5 User-Agent 校验流程

名单是包含事物名称的清单，而黑名单则是用来记录那些不符合要求的事物名称的清单。我们可以将非正常客户端的关键字加入黑名单中，利用 nginx 的条件判断语句实现反爬虫。比如将 Python、Java 和 PHP 等关键词加入黑名单，那么只要服务器检测到 User-Agent 头域值中包含黑名单中的关键词时，就会将此次请求的发起者视为爬虫，可以不予处理或者返回相应的错误提示。黑名单如图 4-6 所示。

黑名单

Python	Java	PHP
C++	...	

图 4-6 黑名单示例

接下来，我们将使用 nginx 的条件判断功能校验每一次请求的 User-Agent 头域值，并且拒绝处理未通过校验的请求。首先，我们需要在 nginx 的辅助配置文件目录下新建一个名为 porters.conf 的辅助配置，将以下配置写入文件：

```
server {
    listen 80;
    server_name www.porters.vip; # 请填写真实域名
    charset utf-8;
    location /verify/uas/ {
        if ($http_user_agent ~* (python)){
            return 403;
        }
    root   /root/www/html;
```

```
        index  index.html;
    }
}
```

这段配置的作用是判断请求头信息中 User-Agent 头域值里是否包含关键字 python，如果包含，则直接返回 403 错误。注意，配置中的 server_name 必须是域名或 IP 地址，否则无法访问。然后，在 root 指令设定的目录下建立层级目录 /verify/uas。最后，在 uas 目录中放一个任意内容的 index.html 文件。保存配置后，向 nginx 发送重新加载配置的信号让配置立即生效。

nginx 新增的配置生效后，可以分别使用浏览器、Python 代码和 Postman 工具发起请求并观察结果。测试结果如下。

- 浏览器返回的是正常的页面，说明没有受到影响。
- Python 代码的状态码变成了 403，而不是之前的 200。
- Postman 跟浏览器一样，请求没有被拒绝。

实践结果证明，只要请求头中的 User-Agent 头域值包含黑名单中的关键词，那么这次请求就无法通过校验。这就是示例 1 网站使用的反爬虫手段和原理。

4.1.3 小结

由于 User-Agent 头域的存在，服务器可以使用黑名单结合条件判断实现针对性较强的反爬虫。除了 User-Agent 之外，常见的用于反爬虫的头域还有 Host 和 Referer。这种验证请求头信息中特定头域的方式既可以有效地屏蔽长期无人维护的爬虫程序，也可以将一些爬虫初学者发起的网络请求拒之门外，但是对于一些经验丰富的爬虫工程师，或许还需要更巧妙的反爬虫手段。

4.2 Cookie 反爬虫

Cookie 反爬虫指的是服务器端通过校验请求头中的 Cookie 值来区分正常用户和爬虫程序的手段，这种手段被广泛应用在 Web 应用中。接下来，我们就通过几个例子加深对 Cookie 反爬虫的理解。

4.2.1 Cookie 反爬虫绕过实战

示例 2：旅游网公告详情页。

网址：http://www.porters.vip/verify/cookie/content.html。

任务：爬取旅游网公告详情页中的公告标题，如图 4-7 所示。

Steamboat 首页 热门游记 出游常识 挑战者徒步旅行... 搜索 收藏

史上最严格的“挑战者”徒步旅行活动安全公告 你可以选择遵守或退出

发布者：旅长 | 发布时间：2019-03-15 08:00:00

参团的游客，应听从领队、导游人员的安全提醒，切莫擅自行动。自身的人身、财物安全要注意，购买人身意外险，贵重物品要随身携带，不要留在车内或者交由他人保管。参加漂流、摩天轮等高风险项目的时候，要认真听从工作人员的安排，切莫求刺激而发生意外。

以下是本次参团出行需要遵守的规范要求：

一、跟刺激相比，命更重要，没有命就什么都没了。

二、旅行中会遇到很多你从未见过的植物和动物，不要轻易打扰它们，有可能有毒。

三、身体感觉不适，尤其是发烧、乏力和呕吐等情况必须报告随队医护人员。

四、出发前请跟家人沟通好，避免造成失联错觉。

五、出发前请按照队长的要求准备好必备衣物和干粮，最重要的是水。

六、旅行途中必须紧跟队伍，不许在无人知晓的情况下行动。

七、如不慎走失，请先释放信号弹，半小时后无人联系再想办法报警。

八、如果不同意以上几条，请在出发前告知队长。

九、最重要的是：没有命，就什么都没了。

图 4-7 示例页面内容

我们的任务是爬取页面中的公告标题。在爬取之前，我们要对目标网站进行分析，查看页面中目标数据的 HTML 标签、属性或者网络请求信息等。在定位目标数据后，就可以开始编写 Python 代码向目标网站发起网络请求并从响应正文中提取所要的信息。目标数据的 HTML 标签和属性如图 4-8 所示。

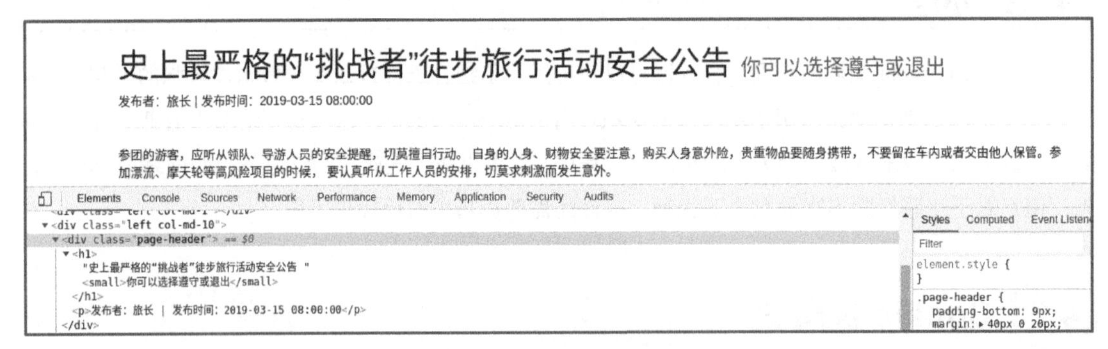

图 4-8 示例页面网页结构

编写代码进行爬取：

```
import requests
from lxml import etree

url = 'http://www.porters.vip/verify/cookie/content.html'
# 向目标网址发起网络请求
resp = requests.get(url)
# 打印输出状态码
print(resp.status_code)
# 如果本次请求的状态码为 200，则继续，否则提示失败
if resp.status_code == 200:
```

```
    # 将响应正文赋值给 html 变量
    html = etree.HTML(resp.text)
    # 根据 HTML 标签名称和类名从文档中取出标题
    res = html.cssselect('.page-header h1')
    print(res)
else:
    print('This request is fial.')
```

代码运行后的结果为：

```
200
[]
```

状态码为 200，说明网络请求成功了，但是为什么没有数据呢？是元素定位不准吗？多次检查后确认元素定位是准确的，难道又遇到了 User-Agent 反爬虫？用 Postman 试一试，其请求结果如图 4-9 所示，观察 Postman 得到的响应与 Python 代码得到的响应有什么异同。

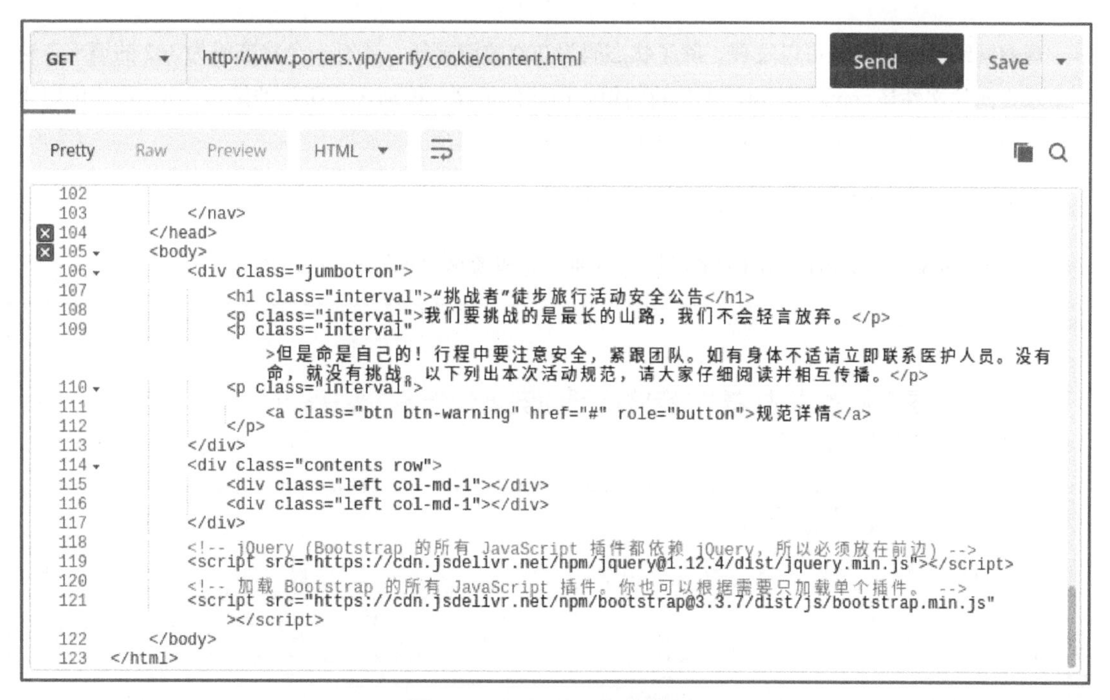

图 4-9 Postman 请求结果 4

Postman 发出请求后得到的状态码是 200，但响应正文并不是目标页的内容，说明还是没能请求到正确的数据。这次，Python 和 Postman 都不奏效，于是考虑是否为浏览器的原因。我们用其他的浏览器试一试，观察是否有新的情况发生。如图 4-10 所示，Firefox 浏览器打开示例网址后并没有显示公告内容，而是跳到了首页。

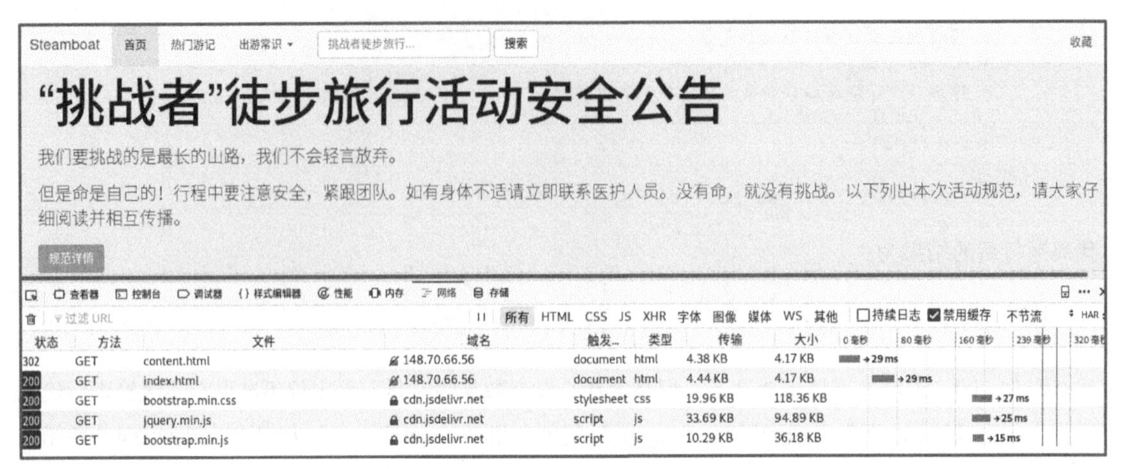

图 4-10 Firefox 浏览器显示内容

观察网络请求记录时可以发现，除了状态码为 200 的请求外，还有一个状态码为 302 的请求。这个请求指向的文件是 content.html，正是我们想要访问的页面。根据之前所学的知识，302 代表临时重定向，也就是说我们向服务器发起的请求被重定向到首页了。

假如现在再次访问公告内容页，会得到什么结果？

使用 Firefox 浏览器再次访问示例网址，页面内容和请求记录如图 4-11 所示。

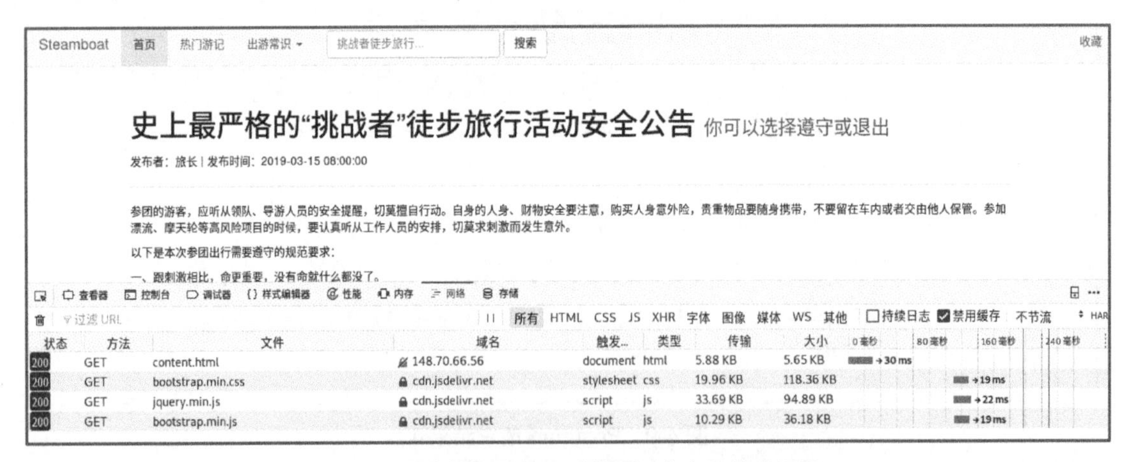

图 4-11 再次访问目标页时的页面内容和请求记录

这次能够正常访问了，响应状态码是 200，而且多次刷新页面，也不会再被重定向。根据服务器端的 302 跳转现象，我们可以猜测，Web 开发者希望用户从统一的入口进入，对直接访问公告内容页的请求进行重定向。那么服务器端是如何知道客户端是直接访问内容页面而不是从规定的入口进入呢？

我们可以重复刚才的操作，并对比状态码为 302 时的请求头信息和状态码为 200 时的请求头信息：

```
# 状态码为 200 时的请求头
Accept text/html,application/xhtml+xm...plication/xml;q=0.9,*/*;q=0.8
Accept-Encoding gzip, deflate
Accept-Language zh-CN,zh;q=0.8,zh-TW;q=0.7,zh-HK;q=0.5,en-US;q=0.3,en;q=0.2
Cache-Control no-cache
Connection keep-alive
Cookie isfirst=789kq7uc1pp4c
Host 148.70.66.56
Pragma no-cache
Upgrade-Insecure-Requests 1
User-Agent Mozilla/5.0 (X11; Fedora; Linu...) Gecko/20100101 Firefox/62.0

# 状态码为 302 时的请求头
Accept text/html,application/xhtml+xm...plication/xml;q=0.9,*/*;q=0.8
Accept-Encoding gzip, deflate
Accept-Language zh-CN,zh;q=0.8,zh-TW;q=0.7,zh-HK;q=0.5,en-US;q=0.3,en;q=0.2
Cache-Control no-cache
Connection keep-alive
Host 148.70.66.56
Pragma no-cache
Upgrade-Insecure-Requests 1
User-Agent Mozilla/5.0 (X11; Fedora; Linu...) Gecko/20100101 Firefox/62.0
```

对比两个请求头后发现，状态码为 200 的请求头中有 Cookie，而状态码为 302 的请求头中没有 Cookie。我们可以使用 Postman 验证一下页面重定向是否与 Cookie 有关。在之前使用的 Postman 请求标签的 Headers 面板中添加 Cookie 头域和对应的值，值可以从上方请求头中复制，添加 Cookie 头域后的 Postman 设置如图 4-12 所示。

图 4-12 在 Postman 中设置 Cookie

下面点击 Send 按钮发起请求，这一次的请求结果如图 4-13 所示。

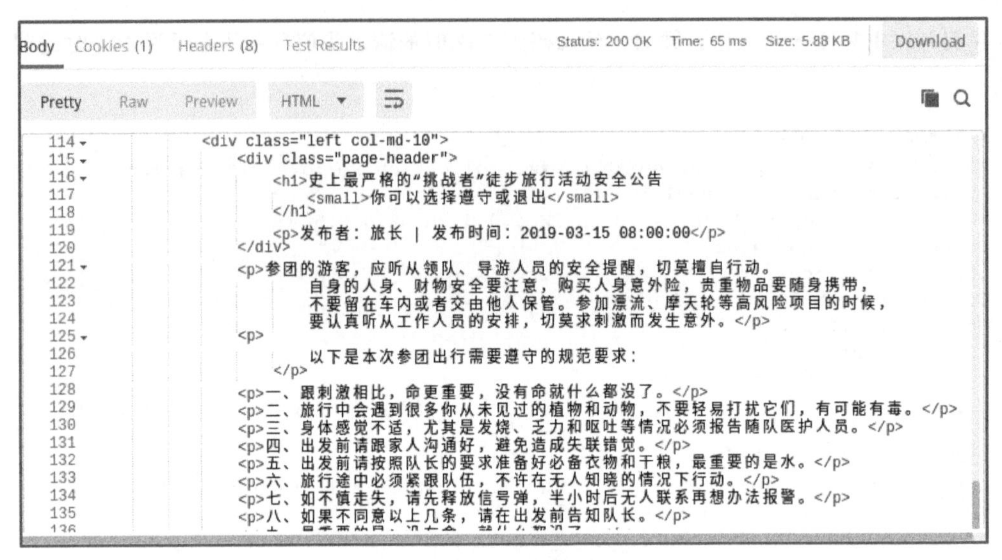

图 4-13 Postman 请求结果 5

此时的响应状态码为 200，并且响应正文中的内容与页面内容一致，说明通过在请求头中添加 Cookie 头域和值的方式是正确的。在 Python 代码中添加 Cookie 头域和值，并在请求发送时携带请求头。完整代码如下：

```
import requests
from lxml import etree

url = 'http://www.porters.vip/verify/cookie/content.html'
# 向目标网址发起网络请求
header = {"Cookie": "isfirst=789kq7uc1pp4c"}
resp = requests.get(url, headers=header)
# 打印输出状态码
print(resp.status_code)
# 如果本次请求的状态码为 200，则继续，否则提示失败
if resp.status_code == 200:
    # 将响应正文赋值给 html 变量
    html = etree.HTML(resp.text)
    # 根据 HTML 标签名称和类名从文档中取出标题
    res = html.cssselect('.page-header h1')[0].text
    print(res)
else:
    print('This request is fial.')
```

再次运行代码，得到的输出为：

```
200
史上最严格的“挑战者”徒步旅行活动安全公告
```

运行结果中的公告标题说明我们已经绕过了目标服务器的反爬虫，爬取到了目标数据。

4.2.2 Cookie 反爬虫原理与实现

Cookie 不仅可以用于 Web 服务器的用户身份信息存储或状态保持，还能够用于反爬虫。大部分的爬虫程序在默认情况下只请求 HTML 文本资源，这意味着它们并不会主动完成浏览器保存 Cookie 的操作，这次的反爬虫正是利用了这个特点。那浏览器又是如何完成 Cookie 的获取与设置呢?

如图 4-14 所示，浏览器会自动检查响应头中是否存在 Set-Cookie 头域，如果存在，则将值保存在本地，而且往后的每次请求都会自动携带对应的 Cookie 值，这时候只要服务器端对请求头中的 Cookie 值进行校验即可。服务器会校验每个请求头中的 Cookie 值是否符合规则，如果通过校验，则返回正常资源，否则将请求重定向到首页，同时在响应头中添加 Set-Cookie 头域和 Cookie 值。

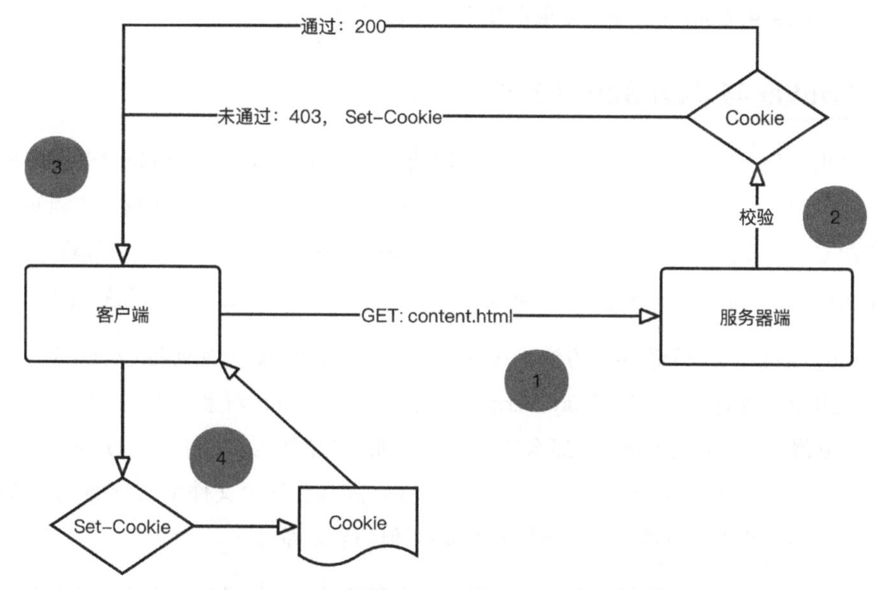

图 4-14 浏览器中 Cookie 的产生和设置过程

nginx 中的 `add_header` 指令可以将头域添加到响应头中，结合条件判断，就可以实现反爬虫。打开 nginx 辅助配置文件 porters.conf 并添加以下配置：

```
location /verify/cookie/index.html {
    # 在响应头中设置固定的 Cookie 值
    add_header Set-Cookie "isfirst=789kq7uc1pp4c";
    root    /root/www/html;
    index   /index.html;
}

location /verify/cookie/content.html {
    if ($http_cookie !~* "isfirst=789kq7uc1pp4c"){
        # 如果请求头中的 Cookie 值不符合要求，则将网页临时重定向到 index.html
```

```
        rewrite content.html ./index.html redirect;
    }
    root       /root/www/html;
    index      /content.html;
}
```

保存配置后，向 nginx 发送 reload 信号让配置立即生效。nginx 新配置生效后，分别使用浏览器、Python 代码和 Postman 工具发起请求并记录结果，测试结果如下。

- 如果未携带正确的 Cookie，那么浏览器、Postman 和爬虫程序发出的请求都会被重定向。
- 如果携带正确的 Cookie，那么浏览器、Postman 和爬虫程序发出的请求都可以正常响应。
- 只有首页页面的响应头中有 Set-Cookie 头域，内容页的响应头中没有。

实践结果证明利用 Cookie 实现反爬虫在技术上是可行的。

4.2.3 Cookie 与 JavaScript 结合

除了反爬虫之外，重定向和 Cookie 常常被用来指定网站的入口或提高访问门槛，有些需要在登录后才能访问的网页就是使用了这种方法，但这种方法需要满足一定的需求或场景才能使用。而且示例中所使用的 Cookie 太简单了，每次使用的 Cookie 值都是相同的，只要爬虫工程师将 Cookie 值从浏览器的请求头中复制，就可以一直使用。Cookie 反爬虫这么简单吗？岂不是很轻易就被绕过了？

其实，利用 Cookie 实现反爬虫的方法不止这一种，接下来我们思考如何将 Cookie 和 JavaScript 结合起来实现反爬虫。我们之前在学习 JavaScript 时了解到，Location 对象（即 `window.location` 对象）可以将浏览器重定向到其他页面，那么是不是可以利用这个特点呢？如果在 HTML 代码中引入一个可以将浏览器重定向到目标页面的 JavaScript 文件，并且在这个文件中实现随机字符串生成和 Cookie 设置的功能，那么服务器端只需要校验 Cookie 值的规则即可。

这里还需要设置一个页面跳板，当用户希望请求内容页时，浏览器会先跳转到跳板页面，在页面中执行 JavaScript 文件中的代码，完成 Cookie 值的生成和设置后再将浏览器重定向到内容页。

新建一个名为 fet.js 的文件，然后写入以下代码：

```
function randcookie(){
    // 生成随机字符串并将其用作 Cookie 值
    var header = randints(9, 3, 0);
    var middle = randstrs(5);
    var footer = randints(9, 6, 0);
    var pp = randstrs(3);
    var res = header + middle + footer + pp
    return res;
}
```

```
function randints(r, n, tof){
    /* 生成随机数字，tof 决定返回 number 类型或者字符串类型
       r 代表数字范围，n 代表数量
    */

    var result = [];
    if(tof){
        return Math.floor(Math.random()*r);
    }
    for(var i=0;i<n;i++){
        s = Math.floor(Math.random()*r);
        result.push(s);
    }
    return result.join('');
}

function randstrs(n){
    // 生成随机字母，n 为随机字母的数量
    var result = [];
    for(var i=0; i<n; i++){
        s = String.fromCharCode(65+randints(25, 1, 1));
        result.push(s);
    }
    return result.join('');
}

// 设置 Cookie
document.cookie = 'auth=' + randcookie();
// 跳转到指定页面
location.href = '/index.html';
```

然后在 HTML 文件中将 JavaScript 文件引入，代码如下：

```
<script src="fet.js"></script>
```

接着在 nginx 配置上做一些改动，将 Cookie 值校验的校验条件从原来的固定值改为按照规则匹配。服务器端校验规则必须与 JavaScript 文件中 Cookie 值的生成规则保持一致，JavaScript 代码中随机 Cookie 值的生成规则是：

```
Cookie 名称 + 3 位小于 9 的随机正整数 + 5 位随机大写字母 + 6 位小于 9 的随机正整数 + 3 位随机大写字母
```

nginx 配置没有这么灵活的实现方式，但是我们可以通过正则来匹配 Cookie 值，只有 Cookie 值符合规则的请求才会得到正常响应，nginx 条件判断如下：

```
if ($http_cookie !~* "auth=[0-9]{3}[A-Z]{5}[0-9]{6}[A-Z]{3}"){
    # 如果请求头中的 Cookie 不符合规则，就返回 403
    return 403;
}
```

以上工作都完成后便可进行测试，测试中发现 Cookie 值是随机变化的，比如：

```
Cookie: auth=582YUELF314468EOU  # 第一次请求跳板页，在跳板请求目标页时的Cookie值
Cookie: auth=851OKBMV541371UAA  # 第二次请求跳板页，在跳板请求目标页时的Cookie值
Cookie: auth=233KHCUT154670URV  # 第三次请求跳板页，在跳板请求目标页时的Cookie值
```

这种随机变化的 Cookie 值看起来很唬人，但是它依旧没有解决同一个值持续可用的问题。即使设置了 Cookie 的过期时间，这种由固定位置和固定数量字符拼接的字符串仍然很容易被看穿。

开发者也发现了这类问题，于是在 JavaScript 代码中生成当前时间的时间戳，将时间戳与随机字符串拼接后再作为 Cookie 值发起请求。这时候 nginx 不仅需要按规则校验随机字符串，还需要获取服务器的当前时间戳，将 Cookie 值中取出的时间戳与当前时间戳进行差值计算，当时间差值超过一定的时间（如 5 秒），则可以认定 Cookie 是伪造的。

nginx 有什么办法可以获取当前时间并生成时间戳吗？nginx 本身不具备这样的功能，它的指令并没有编程语言那么灵活。但是 nginx 中有一个名为 `ngx_http_lua_module` 的模块（详见 https://www.nginx.com/resources/wiki/modules/lua/），这个模块允许 Lua 语言嵌入到 nginx 中，补充 nginx 配置和指令不够灵活这个短板。本书的重点是学习反爬虫原理和绕过技巧，所以不再深入去介绍每一种反爬虫的实现方式，有兴趣的读者可以打开该模块介绍网址进行了解。

4.2.4 用户过滤

Cookie 被广泛用于 Web 应用，它的主要作用是记录用户的身份，例如区分用户是否登录，进而判断用户是否为网站 VIP 等。Cookie 的这个特点也可以用在反爬虫中，有些网站页面需要登录后才能查看，这一般是为了记录用户信息或者过滤掉未注册的用户。从网站运营的角度来看的话，这种做法对用户增长有一定的帮助。

华为云社区（详见 https://bbs.huaweicloud.com）是一个致力于帮助技术工作者快速成长与发展的云技术生态圈，社区页面如图 4-15 所示。

图 4-15 华为云社区页面

页面右上角有一个名为“提问题”的入口，点击该按钮后，网页跳转到华为云官网用户登录界面。这意味着提问功能不对未登录的用户开放，如果我们想要发起提问，就必须登录。登录操作实际上是将用户名和密码以 POST 的方式提交到后端指定的接口，后端程序会将信息与数据库中的账户密码进行比对，比对成功后为用户设置 Cookie 值，该 Cookie 值通常与用户身份相关。用户过滤逻辑如图 4-16 所示。

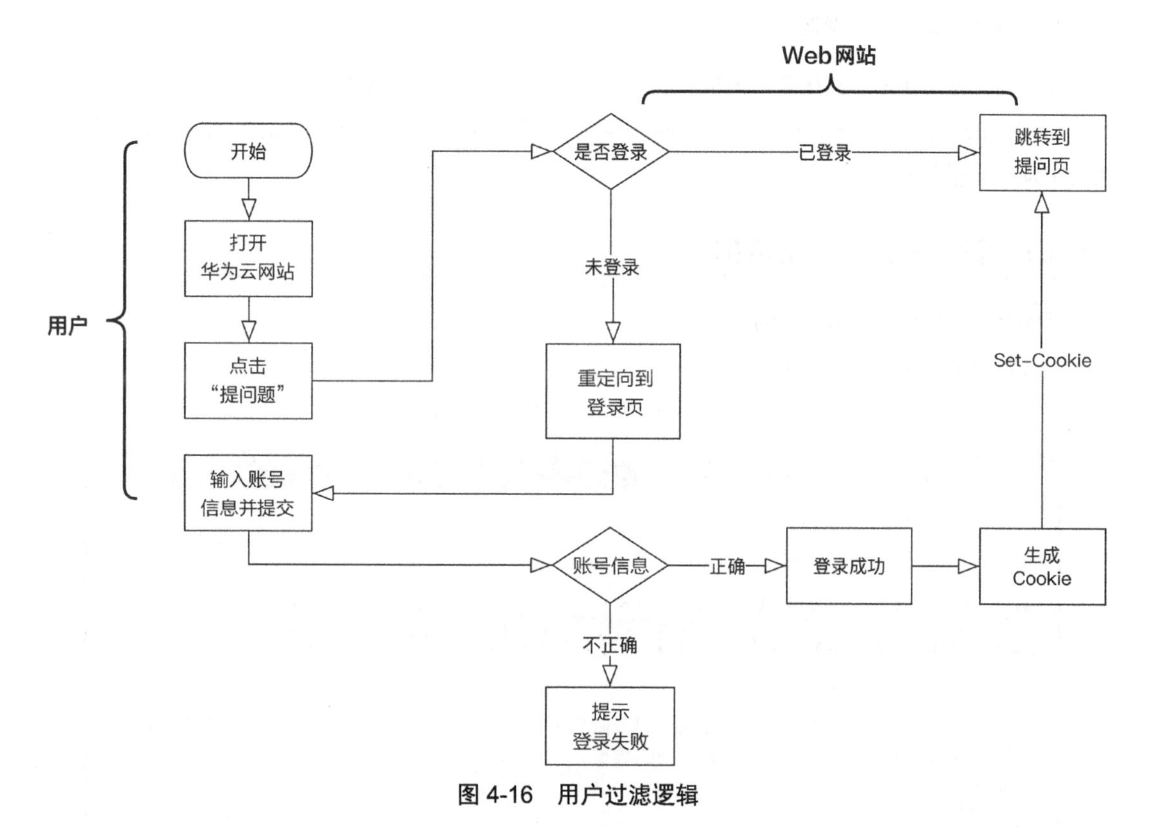

图 4-16 用户过滤逻辑

由于浏览器中已有 Cookie 值，所以用户登录后再去点击“提问题”按钮时，后端就会根据 Cookie 值判断用户身份，从而决定正常跳转还是重定向。

4.2.5 小结

User-Agent 和 Cookie 都是请求头的默认头域，在值的设定方面有一定的局限性，但是与 JavaScript 结合后，就会变得很灵活。

相对服务器软件来说，后端程序的校验更为灵活且准确，但使用后端程序进行校验所需的步骤较多，在实际应用时可以根据需求选择合适的校验方式。

4.3 签名验证反爬虫

签名是根据数据源进行计算或加密的过程，签名的结果是一个具有唯一性和一致性的字符串。签名结果的特性使得它成为验证数据来源和数据完整性的条件，可以有效避免服务器端将伪造的数据或被篡改的数据当成正常数据处理。

签名验证是防止恶意连接和数据被篡改的有效方式之一，也是目前后端 API 最常用的防护方式之一。与 Cookie、User-Agent、Host 和 Referer 等请求头域不同，用于签名验证的信息通常被放在请求正文中发送到服务器端。

4.3.1 签名验证反爬虫示例

示例 3：签名验证反爬虫示例。

网址： http://www.porters.vip/verify/sign/。

任务： 爬取旅游网公告页面中的公告详情，如图 4-17 所示。

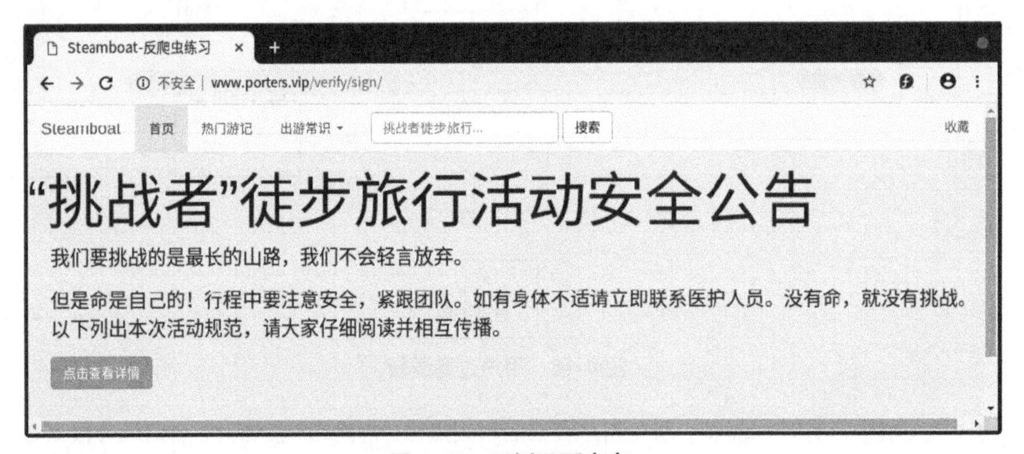

图 4-17　示例页面内容

点击“点击查看详情”按钮后，网站会从 API 接口读取数据，然后通过 JavaScript 操作 DOM 来更改页面显示的内容，如图 4-18 所示。

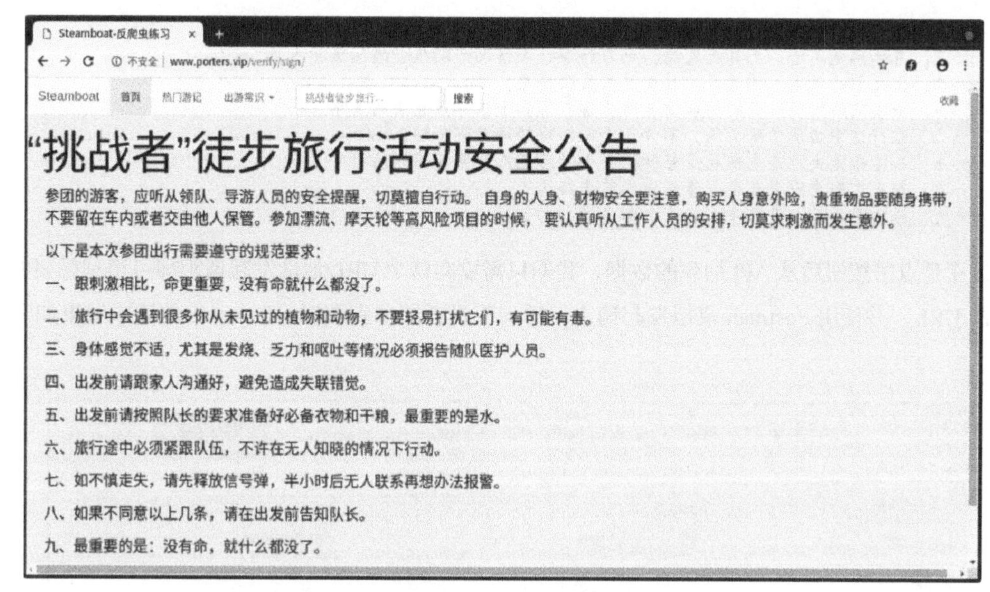

图 4-18 按钮被点击过后的示例页面内容

我们可以打开网络请求，查看网络请求记录，观察数据是从什么地方读取的，网络请求记录如图 4-19 所示。

sign	200	document	Other
jquery-latest.js	200	script	sign
md5.js?v=ee3a962f93b0031161f08e7c6503f961	200	script	sign
fet?actions=44230&tim=1552655936&randstr=KKBDB&sign=e6aa08ca47...	200	xhr	jquery-latest.js:9631

图 4-19 网络请求记录

记录列表中有一条文档类型为 xhr 的请求记录，该记录对应的请求总览如下：

```
Request URL: http://www.porters.vip/verify/sign/fet?actions=44230&tim=
1552655936&randstr=KKBDB&sign=e6aa08ca47b8c32417c0ff7903bf7be7
Request Method: GET
Status Code: 200 OK
Remote Address: 148.70.66.56:80
Referrer Policy: no-referrer-when-downgrade
```

URL 地址很长，除了路径外，还包含了一些参数。切换到 Response 面板，此时请求对应的响应正文为：

```
<p>参团的游客，应听从领队、导游人员的安全提醒，切莫擅自行动。
     自身的人身、财物安全要注意，购买人身意外险，贵重物品要随身携带，
     不要留在车内或者交由他人保管。参加漂流、摩天轮等高风险项目的时候，
     要认真听从工作人员的安排，切莫求刺激而发生意外。</p>
<p>以下是本次参团出行需要遵守的规范要求：</p>
<p>一、跟刺激相比，命更重要，没有命就什么都没了。</p>
```

```
<p>二、旅行中会遇到很多你从未见过的植物和动物，不要轻易打扰它们，有可能有毒。</p>
<p>三、身体感觉不适，尤其是发烧、乏力和呕吐等情况必须报告随队医护人员。</p>
<p>四、出发前请跟家人沟通好，避免造成失联错觉。</p>
<p>五、出发前请按照队长的要求准备好必备衣物和干粮，最重要的是水。</p>
<p>六、旅行途中必须紧跟队伍，不许在无人知晓的情况下行动。</p>
<p>七、如不慎走失，请先释放信号弹，半小时后无人联系再想办法报警。</p>
<p>八、如果不同意以上几条，请在出发前告知队长。</p>
<p>九、最重要的是：没有命，就什么都没了。</p>
```

这正是点击按钮后从 API 加载的数据，我们只需要向这个 URL 地址发起请求即可得到想要的内容。复制此 URL，并使用 Postman 模拟发起请求，看一下是否能拿到数据。Postman 的请求结果如图 4-20 所示。

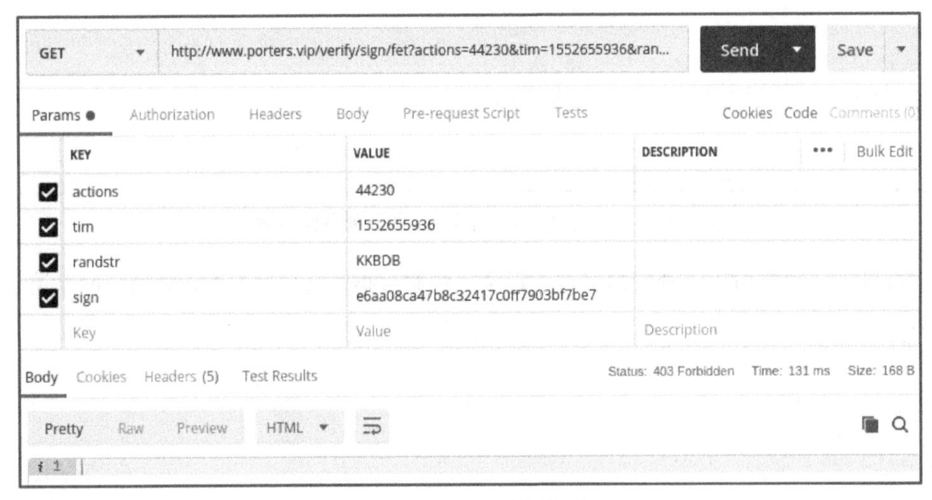

图 4-20 Postman 请求结果 6

没能拿到同样的结果，而且状态码是 403，说明这个 API 接口很有可能有反爬虫。我们可以对请求信息进行分析，请求信息如图 4-21 所示。

```
▾Request Headers    view source
  Accept: */*
  Accept-Encoding: gzip, deflate
  Accept-Language: zh-CN,zh;q=0.9
  Cache-Control: no-cache
  Connection: keep-alive
  Host: www.porters.vip
  Pragma: no-cache
  Referer: http://www.porters.vip/verify/sign
  User-Agent: Mozilla/5.0 (X11; Fedora; Linux x86_64) AppleWebKit/537.36 (KHTML, like Gecko) Chrome/72.0.3626.121 Safari/537.36
  X-Requested-With: XMLHttpRequest
▾Query String Parameters    view source    view URL encoded
  actions: 44230
  tim: 1552655936
  randstr: KKBDB
  sign: e6aa08ca47b8c32417c0ff7903bf7be7
```

图 4-21 请求信息

请求信息中除了请求头以外，还多了一些请求正文（Query String Parameter，也称为查询参数）。请求正文中的字段和值与 URL 中的参数一致，根据参数值来看，tim 像是时间戳，其他参数应该是随机值。暂时未发现其他的线索，先将请求头头域和对应的值添加到 Postman 设置中，然后再次向目标 URL 发起请求，结果如图 4-22 所示。

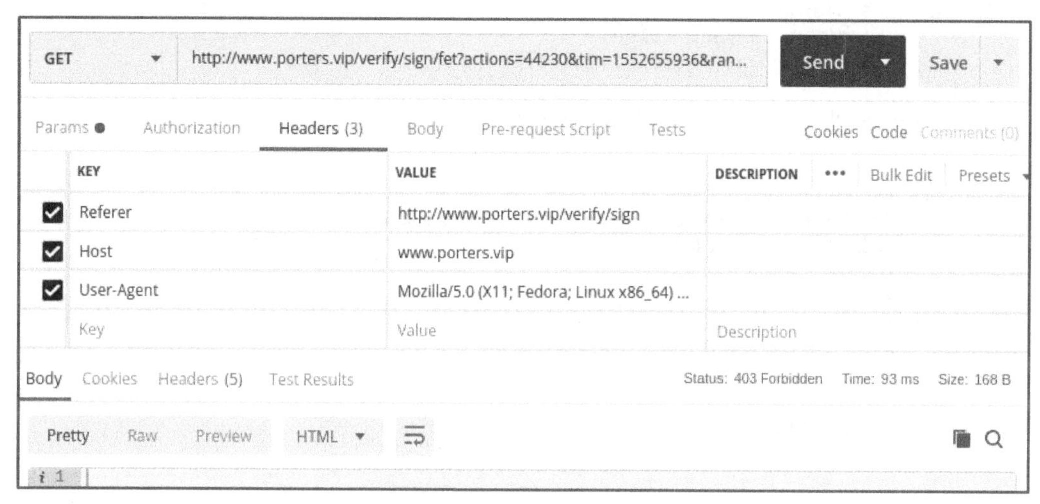

图 4-22　Postman 请求结果 7

此时仍然返回 403，同时也没有返回任何数据。这就很奇怪了，这次的反爬虫难度好像比之前的更大一些。现在除了请求头之外，还剩请求正文找不到头绪，这时候可以试一试分析页面的 HTML 代码，如图 4-23 所示。

```
82 <div class="jumbotron">
83 <h1 class="interval"> “挑战者” 徒步旅行活动安全公告</h1>
84 <div id="content">
85 <p class="interval">我们要挑战的是最长的山路，我们不会轻言放弃。</p>
86 <p class="interval">但是命是自己的！行程中要注意安全，紧跟团队。如有身体不适请立即联系医护人员。没有命，就没有挑战。以下列出本次活动规范，请大家仔细阅读并相互传播。</p>
87 <p class="interval"><button class="btn btn-warning" href="#" role="button" id="fetch_button" onclick="fetch()">点击查看详情</button></p>
88 </div>
89 </div>
90 <div class="contents row">
91 <div class="left col-md-1"></div>
92 <div class="left col-md-1"></div>
93 </div>
```

图 4-23　页面源代码

HTML 代码很简短，并没有发现什么线索。那图 4-19 中那条 xhr 的记录是从哪里发出的呢？既然目标内容存储在该请求的响应正文中，那么如果找到请求发起的地方，应该可以顺藤摸瓜找到更详细的线索。

难道这一次的反爬虫跟 Cookie 反爬虫一样，也是与 JavaScript 结合的？既然请求正文中的值是随机变化的，那么我们可以尝试找一找该网站的 JavaScript 文件。

网页源代码的 <head> 标签中总共引入了两个 JavaScript 文件：static/md5.js 和 static/sign.js。我们可以在 JavaScript 文件中搜索 actions、tim、randstr 和 sign 这些关键字。最终在 sign.js 文件中找到了对应的字符，该文件的内容如下：

```
function fetch(){
    text = $.ajax({
        type:"GET", async: false,
        url:"http://www.porters.vip/verify/sign/fet" + uri()
    });
    $("#content").html(text.responseText);
}

function randints(r, n, tof){
    /* 生成随机数字，tof 决定返回 number 类型或者字符串类型
       r 代表数字范围，n 代表数量
    */
    var result = [];
    if(tof){
        return Math.floor(Math.random()*r);
    }
    for(var i=0;i<n;i++){
        s = Math.floor(Math.random()*r);
        result.push(s);
    }
    return result.join('');
}
function randstrs(n){
    // 生成随机字母，n 为随机字母的数量
    var result = [];
    for(var i=0; i<n; i++){
        s = String.fromCharCode(65+randints(25, 1, 1));
        result.push(s);
    }
    return result.join('');
}
function uri(){
    var action = randints(9, 5, 0);
    var tim = Math.round(new Date().getTime()/1000).toString();
    var randstr = randstrs(5);
    var hexs = hex_md5(action+tim+randstr);
    args = '?actions=' + action + '&tim=' + tim + '&randstr=' + randstr + '&sign=' + hexs;
    return args;
}
```

根据代码注释，可以大胆猜测我们所要找的线索肯定在这里。该文件开头的这段代码表明网站是使用了 Ajax 请求后端 API 的。

fetch()方法被 id 为 fetch_button 的按钮绑定。当该按钮被点击时，触发 fetch()方法。fetch()方法使用 GET 方式向目标 URL 发起网络请求，并将返回结果覆盖到 id 为 content 的标签中。其中 URL 分为固定部分和随机部分，随机部分调用了 uri()方法。

在 uri()方法中，首先声明 action、tim、randstr 和 hexs 这些变量，然后调用每个变量指定的方法生成值，最后将这些变量拼接起来并将拼接的值返回。线索找到了，这样的话思路就很清晰了，整个请求的流程如图 4-24 所示。

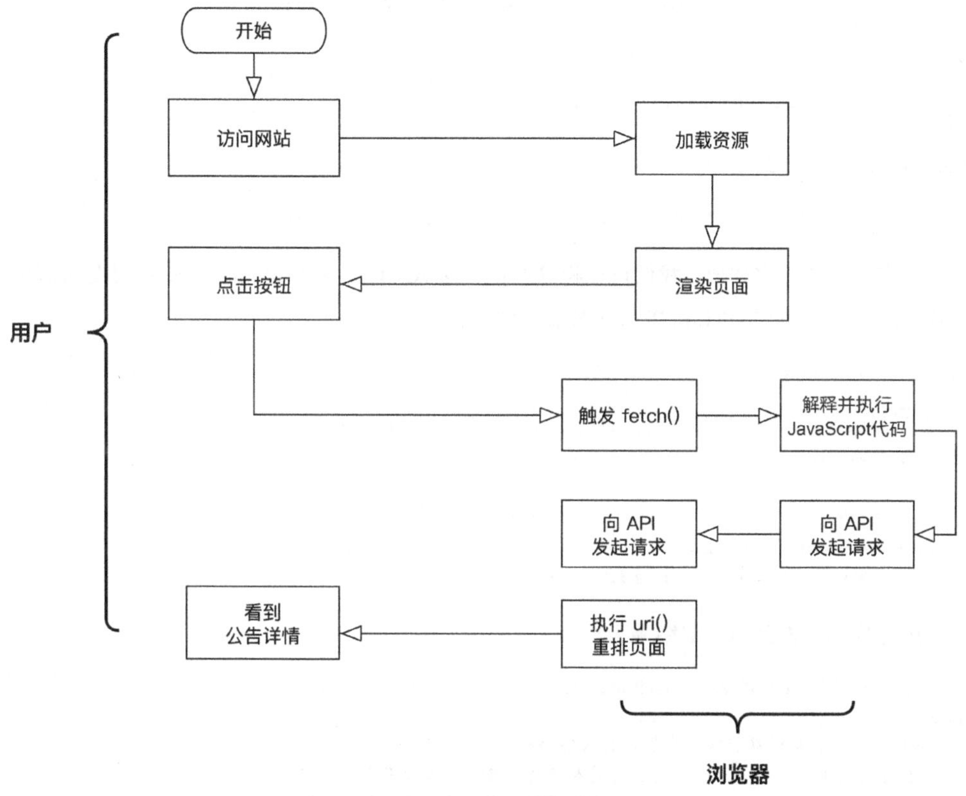

图 4-24　请求流程

此时只要使用如下 Python 代码实现目标网站 sign.js 文件中的 JavaScript 代码逻辑，就能够请求到想要的数据了：

```
from time import time
from random import randint, sample
import hashlib


def hex5(value):
    # 使用 MD5 加密值并返回加密后的字符串
    manipulator = hashlib.md5()
    manipulator.update(value.encode('utf-8'))
    return manipulator.hexdigest()
```

```
# 生成 1 到 9 之间的 5 个随机数字
action = "".join([str(randint(1, 9)) for _ in range(5)])
# 生成当前时间戳
tim = round(time())
# 生成 5 个随机大写字母
randstr = "".join(sample([chr(_) for _ in range(65, 91)], 5))
# 3 个参数拼接后进行 MD5 加密
value = action+str(tim)+randstr
hexs = hex5(value)
print(action, tim, randstr, hexs)
```

上述代码运行后的输出结果为：

```
67843 1552662955 RLQCT a07dd76061a2bd24ea923dc57a7fb966
```

这与请求正文中的值非常相似，我们可以将这些值拼接成URL，并用Requests库发起网络请求。然后在上面代码的基础上增加URL拼接和网络请求代码：

```
import requests
def uri():
    args = '?actions={}&tim={}&randstr={}&sign={}'.format(action, tim, randstr, hexs)
    return args

url = 'http://www.porters.vip/verify/sign/fet' + uri()
resp = requests.get(url)
print(resp.status_code, resp.text)
```

再次运行代码，得到的输出结果为：

```
82381 1554385720 WXVRJ 76195d6073bcaa7d545b219b4d1d6f7a
200
<p>参团的游客，应听从领队、导游人员的安全提醒，切莫擅自行动。
    自身的人身、财物安全要注意，购买人身意外险，贵重物品要随身携带，
    不要留在车内或者交由他人保管。参加漂流、摩天轮等高风险项目的时候，
    要认真听从工作人员的安排，切莫求刺激而发生意外。</p>
<p >以下是本次参团出行需要遵守的规范要求：</p>
<p>一、跟刺激相比，命更重要，没有命就什么都没了。</p>
<p>二、旅行中会遇到很多你从未见过的植物和动物，不要轻易打扰它们，有可能有毒。</p>
<p>三、身体感觉不适，尤其是发烧、乏力和呕吐等情况必须报告随队医护人员。</p>
<p>四、出发前请跟家人沟通好，避免造成失联错觉。</p>
<p>五、出发前请按照队长的要求准备好必备衣物和干粮，最重要的是水。</p>
<p>六、旅行途中必须紧跟队伍，不许在无人知晓的情况下行动。</p>
<p>七、如不慎走失，请先释放信号弹，半小时后无人联系再想办法报警。</p>
<p>八、如果不同意以上几条，请在出发前告知队长。</p>
<p>九、最重要的是：没有命，就什么都没了。</p>
```

运行结果中的公告详情说明我们已经绕过了目标服务器的反爬虫，爬取到了目标数据。

4.3.2 签名验证反爬虫原理与实现

本次的反爬虫利用 JavaScript 生成随机值，与之前的随机值不同，这次的随机值中包含时间戳和 MD5 加密值。签名验证有很多种实现方式，但原理都是相同的：由客户端生成一些随机值和不可逆的 MD5 加密字符串，并在发起请求时将这些值发送给服务器端。服务器端使用相同的方式对随机值进行计算以及 MD5 加密，如果服务器端得到的 MD5 值与前端提交的 MD5 值相等，就代表是正常请求，否则返回 403。

本次反爬虫中的参数验证需求并未使用 nginx，而是由后端 API 实现的。这并不是 nginx 无法实现，实际上 nginx 结合 Lua 是可以实现同样的功能的，但后端所用的开发语言比 Lua 更灵活，所以在通常情况下，这样的验证是交给后端 API 处理的。那么，后端的处理代码是怎么样的呢？下面的例子以 Tornado 框架作为 Web 框架，实现刚才描述的验证逻辑：

```
import tornado.ioloop
import tornado.web
import hashlib
import os
from datetime import datetime
from time import time


class MainHandler(tornado.web.RequestHandler):
    def get(self):
        # 返回页面的视图
        self.render("index.html")

class FetHandler(tornado.web.RequestHandler):
    # 定义返回内容
    content = """
    <p>参团的游客，应听从领队、导游人员的安全提醒，切莫擅自行动。
        自身的人身、财物安全要注意，购买人身意外险，贵重物品要随身携带，
        不要留在车内或者交由他人保管。参加漂流、摩天轮等高风险项目的时候，
        要认真听从工作人员的安排，切莫求刺激而发生意外。</p>
    <p >以下是本次参团出行需要遵守的规范要求：</p>
    <p>一、跟刺激相比，命更重要，没有命就什么都没了。</p>
    <p>二、旅行中会遇到很多你从未见过的植物和动物，不要轻易打扰它们，有可能有毒。</p>
    <p>三、身体感觉不适，尤其是发烧、乏力和呕吐等情况必须报告随队医护人员。</p>
    <p>四、出发前请跟家人沟通好，避免造成失联错觉。</p>
    <p>五、出发前请按照队长的要求准备好必备衣物和干粮，最重要的是水。</p>
    <p>六、旅行途中必须紧跟队伍，不许在无人知晓的情况下行动。</p>
    <p>七、如不慎走失，请先释放信号弹，半小时后无人联系再想办法报警。</p>
    <p>八、如果不同意以上几条，请在出发前告知队长。</p>
    <p>九、最重要的是：没有命，就什么都没了。</p>
    """
    @staticmethod
    def deltas(tp):
        # 将前端传递的时间戳与当前时间戳对比并返回差值秒数
```

```
        tamp = int(tp)
        now = round(time())
        delta = datetime.fromtimestamp(now) - datetime.fromtimestamp(tamp)
        return delta.total_seconds()

    @staticmethod
    def hex5(value):
        # 使用 MD5 加密值并返回加密后的字符串
        manipulator = hashlib.md5()
        manipulator.update(value.encode('utf-8'))
        return manipulator.hexdigest()

    def comparison(self, actions, tim, randstr, sign):
        # 根据传递的参数计算MD5值，并与客户端提交的MD5值进行对比
        value = actions+tim+randstr
        hexs = self.hex5(value)
        if sign == hexs:
            return True
        return False

    def get(self):
        # 返回数据的视图
        params = self.request.arguments  # 获取请求正文
        actions = params.get('actions')[0].decode('utf-8')
        tim = params.get('tim')[0].decode('utf-8')
        randstr = params.get('randstr')[0].decode('utf-8')
        sign = params.get('sign')[0].decode('utf-8')
        seconds = self.deltas(tim)  # 取双端时间差值
        if self.comparison(actions, tim, randstr, sign) and seconds < 5:
            # 如果双端 MD5 值和时间戳差值都符合要求，则返回正常内容
            self.write(self.content)
        else:
            self.set_status(403)


def make_app():
    # 路由和静态文件路径设置
    return tornado.web.Application(
        [(r"/", MainHandler), (r"/fet", FetHandler)],
        template_path=os.path.join(os.path.dirname(__file__), 'template'),
        static_path=os.path.join(os.path.dirname(__file__), 'static')
    )


if __name__ == "__main__":
    # 绑定端口并启动
    app = make_app()
    app.listen(8206)
    tornado.ioloop.IOLoop.current().start()
```

代码中共有 2 个视图，它们分别是负责显示静态页面的 `MainHandler` 和作为 API 返回数据的 `FetHandler`。当客户端请求 /verify/sign/fet 时，`FetHandler` 中的 `get()` 方法就会取出客户端传递的

参数和值，然后使用与客户端相同的计算方法计算 MD5，并将双端的 MD5 值进行比较。同时服务器端需要获取当前时间的时间戳，将它与客户端发起请求的时间进行差值计算。如果双端 MD5 值与时间差值都符合要求，那么返回正常数据，否则返回 403。这就是签名验证功能的实现过程。

4.3.3　有道翻译反爬虫案例

有道翻译是国内知名的互联网企业网易旗下的一款免费、即时的在线多语种翻译应用，其 Web 端也使用了验证签名的反爬虫手段。打开浏览器并访问 http://fanyi.youdao.com，页面如图 4-25 所示。

图 4-25　有道翻译

用户在左侧输入框中输入文字后，右侧会给出实时翻译结果。既然是实时结果，就代表它使用了异步请求的方式，我们可以在网络请求记录中找到对应的请求。唤起开发者工具后，切换到 Network 面板，在左侧输入“编程”，右侧就会得到“programming”这一翻译结果。请求记录中类型为 xhr 的那条记录的请求总览如下：

```
Request URL: http://fanyi.youdao.com/translate_o?smartresult=dict&smartresult=rule
Request Method: POST
Status Code: 200 OK
Remote Address: 59.111.179.142:80
Referrer Policy: no-referrer-when-downgrade
```

请求总览显示，浏览器向有道翻译的一个接口发出了 POST 请求并且得到了正常响应。该请求的请求正文如下：

```
i: 编程
from: AUTO
to: AUTO
smartresult: dict
client: fanyideskweb
salt: 15598981613273
sign: 2522ab07cd2946a57806c81ca2c3c5e6
```

```
ts: 1559898161327
bv: 81eda17dc48cc8bed5d01154f3dd0136
doctype: json
version: 2.1
keyfrom: fanyi.web
action: FY_BY_REALTlME
```

我们可以根据字段的名称或者值进行以下大胆的猜测。

- action 和 keyfrom 用来区分客户端类型。
- sign、salt、ts 和 bv 可能是随机生成的用于反爬虫的字符串。
- sign 和 bv 的值都是长度为 32 位的随机字符串，应该是 MD5 加密后得到的值。
- salt 和 ts 的值相似度很高，前者比后者多了 1 位数。经过多次的测试发现，ts 的值是用户在左侧输入文字后自动翻译时生成的 13 位时间戳。
- salt 的值比 ts 多 1 位，并且多出的值在 0 到 9 中随机生成。

接下来，使用不同浏览器观察请求正文中的 bv 字段值。测试发现，使用相同浏览器发出请求时，bv 字段值是相同的，而使用不同浏览器发出请求时，bv 字段的值是不同的。这说明 bv 的值可以复用，并且它与 User-Agent 或者浏览器版本信息有关。

sign 字段的值则在每一次触发翻译操作时都会变化。在观察请求记录时，可以发现网页加载了名为 fanyi.min.js 的文件，该文件的部分代码如下：

```
i = n.ajax({
            type: "POST",
            contentType: "application/x-www-form-urlencoded; charset=UTF-8",
            url: "/bbk/translate_m.do",
            data: {
                i: e.i,
                client: e.client,
                salt: o.salt,
                sign: o.sign,
                ts: o.ts,
                bv: o.bv,
                tgt: e.tgt,
                from: e.from,
                to: e.to,
                doctype: "json",
                version: "3.0",
                cache: !0
            }
```

根据这段代码，我们可以大胆猜测：请求正文中的字段和对应的值由 JavaScript 代码生成。为了找到具体的代码，我们可以将 fanyi.min.js 中所有的 JavaScript 代码复制到本地文件中，然后在本地文件中搜索关键字 sign，最终发现一个用于生成 sign、bv、salt 和 ts 的方法，代码如下：

```
function(e, t) {
    var n = e("./jquery-1.7");
    e("./utils");
    e("./md5");
    var r = function(e) {
        var t = n.md5(navigator.appVersion)
          , r = "" + (new Date).getTime()
          , i = r + parseInt(10 * Math.random(), 10);
        return {
            ts: r,
            bv: t,
            salt: i,
            sign: n.md5("fanyideskweb" + e + i + "1L5ja}w$puC.v_Kz3@yYn")
        }
    };
}
```

我们可以对代码进行如下分析。

- ts 的计算语句是 `"" + (new Date).getTime()`，其作用是获取当前时间的时间戳。
- bv 的计算语句是 `n.md5(navigator.appVersion)`，其作用是获取用 MD5 加密的浏览器信息。
- salt 的计算语句是 `r + parseInt(10 * Math.random(), 10)`，其作用是将当前时间戳和 0~9 的随机数字组合成新的字符串。
- sign 的计算语句是 `n.md5("fanyideskweb" + e + i + "1L5ja}w$puC.v_Kz3@yYn")`，其作用是获取组合字符串的消息摘要值（即 MD5 值）。

有道翻译的例子说明签名验证反爬虫是可行的，使用 JavaScript 生成随机字符串、多字段组合和加密等技术手段已经被应用在大型网站的反爬虫方法中。

4.3.4 小结

时间戳可以有效地避免请求正文被复用，组合字符串的消息摘要值则用于避免服务器端处理被篡改过的数据。

签名验证反爬虫被广泛应用于 Web 领域，当发现请求正文中包含消息摘要值（特征是 32 位随机字符串）时，我们就可以大胆猜测目标网站使用了签名验证反爬虫。大部分签名验证反爬虫的请求，其正文信息计算是使用 JavaScript 进行的，我们可以通过搜索的方式快速定位对应的代码。

4.4 WebSocket 握手验证反爬虫

第 2 章中提到，WebSocket 握手时使用的协议是 HTTP 协议，所以 4.1~4.3 节中介绍到的反爬虫手段也适用于 WebSocket 协议。换句话说，所有基于 HTTP 协议的反爬虫都可以用在 WebSocket 协议上。我们可以用一个具体的例子来深入了解 WebSocket 握手时的信息校验。

这是一个根据 WebSocket 协议规范实现的简单服务器端：

```
# websocket server
import socket


def verify(data):
    """验证客户端握手信息"""
    data = data[:-4].split('\r\n')
    method = data.pop(0)  # 取出请求方式和协议
    header = {}
    # 将列表转为字典
    for key, val in enumerate(data):
        try:
            name, value = val.split(':')
        except Exception as exc:
            name, host, port = val.split(':')
            value = '{}:{}'.format(host, port)
        header[name] = value

    # 不满足条件则返回 False
    if any(['GET' not in method, 'HTTP/1.1' not in method,
            header.get('Connection') != 'Upgrade',
            header.get('Upgrade') != 'websocket',
            header.get('Sec-WebSocket-Version') != '13',
            not header.get('Sec-WebSocket-Key'),
            not header.get('Origin')]):
        return False
    return True


def set_response(status):
    """设置响应头"""
    head = {'Status Code': '101 Web Socket Protocol Handshake', 'Connection':
            'Upgrade', 'Upgrade': 'websocket',
            'Sec-WebSocket-Accept': 'T5ar3gbl3rZJcRmEmBT8vxKjdDo='}
    if not status:
        head = {'Status Code': '403'}
    headers = ['{}:{}'.format(k, item) for k, item in head.items()]
    headers.append('\r\n')
    res = '\r\n'.join(headers)
    return res.encode('utf8')


with socket.socket(socket.AF_INET, socket.SOCK_STREAM) as s:
    # 使用 Python 底层接口创建 socket
    s.bind(('localhost', 50007))  # 绑定地址和端口
    s.listen(1)  # 只允许 1 个客户端连接
    conn, addr = s.accept()  # 客户端对象和客户端地址
    with conn:
        # 读取客户端发送的消息
```

```
        data = conn.recv(1024).decode('utf8')
        print(data)
        status = verify(data)  # 校验握手信息
        resp = set_response(status)  # 根据握手校验结果返回响应头
        conn.send(resp)
        conn.close()
```

WebSocket 服务器端的代码逻辑如图 4-26 所示。

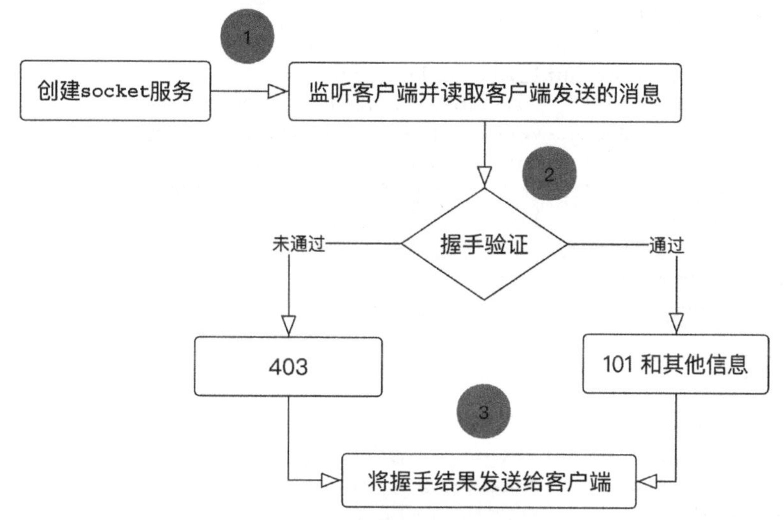

图 4-26 WebSocket 服务器端的逻辑

服务器端创建 `socket` 服务后监听客户端，使用 `while True` 的方式读取客户端发送的消息。然后对服务器端发送的握手请求进行验证，如果验证通过，则返回状态码为 101 的响应头，否则返回状态码为 403 的响应头。

接着还需要实现一个向服务器端发起握手并验证握手结果的客户端，对应代码如下：

```
import socket
import base64
import random
import time
from urllib.parse import urlparse


def get_url_info(url):
    """解析 url"""
    url = urlparse(url)
    host = url.netloc
    resource = url.path or '/'
    return host, resource
```

```
def get_key():
    """生成 key"""
    bytes_key = bytes(random.getrandbits(8) for _ in range(16))
    res = base64.b64encode(bytes_key).decode()
    return res


def get_header(url):
    """生成握手所需的信息"""
    key = get_key()
    host, resource = get_url_info(url)
    head = {'Connection': 'Upgrade', 'Upgrade': 'websocket',
            'Sec-WebSocket-Version': 13, 'Sec-WebSocket-Key': key,
            'Origin': '{}'.format(host)}
    headers = ['{}:{}'.format(k, item) for k, item in head.items()]
    headers.insert(0, 'GET {} HTTP/1.1'.format(resource))
    headers.append('\r\n')
    header = '\r\n'.join(headers)
    return header.encode('utf8')


def shake_hands(client, url):
    """发起握手并校验握手结果"""
    header = get_header(url)
    client.send(header)  # 发送握手信息
    time.sleep(5)
    # 读取服务器端返回的握手结果
    message = client.recv(1024).decode('utf8')
    print(message)
    if 'Status Code:101' in message:
        return True
    return False


if __name__ == '__main__':
    url = 'ws://localhost:50007'
    host, resource = get_url_info(url)
    # 创建 socket 连接
    client = socket.socket(socket.AF_INET, socket.SOCK_STREAM)
    client.connect(('localhost', 50007))
    print(shake_hands(client, url))
    client.close()
```

WebSocekt 客户端的代码逻辑如图 4-27 所示。

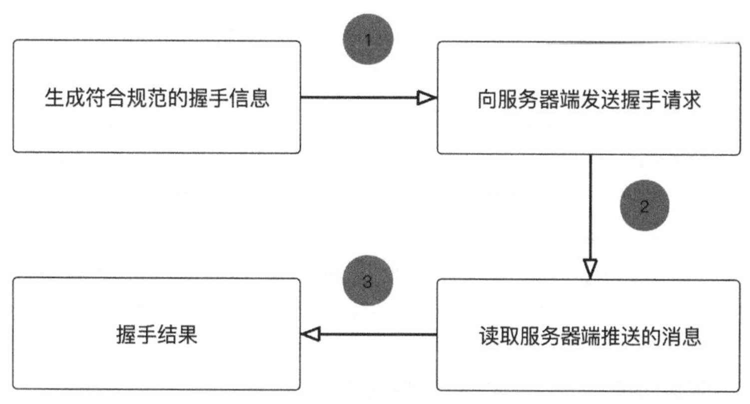

图 4-27 WebSocekt 客户端的逻辑

客户端按照 WebSocket 规范生成握手信息并向服务器端发送握手请求，然后读取服务器端推送的消息，最后验证握手结果。第 2 章中提到过，WebSocket 协议规范只作为参考，服务器端和客户端实际上可以不遵守这些约定。比如服务器端可以在校验握手信息时增加对客户端 User-Agent 或 Referer 的验证，如果客户端发送的握手请求中并没有对应的信息，则拒绝连接。想要实现这个功能，只需要在服务器端的代码中增加相关的信息验证代码即可，例如：

```
# 在判断条件中新增对 Referer 的判断逻辑，以下代码中标有"+"号的为新增部分
if any(['GET' not in method, 'HTTP/1.1' not in method,
        header.get('Connection') != 'Upgrade',
        header.get('Upgrade') != 'websocket',
        header.get('Sec-WebSocket-Version') != '13',
        not header.get('Sec-WebSocket-Key'),
       +not header.get('Referer'),
        not header.get('Origin')]):
    return False
return True
```

这就是 WebSocket 握手验证反爬虫的原理和实现方法。

4.5 WebSocket 消息校验反爬虫

握手成功之后，双端就可以开始互推消息了。WebSocket 只需要完成 1 次握手，就可以保持长期连接，在后续的消息互发阶段是不需要用到 HTTP 协议的，那么如何在 WebSocket 通信过程中实现反爬虫呢？

我们来回顾一下，WebSocket 的通信流程如图 4-28 所示。

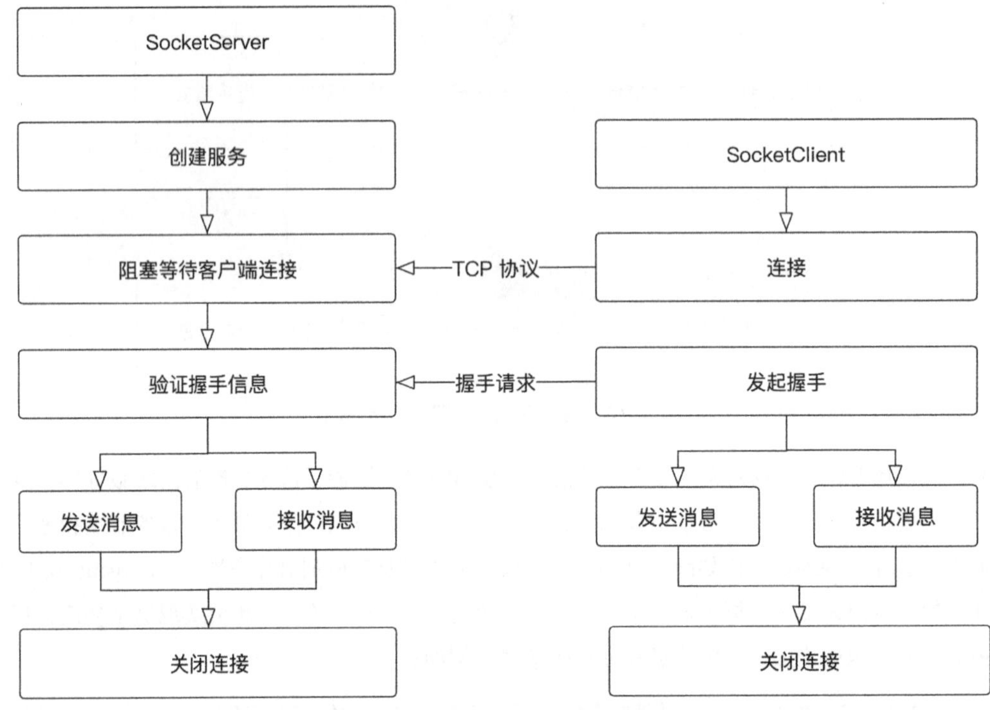

图 4-28 WebSocket 通信流程

从图 4-28 中我们可以看到，握手成功后就进入了消息互发阶段，这意味着基于 HTTP 协议的反爬虫已经不能再使用了。

4.5.1 WebSocket 消息校验反爬虫示例

其实消息互发阶段也是可以对客户端身份进行校验的，这是因为客户端所获取的消息是由服务器端主动推送的，如果服务器端不主动推送，那么客户端就无法获取消息。我们可以在服务器端新增一个校验逻辑：握手结束后客户端发送特定的消息，服务器端对该消息进行校验，校验通过则将服务器端的数据推送给客户端，否则不作处理。校验逻辑如图 4-29 所示。

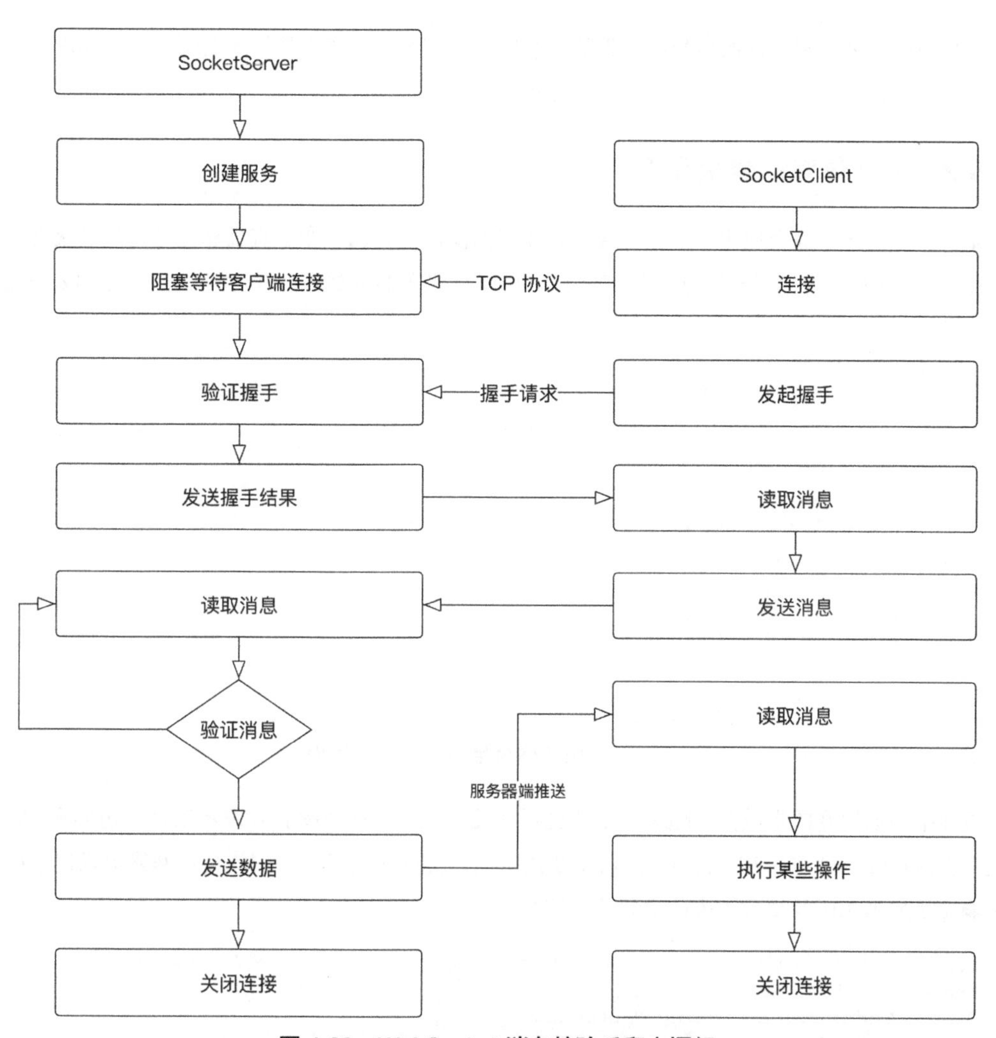

图 4-29 WebSocket 消息校验反爬虫逻辑

本节示例代码基于 4.4 节的代码，服务器端在原代码的基础上新增消息校验、数据推送、数据仓库和握手状态的相关代码，客户端则新增消息读取和消息发送的代码，完整代码见 https://github.com/asyncins/antispider/tree/master/04/4-5/。接下来先启动服务器端，然后运行客户端，客户端的输出结果如下：

```
Status Code:101 Web Socket Protocol Handshake
Connection:Upgrade
Upgrade:websocket
Sec-WebSocket-Accept:T5ar3gbl3rZJcRmEmBT8vxKjdDo=
{"title": "Huawei latest flagship mobile P30 Pro", "price": 3999, "RAM": "8G", "ROM":
"256G", "pixel": "4000W"}
```

如果我们将客户端发送的消息修改为数据仓库中没有的键，那么服务器端就不会给客户端推送消息。这个结果说明使用 WebSocket 消息校验反爬虫是有效的。

4.5.2 乐鱼体育反爬虫案例

乐鱼体育是一家综合性体育数据平台，为球迷提供体育咨询、赛事直播和互动交流等服务。它的足球赛事直播页面也使用了类似的信息校验反爬虫手段，我们打开浏览器并访问 http://live.611.com/zq，如图 4-30 所示。

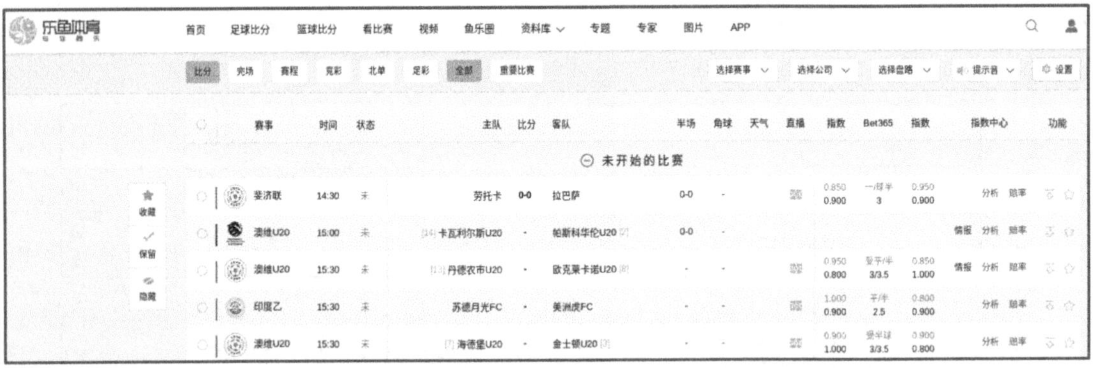

图 4-30 乐鱼体育足球赛事直播页面

页面中每场比赛的指数都会随着赛事的进行而发生变化。此时唤起开发者工具并切换到 Network 面板，在请求筛选处选择 WS 选项，然后刷新该页面。页面刷新后，我们就会在网络请求记录中看到一条响应状态为 101 的请求，该请求的总览信息下：

```
Request URL: ws://push.611.com:6118/f249eebc733a4d77ae0d42f7af4547f5
Request Method: GET
Status Code: 101 Switching Protocols
Response Headers
view source
Connection: upgrade
Date: Fri, 05 Apr 2019 07:24:59 GMT
Sec-WebSocket-Accept: wk/YPqC+7X6dwGa1hrC1RccGg1I=
Server: nginx/1.13.12
Upgrade: WebSocket
Request Headers
view source
Accept-Encoding: gzip, deflate
Accept-Language: zh-CN,zh;q=0.9
Cache-Control: no-cache
Connection: Upgrade
Host: push.611.com:6118
Origin: http://live.611.com
Pragma: no-cache
```

```
Sec-WebSocket-Extensions: permessage-deflate; client_max_window_bits
Sec-WebSocket-Key: tpS3MkeYms+19QRYB9AS7g==
Sec-WebSocket-Version: 13
Upgrade: websocket
User-Agent: Mozilla/5.0 (X11; Linux x86_64) AppleWebKit/537.36 (KHTML, like Gecko)
Chrome/73.0.3683.86 Safari/537.36
```

从总览信息中我们知道本次请求是握手请求，并且根据返回的状态码可知握手成功。如果想看双端传输的数据，我们可以切换到 Messages 面板，如图 4-31 所示。

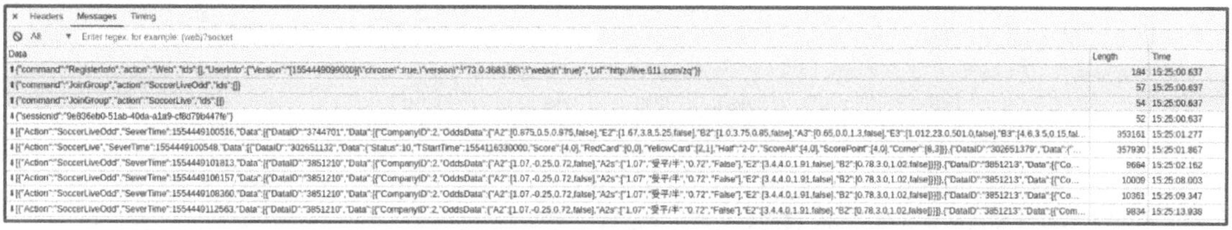

× Headers Messages Timing

All ▼ Enter regex, for example: (web)?socket

Data	Length	Time
{"command":"RegisterInfo","action":"Web","ids":[],"UserInfo":{"Version":"[1554449099000]{\"chrome\":true,\"version\":\"73.0.3683.86\",\"webkit\":true}","Url":"http://live.611.com/zq"}}	184	15:25:00.637
{"command":"JoinGroup","action":"SoccerLiveOdd","ids":[]}	57	15:25:00.637
{"command":"JoinGroup","action":"SoccerLive","ids":[]}	54	15:25:00.637
{"sessionid":"9e836eb0-51ab-40da-a1a9-cf8d79b447fe"}	52	15:25:00.637
[{"Action":"SoccerLiveOdd","SeverTime":1554449100516,"Data":[{"DataID":"3744701","Data":[{"CompanyID":2,"OddsData":{"A2":[0.675,0.5,0.975,false],"E2":[1.67,3.8,5.25,false],"B2":[1.0,3.75,0.85,false],"A3":[0.65,0.0,1.3,false],"E3":[1.012,23.0,501.0,false],"B3":[4.6,3.5,0.15,fal...	353161	15:25:01.277
[{"Action":"SoccerLive","SeverTime":1554449100548,"Data":[{"DataID":"302651132","Data":{"Status":10,"TStartTime":1554116330000,"Score":[4,0],"RedCard":[0,0],"YellowCard":[2,1],"Half":"2-0","ScoreAll":[4,0],"ScorePoint":[4,0],"Corner":[8,3]}},{"DataID":"302651379","Data":{"...	357930	15:25:01.867
[{"Action":"SoccerLiveOdd","SeverTime":1554449101813,"Data":[{"DataID":"3851210","Data":[{"CompanyID":2,"OddsData":{"A2":[1.07,-0.25,0.72,false],"A2s":["1.07","受平/半","0.72","False"],"E2":[3.4,4.0,1.91,false],"B2":[0.78,3.0,1.02,false]}}]},{"DataID":"3851213","Data":[{"Co...	9664	15:25:02.162
[{"Action":"SoccerLiveOdd","SeverTime":1554449106157,"Data":[{"DataID":"3851210","Data":[{"CompanyID":2,"OddsData":{"A2":[1.07,-0.25,0.72,false],"A2s":["1.07","受平/半","0.72","False"],"E2":[3.4,4.0,1.91,false],"B2":[0.78,3.0,1.02,false]}}]},{"DataID":"3851213","Data":[{"Co...	10009	15:25:08.003
[{"Action":"SoccerLiveOdd","SeverTime":1554449108360,"Data":[{"DataID":"3851210","Data":[{"CompanyID":2,"OddsData":{"A2":[1.07,-0.25,0.72,false],"A2s":["1.07","受平/半","0.72","False"],"E2":[3.4,4.0,1.91,false],"B2":[0.78,3.0,1.02,false]}}]},{"DataID":"3851213","Data":[{"Co...	10361	15:25:09.347
[{"Action":"SoccerLiveOdd","SeverTime":1554449112563,"Data":[{"DataID":"3851210","Data":[{"CompanyID":2,"OddsData":{"A2":[1.07,-0.25,0.72,false],"A2s":["1.07","受平/半","0.72","False"],"E2":[3.4,4.0,1.91,false],"B2":[0.78,3.0,1.02,false]}}]},{"DataID":"3851213","Data":[{"Com...	9834	15:25:13.938

图 4-31　乐鱼体育双端互传数据

图中箭头向上的数据是客户端发送给服务器端的消息，箭头向下的数据是服务器端推送给客户端的消息。在握手成功后，客户端向服务器端发送了 3 次消息：

```
{"command":"RegisterInfo","action":"Web","ids":[],"UserInfo":{"Version":"[15544490
99000]{\"chrome\":true,\"version\":\"73.0.3683.86\",\"webkit\":true}","Url":"http:
//live.611.com/zq"}}

{"command":"JoinGroup","action":"SoccerLiveOdd","ids":[]}

{"command":"JoinGroup","action":"SoccerLive","ids":[]}
```

然后服务器端就不停地给客户端推送消息。

乐鱼体育的例子说明使用 WebSocket 消息校验反爬虫是可行的，这种握手后对特定消息进行校验的反爬虫手段已经被应用在大型网站中。

4.6 WebSocket Ping 反爬虫

通过第 2 章的学习，我们了解到 WebSocket 是可以保持长期连接的。但是服务器端不可能保持所有客户端永久连接，这太耗费资源了，有没有一种办法可以检查客户端的状态呢？WebSocket 协议规范中约定，服务器端可以向客户端发送 Ping 帧，当客户端收到 Ping 帧时应当回复 Pong 帧。如果客户端不回复或者回复的并不是 Pong 帧，那么服务器端就可以认为客户端异常，主动关闭该连接。

通常，Ping 帧和 Pong 帧的 Payload Data 中是没有内容的，所以只要目标服务器发送 Ping 帧时，客户端回复没有任何内容的 Pong 帧即可。WebSocket 协议中的规范并不强制遵守，所以开发者可以自定义 Ping 帧和 Pong 帧，这就为反爬虫提供了条件。假如开发者在编写服务器端代码时，将 Ping 帧定义为有一定内容的数据帧，同时对 Pong 帧的 Payload Data 进行校验，就可以将不符合规则的连接关闭。伪代码如下：

```
# WebSocket Server
frames = {'fin': 1, 'rsv1': 0, 'rsv2': 0, 'rsv3': 0,
          'opcode': '%x9', 'mask': False, 'payload leng': 6,
          'payload data': 'a33s5p'}
socket.send(frames)

# WebSocket Client
frames = {'fin': 1, 'rsv1': 0, 'rsv2': 0, 'rsv3': 0,
          'opcode': '%xA', 'mask': True, 'payload leng': 12,
          'payload data': hex('op0a373s5p9f'), 'masking-key': 'fsu923'}
client.send(frames)

# 服务器端对客户端发送的 Pong 帧进行校验
payload = hex(335 * 2 - 1)
payload_data = Pong.get('payload data')
if payload != payload_data:
    beat = False
beat = True
```

这样就可以实现基于 Ping 帧和 Pong 帧的反爬虫。上面这段伪代码只是为了说明思路，并不能够真正运行。数据帧的打包和解包比较复杂，本书中不做演示。

本章总结

信息校验主要解决了客户端身份鉴别、数据来源判断和请求的合法性判断等问题，避免数据接收者使用被篡改过的数据，保证数据的有效性。

无论是 HTTP 协议还是 WebSocket 协议，都需要对客户端身份进行鉴别，信息校验无疑是最合适的方法。WebSocket 反爬虫的产生跟协议规范有很大的关联，由于协议中的一些规范并不是强制实现的，所以开发者可以在服务器端与客户端握手和消息互传的过程中做验证。

除了上面所用的例子之外，还有很多特性没有用到，但是它们的原理都是相同的，只要细心观察，就能够找到线索。

动态渲染反爬虫

动态网页比静态网页更具交互性，能给用户提供更好的体验。动态网页中常见的表现形式有下拉刷新、点击切换和悬停显示等。由 JavaScript 改变 HTML DOM 导致页面内容发生变化的现象称为动态渲染。很多时候开发者只是想完成某个交互功能，而不是特意区分正常用户和爬虫程序，但这在不经意间限制了爬虫对数据的获取。由于编程语言没有像浏览器一样内置 JavaScript 解释器和渲染引擎，所以动态渲染是天然的反爬虫手段。

遇到动态网页时，除了第 4 章中介绍的 JavaScript 代码逻辑复现之外，我们还可以借助渲染工具来解决动态网页的问题。接下来我们将通过一些实际的案例了解动态渲染的应用和现象，然后动手实践，使用 JavaScript 渲染工具帮助爬虫程序渲染网页，并在代码中提取目标数据。本章我们将会涉及以下主题。

- 常见的动态渲染反爬虫案例。
- 常用渲染工具的介绍和使用。

在本章的结尾，我们还会对渲染工具的适用性进行讨论。

5.1 常见的动态渲染反爬虫案例

动态渲染被广泛应用在 Web 网站中，大部分网站会使用 JavaScript 来提升用户体验。下面我们就来看一下，动态渲染被应用在哪些场景中。

5.1.1 自动执行的异步请求案例

异步请求能够减少网络请求的等待时间，从而提升网页加载速度。为了追求用户体验、提升网站加载速度和减少用户等待时间，开发者会将内容较多的综合信息页面拆分成多个部分，然后使用异步请求的方式获取资源。

乐鱼体育首页实现了自动执行异步请求的功能，请求记录如图 5-1 所示。

Name	Status	Type	Initiator	Size
CompetitionSchele_Schele?categoryID=&relatedType=&relatedTypeID=&...	200	xhr	jquery-1.8.3.min.js?v=2019-1-24.2:2	2.9 KB
NewsList?isHotOrNew=true&categoryType=&categoryIDs...unt=20&isCo...	200	xhr	jquery-1.8.3.min.js?v=2019-1-24.2:2	13.0 KB
StandingList?competitionID=92&competitionType=2&isNBA=&r=0.709248...	200	xhr	jquery-1.8.3.min.js?v=2019-1-24.2:2	1.9 KB
GetLoginMenu_2018SE03?t=636885423481261206	200	xhr	jquery-1.8.3.min.js?v=2019-1-24.2:2	602 B
GetLoginMenu_2018SE03?t=636885423481261206	200	xhr	(index)	602 B
NewsList?isHotOrNew=true&categoryType=&categoryIDs...unt=20&isCo...	200	xhr	(index)	13.0 KB
NewsList?isHotOrNew=true&categoryType=&categoryIDs...nt=20&isCont...	200	xhr	jquery-1.8.3.min.js?v=2019-1-24.2:2	9.6 KB
NewsList?isHotOrNew=true&categoryType=&categoryIDs...nt=20&isCont...	200	xhr	Other	9.6 KB
NewsList?isHotOrNew=true&categoryType=&categoryIDs...t=20&isConta...	200	xhr	jquery-1.8.3.min.js?v=2019-1-24.2:2	7.7 KB

图 5-1 乐鱼体育首页异步请求记录

我们可以点开第一条异步请求看一下响应正文内容，如图 5-2 所示。响应正文并不是一个完整的 HTML 文本，看起来像是 HTML 中的一部分。

```
1
2
3        <li class="slide">
4            <a href="http://live.611.com/zq/3778149.html#saikuang" target="_blank">
5                <div class="mu-border-bx">
6                    <div class="mu-lvsingle-items">
7                        <span class="mu-match-name" target="_blank">意甲</span>
8                        <span class="mu-match-time mu-lv-graytxt">完场</span>
9                    </div>
10                   <div class="mu-lvsingle-items mu-lv-graytxt">
11                       <span target="_blank">
12                           <i class="mu-lvimg-size">
13                               <img src="/Error/404.jpg"
```

图 5-2 乐鱼体育第一条异步请求的响应正文

我们可以在页面中搜索 `slide` 关键字，看一看这部分代码渲染出来的页面是什么样子。乐鱼体育首页 `slide` 元素定位结果如图 5-3 所示。

图 5-3 乐鱼体育首页 `slide` 元素定位结果

定位结果显示这是篮球比赛的赛程数据。第二条异步请求对应的响应正文如图 5-4 所示。

```
3     <div class="mu-single-title">
4         <a class="mu-integral-tit mu-active" data-tabType="0">积分榜</a>
5         <a class="mu-shooter-tit" data-tabType="2">射手榜</a>
6         <a class="mu-assit-tit" data-tabType="1">助攻榜</a>
7     </div>
8     <div data-tabType="0">
9         <!--积分榜-->
10        <div class="mu-list-single">
11            <span class="mu-lg-teamname mu-rank-txtgray">球队</span>
12            <span class="mu-lg-winflat mu-rank-txtgray">胜/平/负</span>
13            <span class="mu-integral mu-rank-txtgray">积分</span>
```

图 5-4 第二条异步请求的响应正文

第二条异步请求的响应正文也不是一个完整的 HTML 文本，我们可以使用相似的办法在页面中找到对应的元素，页面显示内容如图 5-5 所示。

图 5-5 第二条异步请求对应的页面内容

乐鱼体育的异步请求数量很多，如果我们要爬取首页的所有数据，就需要发起多次请求，并且在发起请求前还需要查看每条请求的信息总览，如第一条：

```
Request URL: http://611.com/CompetitionSchele_Schele?categoryID=&relatedType=
&relatedTypeID=&r=0.6563884360568906
Request Method: GET
Status Code: 200 OK
Remote Address: 47.107.247.210:80
Referrer Policy: no-referrer-when-downgrade
Response Headers
611waiter:
Access-Control-Allow-Credentials: true
Access-Control-Allow-Headers: X-Requested-With
Access-Control-Allow-Origin: http://www.611.com
Cache-Control: private
Connection: keep-alive
Content-Encoding: gzip
```

```
Content-Type: text/html; charset=utf-8
Date: Fri, 05 Apr 2019 09:07:14 GMT
Server: nginx/1.13.12
Transfer-Encoding: chunked
Vary: Accept-Encoding
X-AspNet-Version: 4.0.30319
X-AspNetMvc-Version: 5.2
X-Powered-By: ASP.NET
Request Headers
Provisional headers are shown
Accept: text/html, */*; q=0.01
Origin: http://www.611.com
Referer: http://www.611.com/
User-Agent: Mozilla/5.0 (X11; Linux x86_64) AppleWebKit/537.36 (KHTML, like Gecko)
Chrome/73.0.3683.86 Safari/537.36
Query String Parameters
view source
view URL encoded
categoryID:
relatedType:
relatedTypeID:
r: 0.6563884360568906
```

然后对 URL 或者请求正文进行分析和猜测，当然也可以先用 Postman 或者 Python 代码尝试。如果每一个接口都使用了不同的方法计算随机值或者加密参数，那么我们就需要读懂所有接口的计算逻辑。

有没有比逐条记录分析和猜测更方便、更快捷的办法呢？

5.1.2 点击事件和计算

点击事件指的是用户在浏览网页的过程中使用鼠标点击按钮或标签等页面元素的操作，这类事件通常会与一个 JavaScript 方法绑定到一起，当事件触发时浏览器就会执行事件绑定的方法。这里提到的计算是指使用 JavaScript 计算数值并将结果渲染到网页。实际上，示例 3 中所使用的就是点击事件和异步请求的技术组合。

开发者使用 JavaScript 计算数据有可能是为了反爬虫，也有可能是为了提高用户体验，因为客户端本地的计算速度远远超过网络请求的速度。假设当前页面有 50 个标签页，用户每一次点击时页面的内容都会发生改变，如果使用异步请求方式（假设每次请求的响应时间是 2 秒），那么耗费在等待上的时间就是 100 秒，等待的时间会让用户觉得响应很慢。但是使用本地计算，网页内容变换的速度就非常快了。

雷速体育是一家为专业的体育机构提供数据和资讯服务的综合型体育数据平台，其 Web 端被动地造成了事件触发型反爬虫（事件触发型反爬虫指的是当 HTML Element 事件被触发时，通过执行它所绑定的 JavaScript 方法实现动态渲染所造成的反爬虫现象）。打开浏览器并访问 https://data.leisu.com/zuqiu-8433，页面如图 5-6 所示。

积分榜 球队球员数据 让球 进球数 半全场 总积分

总积分 主场积分 客场积分 半场总积分 半场主场积分 半场客场积分

排名	球队	场次	胜	平	负	进球	失球	净胜球	场均进球	场均失球	场均净胜	积分
1	利物浦	31	23	7	1	70	18	52	2.26	0.58	1.68	76
2	曼彻斯特城	30	24	2	4	79	21	58	2.63	0.7	1.93	74
3	托特纳姆热刺	30	20	1	9	57	32	25	1.9	1.07	0.83	61
4	阿森纳	30	18	6	6	63	39	24	2.1	1.3	0.8	60
5	曼彻斯特联	30	17	7	6	58	40	18	1.93	1.33	0.6	58
6	切尔西	30	17	6	7	50	33	17	1.67	1.1	0.57	57

图 5-6 雷速体育英超联赛积分榜

该页面中有许多数据，如积分榜、球队球员数据、让球、进球数、半全场等，其中每种数据分类下还有子类，比如积分榜分为总积分、主场积分、客场积分、半场总积分、半场主场积分、半场客场积分等。每个子类下显示的内容都不相同，主场积分如图 5-7 所示。

积分榜 球队球员数据 让球 进球数 半全场 总积分

总积分 主场积分 客场积分 半场总积分 半场主场积分 半场客场积分

排名	球队	场次	胜	平	负	进球	失球	净胜球	场均进球	场均失球	场均净胜	积分
1	曼彻斯特城	16	15	0	1	53	12	41	3.31	3.31	2.56	45
2	阿森纳	16	13	2	1	37	12	25	2.31	2.31	1.56	41
3	利物浦	15	13	2	0	44	9	35	2.93	2.93	2.33	41
4	切尔西	15	9	5	1	29	10	19	1.93	1.93	1.27	32
5	曼彻斯特联	14	8	5	1	28	18	10	2.00	2.00	0.71	29
6	托特纳姆热刺	14	9	1	4	25	13	12	1.79	1.79	0.86	28

图 5-7 雷速体育英超联赛主场积分榜

客场积分如图 5-8 所示。

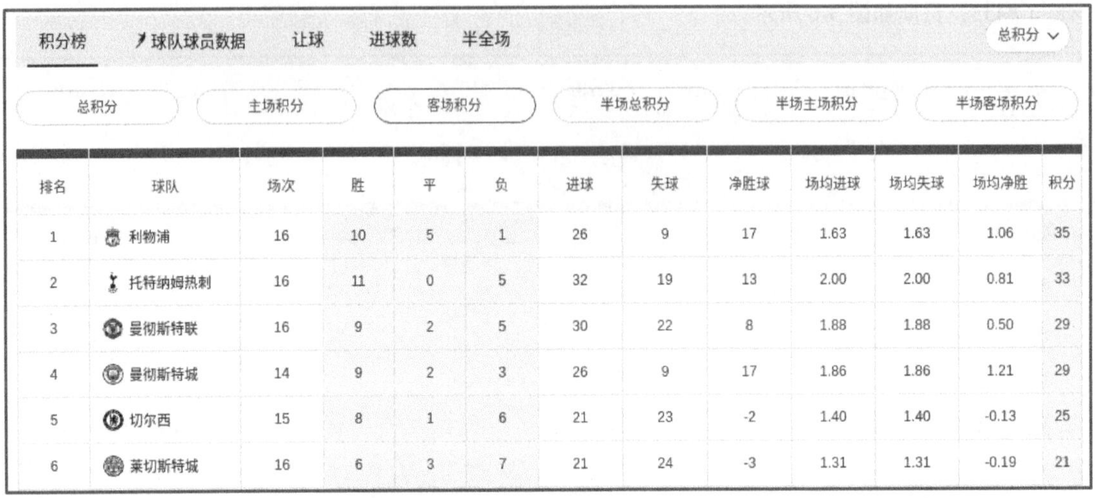

积分榜 球队球员数据 让球 进球数 半全场 总积分

总积分 主场积分 客场积分 半场总积分 半场主场积分 半场客场积分

排名	球队	场次	胜	平	负	进球	失球	净胜球	场均进球	场均失球	场均净胜	积分
1	利物浦	16	10	5	1	26	9	17	1.63	1.63	1.06	35
2	托特纳姆热刺	16	11	0	5	32	19	13	2.00	2.00	0.81	33
3	曼彻斯特联	16	9	2	5	30	22	8	1.88	1.88	0.50	29
4	曼彻斯特城	14	9	2	3	26	9	17	1.86	1.86	1.21	29
5	切尔西	15	8	1	6	21	23	-2	1.40	1.40	-0.13	25
6	莱切斯特城	16	6	3	7	21	24	-3	1.31	1.31	-0.19	21

图 5-8 雷速体育英超联赛客场积分榜

这些标签切换时发生的网页内容改变是通过计算实现的还是通过异步请求实现的呢？我们可以观察一下切换时的网络请求，主场积分标签切换到客场积分的网络请求记录如图 5-9 所示。

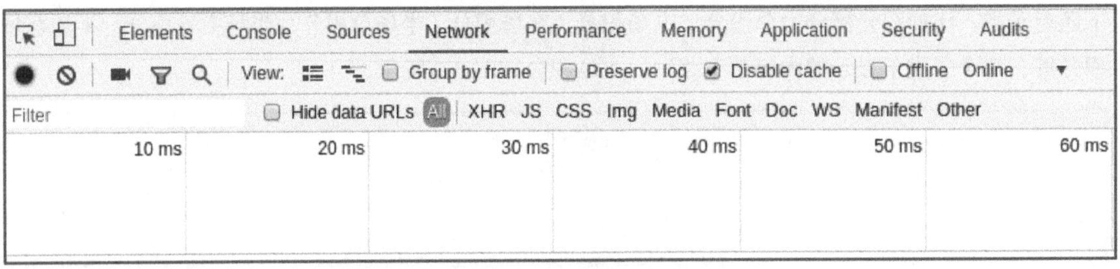

Elements Console Sources Network Performance Memory Application Security Audits
View: Group by frame Preserve log Disable cache Offline Online
Filter Hide data URLs All XHR JS CSS Img Media Font Doc WS Manifest Other
10 ms 20 ms 30 ms 40 ms 50 ms 60 ms

图 5-9 网络请求记录

标签的切换并没有产生网络请求，于是排除异步请求这种方式。我们可以将网页结构和网页源代码进行对比，判断是在网页加载时进行数据渲染，还是通过标签切换显示内容。客场积分标签下的排行榜网页结构如图 5-10 所示。

17	布莱顿	15	3	2	10	15	27	-12
18	卡迪夫城	14	2	2	10	9	26	-17
			1	3	11	11	33	-22
20	富勒姆	16	0	2	14	10	40	-30

```
tr.data.pd-8.temporary | 930×38
匈牙利
土耳其
克罗地亚
保加利亚
斯洛文尼亚
塞浦路斯
● 冠军联赛 ● 欧罗巴联赛 ● 欧罗巴联赛资格赛 ● 降级
Elements Console Sources Network Performance Memory Application Security Audits
▶<tr class="data pd-8 temporary">…</tr>
▶<tr class="data pd-8 temporary">…</tr>
▶<tr class="data pd-8 temporary">…</tr>
▶<tr class="data pd-8 temporary">…</tr>
▶<tr class="data pd-8 temporary">…</tr>
▶<tr class="data pd-8 temporary">…</tr>
▶<tr class="data pd-8 temporary">…</tr>
▶<tr class="data pd-8 temporary">…</tr>
▶<tr class="data pd-8 temporary">…</tr>
▶<tr class="data pd-8 temporary">…</tr>
▶<tr class="data pd-8 temporary">…</tr>
▶<tr class="data pd-8 temporary">…</tr>
▶<tr class="data pd-8 temporary">…</tr> == $0
```

图 5-10 雷速体育英超联赛客场积分标签下的排行榜网页结构

当鼠标悬停在元素面板中对应的 `<tr>` 标签上时，浏览器会自动标注页面中对应的元素，此时图 5-10 中排名第 20 的富勒姆队对应的网页结构是 `<tr>` 标签列表中的最后一个。我们以此为线索，在网页源代码中找到相同位置的内容，看它是否与图 5-10 中显示的相同，网页源代码中相同位置的内容如图 5-11 所示。

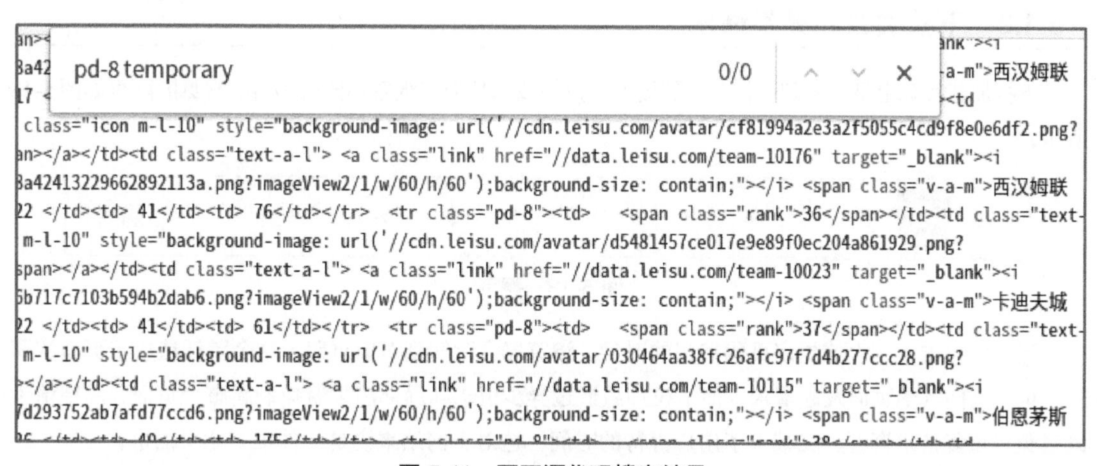

图 5-11 网页源代码搜索结果

客场积分榜中的内容并不在网页源代码中，说明榜单数据不是从本地复制的。我们再观察一下积分切换标签对应的代码，看一看它是如何切换的，积分切换标签代码如图 5-12 所示。

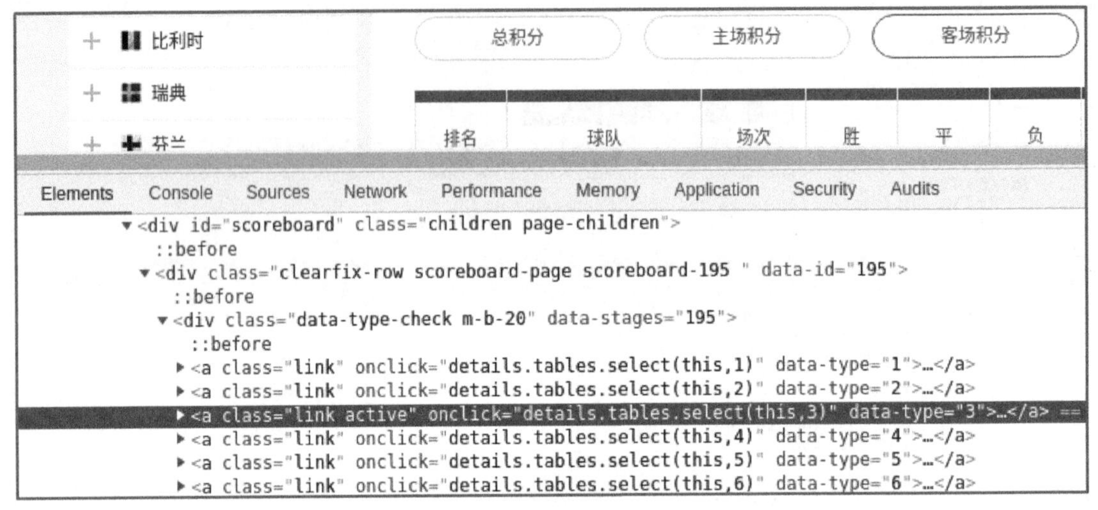

图 5-12 积分切换标签代码

可以看到所有的标签都预设了 `onclick` 事件，并绑定了 `details.tables.select()` 方法，那么当用户点击标签时，`details.tables.select()` 方法就会被执行。根据上面的分析，排除了异步请求的可能，只剩本地计算这种可能。

接下来我们该怎么办呢？是跟进 `details.tables.select()`方法，然后分析对应的计算逻辑吗？

5.1.3 下拉加载和异步请求

下拉加载实际上是一种翻页操作，翻页和下拉加载都是为了观看不同的内容。常见的翻页如图 5-13 所示。

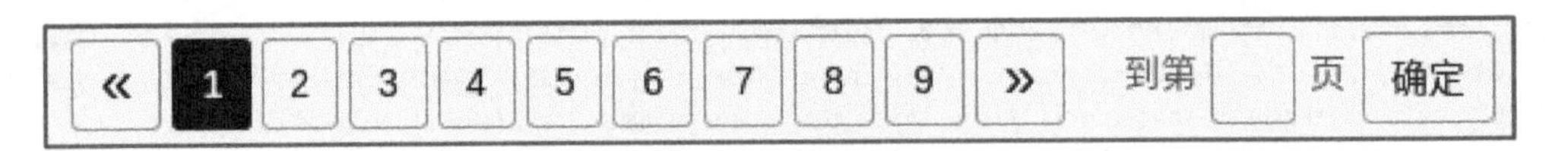

图 5-13 翻页

当我们点击下一页或指定页码按钮的时候，浏览器会跳转到对应页码，这个跳转造成了页面的刷新，也就是向其他页面发起请求。而下拉加载通过异步请求和局部渲染避免刷新整个页面，局部渲染既避免了重复请求资源，又减少了用户等待的时间，这对于网站来说是一件很有意义的事。

开源中国是目前国内最大的开源技术社区，它为 IT 开发者提供了一个交流开源技术的平台。开源中国官网有一个名为动弹的板块，该板块允许用户发布一些动态信息，并提供了评论、点赞和转发的功能。打开浏览器并访问 https://www.oschina.net/tweets，动弹板块页面内容如图 5-14 所示。

图 5-14　动弹板块

动弹板块并没有翻页功能，当浏览到页面底部时会自动触发该页面预设的异步请求，待资源加载完毕后就对网页进行局部渲染，将新的内容呈现出来。该页面下拉加载数据时的网络请求信息如图 5-15 所示。

Name	Status	Type	Initiator	Size
_tweet_index_list?type=ajax&lastLogId=19850266	200	xhr	web.4852322f.js:23	6.6 KB
_tweet_index_list?type=ajax&lastLogId=19850118	200	xhr	web.4852322f.js:23	6.6 KB
_tweet_index_list?type=ajax&lastLogId=19849900	200	xhr	web.4852322f.js:23	6.6 KB

图 5-15　开源中国动弹板块异步请求记录

随着不停地下拉，共触发了 3 次异步请求，我们可以查看其中任意一条请求的响应正文，内容如图 5-16 所示。

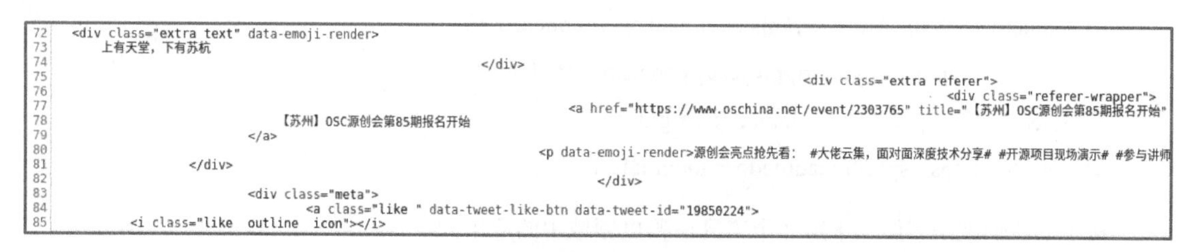

```
72  <div class="extra text" data-emoji-render>
73      上有天堂，下有苏杭
74                                   </div>
75                                                          <div class="extra referer">
76                                                                   <div class="referer-wrapper">
77                                           <a href="https://www.oschina.net/event/2303765" title="【苏州】OSC源创会第85期报名开始"
78                  【苏州】OSC源创会第85期报名开始
79              </a>
80                                      <p data-emoji-render>源创会亮点抢先看： #大佬云集，面对面深度技术分享# #开源项目现场演示# #参与讲师
81          </div>
82                                          </div>
83              <div class="meta">
84                  <a class="like " data-tweet-like-btn data-tweet-id="19850224">
85      <i class="like  outline  icon"></i>
```

图 5-16　异步请求的响应正文

从响应正文可以看出，本次请求得到的是开源中国用户发布的动弹信息。假如我们需要爬取动弹页的所有数据，是不是向对应的接口发出请求就可以了？从图 5-15 中可以看出每一次请求的 URL 地址都不一样，而且请求正文的值是无规律的随机值，我们是不是要像绕过签名验证案例那样寻找随机值的生成逻辑呢？签名验证案例页面仅仅加载了几个 JavaScript 文件，而开源中国动弹板块加载了 27

个 JavaScript 文件。在众多文件中寻找到未知名的方法是有一定困难的，我们还有其他办法吗？

5.1.4 小结

现代网站通常是多种技术综合实现的结果，使用到的技术组合不仅有以上列出的几种。但无论如何变化，动态渲染的基础是不会改变的，只要能够解决页面渲染问题，那么这种动态网页造成的反爬虫问题就会迎刃而解。

5.2 动态渲染的通用解决办法

在了解动态渲染型反爬虫案例的过程中，我们发现动态渲染的技术组合很灵活，如果每次遇到这种网站都需要猜解接口参数、跟进和分析 JavaScript 代码逻辑，那么耗费的时间成本就很高了。当目标网站发生产品迭代升级或针对爬虫有意改动代码，爬虫工程师就需要做对应的调整。可能目标网站的前端工程师只花费了 2 小时编写用于加密请求参数的代码，而爬虫工程师却要花费 3 天时间才能分析出正确的计算逻辑。

有没有一种通用的方法可以很好地应对这种动态渲染的反爬虫呢？我希望这种方法能够帮助我渲染页面，这样就省去了接口分析和数据验证的步骤。我希望这种方法可以执行指定的 JavaScript，这样就不用分析前端工程师编写的加密逻辑了。我还希望这种方法能够模拟用户的一些操作，比如点击、滑动和拖曳，这样就不用理会远程接口的随机参数了。

实际上，确实有很多的渲染工具可以满足这些需求，其中最常用的是 Puppeteer、Splash 和 Selenium，这 3 种工具对应的文档链接如下。

- Puppeteer：https://www.npmjs.com/package/puppeteer 和
  https://pypi.org/project/pyppeteer（Python 版）。
- Selenium：https://www.seleniumhq.org/docs。
- Splash：https://splash.readthedocs.io/en/latest。

接下来我们就来了解一下这 3 个工具在爬虫领域中的应用。

5.2.1 Selenium 套件

Selenium 是一个用于测试 Web 应用程序的工具。我们可以通过 Selenium 和浏览器驱动调用浏览器执行特定的操作，如发起网络请求、点击操作、鼠标下滑等。由于调用的是浏览器，所以这种组合还具备了资源自动加载和渲染的能力。Selenium、浏览器驱动和浏览器之间的关系如图 5-17 所示。

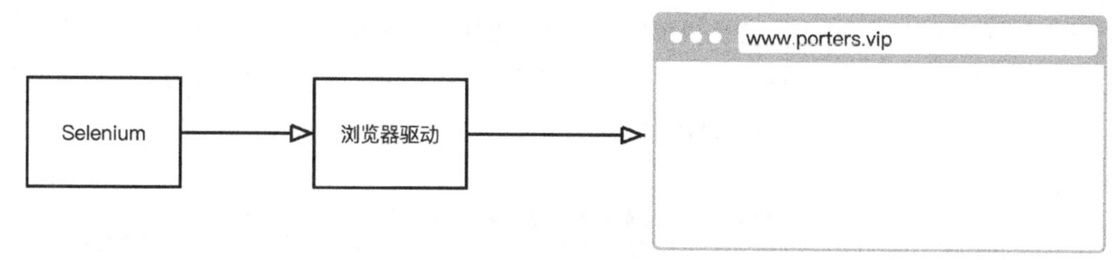

图 5-17 Selenium、浏览器驱动和浏览器关系

浏览器驱动是连接 Selenium 和浏览器的单向通道，Selenium 的指令通过浏览器驱动传递给浏览器，浏览器接收到指令后会做出对应的操作。这种关系并不是双向的，浏览器无法向 Selenium 发送指令或者传递渲染结果。假如我们想要获取 http://www.porters.vip/verify/sign 页面渲染后的网页文本，Selenium 就要向浏览器发送如下两次指令。

(1) 访问指定的 URL。

(2) 获取浏览器当前的网页文本。

Selenium、浏览器驱动和浏览器是一个完整的组合，缺一不可，我们可以将这个组合称为 Selenium 套件。示例 3 签名验证反爬虫其实就是利用了点击事件和异步请求的组合技术，本节我们将使用示例 3 的网址作为目标，学习如何使用 Selenium 套件爬取动态网页中的内容。

使用渲染工具爬取动态网页时的分析角度与之前不同，由于浏览器可以帮助我们完成资源加载和渲染工作，所以使用渲染工具时不需要分析网络请求和对应的参数。我们要关注的是：内容变化是由什么事件引起的？变化后的内容被渲染在页面的什么位置？我们用浏览器打开示例 3 的网址 http://www.porters.vip/verify/sign 并定位页面按钮的 HTML 元素，结果如图 5-18 所示。

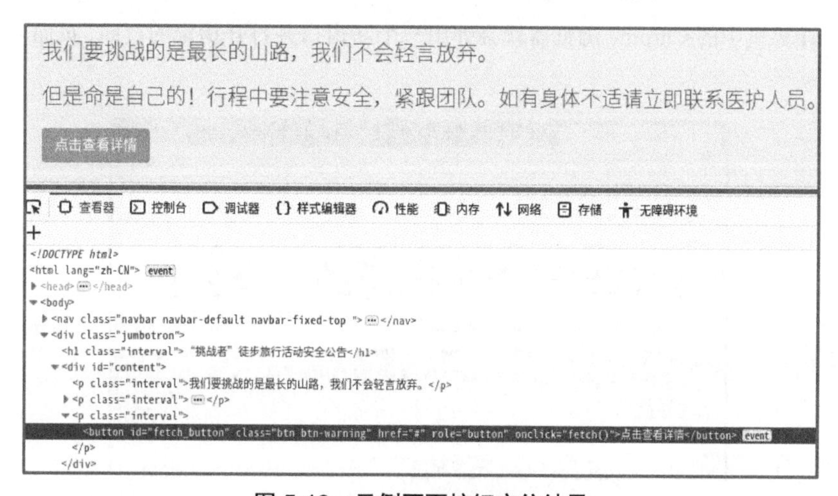

图 5-18 示例页面按钮定位结果

按钮 id 为 fetch_button。之前提到过，点击按钮时会触发 JavaScript 中的 fetch()方法，该方法从远程服务器的 API 接口读取数据，然后通过操作 DOM 来更改页面的显示内容。所以我们还需要定位显示具体内容的元素，页面 HTML 代码如下：

```
<div id="content">
  <p class="interval">我们要挑战的是最长的山路，我们不会轻言放弃。</p>
  <p class="interval">但是命是自己的！行程中要注意安全，紧跟团队。如有身体不适请立即联系医护
  人员。没有命，就没有挑战。以下列出本次活动规范，请大家仔细阅读并相互传播。</p>
  <p class="interval"><button class="btn btn-warning" href="#" role="button"
    id="fetch_button" onclick="fetch()">点击查看详情</button></p>
</div>
```

从代码中可以看到，内容最终会以覆盖的方式渲染到 id 为 content 的标签中，也就是说我们的目标内容会在按钮被点击后出现在该标签中。要完成这个任务，Selenium 套件需要执行以下步骤。

(1) 访问指定的 URL。

(2) 在页面中找到按钮并点击。

(3) 在页面中定位目标并获取对应文本。

在明确需求和步骤的情况下，Selenium 套件可以很轻松地完成任务。第一个步骤对应的 Python 代码为：

```
from selenium import webdriver

url = 'http://www.porters.vip/verify/sign'
# 初始化浏览器对象
browser = webdriver.Chrome()
# 向指定网址发起 GET 请求
browser.get(url)
```

代码运行后，计算机中的 Chrome 浏览器就会弹出一个新窗口并打开指定的页面，页面内容如图 5-19 所示。

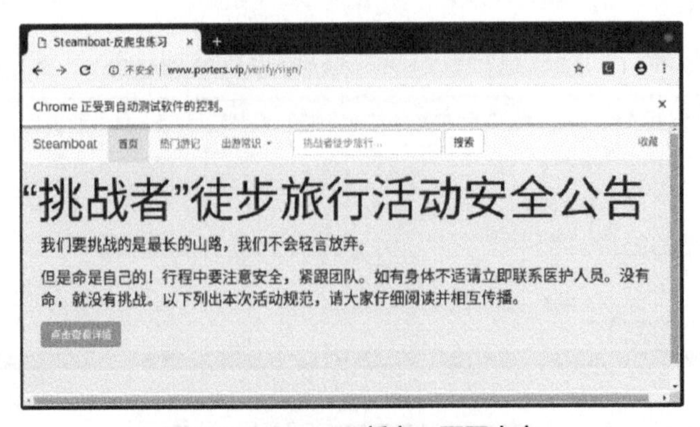

图 5-19　Chrome 新窗口页面内容

浏览器打开示例页面后，还需要模仿用户点击按钮的操作，然后将呈现的网页文本返回爬虫程序。这个过程中要解决的是按钮定位、点击以及网页文本返回的问题，对于这些操作，Selenium 文档中都有介绍。

相关链接

- 元素定位：https://www.seleniumhq.org/docs/09_selenium_ide.jsp#locating-by-css。
- 点击操作：https://www.seleniumhq.org/docs/09_selenium_ide.jsp#commonly-used-selenium-commands。

了解这些知识之后，我们就可以写出对应的爬虫代码：

```
from selenium import webdriver

url = 'http://www.porters.vip/verify/sign'
# 初始化浏览器对象
browser = webdriver.Chrome()
# 向指定网址发起 GET 请求
browser.get(url)
# 使用 CSS 选择器定位按钮，并点击按钮
browser.find_element_by_css_selector('#fetch_button').click()
# 将按钮点击后的网页文本赋值给变量 resp
resp = browser.page_source
print(resp)
# 程序退出，关闭浏览器
browser.quit()
```

代码模拟用户正常操作时的逻辑为：首先用浏览器打开指定的网页，在网页中找到对应的按钮并点击，然后打印网页文本，最后关闭浏览器。上面这段代码运行后我们将得到与网页源代码一模一样的内容，接下来只需要从文本中提取标题即可。

Selenium 还提供了从网页文本中提取内容的方法，我们可以使用这个方法直接提取想要的内容。由于操作是按顺序执行的，所以文本内容提取的操作必须在鼠标点击按钮后和浏览器关闭前进行，将刚才的 Python 代码改为：

```
from selenium import webdriver

url = 'http://www.porters.vip/verify/sign'
# 初始化浏览器对象
browser = webdriver.Chrome()
# 向指定网址发起 GET 请求
browser.get(url)
# 使用 CSS 选择器定位按钮，并点击按钮
browser.find_element_by_css_selector('#fetch_button').click()
# 使用 CSS 选择器定位文本，并取出文本内容
resp = browser.find_element_by_css_selector('#content').text
print(resp)
# 程序退出，关闭浏览器
browser.quit()
```

代码运行结果如下:

```
参团的游客，应听从领队、导游人员的安全提醒，切莫擅自行动。自身的人身、财物安全要注意，购买人身意外险，贵重物品要随身携带，不要留在车内或者交由他人保管。参加漂流、摩天轮等高风险项目的时候，要认真听从工作人员的安排，切莫求刺激而发生意外。
以下是本次参团出行需要遵守的规范要求：
一、跟刺激相比，命更重要，没有命就什么都没了。
二、旅行中会遇到很多你从未见过的植物和动物，不要轻易打扰它们，有可能有毒。
三、身体感觉不适，尤其是发烧、乏力和呕吐等情况必须报告随队医护人员。
四、出发前请跟家人沟通好，避免造成失联错觉。
五、出发前请按照队长的要求准备好必备衣物和干粮，最重要的是水。
六、旅行途中必须紧跟队伍，不许在无人知晓的情况下行动。
七、如不慎走失，请先释放信号弹，半小时后无人联系再想办法报警。
八、如果不同意以上几条，请在出发前告知队长。
九、最重要的是：没有命，就什么都没了。
```

运行结果说明我们使用 Selenium 套件完成了点击事件和目标内容的提取。

5.2.2 异步渲染库 Puppeteer

在 Selenium 套件的支持下，我们很轻松地完成了爬取任务。但 Selenium 套件也有一定的缺陷，当我们使用 Python 中的异步库编写爬虫时，Selenium 就不是那么适合了。异步是目前提升爬虫效率的常用手段之一，越来越多的人将同步的爬虫代码改为异步。由于浏览器是以进程的方式启动，所以它无法满足异步爬虫的渲染需求，为什么这么说呢？异步爬虫可以做到每秒向 300 个页面发起请求，但是要在计算机中开启 300 个浏览器进程或者 300 个标签页是很困难的，这会导致阻塞，影响异步爬虫程序的整体效率。我们可以用 Python 代码验证一下:

```
from selenium import webdriver
from datetime import datetime
# 记录开始时间
starts = datetime.now()
url = 'http://www.porters.vip/verify/sign'
# 初始化浏览器对象
browser = webdriver.Chrome()
for i in range(30):
    # 循环 30 次访问目标 url
    browser.get(url)
    resp = browser.page_source
browser.quit()
# 计算并打印耗时秒数
runtime = datetime.now() - starts
print(runtime.total_seconds())
```

这段代码运行后的输出结果为:

```
4.478643
```

循环 30 次访问示例页面总共耗时 4 秒左右。测试时我们可以添加一些加载资源较多的网站或者响应速度很慢的网站，你会发现卡顿会阻塞所有的请求，这就是同步请求的缺点。上方示例代码中我们使用的是同一个浏览器对象，所以会被阻塞，如果用的是多个浏览器对象呢？即每次请求都初始化一个浏览器对象，虽然可以解决这个问题，但过多的浏览器进程对于系统资源的消耗是非常大的，显然是得不偿失的一种做法。这时候我们需要一个能够做到与 Selenium 套件相同工作并且支持异步的渲染工具。Puppeteer 正好可以满足我们的需求。Puppeteer 是 Google 开源的 Node 库，它提供了一个高级 API 来控制 Chrome 浏览器，浏览器中大多数手动执行的操作都可以使用 Puppeteer 完成，更重要的是 Puppeteer 支持异步。Puppeteer 是一个 Node 库，如果你的爬虫程序是用 Node.js 编写的，那么可以直接使用这个库，如果爬虫程序是用 Python 编写的，那么就需要用支持 Python 的库 Pyppeteer。

现在我们使用 Pyppeteer 来完成上一节中的点击和爬取任务。对应的 Python 代码为：

```
import asyncio
from pyppeteer import launch

async def main():
    # 初始化浏览器对象
    browser = await launch()
    # 在浏览器上下文中创建新页面
    page = await browser.newPage()
    # 打开目标网址
    await page.goto('http://www.porters.vip/verify/sign')
    # 点击指定按钮
    await page.click('#fetch_button')
    # 读取页面指定位置的文本
    resp = await page.xpath('//*[@id="content"]')
    text = await(await resp[0].getProperty('textContent')).jsonValue()
    print(text)
    # 关闭浏览器对象
    await browser.close()

asyncio.get_event_loop().run_until_complete(main())
```

这段代码运行后输出结果为：

```
参团的游客，应听从领队、导游人员的安全提醒，切莫擅自行动。
    自身的人身、财物安全要注意，购买人身意外险，贵重物品要随身携带，
    不要留在车内或者交由他人保管。参加漂流、摩天轮等高风险项目的时候，
    要认真听从工作人员的安排，切莫求刺激而发生意外。
以下是本次参团出行需要遵守的规范要求：
一、跟刺激相比，命更重要，没有命就什么都没了。
二、旅行中会遇到很多你从未见过的植物和动物，不要轻易打扰它们，有可能有毒。
三、身体感觉不适，尤其是发烧、乏力和呕吐等情况必须报告随队医护人员。
四、出发前请跟家人沟通好，避免造成失联错觉。
五、出发前请按照队长的要求准备好必备衣物和干粮，最重要的是水。
六、旅行途中必须紧跟队伍，不许在无人知晓的情况下行动。
七、如不慎走失，请先释放信号弹，半小时后无人联系再想办法报警。
八、如果不同意以上几条，请在出发前告知队长。
九、最重要的是：没有命，就什么都没了。
```

运行结果说明 Puppeteer 也可以完成点击操作和页面渲染任务。

5.2.3 异步渲染服务 Splash

如果只需要在一台计算机上运行爬虫程序，那么使用 Selenium 套件或者 Puppeteer 就可以满足渲染需求了。但如果是分布式爬虫呢？假如我们需要在 30 台服务器上启动爬虫程序，那么我们就得在每一台机器上都安装 Puppeteer 或者配置 Selenium 套件吗？

如图 5-20 所示，如果每个爬虫都需要对应一个 Selenium 套件，那么 30 台服务器就要安装 30 个 Selenium 套件。这时候我们需要一个能够做与 Puppeteer 相同的工作并能够让多个爬虫程序共同使用的渲染服务。

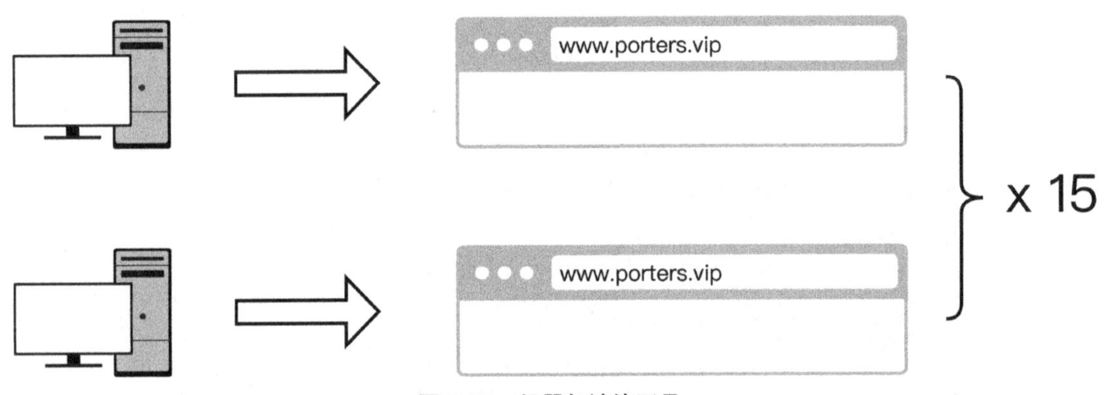

图 5-20 机器与渲染工具

Splash 是一个异步的 JavaScript 渲染服务，它是带有 HTTP API 的轻量级 Web 浏览器。Splash 能够并行地处理多个页面请求，在页面上下文中执行自定义的 JavaScript 以及模浏览器中的点击、下滑等操作。有了 Splash 之后情况就变得不一样了，我们可以将 Splash 服务部署到云服务器上并配置负载均衡。如图 5-21 所示，多个爬虫程序可以使用同一个 API 接口渲染页面。

这样做的好处是当渲染服务压力大的时候，我们可以动态地增加 Splash 渲染服务。多个爬虫程序共用 Splash 服务还可以节省硬件资源。说完 Splash 的优势后，我们来看如何将爬虫程序和 Splash 结合起来，完成签名验证反爬虫的绕过。Splash 服务为我们提供了一个可视化的操作界面，我们用浏览器打开 http://www.porters.vip:8050，页面内容如图 5-22 所示。

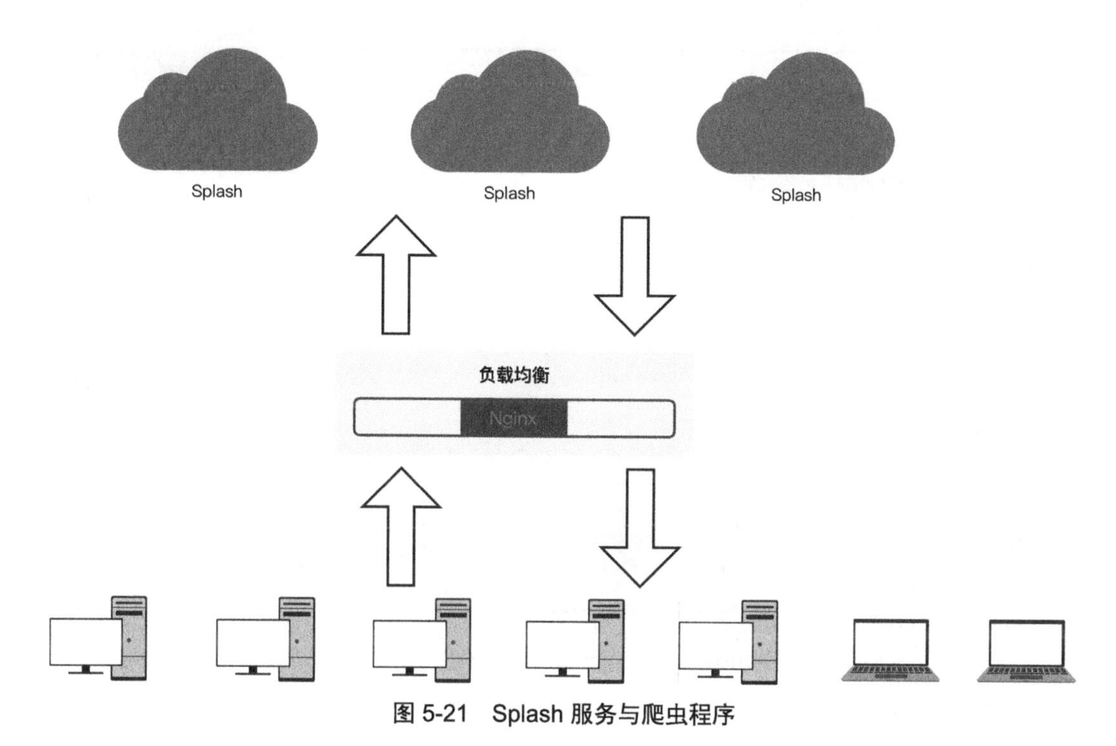

图 5-21 Splash 服务与爬虫程序

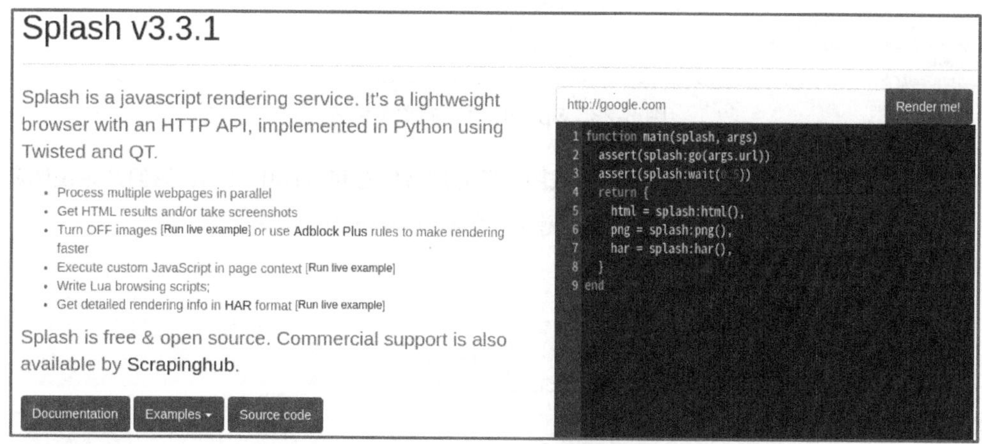

图 5-22 Splash 可视化界面

界面左侧是一些介绍文字，右侧是命令框。我们可以在右侧地址栏输入网址，点击 Render me 按钮后 Splash 就会向该网址发出请求。在右侧命令框中是 Splash 预设的示例代码，这段代码的作用是向指定网址发出请求，并在等待 0.5 秒后将页面文本、页面截图和资源加载相关信息返回。我们可以在可视化界面中尝试访问 http://www.porters.vip/verify/sign，然后点击对应的按钮并打印渲染后的文本内容。首先将 URL 填写到右侧的地址栏中，然后点击 Render me 按钮，返回的内容如图 5-23 所示。

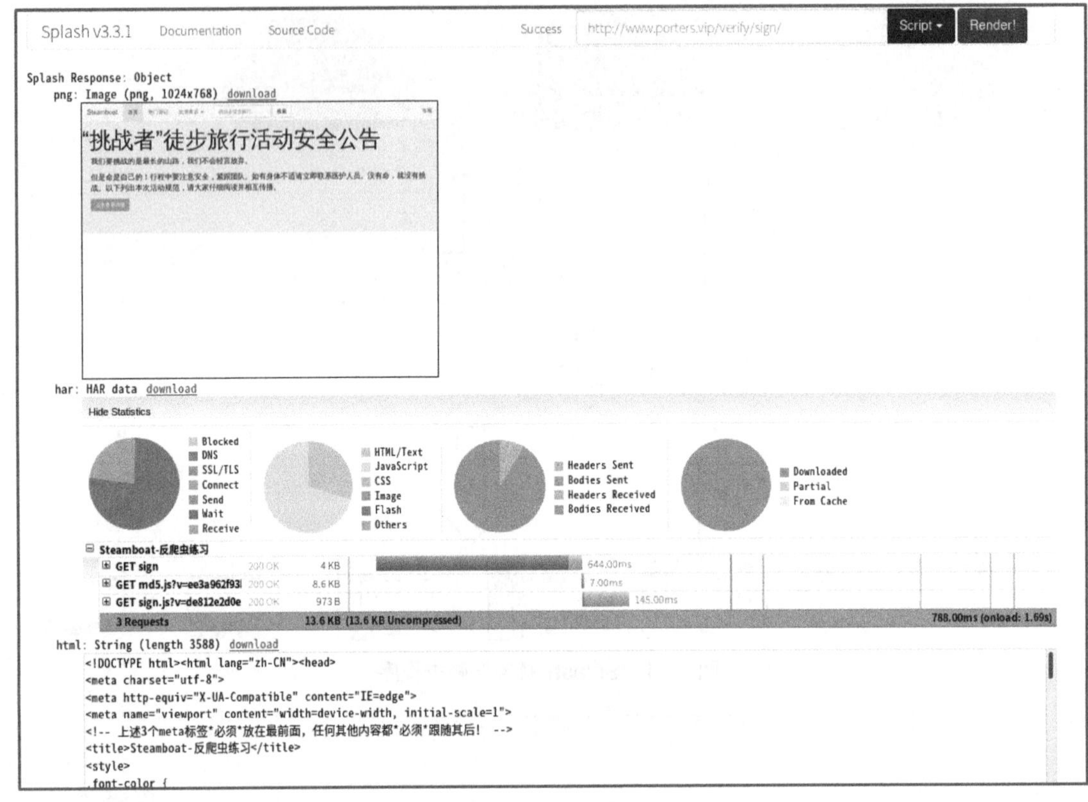

图 5-23 Splash 返回的文本内容

Splash 返回 3 种不同类型的结果：页面截图、资源加载信息和 HTML 文本。返回结果说明我们使用 Splash 也可以访问到目标网页。可以在右侧的命令框中编写操作代码：

```
function main(splash, args)
  -- 访问指定的url
  assert(splash:go(args.url))
  -- 按钮定位
  local butt = splash:select('#fetch_button')
  -- 点击按钮
  butt:mouse_click()
  content = splash:select('#content'):text()
  return {
    results = content
  }
end
```

Splash 命令框使用的并不是 Python 语言，而是 Lua 语言。虽然我们没有学习过 Lua 语言的语法，但根据 Splash 文档中的相关介绍，有编程经验的人很容易读懂代码。这段代码的作用是模拟用户点击按钮，然后提取网页文本。代码运行后的结果为：

```
Splash Response: Object
参团的游客，应听从领队、导游人员的安全提醒，切莫擅自行动。
    自身的人身、财物安全要注意，购买人身意外险，贵重物品要随身携带，
    不要留在车内或者交由他人保管。参加漂流、摩天轮等高风险项目的时候，
    要认真听从工作人员的安排，切莫求刺激而发生意外。
以下是本次参团出行需要遵守的规范要求：
一、跟刺激相比，命更重要，没有命就什么都没了。
二、旅行中会遇到很多你从未见过的植物和动物，不要轻易打扰它们，有可能有毒。
三、身体感觉不适，尤其是发烧、乏力和呕吐等情况必须报告随队医护人员。
四、出发前请跟家人沟通好，避免造成失联错觉。
五、出发前请按照队长的要求准备好必备衣物和干粮，最重要的是水。
六、旅行途中必须紧跟队伍，不许在无人知晓的情况下行动。
七、如不慎走失，请先释放信号弹，半小时后无人联系再想办法报警。
八、如果不同意以上几条，请在出发前告知队长。
九、最重要的是：没有命，就什么都没了。
```

运行结果说明 Splash 可以胜任这个工作。刚才的操作都是在可视化界面中完成的，我们如何将 Splash 与爬虫程序结合起来呢？

Splash 允许我们编写自定义的 Lua 脚本，如果要获取脚本运行结果，那么我们可以使用 `execute` 接口，`execute` 的详细介绍可参考 Splash 文档中的 Splash Script 教程（详见 https://splash.readthedocs.io/en/stable/scripting-tutorial.html#scripting-tutorial）。这里我们以 Requests 库为例，演示如何将 Splash 与 Python 结合，对应的 Python 代码如下：

```
import requests
import json

# Splash 接口
render = 'http://www.porters.vip:8050/execute'
# 需要执行的命令
script = """
    function main(splash)
      splash:go('http://www.porters.vip/verify/sign')
      local butt = splash:select('#fetch_button')
      butt:mouse_click()
      content = splash:select('#content'):text()
      return {
        results = content
      }
    end
"""
# 设置请求头
header = {'content-type': 'application/json'}
# 按照 Splash 规定提交命令
data = json.dumps({"lua_source": script})
# 向 Splash 接口发出请求并携带上请求头和命令参数
resp = requests.post(render, data=data, headers=header)
# 打印返回的 json
print(resp.json())
```

这段代码的逻辑比较简单，我们来分析一下。首先定义 Splash 接口地址，然后编写脚本代码，接

着设置请求头和请求正文，最后使用 Requests 库向 Splash 结构发起 POST 请求并打印响应正文。代码运行后的结果为：

```
{'results': '参团的游客，应听从领队、导游人员的安全提醒，切莫擅自行动。\n          自身的人身、财物安全要注意，购买人身意外险，贵重物品要随身携带，\n          不要留在车内或者交由他人保管。参加漂流、摩天轮等高风险项目的时候，\n          要认真听从工作人员的安排，切莫求刺激而发生意外。\n     以下是本次参团出行需要遵守的规范要求：\n     一、跟刺激相比，命更重要，没有命就什么都没了。\n     二、旅行中会遇到很多你从未见过的植物和动物，不要轻易打扰它们，有可能有毒。\n     三、身体感觉不适，尤其是发烧、乏力和呕吐等情况必须报告随队医护人员。\n     四、出发前请跟家人沟通好，避免造成失联错觉。\n五、出发前请按照队长的要求准备好必备衣物和干粮，最重要的是水。\n     六、旅行途中必须紧跟队伍，不许在无人知晓的情况下行动。\n   七、如不慎走失，请先释放信号弹，半小时后无人联系再想办法报警。\n   八、如果不同意以上几条，请在出发前告知队长。\n     九、最重要的是：没有命，就什么都没了。'}
```

运行结果说明我们使用 Splash 渲染服务同样可以完成点击事件和目标内容的提取。

5.2.4 通用不一定适用

既然 JavaScript 渲染工具可以帮助我们应付大多数动态渲染的反爬虫，那么是不是所有的爬虫程序都使用渲染工具就行了？那些使用了动态渲染特性的反爬虫是不是没有必要了呢？

其实爬虫程序不仅仅是拿到数据，还需要与具体的需求相结合，从速度、效率、质量和成本等多方面考虑。假如要爬取雷速体育网站上所有联赛的统计数据，那么可以像之前一样使用 Selenium 套件或 Puppeteer，帮助爬虫程序渲染页面，然后模拟点击操作并提取目标内容，但这种方法有一定的局限性。在请求总数不多且数据较为集中的时候使用这种方法是没有问题的，但如果请求总数很多且数据分散，这种方法就会暴露出它的弊端：慢。

慢是因为爬虫程序每发出一次请求时，都会启动浏览器，而且爬虫程序需要等待页面资源加载完成和后才能开始模拟点击。以雷速体育英超联赛页面为例，经实践统计，爬取该联赛所有的榜单（榜单包括积分榜、球队球员数据、让球、进球数、半全场等，以及对应的多个下一级榜单）需要进行 24 次点击，而 24 次点击只是 1 轮的榜单，英超的轮次如图 5-24 所示。

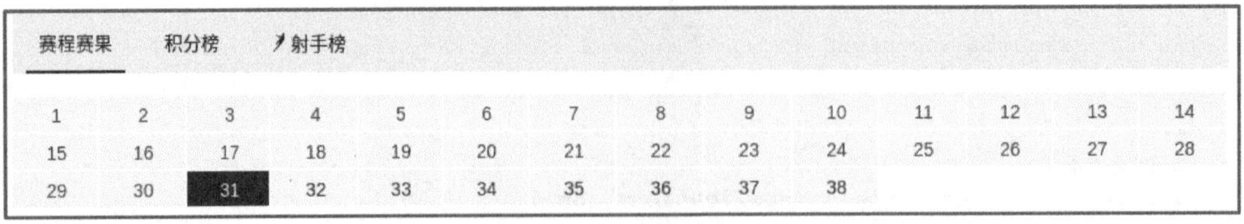

赛程赛果 积分榜 射手榜

1 2 3 4 5 6 7 8 9 10 11 12 13 14
15 16 17 18 19 20 21 22 23 24 25 26 27 28
29 30 31 32 33 34 35 36 37 38

图 5-24 英超轮次

爬取英超所有轮次的所有榜单数据所需的点击次数是 24 × 38 次。假如每获取一个榜单的数据就需要完成一个浏览器操作周期，那么就需要完成 912 个操作周期，浏览器操作周期如下：

打开页面→等待页面渲染完成→点击→等待渲染完成→提取数据→关闭浏览器

假设每个周期的时间为 2 秒，那么仅仅是爬取英超联赛的数据就需要 30 多分钟。是不是很慢？当然，爬虫程序不必每一次都打开浏览器和关闭浏览器，我们可以在调用浏览器打开页面后完成所有的点击操作和文本获取再关闭，最后将结果列表返回给爬虫程序，这个逻辑的伪代码为：

```
from selenium import webdriver
import time
def continue_click():
    result = []
    # need_click 是待点击元素的列表
    need_click = ['.total_score', '.home_score', '.away_score', '...']
    # 初始化浏览器对象
    browser = webdriver.Chrome()
    # 向指定网址发起 GET 请求
    browser.get(url)
    # 使用 CSS 选择器定位按钮，并点击按钮
    for i in need_click:
        browser.find_element_by_css_selector(i).click()
        # 点击后等待浏览器渲染页面
        time.sleep(0.2)
        # 将按钮点击后的网页文本赋值给变量 resp
        resp = browser.page_source
        # 将每次点击的结果放入列表
        result.append(resp)
    browser.quit()
    # 所有点击动作完成后将结果列表返回
    return result
if __name__ == '__main__':
    url = 'https://data.leisu.com/zuqiu-8433'
    # 将联赛 URL 传递给可以连续点击的方法
    res = continue_click(url)
```

每次点击都需要等待一定的时间（可以是 0.2 秒或更少），这是等待浏览器渲染页面的时间。这样的话，英超联赛爬取所花费的时间大约是 3 分钟。假设雷速体育有 1000 个联赛，那么整站所有联赛的爬取时间就需要 2 天时间，这还不包括网络延迟、请求超时等阻塞问题。即使将 Selenium 套件换成 Puppeteer 或者 Splash 也不会有太大的提升，如果不设置渲染等待时间，那么有可能出现渲染未完成就执行点击的情况，这样会导致爬虫程序抛出异常，无法获得该页数据。

有没有爬取速度更快的方法呢？

如果我们能够找到每个榜单的计算算法，那么就可以直接使用源数据进行计算，而不是像现在这样使用点击的方式爬取数据。之前分析时我们发现雷速体育联赛页面的每个榜单切换按钮都对应着一个鼠标事件，那么只需要跟进该事件对应的 JavaScript 代码，然后像签名验证反爬虫案例一样分析 JavaScript 逻辑并用 Python 代码实现就可以达到爬取速度最快了。

所以在面对动态渲染反爬虫时，选择使用渲染工具这种通用方法还是针对性地寻找绕过方法取决于爬取需求。如果对爬取速度和周期要求不高，那么就可以选择方便快捷的渲染工具。如果对爬取速度有要求并要求在很短的时间内完成整站内容的爬取，就需要根据目标反爬虫的类型做针对性的分析。

5.2.5 渲染工具知识扩展

本章介绍的几种渲染工具在页面渲染质量方面以及对新特性的支持程度方面是不同的，这是由于它们的核心组成不同。

- Selenium 套件通过驱动浏览器执行操作，本质上使用浏览器。
- Puppeteer 实际上通过 API 控制 Chromium 或 Chrome 浏览器。
- Splash 基于开源的浏览器引擎 WebKit。

相对于直接使用浏览器的 Selenium 套件和 Puppeteer 来说，Splash 在页面渲染、对新特性的支持等方面是比较差的。这个差距表现在对 DOM 节点的渲染和 HTML Element 事件操作上，例如点击事件触发后内容无法渲染到指定的位置。

我们在浏览器中常用的操作有点击、滑动、拖曳、文本输入和复制等，还有一些特殊的操作，比如页面前进/后退、截图、文件下载等。3 种工具都能够完成这些操作，并且开放了对应的 API，允许程序更灵活地控制页面元素。接下来我们通过文本输入的例子，学习如何使用不同的工具实现相同的效果。

图灵社区是图灵公司旗下的图书社区（详见 http://www.ituring.com.cn），首页如图 5-25 所示。

图 5-25　图灵社区首页

页面顶部有一个搜索框，搜索框默认提示内容为：技术改变世界阅读塑造人生。我们将依次使用 Selenium 套件、Puppeteer 和 Spalsh 完成搜索框内容的输入操作。我们完成这个操作的一般顺序如下。

(1) 打开浏览器，输入图灵社区网址并访问。

(2) 选中页面搜索框。

(3) 在搜索框中输入文字。

在我们使用工具时，其实也是按照这个顺序操作的。计算机没有眼睛，无法主动定位搜索框的位置，因此需要我们定位搜索框对应的 HTML 元素：

```
<input type="search" name="q" placeholder="技术改变世界 阅读塑造人生" class="key">
```

有了具体的定位，程序才能找到目标。

Selenium 套件完成该系列操作的 Python 代码为：

```
from selenium import webdriver

url = 'http://www.ituring.com.cn/'
# 初始化浏览器对象
browser = webdriver.Chrome()
# 向指定网址发起 GET 请求
browser.get(url)
# 使用 CSS 选择器定位搜索框，并输入文字
browser.find_element_by_css_selector('.key').send_keys('Python')
```

虽然搜索框的选择和内容输入代码是在同一行，但操作顺序是不变的。以上代码运行结果如图 5-26 所示。

图 5-26 图灵社区首页

在图 5-26 中，搜索框文本内容变成了我们设定的 Python。接下来我们使用 Puppeteer 实现相同操作，对应的 Python 代码如下：

```
import asyncio
from pyppeteer import launch


async def main():
    # 初始化浏览器对象
    browser = await launch()
    # 在浏览器上下文中创建新页面
    page = await browser.newPage()
    # 打开目标网址
    await page.goto('http://www.ituring.com.cn/')
    # 在指定位置输入文本
    await page.type('.key', 'Python')
    # 截图并保存为 ituring.png
    await page.screenshot({'path': 'ituring.png'})
    # 关闭浏览器对象
    await browser.close()

asyncio.get_event_loop().run_until_complete(main())
```

以上代码运行后，在当前目录中会多出一张名为 ituring.png 的图片，图片内容如图 5-27 所示。

图 5-27 Puppeteer 图灵社区截图

使用 Splash 实现相同功能的 Lua 代码如下：

```
function main(splash, args)
    assert(splash:go(args.url))
    assert(splash:wait(0.2))
    --聚焦搜索框
    splash:select('input[name=q]'):focus()
    --在搜索框中输入 Python
    splash:send_text('Python')
    assert(splash:wait(0.2))
    return {
        png = splash:png()
    }
end
```

在 Splash 页面地址栏输入图灵社区网址，然后将以上脚本覆盖到 Splash 脚本框中，点击 Render me 按钮。在经过 1～2 秒的等待后，Splash 页面左侧输出了图灵社区页面截图，并且截图中的搜索框文本内容也变成了 Python。运行结果说明这 3 种工具都能够模拟人类对浏览器的操作。

在实践过程中，我们发现页面加载和渲染的时间比较长，这是因为渲染工具会自动加载 HTML 文档所需的资源，但我们并不需要这些资源。这时我们可以通过设置禁止渲染工具加载图片或其他类型文件，具体操作方法可参考以下文档。

- Splash 图片禁用：https://splash.readthedocs.io/en/latest/scripting-ref.html#splash-images-enabled。
- Splash HTML5 媒体禁用：https://splash.readthedocs.io/en/latest/scripting-ref.html#splash-html5-media-enabled。
- Splash 浏览器插件禁用：https://splash.readthedocs.io/en/latest/scripting-ref.html#splash-plugins-enabled。
- Selenium 图片和其他资源禁用：http://chromedriver.chromium.org/capabilities。
- Pyppeteer JavaScript 禁用：https://miyakogi.github.io/pyppeteer/reference.html#pyppeteer.page.Page.setJavaScriptEnabled。

禁止渲染工具请求媒体资源后，网页加载速度会变得更快。

渲染工具还允许用户在页面中执行自定义的 JavaScript 代码，具体用法与规则请参考以下文档。

- Puppeteer：https://miyakogi.github.io/pyppeteer/reference.html#pyppeteer.page.Page.evaluateOnNewDocument。
- Splash：https://splash.readthedocs.io/en/latest/scripting-ref.html#splash-runjs。
- Splash：https://splash.readthedocs.io/en/latest/scripting-ref.html#splash-evaljs。
- Selenium：https://www.seleniumhq.org/docs/09_selenium_ide.jsp#javascript-and-selenese-parameters。

渲染工具的功能非常强大，本节介绍的只是其中一小部分，更多的知识和技巧可通过阅读渲染工具对应的文档获得。

5.2.6 小结

动态网页的出现对爬虫程序造成了很大的影响。在不借助渲染工具的情况下，爬虫程序很难获得动态网页中的数据，但并不代表爬虫程序只有这一个选择。

本章总结

动态网页的出现，并不一定是为了限制爬虫程序，也有可能是为了提升用户体验。由于爬虫程序没有解释运行 JavaScript 代码和自动加载资源的能力，所以获取数据的难度变得更高，这也使得动态渲染成为 Web 网站反爬虫最常用的方法。

使用渲染工具时，不仅要考虑渲染性能，还需要关注页面渲染质量。调用渲染工具获取数据的速度远不及通过编程语言实现 JavaScript 逻辑从而获取数据的速度，但逻辑实现的过程也有可能耗费很长时间。具体的选择需要根据自身条件和需求决定。

第6章

文本混淆反爬虫

文本混淆可以有效地避免爬虫获取Web应用中重要的文字数据，使用文本混淆限制爬虫获取文字数据的方法称为文本混淆反爬虫。反爬虫的前提是不能影响用户正常浏览网页和阅读文字内容，直接混淆文本很容易被看出来，所以开发者通常是利用CSS的特性来实现混淆。

常见的文本混淆手段有图片伪装、文字映射和自定义字体等。我们将在本章中通过案例分析和动手实践学习常见的文本混淆反爬虫。

6.1 图片伪装反爬虫

图片伪装指的是将带有文字的图片与正常文字混合在一起，以达到“鱼目混珠”的效果。这种混淆方式并不会影响用户阅读，但是可以让爬虫程序无法获得“所见”的文字内容。我们将通过一个具体的例子来学习图片伪装反爬虫的应用和绕过方法。

6.1.1 图片伪装反爬虫绕过实战

示例4：图片伪装反爬虫示例。

网址：http://www.porters.vip/confusion/recruit.html。

任务：爬取招聘网站企业详情页的中企业名称及联系电话，页面内容如图6-1所示。

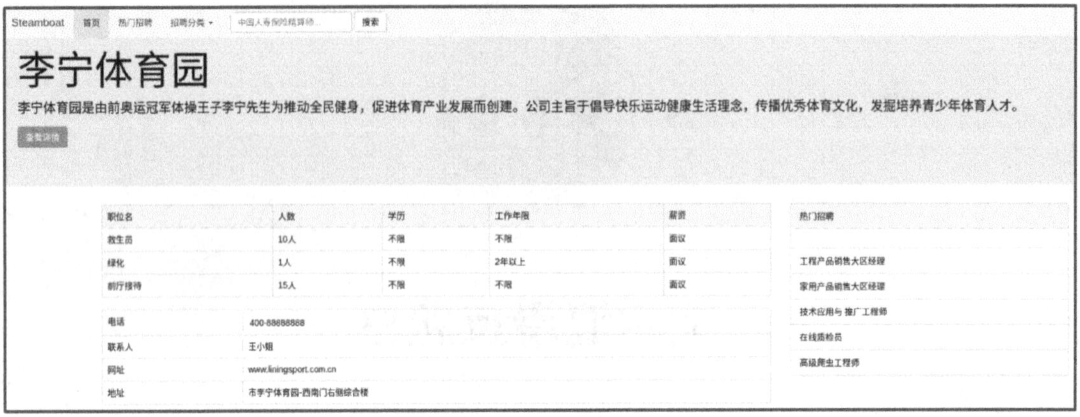

图 6-1　示例网址

在爬取前要首先确定目标数据的元素定位，然后编写代码进行请求和信息提取。企业名称对应的 HTML 代码如下：

```
# 下方的"..."代表省略部分代码
<div class="jumbotron">
  <h1 class="interval">李宁体育园</h1>
  ...
</div>
```

电话号码对应的 HTML 代码如下：

```
# 下方的"..."代表省略部分代码
<table class="table table-bordered">
  <tbody>
    <tr>
      <td>电话</td>
      <td><img src="phonenumber.png" class="pn"></td>
    </tr>
    <tr>
      <td>联系人</td>
      <td>王小姐</td>
    </tr>
    ...
  </tbody>
</table>
```

电话号码并不是一串数字，而是一张图片，被包裹在 `class` 属性为 `pn` 的 `<img>` 标签中。找到所需内容的定位后，我们就可以尝试发出请求并提取文字内容了。对应的 Python 代码如下：

```
import requests
from parsel import Selector
url = 'http://www.porters.vip/confusion/recruit.html'
# 向目标网址发起请求
```

```
resp = requests.get(url)
# 使用响应正文初始化 Selector
sel = Selector(resp.text)
# 取出响应正文中的企业名称
company = sel.css('h1.interval::text').get()
print(company)
```

代码运行结果为:

```
李宁体育园
```

运行结果说明爬虫程序在请求方面没有受到限制。现在要解决的是电话号码的问题，页面中的电话号码是一张图片。虽然我们可以下载图片，但是如果没能拿到电话号码的字符就不符合爬取要求了，有什么办法可以将图片中的文字变成字符吗?

当然有了！我们可以用光学字符识别技术从图片中提取文字，这种没有像素干扰的纯数字内容是很容易识别出来的。绕过思路已经有了，对应的操作流程如下。

- 向目标网站发起网络请求。
- 使用 Parsel 库从响应正文中提取图片名称，并将它与 URL 拼接成完整的地址。
- 向图片发起网络请求。
- 从响应正文中提取图片内容，并使用光学字符识别技术（PyTesseract 库）从图片中提取文字。

完成这些操作的 Python 代码如下:

```
import io
import requests
from urllib.parse import urljoin
from parsel import Selector
try:
    from PIL import Image
except ImportError:
    import Image
import pytesseract

url = 'http://www.porters.vip/confusion/recruit.html'
resp = requests.get(url)
sel = Selector(resp.text)
# 从响应正文中提取图片名称
image_name = sel.css('.pn::attr("src")').extract_first()
# 拼接图片名和 URL
image_url = urljoin(url, image_name)
# 请求图片，拿到图片的字节流内容
image_body = requests.get(image_url).content
# 使用 Image.open 打开图片字节流，得到图片对象
image_stream = Image.open(io.BytesIO(image_body))
# 使用光学字符识别从图片对象中读取文字并打印输出结果
print(pytesseract.image_to_string(image_stream))
```

这段代码运行后的输出结果为：

```
400-88888888
```

运行结果表明爬虫程序已经成功识别图片中的字符，光学字符识别是应对图片伪装反爬虫的最佳选择。

6.1.2　广西人才网反爬虫案例

文字伪装成图片的反爬虫手段不仅仅出现在本书的示例中，在大型网站中也有应用。广西人才网是一个为企业和个人提供网络招聘、网上求职和网上人才信息查询的专业人力资源网站。广西人才网也使用了与示例 4 相同的图片伪装手段，打开浏览器并访问 http://www.gxrc.com/WebPage/Company.aspx?EnterpriseID=60056，页面如图 6-2 所示。

救生员	10人	不限	不限	3001-4000	南宁市	2019-03-20
前厅导游接待	14人	不限	不限	3001-4000	南宁市	2019-03-20
体育培训						
体育拓展训练营主管	1人	大专	3年以上	5001-6000	南宁市	2019-03-20
壮乡楼民俗文化苑						
厨房水台	10人	不限	不限	2001-3000	南宁市/青秀区	2019-03-20
综合管理部						
保安	5人	不限	不限	3001-4000	南宁市	2019-03-20

联系方式：

电　话	07712350122
联系人	陈小姐
电子邮件	liningtiyuyuan@163.com
网　址	www.liningsport.com.cn
联系地址	南宁市青秀区李宁体育园-西南门

图 6-2　广西人才网企业详情页

页面内容包括企业简介、招聘职位列表和企业信息等。该页中的联系电话使用了图片进行伪装，电话号码元素定位结果如图 6-3 所示。

图 6-3 电话号码元素定位结果

这种图片伪装的方式与示例 4 中所用的伪装方式非常接近，我们可以使用与示例 4 相同的方法提取图片中的电话号码。

6.1.3 小结

虽然爬虫工程师可以借助渲染工具获得页面渲染后的网页文本，但爬虫无法直接从图片这种媒体文件中获取字符。光学字符识别技术也有一定的缺陷，在面对扭曲文字、生僻字和有复杂干扰信息的图片时，它就无法发挥作用了。这一点我们将会在后面介绍。

6.2 CSS 偏移反爬虫

CSS 偏移反爬虫指的是利用 CSS 样式将乱序的文字排版为人类正常阅读顺序的行为。这个概念不是很好理解，我们可以通过对比两段文字来加深对这个概念的理解。

- HTML 文本中的文字：我的学号是 1308205，我在北京大学读书。
- 浏览器显示的文字：我的学号是 1380205，我在北京大学读书。

爬虫提取到的学号是 1308205，但用户在浏览器中看到的却是 1380205。如果不细心观察，爬虫工程师很容易被爬取结果糊弄。这种混淆方法和图片伪装一样，是不会影响用户阅读的。让人好奇的是，浏览器如何将 HTML 文本中的数字按照开发者的意愿排序或放置呢？这种放置规则是如何运作的呢？我们可以通过一个具体的例子来了解 CSS 偏移反爬虫的应用和绕过方法。

6.2.1 CSS 偏移反爬虫绕过实战

示例 5：CSS 偏移反爬虫示例。

网址：http://www.porters.vip/confusion/flight.html。

任务：爬取航班查询和机票销售网站页面中的航站名称、所属航空公司和票价，页面内容如图 6-4 所示。

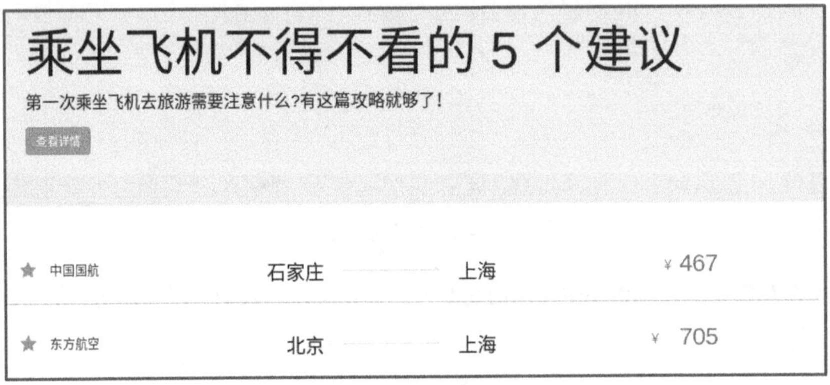

图 6-4 示例 5 页面

在编写 Python 代码之前，我们需要确定目标数据的元素定位。航空公司名称元素定位如图 6-5 所示。

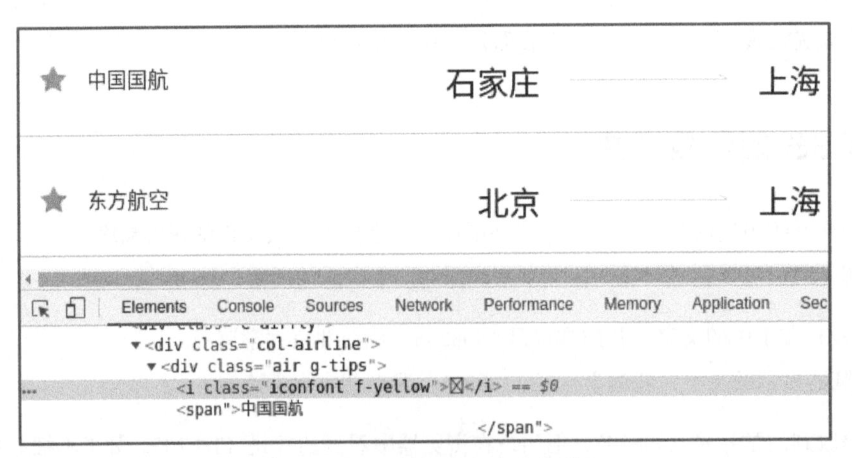

图 6-5 航空公司名称元素定位结果

航空公司名称包裹在没有属性的 <span> 标签中，但该 <span> 标签包裹在 class 属性为 air g-tips 的 <div> 标签中。接下来我们看一下航站名称的元素定位，定位结果如图 6-6 所示。

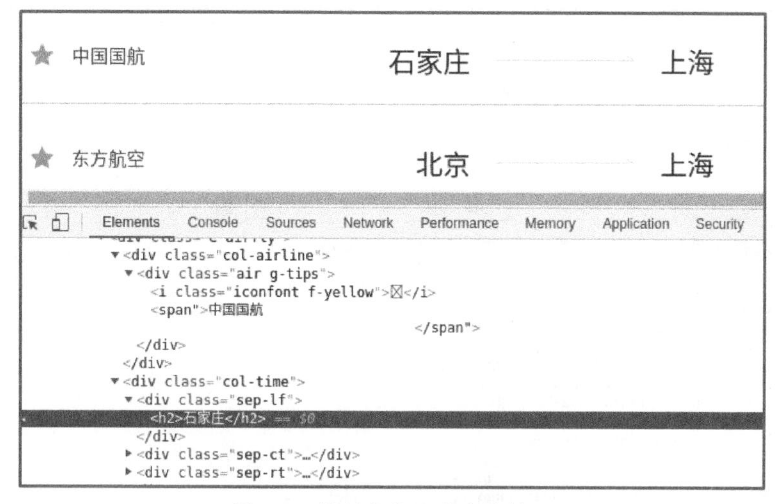

图 6-6　航站名称元素定位结果

航站名称包裹在没有属性的 <h2> 标签中，<h2> 标签包裹在 class 为 sep-lf 的 <div> 标签中。我们再看一下票价的元素定位，定位结果如图 6-7 所示。

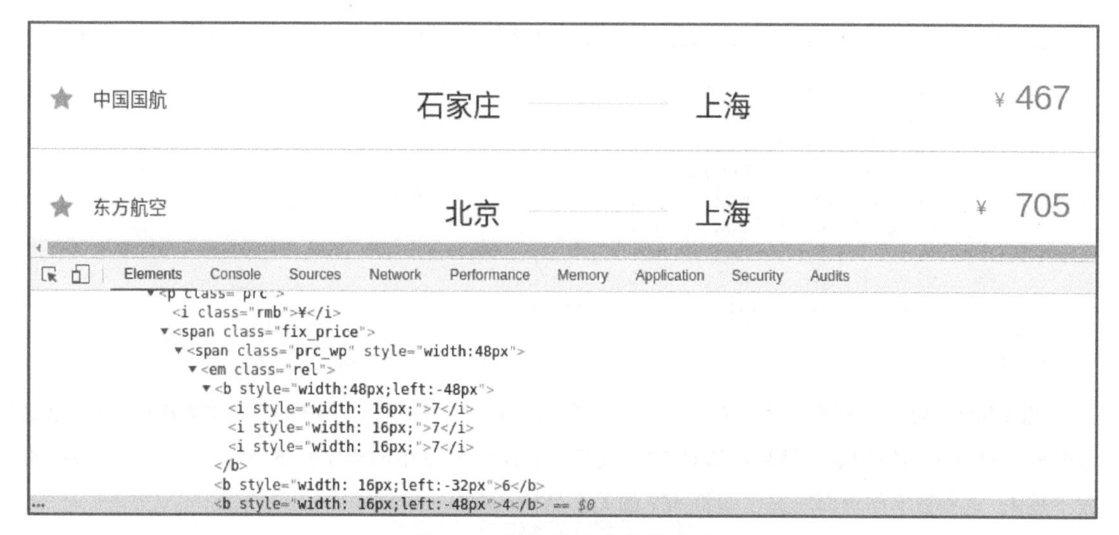

图 6-7　票价的元素定位结果

页面中显示的票价为 467，但是在网页中却有两组不同的数字，其中一组是[7, 7, 7]，而另一组是[6, 4]，这看起来就有点奇怪了。难道是网页显示有问题？按照正常排序来说，这架航班的票价应该是 77 764 才对。我们可以查看第二架航班信息的价格，思考是网页显示问题还是做了什么反爬虫措施。第二架航班的票价元素定位结果如图 6-8 所示。

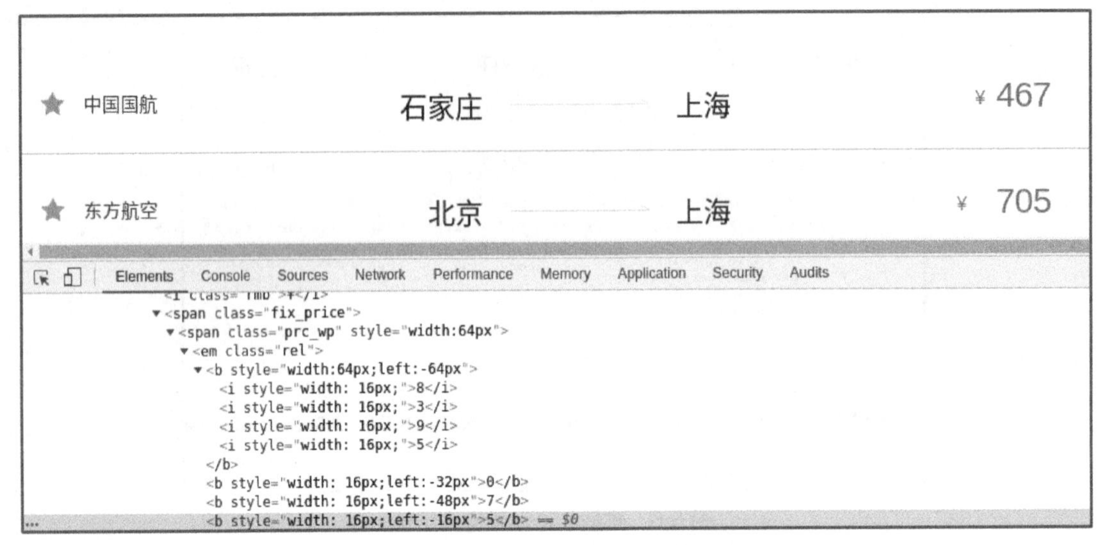

图 6-8　第二架航班的票价元素定位结果

结果与第一架航班的票价显示有同样的问题：网页显示内容和 HTML 代码中的内容不一致。

我们分析一下 HTML 代码，看一看是否能找到什么线索。第一架航班票价的 HTML 代码为：

```
<span class="prc_wp" style="width:48px">
  <em class="rel">
    <b style="width:48px;left:-48px">
      <i style="width: 16px;">7</i>
      <i style="width: 16px;">7</i>
      <i style="width: 16px;">7</i>
    </b>
    <b style="width: 16px;left:-32px">6</b>
    <b style="width: 16px;left:-48px">4</b>
  </em>
</span>
```

代码中有 3 对 <b> 标签，第 1 对 <b> 标签中包含 3 对 <i> 标签，<i> 标签中的数字都是 7，也就是说第 1 对 <b> 标签的显示结果应该是 777。而第 2 对<b>标签中的数字是 6，第 3 对 <b> 标签中的数字是 4。这些数字与页面所显示票价 467 的关系是什么呢？

这一步找到的标签和数字有可能是数据源，但是数字的组合有很多种可能，如图 6-9 所示。

图 6-9 数字组合推测

5 个数字的组合结果太多了，我们必须找出其中的规律，这样就能知道网页为什么显示 467 而不是 764 或者 776 。

在仔细查看过后，发现每个带有数字的标签都设定了样式。第 1 对 <b> 标签的样式为：

```
width:48px;left:-48px
```

第 2 对 <b> 标签的样式为：

```
width: 16px;left:-32px
```

第 3 对 <b> 标签的样式为：

```
width: 16px;left:-48px
```

<i> 标签对的样式是相同的，都是：

```
width: 16px;
```

另外，还注意到最外层的 <span> 标签对的样式为：

```
width:48px
```

如果按照 CSS 样式这条线索来分析的话，第 1 对 <b> 标签中的 3 对 <i> 标签刚好占满 <span> 标签对的位置，其位置如图 6-10 所示。

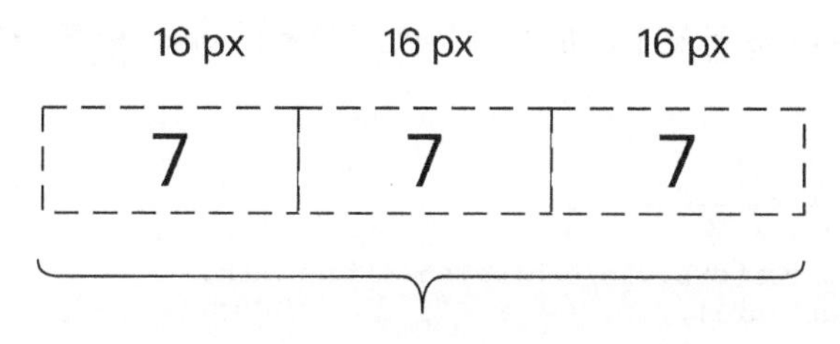

图 6-10 **<span>** 标签对和 **<i>** 标签对位置图

此时网页中显示的价格应该是 777，但是由于第 2 和第 3 对 <b> 标签中有值，所以我们还需要计算它们的位置。此时标签位置的变化如图 6-11 所示。

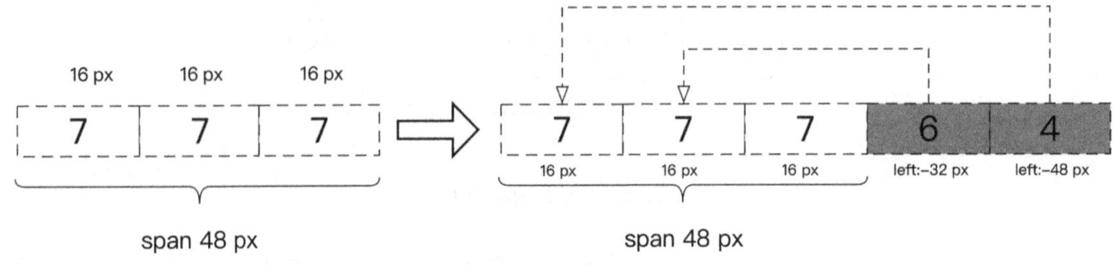

图 6-11 标签位置变化

右侧是标签位置变化后的结果，由于第 2 对 <b> 标签的位置样式是 `left:-32px`，所以第 2 对 <b> 标签中的值 6 就会覆盖原来第 1 对 <b> 标签中的中的第 2 个数字 7，此时页面应该显示的数字是 767。按此规律推算，第 3 对 <b> 标签的位置样式是 `left:-48px`，这个标签的值会覆盖第 1 对 <b> 标签中的第 1 个数字 7，覆盖结果如图 6-12 所示，最后显示的票价是 467。

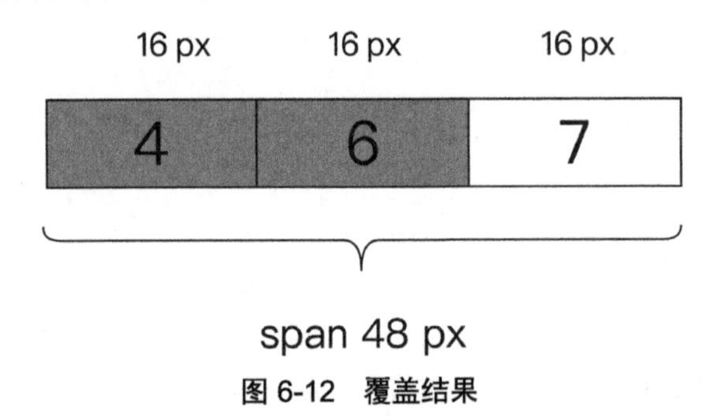

图 6-12 覆盖结果

根据结果来看这种算法是合理的，不过我们还需要对其进行验证，现在将第二架航班的 HTML 值和 CSS 样式按照这个规律进行推算。最后推算得到的结果与页面显示结果相同，说明这个位置偏移的计算方法是正确的，这样我们就可以编写 Python 代码获取网页中的票价信息了。因为 <b> 标签包裹在 `class` 属性为 `rel` 的 <em> 标签下，所以我们要定位所有的 <em> 标签。对应的 Python 代码如下：

```
import requests
import re
from parsel import Selector

url = 'http://www.porters.vip/confusion/flight.html'
resp = requests.get(url)
sel = Selector(resp.text)
em = sel.css('em.rel').extract()
```

接着定位所有的 <b> 标签。由于 <b> 标签中还有 <i> 标签，而且 <i> 标签的值是基准数据，所以可以直接提取。对应的 Python 代码如下：

```
for element in em:
    element = Selector(element)
    # 定位所有的<b>标签
    element_b = element.css('b').extract()
    b1 = Selector(element_b.pop(0))
    # 获取第 1 对<b>标签中的值(列表)
    base_price = b1.css('i::text').extract()
```

接下来要提取其他 <b> 标签的偏移量和数字。对应的 Python 代码如下：

```
alternate_price = []
for eb in element_b:
    eb = Selector(eb)
    # 提取<b>标签的 style 属性值
    style = eb.css('b::attr("style")').get()
    # 获得具体的位置
    position = ''.join(re.findall('left:(.*)px', style))
    # 获得该标签下的数字
    value = eb.css('b::text').get()
    # 将<b>标签的位置信息和数字以字典的格式添加到替补票价列表中
    alternate_price.append({'position': position, 'value': value})
```

然后根据偏移量决定基准数据列表的覆盖元素，实际上是完成图 6-11 中的操作。

```
for al in alternate_price:
    position = int(al.get('position'))
    value = al.get('value')
    # 判断位置的数值是否正整数
    plus = True if position >= 0 else False
    # 计算下标，以 16px 为基准
    index = int(position / 16)
    # 替换第一对<b>标签值列表中的元素，也就是完成值覆盖操作
    base_price[index] = value
print(base_price)
```

最后将数据列表打印出来，得到的输出结果为：

```
['4', '6', '7']
['8', '7', '0', '5']
```

令人感到奇怪的是，输出结果中第一组票价数字与页面中显示的相同，但第二组却不同。这是因为第二架航班的票价基准数据有 4 个值。航班票价对应的 HTML 代码如下：

```
<em class="rel">
  <b style="width:64px;left:-64px">
    <i style="width: 16px;">8</i>
    <i style="width: 16px;">3</i>
    <i style="width: 16px;">9</i>
    <i style="width: 16px;">5</i>
```

```
  </b>
  <b style="width: 16px;left:-32px">0</b>
  <b style="width: 16px;left:-48px">7</b>
  <b style="width: 16px;left:-16px">5</b>
</em>
```

覆盖操作是根据由偏移量计算得出的下标进行的，实际上就是列表元素的替换。当基准数据列表的元素数量超过包裹着 <i> 标签的 <b> 标签宽度时，我们就对列表进行切片，否则按照原来的替换规则进行。因此，需要对代码做一些调整。调整内容如下：

```
# 减号代表删除此行代码，加号代表新增代码
+ import re
- base_price = b1.css('i::text').extract()
+ b1_style = b1.css('b::attr("style")').get()
# 获得具体的位置
+ b1_width = ''.join(re.findall('width:(.*)px;', b1_style))
+ number = int(int(b1_width) / 16)
# 获取第 1 对 <b> 标签中的值(列表)
+ base_price = b1.css('i::text').extract()[:number]
```

如果列表中元素的数量超过标签宽度，那么后面的元素是不会显示的。比如 width:32px，每个标签占位宽度 16 px，那么即使 <b> 标签下有 5 个 <i> 标签（base_price=[1, 2 ,3 ,4 , 5]），在页面中也仅显示前面的两个数字。代码调整完毕后，再次运行代码。运行结果为：

```
['4', '6', '7']
['8', '7', '0', '5']
```

第二架航班的票价结果仍然跟页面显示的内容不同，但根据 CSS 宽度规则，我们之前分析的逻辑是正确的。为什么结果还是跟页面显示的不一样呢？

实际上并不是我们的逻辑和代码有错，而是页面显示错误。要注意的是，页面数据显示错误是常发生的事，我们只需要按照正确的逻辑编写代码即可。

6.2.2 去哪儿网反爬虫案例

去哪儿网是中国领先的在线旅游平台，覆盖全球 68 万余条航线，并与国内的旅游景点和航空公司进行了深度的合作。去哪儿网也有用到类似的反爬虫手段，我们一起来了解一下。

打开浏览器并访问 https://dwz.cn/d05zNKyq，页面内容如图 6-13 所示。

图 6-13 去哪儿网航班信息

航班票价对应的 HTML 代码如图 6-14 所示。

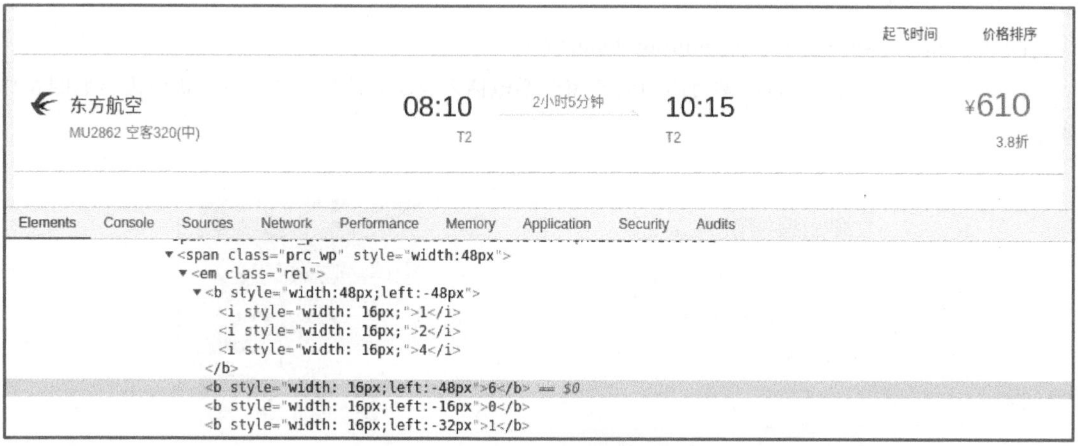

图 6-14 去哪儿网航班票价 HTML 代码

去哪儿网航班票价所对应的 HTML 代码结构和 CSS 与我们在示例 5 中见到的类似。我们可以大胆猜测，去哪儿网航班票价的显示规律与示例 5 中所用的方法也是类似的，感兴趣的同学可以按照 6.2.1 节的思路进行票价推算。去哪儿网航班票价中第 1 对 `<b>` 标签下的 `<i>` 标签数量与 `width` 是相匹配的，并未出现显示错误的问题。

6.2.3　小结

CSS 样式可以改变页面显示，但这种“改变”仅存在于浏览器（能够解释 CSS 的渲染工具）中，即使爬虫工程师借助渲染工具，也无法获得“见到”的内容。

6.3　SVG 映射反爬虫

SVG 是用于描述二维矢量图形的一种图形格式。它基于 XML 描述图形，对图形进行放大或缩小操作都不会影响图形质量。矢量图形的这个特点使得它被广泛应用在 Web 网站中。

接下来我们要了解的反爬虫手段正是利用 SVG 实现的，这种反爬虫手段用矢量图形代替具体的文字，不会影响用户正常阅读，但爬虫程序却无法像读取文字那样获得 SVG 图形中的内容。由于 SVG 中的图形代表的也是一个个文字，所以在使用时必须在后端或前端将真实的文字与对应的 SVG 图形进行映射和替换，这种反爬虫手段被称为 SVG 映射反爬虫。

6.3.1　SVG 映射反爬虫绕过实战

示例 6：SVG 映射反爬虫示例。

网址：http://www.porters.vip/confusion/food.html。

任务：爬取美食商家评价网站页面中的商家联系电话、店铺地址和评分数据，页面内容如图 6-15 所示。

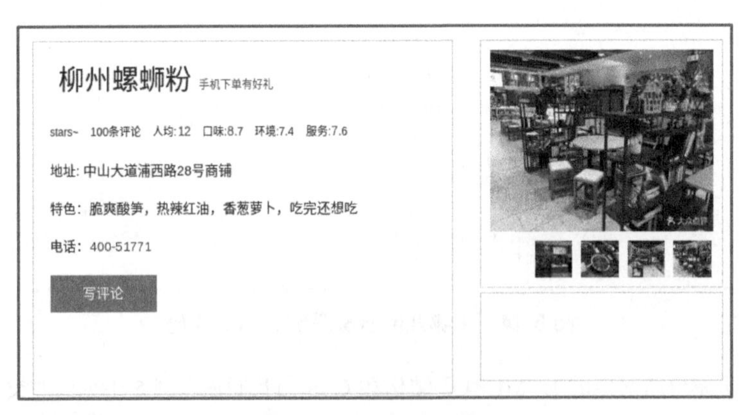

图 6-15　示例 6 页面

在编写 Python 代码之前，我们需要确定目标数据的元素定位。在定位过程中，发现一个与以往不同的现象：有些数字在 HTML 代码中并不存在。例如口味的评分数据，其元素定位如图 6-16 所示。

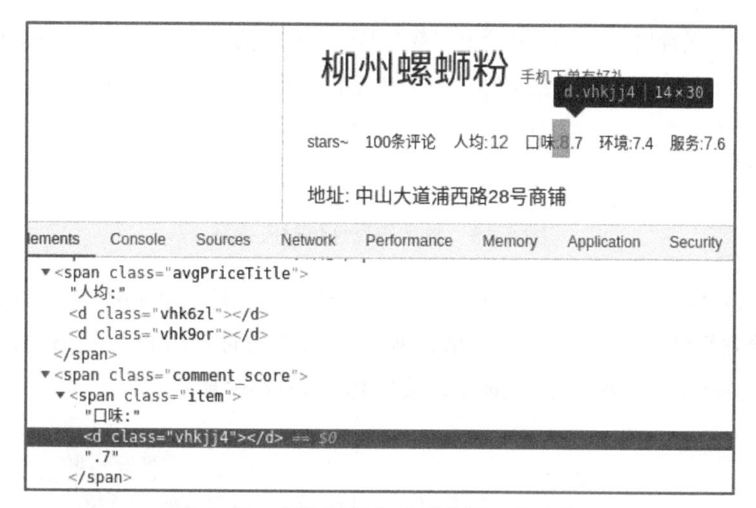

图 6-16 评分数据中口味分数元素定位

根据页面显示内容，HTML 代码中应该是 8.7 才对，但实际上我们看到的却是：

```
<span class="item">口味:<d class="vhkjj4"></d>.7</span>
```

HTML 代码中有数字 7 和小数点，但没有 8 这个数字，似乎数字 8 的位置被 <d> 标签占据。而商家电话号码处的显示就更奇怪了，一个数字都没有。商家电话对应的 HTML 代码如下：

```
<div class="col more">
  电话:
  <d class="vhkbvu"></d>
  <d class="vhk08k"></d>
  <d class="vhk08k"></d>
  <d class="">-</d>
  <d class="vhk84t"></d>
  <d class="vhk6zl"></d>
  <d class="vhkqsc"></d>
  <d class="vhkqsc"></d>
  <d class="vhk6zl"></d>
</div>
```

包含很多的 <d> 标签，难道它使用 <d> 标签进行占位，然后用元素进行覆盖吗？我们可以将 <d> 标签的数量和数字的数量进行对比，发现它们的数量是相同的，也就是说一对 <d> 标签代表一个数字。每一对 <d> 标签都有 class 属性，有些 class 属性值是相同的，有些则不同。我们再将 class 属性值与数字进行对比，看一看能否找到规律，如图 6-17 所示。

class 属性	vhkbvu	vhk08k	vhk08k		vhk84t	vhk6zl	vhkqsc	vhkqsc	vhk6zl
数字	4	0	0	-	5	1	7	7	1

图 6-17 class 属性值和数字的对比

从图 6-17 中可以看出，`class` 属性值和数字是一一对应的，如属性值 `vhk08k` 与数字 0 对应。根据这个线索，我们可以猜测每个数字都与一个属性值对应，对应关系如图 6-18 所示。

class 属性	vhk08k	vhk6zl	vhk9or	vhkfln	vhkbvu	vhk84t	vhkvxd	vhkqsc	vhkjj4	vhk0f1
数字	0	1	2	3	4	5	6	7	8	9

图 6-18　数字与属性值对应关系

浏览器在渲染页面的时候就会按照这个对应关系进行映射，所以页面中显示的是数字，而我们在 HTML 代码中看到的则是这些 `class` 属性值。浏览器在渲染时将 HTML 中的 `<d>` 标签与数字按照此关系进行映射，并将映射结果呈现在页面中。映射逻辑如图 6-19 所示。

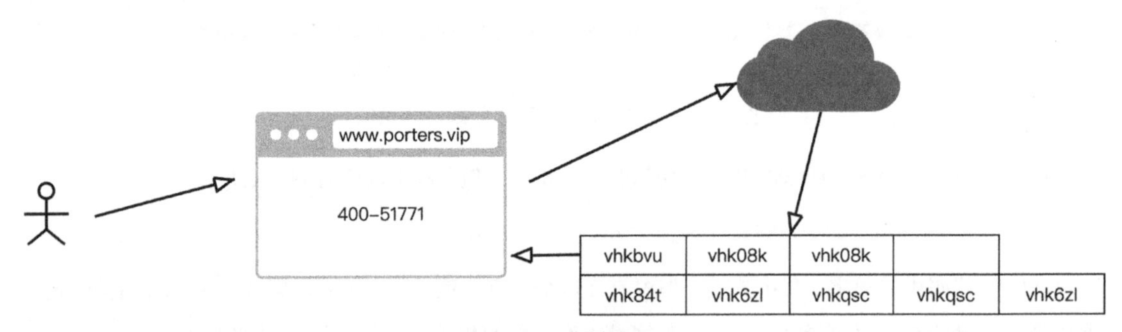

图 6-19　映射逻辑

我们的爬虫代码可以按照同样的逻辑实现映射功能，在解析 HTML 代码时将 `<d>` 标签的 `class` 属性值取出来，然后进行映射即可得到页面中显示的数字。如何在爬虫代码中实现映射关系呢？实际上网页中使用的是“属性名–数字”这种结构，Python 中内置的字典正好可以满足我们的需求。我们可以用 Python 代码测试一下，代码如下：

```
# 定义映射关系
mappings = {'vhk08k': 0, 'vhk6zl': 1, 'vhk9or': 2,
            'vhkfln': 3, 'vhkbvu': 4, 'vhk84t': 5,
            'vhkvxd': 6, 'vhkqsc': 7, 'vhkjj4': 8,
            'vhk0f1': 9}
# HTML 中得到的属性值
html_d_class = 'vhkvxd'
# 将映射后的结果打印输出
print(mappings.get(html_d_class))
```

这段代码的逻辑是：首先定义属性值与数字的映射关系，然后假设一个 HTML 中 `<d>` 标签的属性值，接着将这个属性值的映射结果打印出来。代码运行后得到的结果为：

```
6
```

运行结果说明映射这种方法是可行的。接着我们试一试将商家的联系电话映射出来：

```
# 定义映射关系
mappings = {'vhk08k': 0, 'vhk6zl': 1, 'vhk9or': 2,
            'vhkfln': 3, 'vhkbvu': 4, 'vhk84t': 5,
            'vhkvxd': 6, 'vhkqsc': 7, 'vhkjj4': 8,
            'vhk0f1': 9}
# 商家联系电话 class 属性
html_d_class = ['vhkbvu', 'vhk08k', 'vhk08k',
                '', 'vhk84t', 'vhk6zl',
                'vhkqsc', 'vhkqsc', 'vhk6zl']

phone = [mappings.get(i) for i in html_d_class]
# 将映射后的结果打印输出
print(phone)
```

运行结果为：

```
[4, 0, 0, None, 5, 1, 7, 7, 1]
```

我们使用映射的方法得到了商家联系电话，说明 SVG 映射反爬虫已经被我们绕过了。

6.3.2 大众点评反爬虫案例

这种映射手段不仅仅出现在本书的示例中，在大型网站中也有应用。大众点评是中国领先的本地生活信息及交易平台，也是全球最早建立的独立第三方消费点评网站。大众点评不仅为用户提供商户信息、消费点评及消费优惠等信息服务，同时提供团购、餐厅预订、外卖和电子会员卡等 O2O（Online To Offline）交易服务。大众点评网站也使用了映射型反爬虫手段，打开浏览器并访问 https://www.dianping.com/shop/14741057，页面如图 6-20 所示。

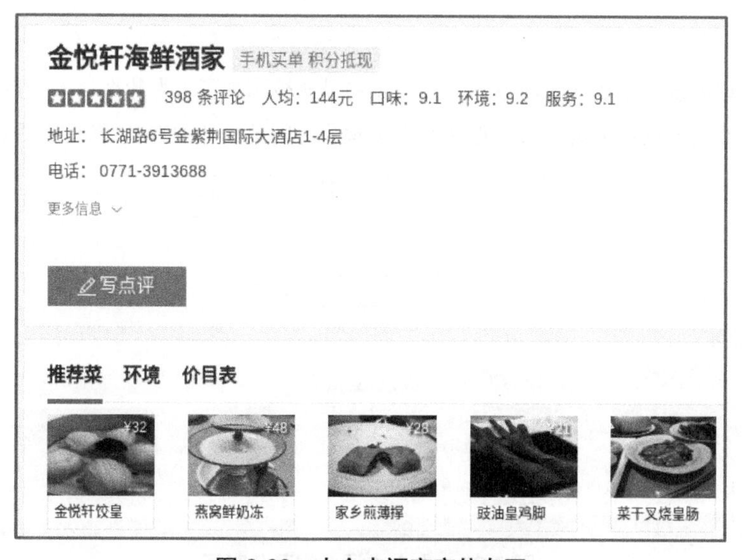

图 6-20 大众点评商家信息页

大众点评的商家信息页主要用于展示消费者对商家的各项评分、商家电话、店铺地址和推荐菜品等。我们可以看一看商家电话或评分的 HTML 代码，如图 6-21 所示。

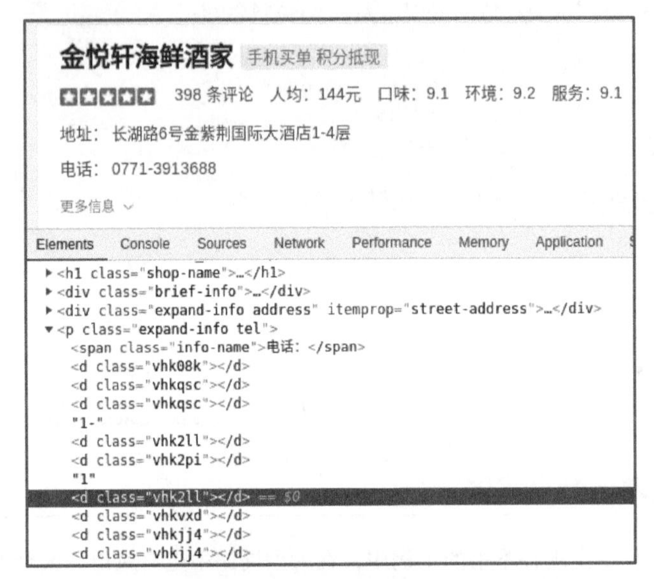

图 6-21　商家电话 HTML 代码

大众点评中的商家号码并不是全部使用 <d> 标签代替，其中有部分使用了数字。但是仔细观察一下就可以发现商家号码的数量等于 <d> 标签数量加上数字的数量，说明 <d> 标签的 `class` 属性值与数字也有可能是一一对应的映射关系。感兴趣的同学可以使用示例 6 中的方法，尝试映射大众点评案例中的数字。

如果这种手段的绕过方法这么简单的话，那么它早就被淘汰了，为什么连大众点评这样的大型网站都会使用呢？我们继续往下看，大众点评的商家营业时间部分的 HTML 代码如图 6-22 所示。

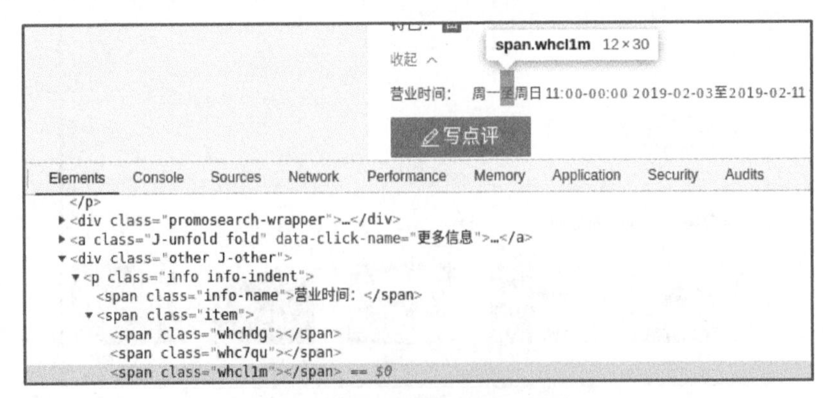

图 6-22　大众点评商家营业时间

除了刚才的数字映射之外，大众点评还对中文进行了映射。此时如果按照示例 6 中人为地将 class 值和对应的文字进行映射的话，就非常麻烦了。试想一下，如果网页中所有的文字都使用这种映射反爬虫的手段，那么爬虫工程师要如何应对呢？对所有用到的文字进行映射吗？这不可能做到，其中要完成映射的包括 10 个数字、26 个英文字母和几千个常用汉字。而且目标网站一旦更改文字的对应关系，那么爬虫工程师就需要重新映射所有文字。

面对这样的问题，我们必须找到文字映射规律，并且能够使用 Python 语言实现映射算法。如此一来，无论目标网站文字映射的对应关系如何变化，我们都能够使用这套映射算法得到正确的结果。

这种映射关系在网页中是如何实现的呢？是使用 JavaScript 在页面中定义数组吗？还是异步请求 API 拿到 JSON 数据？这都有可能，接下来我们就去寻找答案。

6.3.3 SVG 反爬虫原理

映射关系不可能凭空出现，一定使用了某种技术特性。HTML 中与标签 class 属性相关的只有 JavaScript 和 CSS。根据这个线索，我们需要继续对示例 6 进行分析。案例中商家电话的 HTML 代码为：

```
<div class="col more">电话:
  <d class="vhkbvu"></d>
  <d class="vhk08k"></d>
  <d class="vhk08k"></d>
  <d class="">-</d>
  <d class="vhk84t"></d>
  <d class="vhk6zl"></d>
  <d class="vhkqsc"></d>
  <d class="vhkqsc"></d>
  <d class="vhk6zl"></d>
</div>
```

我们可以随意选择一对 <d> 标签，然后观察它对应的 CSS 样式有没有可以深入分析的线索，如果没有线索再看 JavaScript。<d> 标签的 CSS 样式如下：

```
d[class^="vhk"] {
    width: 14px;
    height: 30px;
    margin-top: -9px;
    background-image: url(../font/food.svg);
    background-repeat: no-repeat;
    display: inline-block;
    vertical-align: middle;
    margin-left: -6px;
}
.vhkqsc {
    background: -288.0px -141.0px;
}
```

<d> 标签样式看上去没有什么特别之处，只是设置了 background 属性的坐标值。但是上方 <d> 标签的公共样式中设置了背景图片，我们可以复制背景图片的地址，在浏览器的新标签页中打开，<d> 标签背景图如图 6-23 所示。

```
1 5 4 6 6 9 1 3 6 4 9 7 9 7 5 1 6 7 4 7 9 8 2 5 3 8 3 9 9 6 3 1 3 9 2 5 7 2 0 5 7 3

5 6 0 8 6 2 4 6 2 8 0 5 2 0 4 7 5 5 4 3 7 5 7 1 1 2 1 4 3 7 4 5 8 5 2 4 9 8 5 0 1 7

6 7 1 2 6 0 7 8 1 1 0 4 0 9 6 6 6 3 0 0 0 8 9 2 3 2 8 4 4 0 4 8 9 2 3 9 1 8 5 9 2 3

6 8 4 4 3 1 0 8 1 1 3 9 5 0 2 7 9 6 8 0 7 3 8 2
```

图 6-23 <d> 标签背景图

<d> 标签的背景图中全部都是数字，这些无序的数字共有 4 行。但这好像不是一张大图片，我们查看该图片页面的源代码，内容如图 6-24 所示。

```
<?xml version="1.0" encoding="UTF-8" standalone="no"?>
<!DOCTYPE svg PUBLIC "-//W3C//DTD SVG 1.1//EN" "http://www.w3.org/Graphics/SVG/1.1/DTD/svg11.dtd">
<svg xmlns="http://www.w3.org/2000/svg" version="1.1" xmlns:xlink="http://www.w3.org/1999/xlink" width="650px" height="230.0px">
<style>text {font-family:PingFangSC-Regular,Microsoft YaHei,'Hiragino Sans GB',Helvetica;font-size:14px;fill:#666;}</style>
    <text x="14 28 42 56 70 84 98 112 126 140 154 168 182 196 210 224 238 252 266 280 294 308 322 336 350 364 378 392 406 420 434 448 462 476 490 504 518 532 546 560
1008 1022 1036 1050 1064 1078 1092 1106 1120 1134 1148 1162 1176 1190 1204 1218 1232 1246 1260 1274 1288 1302 1316 1330 1344 1358 1372 1386 1400 1414 1428 1442 1456
1820 1834 1848 1862 1876 1890 1904 1918 1932 1946 1960 1974 1988 2002 2016 2030 2044 2058 2072 2086 2100 " y="38">154669136497975167479825383996313925720573</text>
    <text x="14 28 42 56 70 84 98 112 126 140 154 168 182 196 210 224 238 252 266 280 294 308 322 336 350 364 378 392 406 420 434 448 462 476 490 504 518 532 546 560
1008 1022 1036 1050 1064 1078 1092 1106 1120 1134 1148 1162 1176 1190 1204 1218 1232 1246 1260 1274 1288 1302 1316 1330 1344 1358 1372 1386 1400 1414 1428 1442 1456
1820 1834 1848 1862 1876 1890 1904 1918 1932 1946 1960 1974 1988 2002 2016 2030 2044 2058 2072 2086 2100 " y="83">560862462805204755437571121437458524985017</text>
    <text x="14 28 42 56 70 84 98 112 126 140 154 168 182 196 210 224 238 252 266 280 294 308 322 336 350 364 378 392 406 420 434 448 462 476 490 504 518 532 546 560
1008 1022 1036 1050 1064 1078 1092 1106 1120 1134 1148 1162 1176 1190 1204 1218 1232 1246 1260 1274 1288 1302 1316 1330 1344 1358 1372 1386 1400 1414 1428 1442 1456
1820 1834 1848 1862 1876 1890 1904 1918 1932 1946 1960 1974 1988 2002 2016 2030 2044 2058 2072 2086 2100 " y="120">671260781104096663000892328440489239185923</text>
    <text x="14 28 42 56 70 84 98 112 126 140 154 168 182 196 210 224 238 252 266 280 294 308 322 336 350 364 378 392 406 420 434 448 462 476 490 504 518 532 546 560
1008 1022 1036 1050 1064 1078 1092 1106 1120 1134 1148 1162 1176 1190 1204 1218 1232 1246 1260 1274 1288 1302 1316 1330 1344 1358 1372 1386 1400 1414 1428 1442 1456
1820 1834 1848 1862 1876 1890 1904 1918 1932 1946 1960 1974 1988 2002 2016 2030 2044 2058 2072 2086 2100 " y="164">684431081139502796807382</text>
</svg>
```

图 6-24 图片页面源代码

源代码中前两行表明这是一个 SVG 文件，该文件中使用 <text> 标签定义文本，<style> 标签用于设置文本样式，<text> 标签定义的文本正是图片页面显示的数字。难道这些无序的数字就是我们在页面中看到的电话号码和评分数字？

除了 class 属性值为 vhkbvu 的 <d> 标签，其他标签也使用了这个的 CSS 样式，但每对 <d> 标签的坐标定位都不同。它们的坐标定位如下：

```
.vhkbvu {
    background: -386px -97px;
}
.vhk08k {
    background: -274px -141px;
}
.vhk84t {
```

```
    background: -176px -141px;
}
```

坐标是定位数字的关键，要想知道坐标的计算方法，必须了解一些关于 SVG 的知识。

在本节开始的时候，我们简单地了解了 SVG 的概念，知道 SVG 是基于 XML 的。实际上它是用文本格式的描述性语言来描述图像内容的，因此 SVG 是一种与图像分辨率无关的矢量图形格式。打开文本编辑器，并在新建的文件中写入以下内容：

```
<?xml version="1.0" encoding="UTF-8" standalone="no"?>
<!DOCTYPE svg PUBLIC "-//W3C//DTD SVG 1.1//EN" "http://www.w3.org/Graphics/SVG/1.1/
  DTD/svg11.dtd">
<svg xmlns="http://www.w3.org/2000/svg" version="1.1" xmlns:xlink="http://www.w3.org/
  1999/xlink" width="250px" height="250.0px">
  <text x='10' y='30'>hello,world</text>
</svg>
```

将该文件保存为 test.svg，然后使用浏览器打开 test.svg 文件，显示内容如图 6-25 所示。

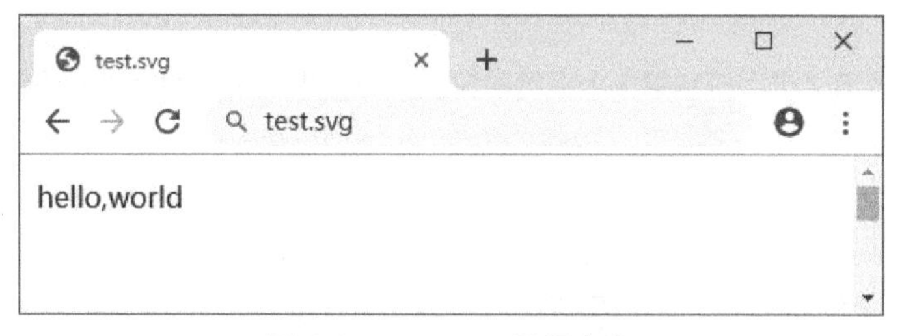

图 6-25　test.svg 显示内容

代码前 3 行声明文件类型，第 4 行~第 5 行定义了 SVG 内容块和画布宽高，第 6 行使用 `<text>` 标签定义了一段文本并指定了文本的坐标。这段文本就是我们在浏览器中看到的内容，而代码中的 x 坐标和 y 坐标则用于确定该文本在画布中的位置，坐标规则如下。

- 以页面的左上角为零坐标点，即坐标值为 (0, 0)。
- 坐标以像素为单位。
- x 轴的正方向为从左到右，y 轴的正方向是从上到下。
- n 个字符可以有 n 个位置参数。

如果字符数量大于位置参数数量，那么没有位置参数的字符将以最后一个位置参数为零坐标点，并按原文顺序排列。

看上去并不是很好理解，我们可以通过修改代码来理解坐标轴的定义。首先是 x 轴，`<text>` 标签中的 x 代表列表字符在页面中的 x 轴位置，test.svg 中的 x 值为 10，现在我们将其设为 0，保存后刷新网页，页面内容如图 6-26 所示。

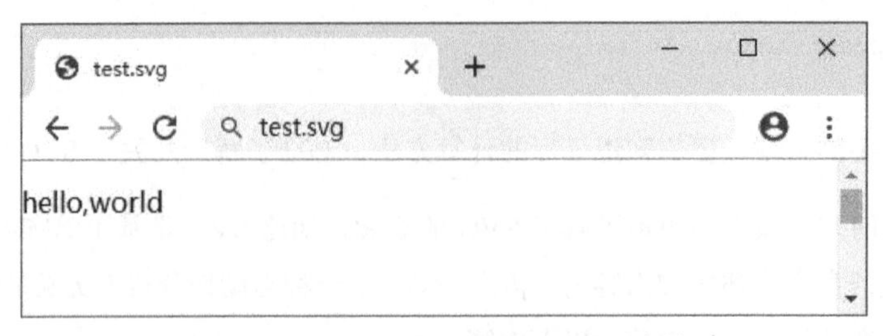

图 6-26 *x* 为 0 时的 test.svg 显示内容

当 *x* 的值为 0 时，文本紧贴浏览器左侧。而 *x* 的值为 10 时，文本距离浏览器左侧有一定的距离，这说明 *x* 的值能够决定文字所在的位置。现在我们将代码中 *x* 对应的值改为“`10 50 30 40 20 60`”（注意这里特意将第 2 个数字 20 与第 5 个数字互换了位置），这样做是为了设定前 6 个字符的坐标位置。此时，第 1 个字符的位置参数为 10，第 2 个字符的位置参数为 50，第 3 个字符的位置参数为 30，以此类推，页面中正常显示的文字顺序应该是：

```
holle,world
```

但是由于我们调换了第 2 个字符和第 5 个字符的位置参数，即字母 e 和字母 o 的位置互换，如图 6-27 所示。

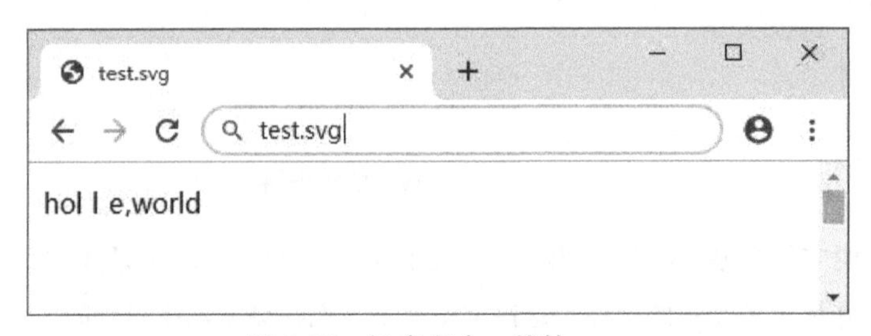

图 6-27 设定多个 *x* 值的 svg

图 6-27 中文字顺序与我们猜测的顺序是一样的，这说明 SVG 中每个字符都可以有自己的 *x* 轴坐标值。*y* 与 *x* 同理，每个字符都可以有自己的 *y* 轴坐标值。虽然我们只设定了 6 个位置参数， svg 中的字符却有 11 个，但没有设定位置参数的字符依然能够按照原文顺序排序。在了解 SVG 基本知识之后，我们回头看一下案例中所使用的 SVG 文件中坐标参数的设定，图 6-23 中的字符与图 6-24 图片页源代码中的字符一一对应，且每个字符都设定了 *x* 轴的位置参数，而 *y* 轴则只有 1 个值。

在了解位置参数之后，我们还需要弄清楚字符定位的问题。浏览器根据 CSS 样式中设定的坐标和元素宽高来确定 SVG 中对应数字。*x* 轴的正方向为从左到右，*y* 轴的正方向是从上到下，如图 6-28 所示。

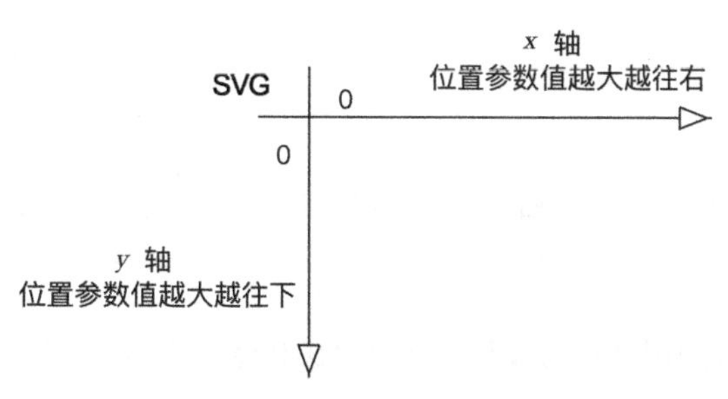

图 6-28 SVG x 轴和 y 轴与位置参数的关系

而 CSS 样式中的 x 轴与 y 轴是相反的，也就是说 CSS 样式中 x 轴是负数向右的，y 轴是负数向下的，如图 6-29 所示。

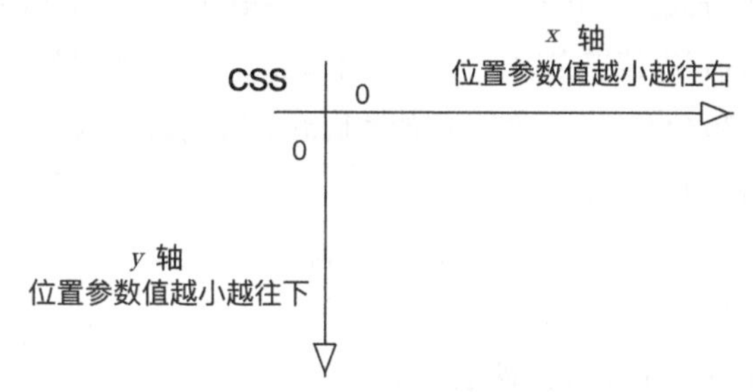

图 6-29 CSS x 轴和 y 轴与位置参数的关系

所以当我们需要在 CSS 中定位 SVG 中的字符位置时，需要用负数表示。我们可以通过一个例子来理解它们的关系，现在需要在 CSS 中定位图 6-30 中第 1 行的第 1 个字符的中心点。

1	5	4	6	6	9	1	3	6
5	6	0	8	6	2	4	6	2
6	7	1	2	6	0	7	8	1
6	8	4	4	3	1	0	8	1

图 6-30 SVG

假设字符大小为 14 px，那么 SVG 的计算规则如下。

- 字符在 x 轴中心点的计算规则为：字符大小除以 2，再加字符的 x 轴起点位置参数，即 14÷2+0 等于 7。
- 字符在 y 轴中心点的计算规则为：y 轴高度减字符 y 轴起点减字符大小，其值除以 2 后加上字符 y 轴起点位置参数，最后再加上字符大小数值的一半，即(38−0−14)÷2+0+7 等于 19。

最后得到 SVG 的坐标为：

```
x='7' y='19'
```

CSS 样式的 x 轴和 y 轴与 SVG 是相反的，所以 CSS 样式中对该字符的定位为：

```
-7px -19px
```

这样就能够定位到指定字符的中心点了。但是如果要在 HTML 页面中完整显示该字符，那么还需要为 HTML 中对应的标签设置宽高样式，如：

```
width: 14px;
height: 30px;
```

在了解了 SVG 与 CSS 样式的关联关系后，我们就能够根据 CSS 样式映射出 SVG 中对应的字符。在实际场景中，我们需要让程序能够自动处理 CSS 样式和 SVG 的映射关系，而不是人为地完成这些工作。以示例 6 中的 SVG 和 CSS 样式为例，假如我们需要用 Python 代码实现自动映射功能，首先我们就需要拿到这两个文件的 URL，如：

```
url_css = 'http://www.porters.vip/confusion/css/food.css'
url_svg = 'http://www.porters.vip/confusion/font/food.svg'
```

还有需要映射的 HTML 标签的 `class` 属性值，如：

```
css_class_name = 'vhkbvu'
```

接下来使用 Requests 库向 URL 发出请求，拿到文本内容。对应代码如下：

```
import requests
css_resp = requests.get(url_css).text
svg_resp = requests.get(url_svg).text
```

提取 CSS 样式文件中标签属性对应的坐标值，这里使用正则进行匹配即可。对应代码如下：

```
import re
pile = '.%s{background:-(\d+)px-(\d+)px;}' % css_class_name
pattern = re.compile(pile)
css = css_resp.replace('\n', '').replace(' ', '')
coord = pattern.findall(css)
if coord:
    x, y = coord[0]
    x, y = int(x), int(y)
```

此时得到的坐标值是正数，可以直接用于 SVG 字符定位。定位前我们要先拿到 SVG 中所有 `<text>` 标签的 Element 对象：

```
from parsel import Selector
svg_data = Selector(svg_resp)
texts = svg_data.xpath('//text')
```

然后获取所有 <text> 标签中的 y 值，接着我们将上一步得到的 Element 对象进行循环取值即可：

```
axis_y = [i.attrib.get('y') for i in texts if y <= int(i.attrib.get('y'))][0]
```

得到 y 值后就可以开始字符定位了。要注意的是，SVG 中 <text> 标签的 y 值与 CSS 样式中得到的 y 值并不需要完全相等，因为样式可以随意调整，比如 CSS 样式中-90 和-92 对于 SVG 的定位来说并没有什么差别，所以我们只需要知道具体是哪一个 <text> 即可。那么如何确定是哪一个 <text> 呢？我们可以用排除法来确定，假如当前 CSS 样式中的 y 值是-97，那么在 SVG 中 <text> 的 y 值就不可能小于 97，我们只需要取到比 97 大且最相近的 <text> 标签 y 值即可。比如当前 SVG 所有 <text> 标签的 y 值为：

```
[38, 83, 120, 164]
```

那么大于 97 且最相近的是 120。将这个逻辑转化为代码：

```
axis_y = [i.attrib.get('y') for i in texts if y <= int(i.attrib.get('y'))][0]
```

得到 y 值后就可以确定具体是哪个 <text> 标签了。对应代码如下：

```
svg_text = svg_data.xpath('//text[@y="%s"]/text()' % axis_y).extract_first()
```

接下来需要确认 SVG 中的文字大小，也就是需要找到 font-size 属性的值。对应代码如下：

```
font_size = re.search('font-size:(\d+)px', svg_resp).group(1)
```

得到 font-size 的值后，我们就可以定位具体的字符了。x 轴有多少个字符呢？刚才我们拿到的 svg_text 就是指定的 <text> 标签中的字符：

```
'6712607811040966630008923284404892391859 23'
```

我们需要计算字符串长度吗？并不用，我们知道，每个字符大小为 14 px，只需要将 CSS 样式中的 x 值除以字符大小，得到的就是该字符在字符串中的位置。除法得到的结果有可能是整数也有可能是非整数，当结果是整数是说明定位完全准确，我们利用切片特性就可以拿到字符。如果结果是非整数，就说明定位不完全准确，由于字符不可能出现一半，所以我们利用地板除[1]就可以拿到整数：

```
position = x // int(font_size)  # 结果为 27
```

也就是说 CSS 样式 vhkbvu 映射的是 SVG 中第 4 行文本的第 27 个位置的值。映射结果如图 6-31 所示。

text	6	7	1	2	6	...	2	8	4	4	...
位置下标	0	1	2	3	4	...	24	25	26	27	...

图 6-31 映射结果

① 编程语言中常见的向下取整除法，返回商的整数部分。

然后再利用切片特性拿到字符。对应代码如下：

```
number = svg_text[position]
print(number)
```

代码运行结果为 4。我们还可以尝试其他的 class 属性值，最后得到的结果与页面显示的字符都是相同的，说明这种映射算法是正确的。至此，我们已经完成了对映射型反爬虫的绕过。

6.3.4 小结

与 6.1 节和 6.2 节相同，本节示例所用的反爬虫手段，即使借助渲染工具也无法获得“见到”的内容。SVG 映射反爬虫利用了浏览器与编程语言在渲染方面的差异，以及 SVG 与 CSS 定位这样的前端知识。如果爬虫工程师不熟悉渲染原理和前端知识，那么这种反爬虫手段就会带来很大的困扰。

6.4 字体反爬虫

在 CSS3 之前，Web 开发者必须使用用户计算机上已有的字体。但是在 CSS3 时代，开发者可以使用@font-face 为网页指定字体，对用户计算机字体的依赖。开发者可将心仪的字体文件放在 Web 服务器上，并在 CSS 样式中使用它。用户使用浏览器访问 Web 应用时，对应的字体会被浏览器下载到用户的计算机上。

在学习浏览器和页面渲染的相关知识时，我们了解到 CSS 的作用是修饰 HTML ，所以在页面渲染的时候不会改变 HTML 文档内容。由于字体的加载和映射工作是由 CSS 完成的，所以即使我们借助 Splash、Selenium 和 Puppeteer 工具也无法获得对应的文字内容。字体反爬虫正是利用了这个特点，将自定义字体应用到网页中重要的数据上，使得爬虫程序无法获得正确的数据。

6.4.1 字体反爬虫示例

示例 7：字体反爬虫示例。

网址：http://www.porters.vip/confusion/movie.html。

任务：爬取影片信息展示页中的影片评分、评价人数和票房数据，页面内容如图 6-32 所示。

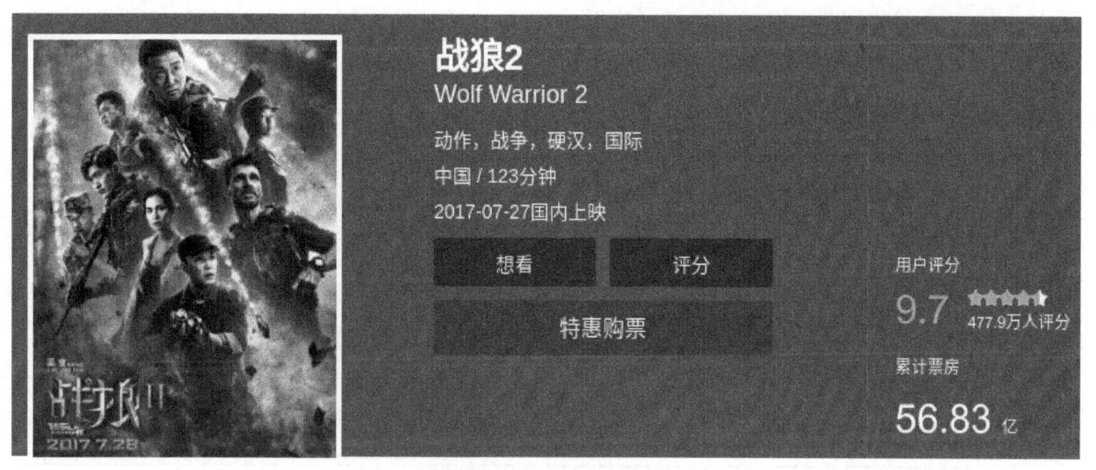

图 6-32　示例 7 页面

在编写代码之前，我们需要确定目标数据的元素定位。定位时，我们在 HTML 中发现了一些奇怪的符号，HTML 代码如下：

```
<div class="movie-index">
  <p class="movie-index-title">用户评分</p>
  <div class="movie-index-content score normal-score">
    <span class="index-left info-num ">
      <span class="stonefont"> ⊠.⊠ </span>
    </span>
    <div class="index-right">
      <div class="star-wrapper">
        <div class="star-on" style="width:90%;"></div>
      </div>
      <span class="score-num"><span class="stonefont"> ⊠⊠. ⊠⊠ 万</span>人评分</span>
    </div>
  </div>
</div>
```

页面中重要的数据都是一些奇怪的字符，本应该显示“9.7”的地方在 HTML 中显示的是“⊠. ⊠”，而本应该显示“56.83”的地方在 HTML 中显示的是“⊠⊠. ⊠⊠”。与 6.3 节中的映射反爬虫不同，案例中的文字都被“⊠”符号代替了，根本无法分辨。这就很奇怪了，“⊠”能代表这么多种数字吗？要注意的是，Chrome 开发者工具的元素面板中显示的内容不一定是相应正文的原文，要想知道“⊠”符号是什么，还需要到网页源代码中确认。对应的网页源代码如下：

```
<div class="movie-index">
  <p class="movie-index-title">用户评分</p>
  <div class="movie-index-content score normal-score">
    <span class="index-left info-num ">
      <span class="stonefont">&#xe624.&#xe9c7</span>
    </span>
```

```
    <div class="index-right">
      <div class="star-wrapper">
        <div class="star-on" style="width:90%;"></div>
      </div>
      <span class="score-num"><span class="stonefont">&#xf593&#xe9c7&#xe9c7.&#xe624
        万</span>人评分</span>
    </div>
  </div>
</div>
```

从网页源代码中看到的并不是符号，而是由`&#x`开头的一些字符，这与示例 6 中的 SVG 映射反爬虫非常相似。我们将页面显示的数字与网页源代码中的字符进行比较，映射关系如图 6-33 所示。

网页源代码	.	.	.#xf19a
网页	9.7	477.9	56.83

图 6-33 字符与数字的映射关系

字符与数字是一一对应的，我们只需要多找一些页面，将 0 ~ 9 数字对应的字符凑齐即可。但如果目标网站的字体是动态变化的呢？映射关系也是变化的呢？根据 6.3 节的学习和分析，我们知道人为映射并不能解决这些问题，必须找到映射关系的规律，并使用 Python 代码实现映射算法才行。继续往下分析，难道字符映射是先异步加载数据再使用 JavaScript 渲染的？

Name	Status	Type
movie.html	304	document
bootstrap.min.css	200	stylesheet
2328ab4f26258506955f70ccd9120c14367146.jpg@464w_644h_1e_1c	200	jpeg
movie.css	200	stylesheet
jquery.min.js	200	script
bootstrap.min.js	200	script
movie.woff	200	font
data:image/png;base...	200	png
data:image/png;base...	200	png

图 6-34 请求记录

网络请求记录如图 6-34 所示，请求记录中并没有发现异步请求，这个猜测并没有得到证实。CSS 样式方面有没有线索呢？页面中包裹符号的标签的`class`属性值都是`stonefont`：

```
<span class="stonefont">&#xe624.&#xe9c7</span>
<span class="stonefont">&#xf593&#xe9c7&#xe9c7.&#xe624 万</span>
<span class="stonefont">&#xea16&#xe339.&#xefd4&#xf19a</span>
```

但对应的 CSS 样式中仅设置了字体：

```
.stonefont {
    font-family: stonefont;
}
```

既然是自定义字体，就意味着会加载字体文件，我们可以在网络请求中找到加载的字体文件 movie.woff，并将其下载到本地，接着使用百度字体编辑器看一看里面的内容。

百度字体编辑器 FontEditor（详见 http://fontstore.baidu.com/static/editor/index.html）是一款在线字体编辑软件，能够打开本地或者远程的 ttf、woff、eot、otf 格式的字体文件，具备这些格式字体文件的导入和导出功能，并且提供字形编辑、轮廓编辑和字体实时预览功能，界面如图 6-35 所示。

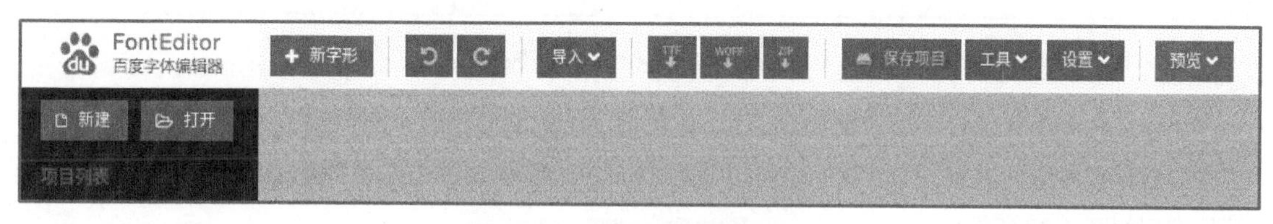

图 6-35 百度字体编辑器界面

打开页面后，将 movie.woff 文件拖曳到百度字体编辑器的灰色区域即可，字体文件内容如图 6-36 所示。

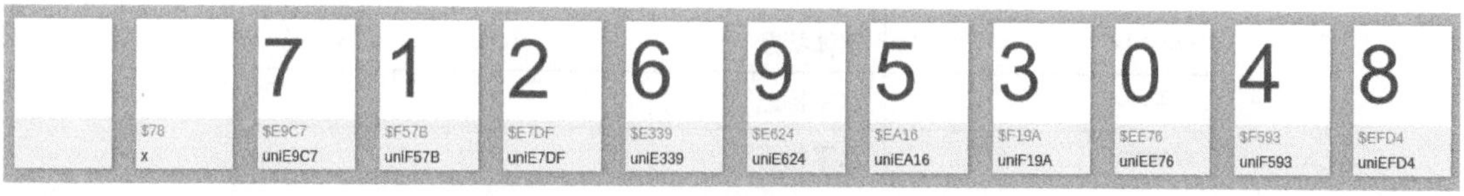

图 6-36 字体文件 movie.woff 预览

该字体文件中共有 12 个字体块，其中包括 2 个空白字体块和 0～9 的数字字体块。我们可以大胆地猜测，评分数据和票房数据中使用的数字正是从此而来。

由此看来，我们还需要了解一些字体文件格式相关的知识，在了解文件格式和规律后，才能够找到更合理的解决办法。

6.4.2 字体文件 WOFF

WOFF（Web Open Font Format，Web 开放字体格式）是一种网页所采用的字体格式标准。本质上基于 SFNT 字体（如 TrueType），所以它具备 TrueType 的字体结构，我们只需要了解 TrueType 字体的相关知识即可。

TrueType 字体是苹果公司与微软公司联合开发的一种计算机轮廓字体，TrueType 字体中的每个字形由网格上的一系列点描述，点是字体中的最小单位，字形与点的关系如图 6-37 所示。

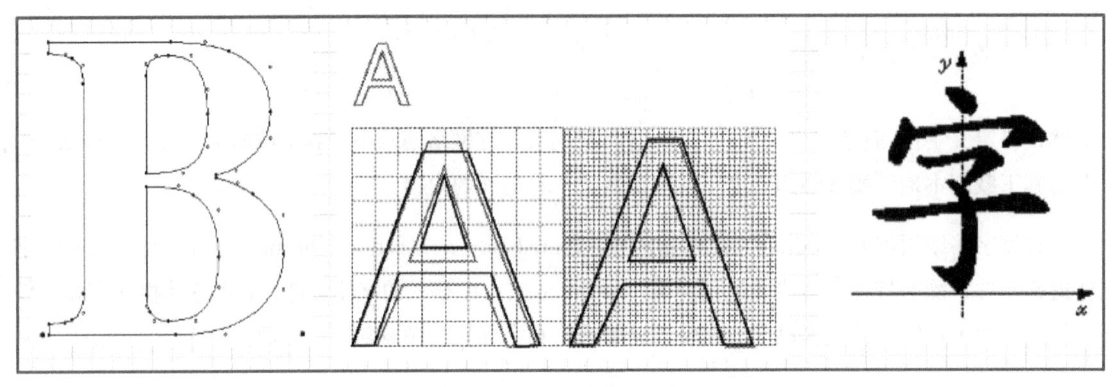

图 6-37　字形与点的关系

字体文件中不仅包含字形数据和点信息，还包括字符到字形映射、字体标题、命名和水平指标等，这些信息存在对应的表中，所以我们也可以认为 TrueType 字体文件由一系列的表组成，其中常用的表及其作用如图 6-38 所示。

表	作　用
<cmap>	字符到字形映射
<glyf>	字形数据
<head>	字体标题
<hhea>	水平标题
<hmtx>	水平指标
<loca>	索引到位置
<maxp>	最大限度的
<name>	命名
<post>	后记

图 6-38　构成字体文件的常用表及其作用

如何查看这些表的结构和所包含的信息呢？我们可以借助第三方 Python 库 fonttools 将 WOFF 等字体文件转换成 XML 文件，这样就能查看字体文件的结构和表信息了。首先我们要安装 fonttools 库，安装命令为：

```
$ pip install fonttools
```

安装完毕后就可以利用该库转换文件类型，对应的 Python 代码为：

```
from fontTools.ttLib import TTFont
font = TTFont('movie.woff')  # 打开当前目录的 movie.woff 文件
font.saveXML('movie.xml')  # 另存为 movie.xml
```

代码运行后就会在当前目录生成名为 movie 的 XML 文件。文件中字符到字形映射表 <cmap> 的内容如下：

```
<cmap_format_4 platformID="0" platEncID="3" language="0">
  <map code="0x78" name="x"/>
  <map code="0xe339" name="uniE339"/>
  <map code="0xe624" name="uniE624"/>
  <map code="0xe7df" name="uniE7DF"/>
  <map code="0xe9c7" name="uniE9C7"/>
  <map code="0xea16" name="uniEA16"/>
  <map code="0xee76" name="uniEE76"/>
  <map code="0xefd4" name="uniEFD4"/>
  <map code="0xf19a" name="uniF19A"/>
  <map code="0xf57b" name="uniF57B"/>
  <map code="0xf593" name="uniF593"/>
</cmap_format_4>
```

<map> 标签中的 code 代表字符，name 代表字形名称，关系如图 6-39 所示。

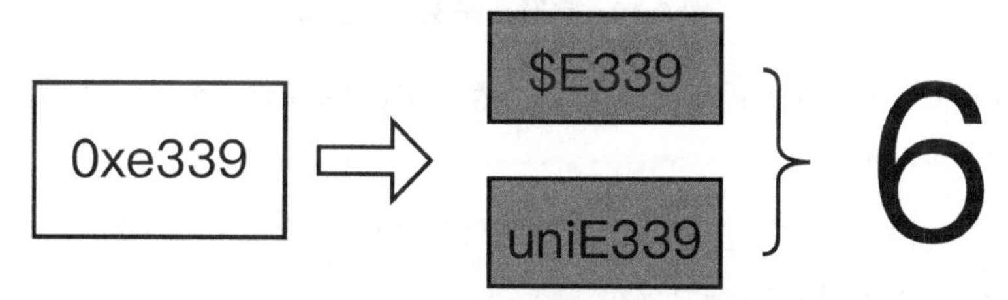

图 6-39 字符到字形映射关系示例

XML 中的字符 0xe339 与网页源代码中的字符 对应，这样我们就确定了 HTML 中的字符码与 movie.woff 字体文件中对应的字形关系。字形数据存储在 <glyf> 表中，每个字形的数据都是独立的，例如字形 uniE339 的字形数据如下：

```
<TTGlyph name="uniE339" xMin="0" yMin="-12" xMax="510" yMax="719">
  <contour>
    <pt x="410" y="534" on="1"/>
    <pt x="398" y="586" on="0"/>
    <pt x="377" y="609" on="1"/>
    <pt x="341" y="646" on="0"/>
    <pt x="289" y="646" on="1"/>
    ...
  </contour>
  <contour>
    <pt x="139" y="232" on="1"/>
    <pt x="139" y="188" on="0"/>
    <pt x="178" y="103" on="0"/>
    ...
  </contour>
  <instructions/>
</TTGlyph>
```

<TTGlyph> 标签中记录着字形的名称、*x* 轴坐标和 *y* 轴坐标（坐标也可以理解为字形的宽高）。<contour> 标签记录的是字形的轮廓信息，也就是多个点的坐标位置，正是这些点构成了如图 6-40 所示的字形。

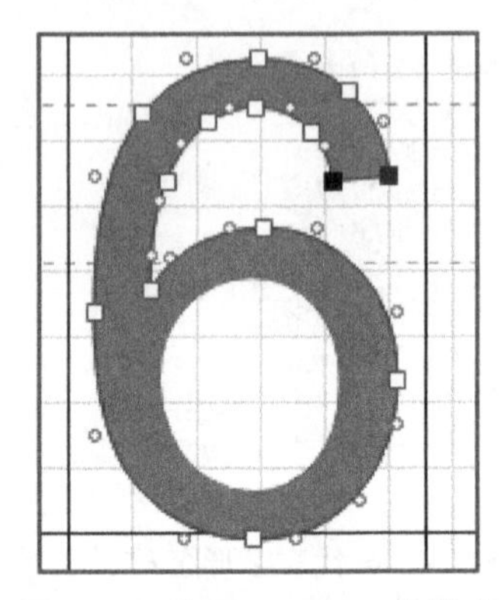

图 6-40 字形 uniE339 的轮廓

我们可以在百度字体编辑器中调整点的位置，然后保存字体文件并将新字体文件转换为 XML 格式，相同名称的字形数据如下：

```
<TTGlyph name="uniE339" xMin="115" yMin="6" xMax="430" yMax="495">
  <contour>
    <pt x="400" y="352" on="1"/>
    <pt x="356" y="406" on="0"/>
    <pt x="342" y="421" on="1"/>
    <pt x="318" y="446" on="0"/>
    <pt x="283" y="446" on="1"/>
    ...
  </contour>
  <instructions/>
</TTGlyph>
```

接着将调整前的字形数据和调整后的字形数据进行对比。

如图 6-41 所示，点的位置调整后，字形数据也会发生相应的变化，如 xMin、xMax、yMin、yMax 还有 <pt> 标签中的 x 坐标 y 坐标都与之前的不同了。

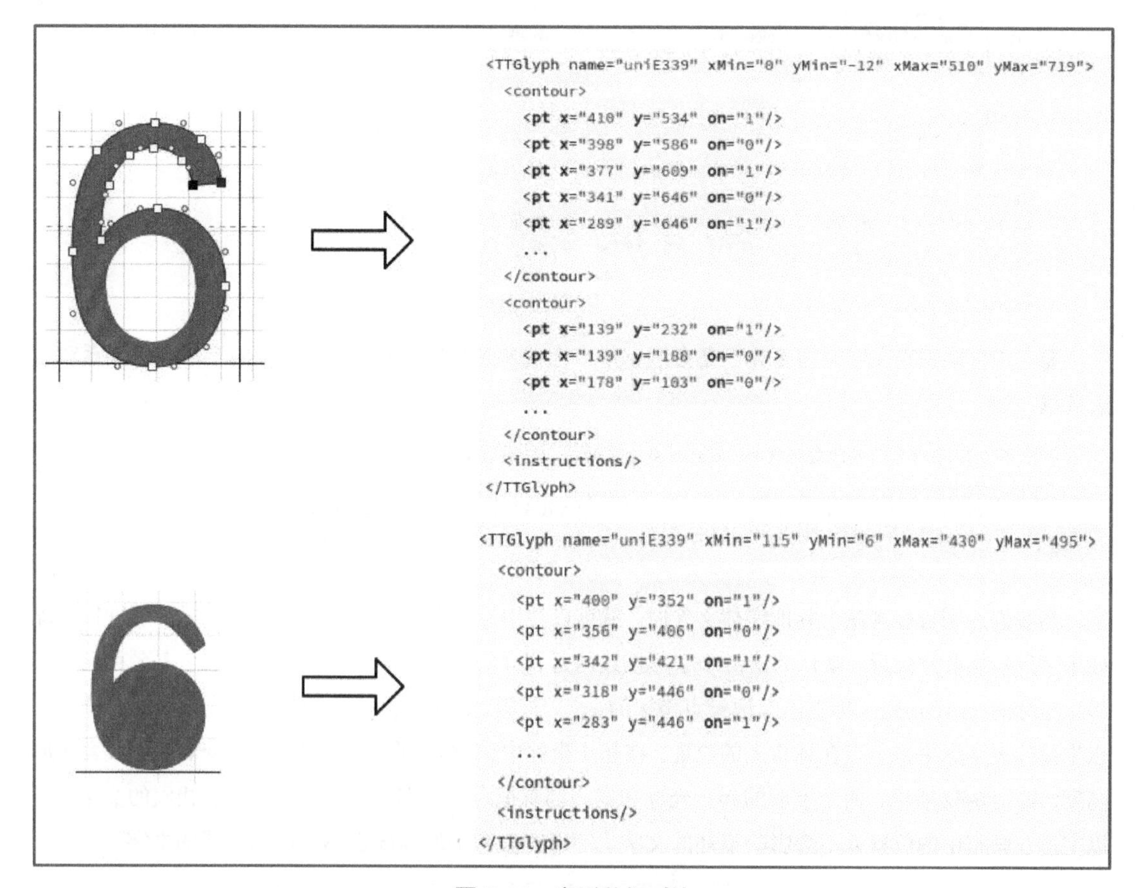

图 6-41　字形数据对比

XML 文件中记录的是字形坐标信息，实际上，我们没有办法直接通过字形数据获得文字，只能从其他方面想办法。虽然目标网站使用多套字体，但相同文字的字形也是相同的。比如现在有 movie.woff 和 food.woff 这两套字体，它们包含的字形如下：

```
# movie.woff
# 包含 10 个字形数据：[0123456789]
<cmap_format_4 platformID="0" platEncID="3" language="0">
  <map code="0x78" name="x"/>
  <map code="0xe339" name="uniE339"/>  # 数字 6
  <map code="0xe624" name="uniE624"/>  # 数字 9
  <map code="0xe7df" name="uniE7DF"/>  # 数字 2
  <map code="0xe9c7" name="uniE9C7"/>  # 数字 7
  <map code="0xea16" name="uniEA16"/>  # 数字 5
  <map code="0xee76" name="uniEE76"/>  # 数字 0
  <map code="0xefd4" name="uniEFD4"/>  # 数字 8
  <map code="0xf19a" name="uniF19A"/>  # 数字 3
  <map code="0xf57b" name="uniF57B"/>  # 数字 1
```

```
  <map code="0xf593" name="uniF593"/>  # 数字 4
</cmap_format_4>

# food.woff
# 包含 3 个字形数据: [012]
<cmap_format_4 platformID="0" platEncID="3" language="0">
  <map code="0x78" name="x"/>
  <map code="0xe556" name="uniE556"/>  # 数字 0
  <map code="0xe667" name="uniE667"/>  # 数字 1
  <map code="0xe778" name="uniE778"/>  # 数字 2
</cmap_format_4>
```

要实现自动识别文字，需要先准备参照字形，也就是人为地准备数字 0 ~ 9 的字形映射关系和字形数据，如：

```
# 0 和 7 与字形名称的映射伪代码，data 键对应的值是字形数据
font_mapping = [
    {'name': 'uniE9C7', 'words': '7', 'data': 'uniE9C7_contour_pt'},
    {'name': 'uniEE76', 'words': '0', 'data': 'uniEE76_countr_pt'},
]
```

当我们遇到目标网站上其他字体文件时，就可以使用参照字形中的字形数据与目标字形进行匹配，如果字形数据非常接近，就认为这两个字形描述的是相同的文字。字形数据包含记录字形名称和字形起止坐标的 <TTGlyph> 标签以及记录点坐标的 <pt> 标签，起止坐标代表的是字形在画布上的位置，点坐标代表字形中每个点在画布上的位置。在起止坐标中，x 轴差值代表字形宽度，y 轴差值代表字形高度。如图 6-42 所示，两个字形的起止坐标和宽高都有很大的差别，但是却能够描述相同的文字，所以字形在画布中的位置并不会影响描述的文字，字形宽度和字形高度也不会影响描述的文字。

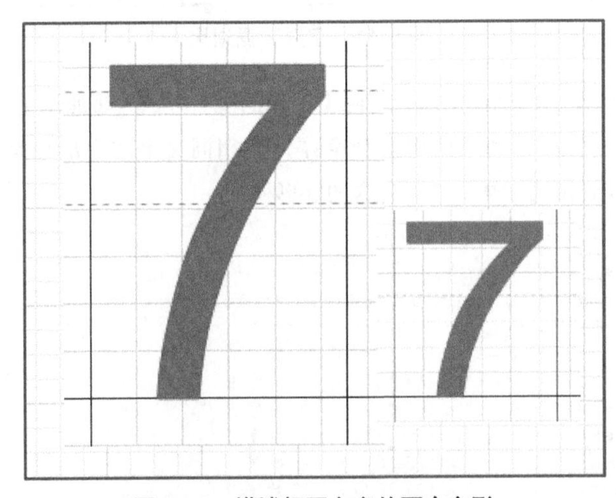

图 6-42 描述相同文字的两个字形

点坐标的数量和坐标值可以作为比较条件吗？

如图 6-43 所示，两个不同文字的字形数据是不一样的。虽然这两种字形的 name 都是 uniE9C7，但是字形数据中大部分 <pt> 标签 x 和 y 的差距都很大，所以我们可以判定这两个字形描述的并不是同一个文字。你可能会想到点的数量也可以作为排除条件，也就是说如果点的数量不相同，那么这个两个字形描述的就不是同一个文字。真的是这样吗？

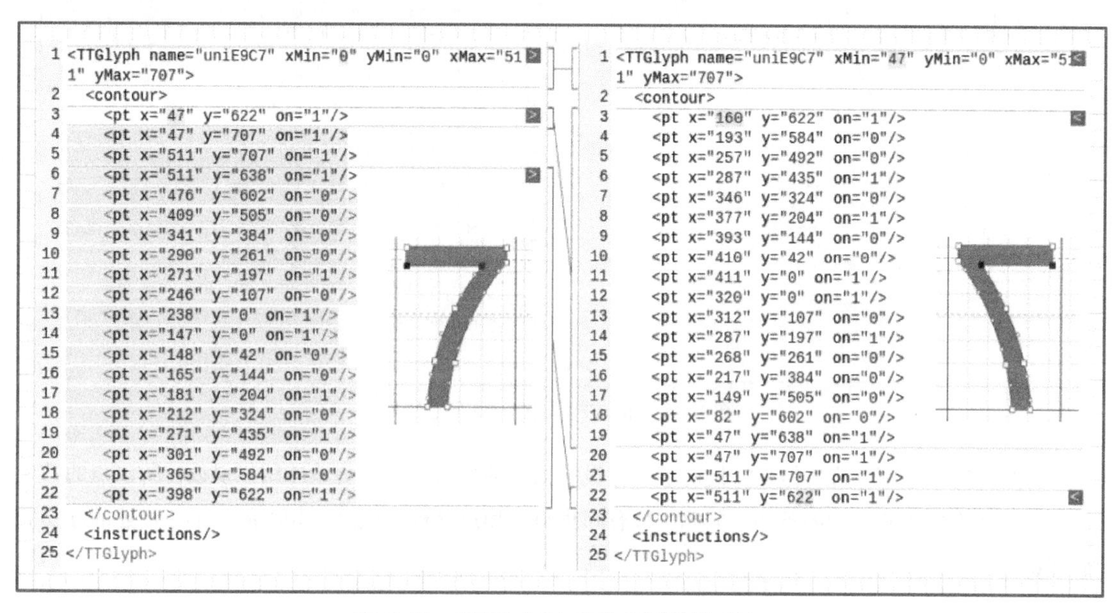

图 6-43 描述不同文字的字形数据对比

在图 6-44 中，左侧描述文字 7 的字形有 17 个点，而右侧描述文字 7 的字形却有 20 个点。对应的字形信息如图 6-45 所示。

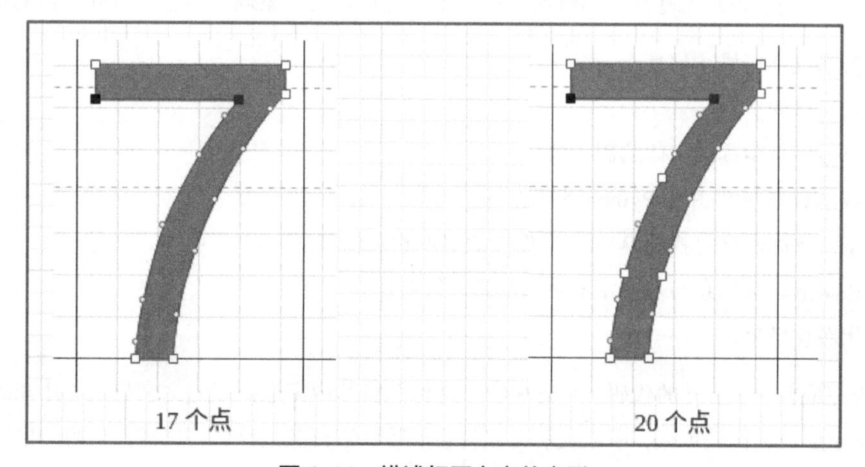

图 6-44 描述相同文字的字形

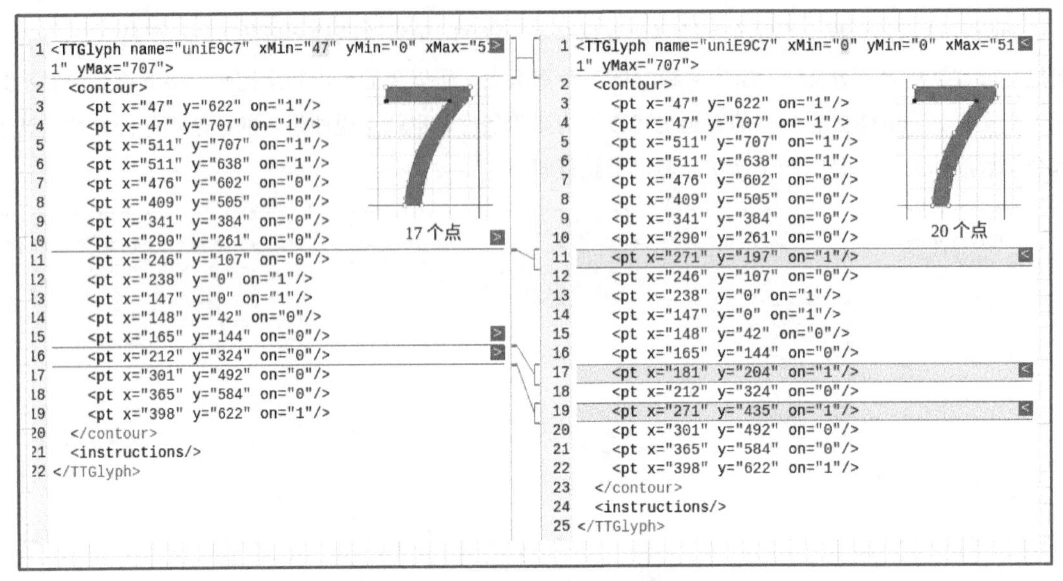

图 6-45 描述相同文字的字形信息

虽然点的数量不一样，但是它们的字形并没有太大的变化，也不会造成用户误读，所以点的数量并不能作为排除不同字形的条件。因此，只有起止坐标和点坐标数据完全相同的字形，描述的才是相同字符。

6.4.3 字体反爬虫绕过实战

要确定两组字形数据描述的是否为相同字符，我们必须取出 HTML 中对应的字形数据，然后将待确认的字形与我们准备好的基准字形数据进行对比。现在我们来整理一下这一系列工作的步骤。

(1) 准备基准字形描述信息。

(2) 访问目标网页。

(3) 从目标网页中读取字体编码字符。

(4) 下载 WOFF 文件并用 Python 代码打开。

(5) 根据字体编码字符找到 WOFF 文件中的字形轮廓信息。

(6) 将该字形轮廓信息与基准字形轮廓信息进行对比。

(7) 得出对比结果。

我们先完成前 4 个步骤的代码。下载 WOFF 文件并将其中字形描述的文字与人类认知的文字进行映射。由于字形数据比较庞大，所以我们可以将字形数据进行散列计算，这样得到的结果既简短又唯一，不会影响对比结果。这里以数字 0 ~ 9 为例：

```
base_font = {
    "font": [{"name": "uniEE76", "value": "0", "hex": "fc170db1563e66547e9100cf7784951f"},
             {"name": "uniF57B", "value": "1", "hex": "251357942c5160a003eec31c68a06f64"},
             {"name": "uniE7DF", "value": "2", "hex": "8a3ab2e9ca7db2b13ce198521010bde4"},
             {"name": "uniF19A", "value": "3", "hex": "712e4b5abd0ba2b09aff19be89e75146"},
             {"name": "uniF593", "value": "4", "hex": "e5764c45cf9de7f0a4ada6b0370b81a1"},
             {"name": "uniEA16", "value": "5", "hex": "c631abb5e408146eb1a17db4113f878f"},
             {"name": "uniE339", "value": "6", "hex": "0833d3b4f61f02258217421b4e4bde24"},
             {"name": "uniE9C7", "value": "7", "hex": "4aa5ac9a6741107dca4c5dd05176ec4c"},
             {"name": "uniEFD4", "value": "8", "hex": "c37e95c05e0dd147b47f3cb1e5ac60d7"},
             {"name": "uniE624", "value": "9", "hex": "704362b6e0feb6cd0b1303f10c000f95"}]
}
```

字典中的 name 代表该字形的名称，value 代表该字形描述的文字，hex 代表字形信息的 MD5 值。考虑到网络请求记录中的字体文件路径有可能会变化，我们必须找到 CSS 中设定的字体文件路径，引入 CSS 的 HTML 代码为：

```
<link href="./css/movie.css" rel="stylesheet">
```

由引入代码得知该 CSS 文件的路径为 http://www.porters.vip/confusion/css/movie.css，文件中 @font-face 处就是设置字体的代码：

```
@font-face {
    font-family: stonefont;
        src:url('../font/movie.woff') format('woff');
}
```

字体文件路径为 http://www.porters.vip/confusion/font/movie.woff。找到文件后，我们就可以开始编写代码了，对应的 Python 代码如下：

```
import requests
import re
from parsel import Selector
from urllib import parse
from fontTools.ttLib import TTFont


url = 'http://www.porters.vip/confusion/movie.html'
resp = requests.get(url)
sel = Selector(resp.text)
# 提取页面加载的所有 css 文件路径
css_path = sel.css('link[rel=stylesheet]::attr(href)').extract()
woffs = []
for c in css_path:
    # 拼接正确的 css 文件路径
    css_url = parse.urljoin(url, c)
    # 向 css 文件发起请求
    css_resp = requests.get(css_url)
    # 匹配 css 文件中的 woff 文件路径
    woff_path = re.findall("src:url\('..(.*.woff)'\) format\('woff'\);",
        css_resp.text)
```

```
    if woff_path:
        # 如故路径存在则添加到 woffs 列表中
        woffs += woff_path

woff_url = 'http://www.porters.vip/confusion' + woffs.pop()
woff = requests.get(woff_url)
filename = 'target.woff'
with open(filename, 'wb') as f:
    # 将文件保存到本地
    f.write(woff.content)
# 使用 TTFont 库打开刚才下载的 woff 文件
font = TTFont(filename)
```

因为 TTFont 可以直接读取 woff 文件的结构，所以这里不需要将 woff 保存为 XML 文件。接着以评分数据 9.7 对应的编码`.`进行测试，在原来的代码中引入基准字体数据`base_font`，然后新增以下代码：

```
web_code = '&#xe624.&#xe9c7'
# 编码文字替换
woff_code = [i.upper().replace('&#X', 'uni') for i in web_code.split('.')]
import hashlib
result = []
for w in woff_code:
    # 从字体文件中取出对应编码的字形信息
    content = font['glyf'].glyphs.get(w).data
    # 字形信息 MD5
    glyph = hashlib.md5(content).hexdigest()
    for b in base_font.get('font'):
        # 与基准字形中的 MD5 值进行对比，如果相同则取出该字形描述的文字
        if b.get('hex') == glyph:
            result.append(b.get('value'))
            break
# 打印映射结果
print(result)
```

以上代码运行结果为：

```
['9', '7']
```

运行结果说明能够正确映射字体文件中字形描述的文字。

6.4.4 小结

字体反爬能给爬虫工程师带来很大的麻烦。虽然爬虫工程师找到了应对方法，但这种方法依赖的条件比较严苛，如果开发者频繁改动字体文件或准备多套字体文件并随机切换，那真是一件令爬虫工程师头疼的事。不过，这些工作对于开发者来说也不是轻松的事。

6.5 文本混淆反爬虫通用解决办法

虽然我们使用 Python 代码实现了 CSS 偏移量计算、SVG 坐标和映射、WOFF 字体映射，但如果目标网站的算法或映射规则再次改动，或者真的准备了上百套映射规则，那么无论是开发者还是爬虫工程师，都要付出非常多的时间成本。

反爬虫手段的技术难度再高，最后还是得将数据呈现给用户。在示例 4 中我们已经成功提取了图片中的企业联系电话，所以我们有理由相信光学字符识别能够帮助我们解决文本混淆的问题。

6.5.1 光学字符识别 OCR

光学字符识别只能够从图片中识别文字，WOFF 是字体文件，SVG 中的文字太多，那我们应该怎么办呢？实际上我们可以根据需求将页面中所需的部分数据截图保存，然后再用光学字符识别的手段从截图中提取文字，逻辑如图 6-46 所示。

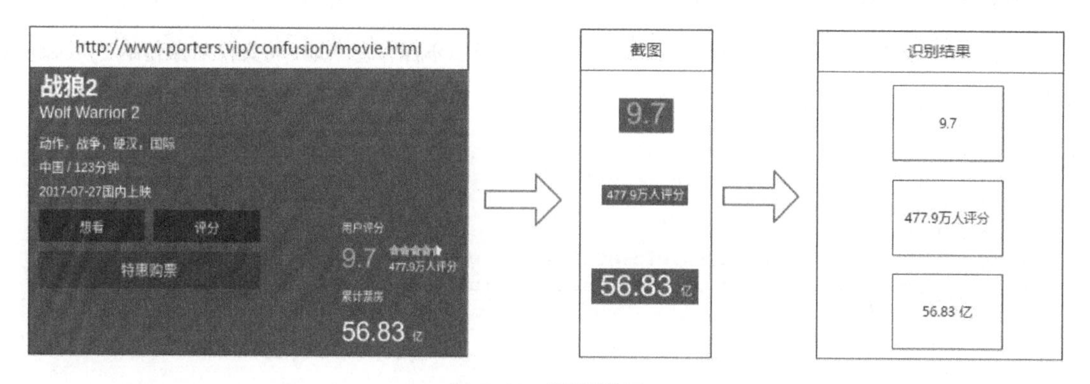

图 6-46 识别逻辑

截图操作就要用到上一章我们提到的渲染工具了，3 种渲染工具都具备截图的能力。这里我们以 Splash 为例，截图的脚本代码为：

```
function main(splash, args)
  assert(splash:go(args.url))
  assert(splash:wait(0.5))
  -- 截取票房
  total_png = splash:select('.movie-index-content.box .stonefont'):png()
  return {
   -- 将图片信息以键值对的形式返回
      total = total_png
  }
end
```

这段脚本执行后得到的结果如图 6-47 所示。

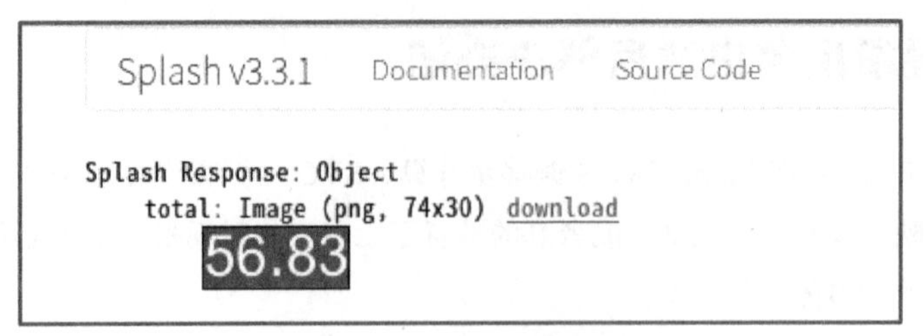

图 6-47 Splash 截图结果

由于目标数据是给用户浏览的，所以不会在网页中制造一些额外的干扰，只要截图中的文字轮廓清晰，在后续使用 OCR 识别时的准确率就会非常高。截图脚本测试完毕后，我们就可以使用 Python 代码实现截图和文字识别了。这一系列工作的操作步骤如下。

(1) 使用 Python 连接 Splash 到目标网页进行截图。

(2) 拿到截图后保存在本地。

(3) 使用 PyTesseract 库识别指定的图片。

保存在本地是为了方便结果对比，在实际爬虫项目中可以不保存在本地，将文件对象传给 PyTesseract 库即可。我们先来完成第 (1) 步：

```
import requests
import json

# Splash 接口
render = 'http://www.porters.vip:8050/execute'
url = 'http://www.porters.vip/confusion/movie.html'
# 需要执行的命令
script = """
    function main(splash)
      assert(splash:go('%s'))
      assert(splash:wait(0.5))
      -- 截取票房
      total_png = splash:select('.movie-index-content.box .stonefont'):png()
      return {
      -- 将图片信息以键值对的形式返回
      total = total_png
      }
    end
""" % url
# 设置请求头
header = {'content-type': 'application/json'}
# 按照 Splash 规定提交命令
data = json.dumps({"lua_source": script})
# 向 Splash 接口发出请求并携带上请求头和命令参数
resp = requests.post(render, data=data, headers=header)
# 将 Splash 返回结果赋值给
images = resp.json()
```

第 (2) 步将图片保存在本地，考虑到有可能截取多张图片，这里使用 for 循环处理：

```
import base64
import os
import pytesseract
for key, value in images.items():
    # Splash 返回的图片使用了 base64 进行编码，所以我们需要解码
    image_body = base64.b64decode(value)
    filename = '%s.png' % key
    path = os.path.join(os.path.dirname(os.path.abspath(__file__)), filename)
    with open(filename, 'wb') as f:
        f.write(image_body)
```

第 (3) 步读取本地文件。当我们只传递文件名时，PyTesseract 库会自动打开该文件，所以我们在 for 循环中使用 PyTesseract 库即可：

```
print(pytesseract.image_to_string(filename))
```

以上代码的运行结果为：

```
56.83
```

与页面显示内容一致，说明识别成功。

6.5.2 PyTesseract 的缺点

PyTesseract 库并非屡试不爽，它能够精确地识别没有干扰信息、轮廓清晰的数字，但对于模糊、有干扰因素的图片以及汉字的识别率就很低了。我们可以识别示例 7 中的评分人数，它的字体较小，看一看 PyTesseract 库是否能够再次精准识别。评分人数的 Splash 定位代码为：

```
evaluate_png = splash:select('.score-num .stonefont'):png()
```

将上面代码中票房定位换成评分人数定位，保存后再次运行代码。代码运行后，图片正常保存到本地，图片如图 6-48 所示。

477.9万

图 6-48　保存在本地的评分人数图片

但识别结果是空的，这是因为图片太小且图片里有中文。经过多种尝试后，发现一个新的办法，在截图的时候将该文字字体大小设置为 PyTesseract 库能识别的字号，如 30 px。

当图片里的中文字符数量增加或者干扰信息增多时，PyTesseract 库就显得很无力了。接下来我们尝试用 PyTesseract 库识别图 6-49 中的文字。

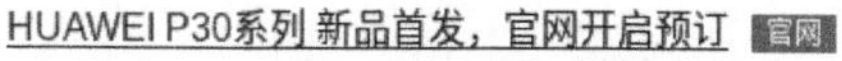

HUAWEI P30系列 新品首发，官网开启预订 官网

图 6-49　中文字符数量增加的图片

Python 代码为：

```
import pytesseract
#识别结果
print(pytesseract.image_to_string('ganrao.png'))
```

代码运行结果如下：

```
HUAWEI P30K5|
```

前面英文和数字的部分还是能够识别的，但遇到中文的地方就没有结果了。我们为代码指定中文字体包：

```
# 加号为新增代码，减号为删除的代码
- print(pytesseract.image_to_string('ganrao.png'))
+ print(pytesseract.image_to_string('ganrao.png', lang='chi_sim'))
```

保存后再次运行，仍然一个字都识别不出。

6.5.3 文字识别 API

PyTesseract 库是一个开源的光学字符识别库，识别率不高是可以理解的。在人工智能时代，从图片中识别文字已经不是问题了。除了自己训练识别样本外，我们还可以借助第三方的力量，使用识别率高的 API。

腾讯公司推出了文字识别 OCR 服务，该服务支持印刷体、手写体及定制化场景的图片文字识别，并且腾讯云提供了在线识别测试功能，我们可以用刚才的图片尝试一下。首先打开腾讯云平台 OCR 专题页 https://cloud.tencent.com/product/ocr，页面如图 6-50 所示。

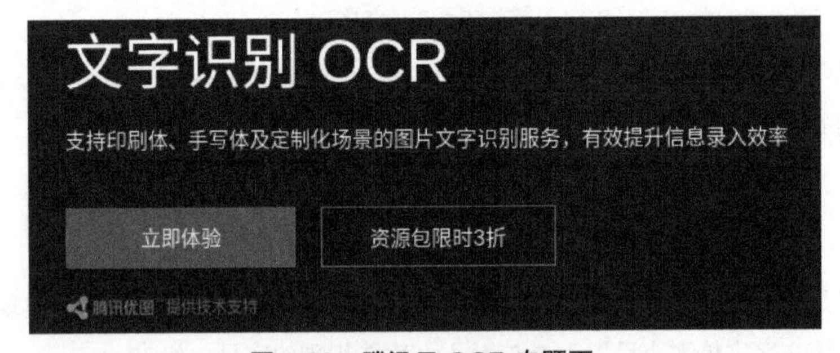

图 6-50 腾讯云 OCR 专题页

然后将页面拉到中部，找到功能演示板块，并选择如图 6-51 所示的通用手写体识别案例。

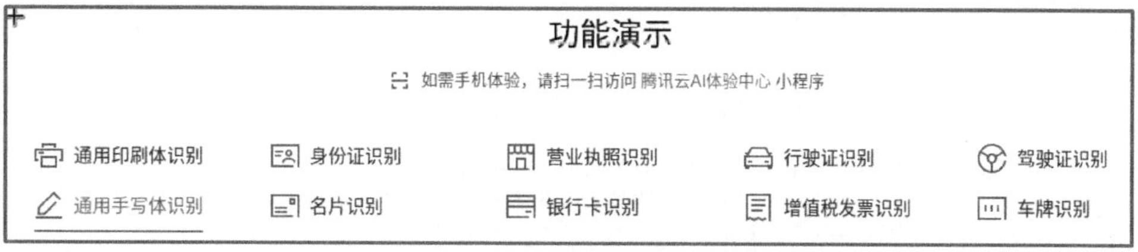

图 6-51 腾讯云 OCR 功能演示

选择后下方会出现图片预览框、文字识别结果和图片选择框，可以上传本地图片，也可以提供URL。这里我们将刚才那张有关华为手机的图上传，等待几秒后页面就会显示识别结果，如图 6-52 所示。

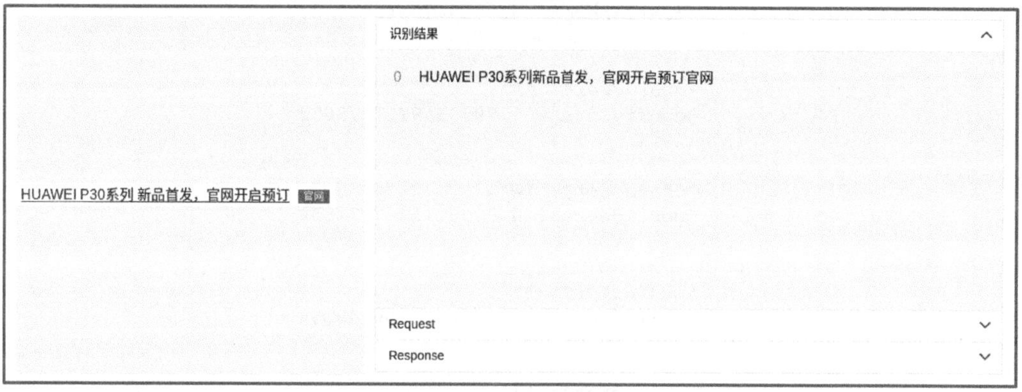

图 6-52 识别结果

图中所有文字都被识别出来了，页面中还有 Request 和 Response 选项，我们点开后可以看到本次上传和响应的具体信息：

```
# Request
{
    "forDataObj": "10000037",
    "bucket": "detect",
    "image": "{\n    \"lastModified\": 1554622461000,\n    \"name\": \"2019-04-07
        15-34-11 的屏幕截图.png\",\n    \"size\": 7276,\n    \"type\": \"image/png\",
        \n    \"webkitRelativePath\": \"\"\n}"
}

# Response
{
    "code": 0,
    "message": "OK",
    "data": {
        "recognize_warn_msg": [],
        "recognize_warn_code": [],
        "items": [
            {
                "itemcoord": {
```

```
        "x": 4,
        "y": 5,
        "width": 349,
        "height": 17
    },
    "itemconf": 0.9244817495346068,
    "itemstring": "HUAWEI P30 系列新品首发，官网开启预订官网",
    "coords": [],
    "words": [
        {
            "character": "H",
            "confidence": 0.9999454021453856
        },
        {
            "character": "U",
            "confidence": 0.9999436140060424
        },
        {
            "character": "A",
            "confidence": 0.9999349117279052
        },
        {
            "character": "W",
            "confidence": 0.9999115467071532
        },
        {
            "character": "E",
            "confidence": 0.9998087286949158
        },
        {
            "character": "I",
            "confidence": 0.7505437135696411
        },
        {
            "character": "",
            "confidence": 1
        },
        {
            "character": "P",
            "confidence": 0.99813711643219
        },
        {
            "character": "3",
            "confidence": 0.9999654293060304
        },
        {
            "character": "0",
            "confidence": 0.9941105246543884
        },
        {
            "character": "系",
            "confidence": 0.9999996423721313
        },
        {
            "character": "列",
            "confidence": 0.9999918937683105
```

```
        },
        {
            "character": "新",
            "confidence": 0.9999910593032836
        },
        {
            "character": "品",
            "confidence": 0.9998955726623536
        },
        {
            "character": "首",
            "confidence": 0.999845027923584
        },
        {
            "character": "发",
            "confidence": 0.999993085861206
        },
        {
            "character": ",",
            "confidence": 0.8153071999549866
        },
        {
            "character": "官",
            "confidence": 0.9921002984046936
        },
        {
            "character": "网",
            "confidence": 0.9999585151672364
        },
        {
            "character": "开",
            "confidence": 0.9994297623634338
        },
        {
            "character": "启",
            "confidence": 0.999754011631012
        },
        {
            "character": "预",
            "confidence": 0.9991353154182434
        },
        {
            "character": "订",
            "confidence": 0.9732763767242432
        },
        {
            "character": "官",
            "confidence": 0.5959853529930115
        },
        {
            "character": "网",
            "confidence": 0.9950774312019348
        }
    ],
    "candword": [],
    "parag": {
        "word_size": 14,
```

```
                    "parag_no": 0
                },
                "coordpoint": {
                    "x": [
                        4,
                        5,
                        352,
                        5,
                        352,
                        21,
                        4,
                        21
                    ]
                },
                "wordcoordpoint": []
            }
        ],
        "session_id": "100000371379068083",
        "angle": 0,
        "class": []
    }
}
```

Response 信息中包括每个文字的识别结果和结果可信度，可信度 1 为最高。

这只是腾讯 OCR 开放的示例，如果想要更精准和更快的识别速度，可以选用腾讯的 OCR API 服务，这个服务是收费的。有识别率这么高的 API，那么一切文本混淆反爬虫都不是问题了。

6.5.4 小结

收费的文字识别 API 的准确率和识别能力都超过免费开源的第三方库 PyTesseract，但经济成本是爬虫工程师不得不考虑的问题。

本章总结

本章中介绍的反爬虫手段都可以归为主动型反爬虫。大部分文本混淆与 CSS 有关，面对这样的反爬虫手段，即使我们借助渲染工具也无法获得目标数据。正确的做法是：探寻反爬虫原理，用代码实现对应的算法或逻辑。

无论是开发者还是爬虫工程师，都必须考虑经济成本和时间成本，当成本提高到一定程度时，总有一方会先放弃。

深度学习可以很好地解决字符识别的经济成本问题，我们将在后续章节讨论深度学习与图像识别方面的知识。

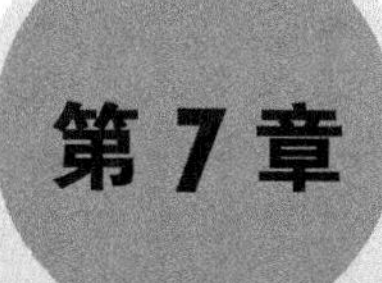

第 7 章 特征识别反爬虫

我们可以将爬虫的爬取过程分为网络请求、文本获取和数据提取 3 个部分。信息校验型反爬虫主要出现在网络请求阶段，这个阶段的反爬虫理念以预防为主要目的，尽可能拒绝爬虫程序的请求。动态渲染和文本混淆则出现在文本获取及数据提取阶段，这个阶段的反爬虫理念以保护数据为主要目的，尽可能避免爬虫获得重要数据。

特征识别反爬虫是指通过客户端的特征、属性或用户行为特点来区分正常用户和爬虫程序的手段。本章我们要介绍的特征识别反爬虫也是以预防为主要目的，直指爬虫出现的源头。接下来，我们一起学习特征识别反爬虫的原理和绕过技巧吧。

7.1 WebDriver 识别

我们在第 5 章中了解到，爬虫程序可以借助渲染工具从动态网页中获取数据。“借助”其实是通过对应的浏览器驱动（即 WebDriver）向浏览器发出指令的行为。也就是说，开发者可以根据客户端是否包含浏览器驱动这一特征来区分正常用户和爬虫程序。

开发者如何检测客户端是否包含浏览器驱动呢？哪些渲染工具有这些特征呢？本节我们将探讨浏览器驱动的相关知识。

7.1.1 WebDriver 识别示例

示例 8：WebDriver 示例。

网址：http://www.porters.vip/features/webdriver.html。

任务：爬取新闻专题页中的文章内容，页面内容如图 7-1 所示。

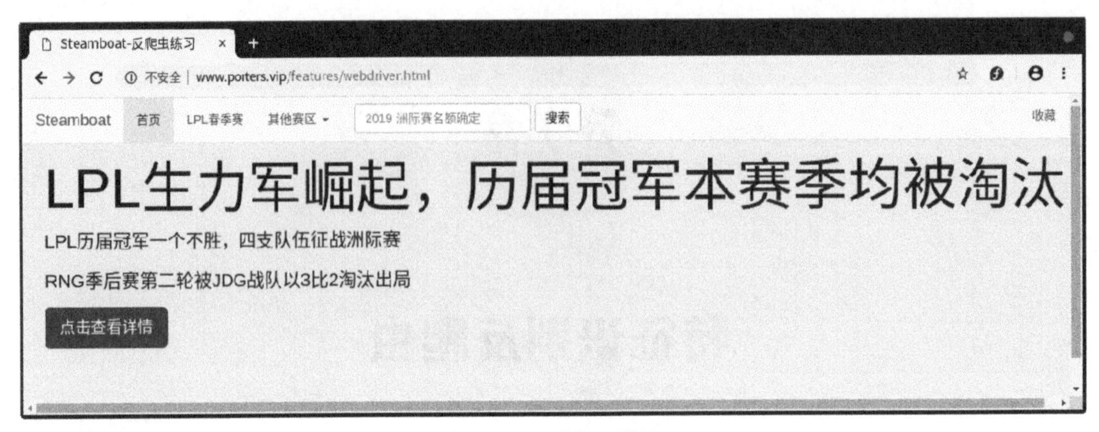

图 7-1 示例 8 页面

页面中除了文章标题和简介之外，并没有显示文章内容。如果想要查看文章内容，需要点击页面中的“点击查看详情”按钮，网页会弹出如图 7-2 所示的模态框。

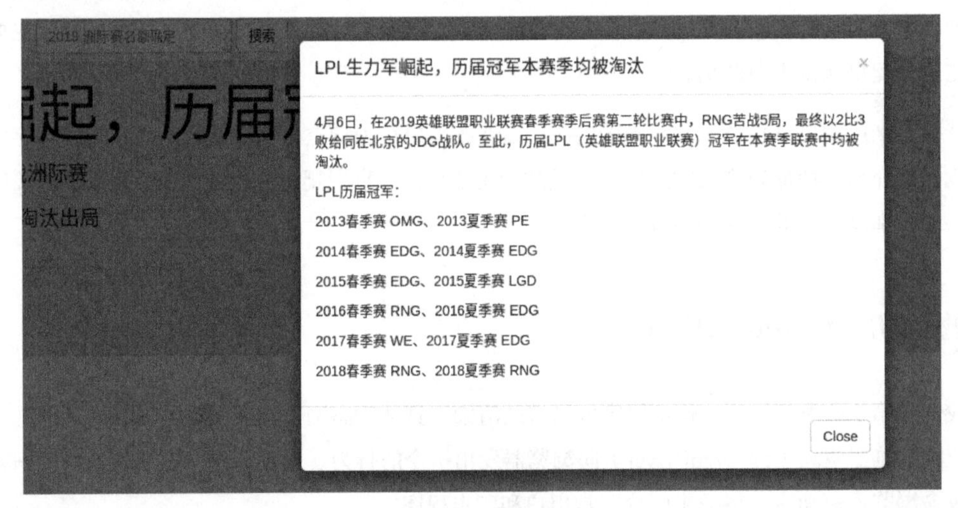

图 7-2 模态框

模态框中的文章内容正是我们本次爬取任务的目标。在编写 Python 代码之前，我们需要定位目标数据的元素，并整理操作逻辑。由于模态框由点击按钮的操作触发，所以我们要先定位按钮的元素：

```
<button type="button" class="btn btn-primary btn-lg" data-toggle="modal"
data-target="#myModal" onmousemove="verify_webdriver()">
    点击查看详情
</button>
```

页面中的按钮使用的是 `<button>` 标签，该标签的 `class` 属性值是 `btn btn-primary btn-lg`，对应的 CSS 选择器写法为 `.btn.btn-primary.btn-lg`。模态框中显示文章内容的 HTML 标签如下：

```
<div class="modal-body" id="content">
<!--文章内容-->
</div>
```

文章内容包裹在 id 属性为 content 的 <div> 标签中，该元素对应的 CSS 选择器写法为#content。接下来，我们就可以使用 Selenium 套件在页面执行点击操作并获取网页内容了，操作逻辑如下。

(1) 打开示例 8 网页。

(2) 定位按钮并点击。

(3) 从页面中提取文章内容。

(4) 打印文章内容。

对应的 Python 代码如下：

```
from selenium.webdriver import Chrome
import time

browser = Chrome()
browser.get('http://www.porters.vip/features/webdriver.html')
# 定位按钮并点击
browser.find_element_by_css_selector('.btn.btn-primary.btn-lg').click()
# 定位到文章内容元素
elements = browser.find_element_by_css_selector('#content')
time.sleep(1)
# 打印文章内容
print(elements.text)
browser.close()
```

运行后的结果为：

```
请不要使用自动化测试工具访问网页
```

代码运行后得到的结果与页面显示的结果不同，这次又遇到了什么样的反爬虫呢？

既然使用 Selenium 套件无法获得目标数据，那我们就用 Puppeteer 试试，对应的 Python 代码如下：

```
import asyncio
from pyppeteer import launch

async def main():
    browser = await launch()
    page = await browser.newPage()
    await page.goto('http://www.porters.vip/features/webdriver.html')
    # 定位按钮元素并点击
    await page.click('.btn.btn-primary.btn-lg')
    # 等待 1 秒
    await asyncio.sleep(1)
    # 网页截图保存
    await page.screenshot({'path': 'webdriver.png'})
```

```
    await browser.close()

asyncio.get_event_loop().run_until_complete(main())
```

代码运行结束后，本地会多出一张名为 webdriver.png 的图片，图片内容如图 7-3 所示。

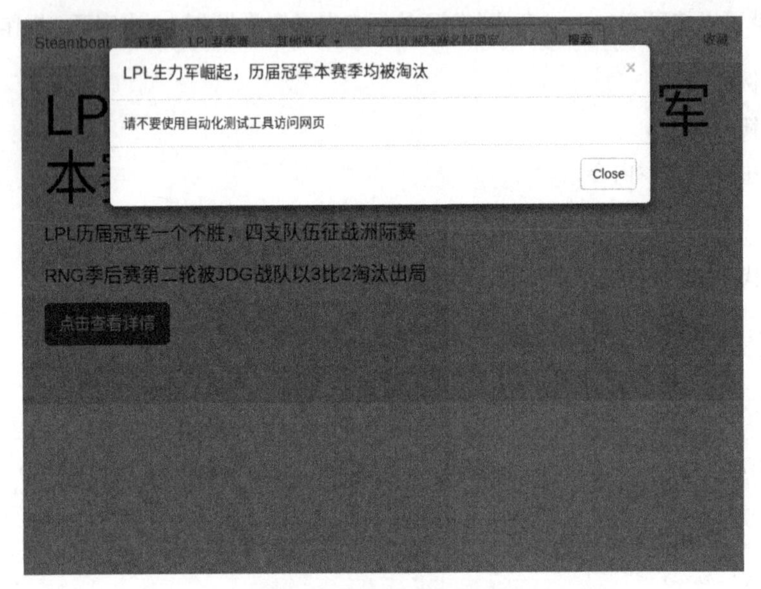

图 7-3 webdriver.png

结果说明使用 Puppeteer 也无法获得目标数据。根据网页给出的提示信息，我们知道网页将这两次请求所用的工具判定为“自动化测试工具”。要想获得目标数据，就要找到网页判定客户端是否为“自动化测试工具”的依据，然后再考虑解决办法。

7.1.2 WebDriver 识别原理

仔细观察示例 8 网页中的代码，我们注意到 HTML 代码中的按钮设定了 `onmousemove` 事件，该事件绑定了名为 `verify_webdriver` 的 JavaScript 方法。代码如下：

```
function verify_webdriver(){
    var webr = navigator.webdriver;
    console.log(webr)
    elements = document.getElementById('content');
    if (webr){
        elements.innerHTML = "请不要使用自动化测试工具访问网页";
    }else{
        elements.innerHTML = "\
        <p>4 月 6 日，在 2019 英雄联盟职业联赛春季赛季后赛第二轮比赛中，RNG 苦战 5 局，最终以 2 比 3
            败给同在北京的 JDG 战队。至此，历届 LPL（英雄联盟职业联赛）冠军在本赛季联赛中均被淘汰。
        </p>\
```

```
        <p>LPL 历届冠军：</p>\
        <p>2013 春季赛 OMG、2013 夏季赛 PE</p>\
        <p>2014 春季赛 EDG、2014 夏季赛 EDG</p>\
        <p>2015 春季赛 EDG、2015 夏季赛 LGD</p>\
        <p>2016 春季赛 RNG、2016 夏季赛 EDG</p>\
        <p>2017 春季赛 WE、2017 夏季赛 EDG</p>\
        <p>2018 春季赛 RNG、2018 夏季赛 RNG</p>";
    }

}
```

原来这个方法使用了 Navigator 对象（即 `windows.navigator` 对象）的 `webdriver` 属性来判断客户端是否通过 WebDriver 驱动浏览器。如果检测到客户端的 `webdriver` 属性，则在文章内容标签处显示“请不要使用自动化测试工具访问网页”，否则显示正确的文章内容。

由于 Selenium 通过 WebDriver 驱动浏览器，客户端的 `webdriver` 属性存在，所以无法获得目标数据。在 Puppeteer 文档中介绍到，Puppeteer 根据 DevTools 协议控制 Chrome 浏览器或 Chromium 浏览器，虽然没有提到是否使用 WebDriver，但事实证明 Puppeteer 也存在 `webdriver` 属性。

我们在 2.2.4 节了解到 Navigator 对象及其属性的知识，它的属性列表中就有 `webdriver` 的介绍。开发者正是利用 Navigator 对象完成的对客户端是否使用 WebDriver 的判断。平时大家在网上查阅文章时见到的类似“Selenium 检测”或“Chrome 检测”等词，指的就是 WebDriver 识别。

7.1.3 WebDriver 识别的绕过方法

要注意的是，`navigator.webdriver` 只适用于使用 WebDriver 的渲染工具，对于 Splash 这种使用 WebKit 内核开发的渲染工具来说是无效的。我们可以用 Splash 获取示例 8 中的目标数据，Splash 脚本如下：

```
function main(splash, args)
  assert(splash:go(args.url))
  assert(splash:wait(0.5))
  -- 定位按钮
  local bton = splash:select('.btn.btn-primary.btn-lg')
  assert(splash:wait(1))
  -- 鼠标悬停
  bton:mouse_hover()
  -- 点击按钮
  bton:mouse_click()
  assert(splash:wait(1))
  return {
    -- 返回页面截图
    png = splash:png(),
  }
end
```

脚本运行后返回的网页截图如图 7-4 所示。

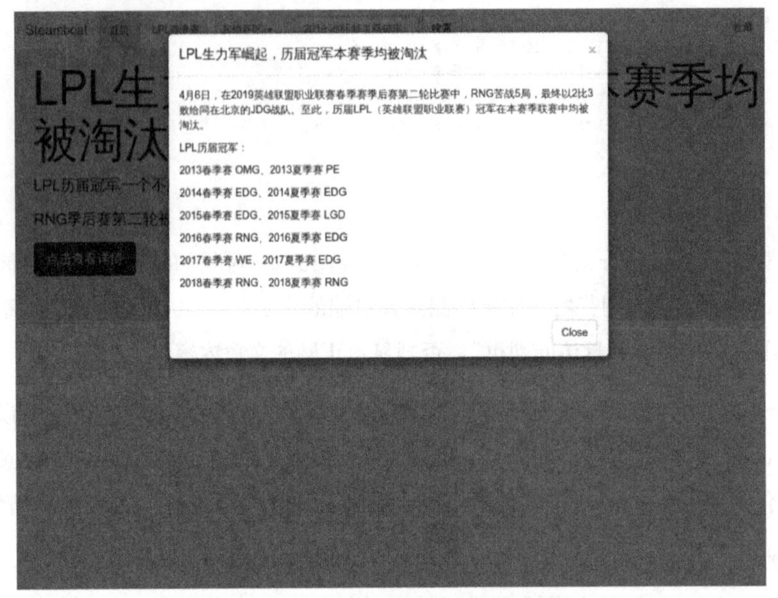

图 7-4 Splash 脚本执行结果

模态框中显示的是文章内容。这说明只要我们使用的渲染工具没有 webdriver 属性，就能获得目标数据。

WebDriver 检测的结果有 3 种，分别是 true、false 和 undefined。当我们使用的渲染工具有 webdriver 属性时，navigator.webdriver 的返回值就是 true。反之则会返回 false 或者 undefine。

了解了 WebDriver 识别的原理和返回值后，我们就能想出应对的办法了。既然 WebDriver 的识别依赖 navigator.webdriver 的返回值，那么我们在触发 verify_webdriver()方法前将 navigator.webdriver 的值改为 false 或者 undefined 即可。Selenium 套件和 Puppeteer 都提供了运行 JavaScript 代码的方法，接下来我们就尝试使用 JavaScript 修改 navigator.webdriver 的值。Selenium 套件对应的 Python 代码为：

```
from selenium.webdriver import Chrome
import time

browser = Chrome()
browser.get('http://www.porters.vip/features/webdriver.html')
# 编写修改 navigator.webdriver 值的 JavaScript 代码
script = 'Object.defineProperty(navigator, "webdriver", {get: () => false,});'
# 运行 JavaScript 代码
browser.execute_script(script)
time.sleep(1)
```

```
# 定位按钮并点击
browser.find_element_by_css_selector('.btn.btn-primary.btn-lg').click()
# 定位到文章内容元素
elements = browser.find_element_by_css_selector('#content')
time.sleep(1)
# 打印文章内容
print(elements.text)
browser.close()
```

运行后的结果为：

```
4 月 6 日，在 2019 英雄联盟职业联赛春季赛季后赛第二轮比赛中，RNG 苦战 5 局，最终以 2 比 3 败给同在北京的 JDG 战队。至此，历届 LPL（英雄联盟职业联赛）冠军在本赛季联赛中均被淘汰。
LPL 历届冠军：
2013 春季赛 OMG、2013 夏季赛 PE
2014 春季赛 EDG、2014 夏季赛 EDG
2015 春季赛 EDG、2015 夏季赛 LGD
2016 春季赛 RNG、2016 夏季赛 EDG
2017 春季赛 WE、2017 夏季赛 EDG
2018 春季赛 RNG、2018 夏季赛 RNG
```

这说明使用 JavaScript 修改 `navigator.webdriver` 属性值的方法是可行的。

要注意的是，这种修改该属性值的方法只在当前页面有效，当浏览器打开新标签或新窗口时需要重新执行改变 `navigator.webdriver` 值的 JavaScript 代码。

除此之外，还有一种方法可以绕过 `navigator.webdriver` 的检测。mitmproxy（详见 https://mitmproxy.org/）是一个开源的交互式 HTTPS 代理，客户端可以使用它提供的 API 来过滤 JavaScript 文件中检测 `navigator.webdriver` 属性值的代码。如图 7-5 所示，mitmproxy 在此过程中作为浏览器和服务器的中间人，每一次请求和响应都会经过 mitmproxy。

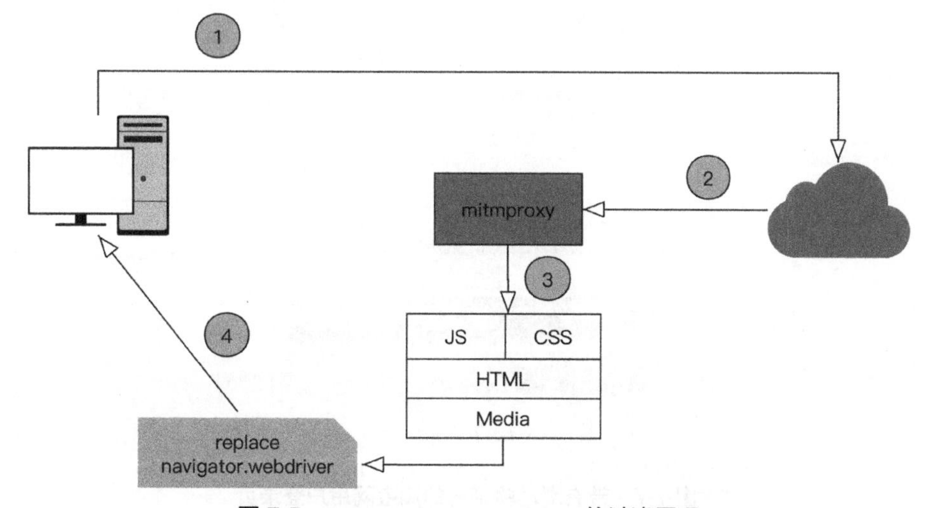

图 7-5 **navigator.webdriver** 的过滤原理

正是由于 mitmproxy 中间人的角色，所以设置好过滤规则后，无论是重新打开标签还是新窗口，都不会重置 `navigator.webdriver` 的属性值。对 mitmproxy 感兴趣的读者可以进一步了解相关知识。

7.1.4　淘宝网 WebDriver 案例

淘宝网（taobao.com）是中国深受欢迎的网购零售平台，用户量非常庞大。淘宝网也有用到类似的反爬虫手段，我们一起来了解一下。打开浏览器访问 https://login.taobao.com/member/login.jhtml，页面内容如图 7-6 所示。

图 7-6　淘宝网用户登录页

当我们输入用户名时，登录框就会多出如图 7-7 所示的滑动验证码。

图 7-7　带有滑动验证码的淘宝网用户登录页

我们使用 Chrome 浏览器或 Firefox 浏览器打开该页面并滑动验证码时，可以很轻松地通过检测。而当使用 Selenium 套件打开该页面后，人为执行滑动操作时，会发现无论如何都无法通过，并且页面会给出“哎呀，出错了，点击刷新再来一次(error:M3ySQ8)”这样的提示，这是因为淘宝网检测到了客户端的 webdriver 属性。在淘宝网页面加载的众多 JavaScript 文件中，有一个名为 index.js 的文件，路径为 https://g.alicdn.com/secdev/sufei_data/3.6.12/index.js，里面就有检测 webdriver 属性的代码：

```
function r() {
    return "$cdc_asdjflasutopfhvcZLmcfl_"in u || f.webdriver
}
```

代码中的 f 是 Navigator 对象。这说明 WebDriver 识别反爬虫手段已经被应用在大型互联网产品中。

7.1.5 小结

只要是通过 WebDriver 来驱动浏览器，navigator.webdriver 就能够识别出来。但这种识别手段的局限在于它只能检测使用 WebDriver 驱动浏览器的渲染工具，对于 Splash 这种由 WebKit 内核编写而成的渲染工具并不奏效。

由于 navigator.webdriver 值允许被改变，所以这种检测方法得到的结果并不可靠。

7.2 浏览器特征

判断客户端身份的特征条件不仅有 WebDirver，还包括客户端的操作系统信息和硬件信息等。开发者将这些特征值作为区分正常用户和爬虫程序的条件。

除了 Navigator 对象的 userAgent、cookieEnable、platform、plugins 等属性外，Screen 对象（即 window.screen 对象）的一些属性也可以作为判断依据。比如将浏览器请求头中的 User-Agent 值与 navigator.userAgent 属性值进行对比，结合 navigator.platform 就可以判断客户端是否使用随机切换的 User-Agent。

我们可以通过一个实际的例子来验证这种想法。在 HTML 中嵌入以下 JavaScript 代码：

```
<script>
  console.log("userAgent:" + navigator.userAgent);
  console.log("platform:" + navigator.platform);
</script>
```

然后用浏览器打开该 HTML 文件，接着唤起开发者工具并切换到 Console 面板。此时可以看到 Console 中显示：

```
userAgent:Mozilla/5.0 (X11; Linux x86_64) AppleWebKit/537.36 (KHTML, like Gecko)
Chrome/73.0.3683.86 Safari/537.36
webdriver.html:15 platform:Linux x86_64
```

浏览器请求头中的 User-Agent 值为：

```
Mozilla/5.0 (X11; Fedora; Linux x86_64) AppleWebKit/537.36 (KHTML, like Gecko)
Chrome/73.0.3683.86 Safari/537.36
```

浏览器请求头中的 User-Agent 值与 navigator.userAgent 属性值是相同的，如果值不同则将该客户端视为爬虫程序。User-Agent 中的操作系统显示为 Linux x86_64，如果 navigator.platform 属性值与此不符，那么也可以将该客户端视为爬虫程序。

示例 9：WebDriver 示例。

网址：http://www.porters.vip/features/browser.html。

示例 9 是浏览器特征检测页面，页面主要用于显示客户端各种特征属性值，页面内容如图 7-8 所示。

序号	属性名称	属性值
1	user-agent	Mozilla/5.0 (X11; Linux x86_64) AppleWebKit/537.36 (KHTML, like Gecko) Chrome/73.0.3683.86 Safari/537.36
2	platform	Linux x86_64
3	screen width	1920
4	screen-height	1080
5	cookieEnable	true
6	cpu核心数量	4
7	时区，-480为东时区	-480
8	浏览器插件	3
9	颜色	24

图 7-8 示例 9 页面

图 7-8 显示的是某台式计算机的特征属性值。我们可以用 Splash 和 Puppeteer 打开示例 9 的网址，查看这两种渲染工具的特征属性值有何区别。为了方便测试，本书搭建了一个临时的 Splash 服务（详见 http://www.porters.vip:8050），该服务运行在 CPU 配置为 1 核的阿里云 ECS 上，操作系统为 CentOS。Splash 全屏截图脚本如下：

```
function main(splash, args)
  assert(splash:go(args.url))
  assert(splash:wait(0.5))
  --全屏
  width, height = splash:set_viewport_full()
  return {
    png = splash:png(),
  }
end
```

脚本执行后能够得到如图 7-9 所示的截图。

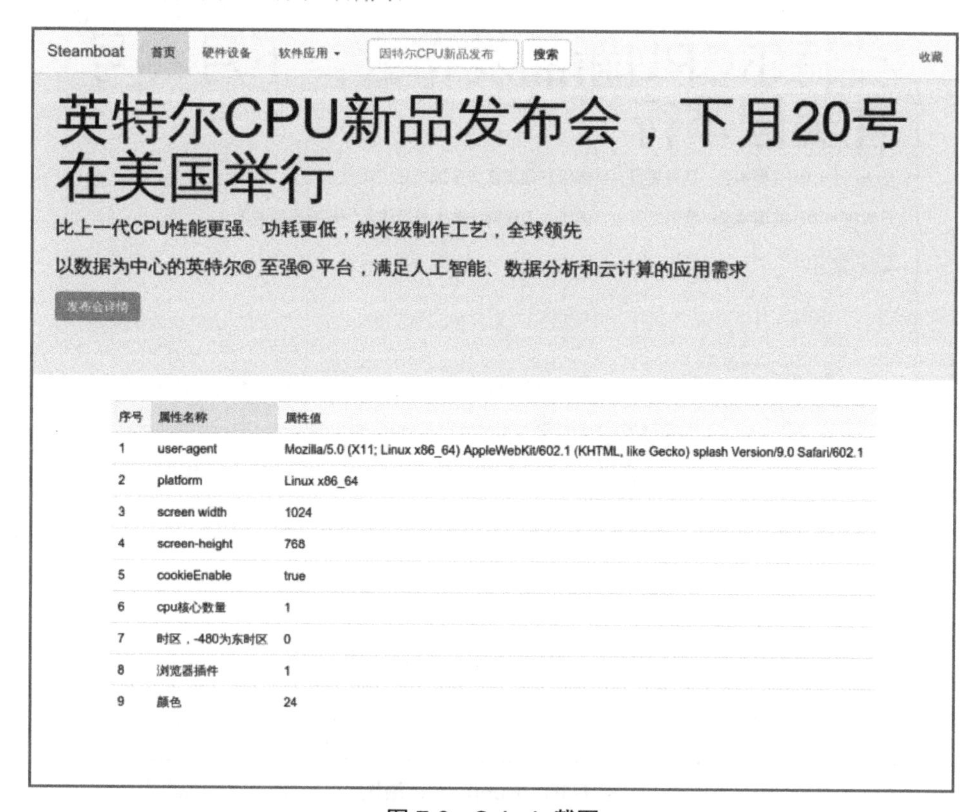

图 7-9 Splash 截图

接下来我们使用 Puppeteer 截图。Puppeteer 允许设置浏览器窗口的宽和高，代码为：

```
import asyncio
from pyppeteer import launch

async def main():
    browser = await launch()
    page = await browser.newPage()
    await page.goto('http://www.porters.vip/features/browser.html')
    await page.setViewport({'width': 1000, 'height': 1000})
    await page.screenshot({'path': 'browser.png'})
    await browser.close()

asyncio.get_event_loop().run_until_complete(main())
```

运行后可以得到如图 7-10 所示的截图。

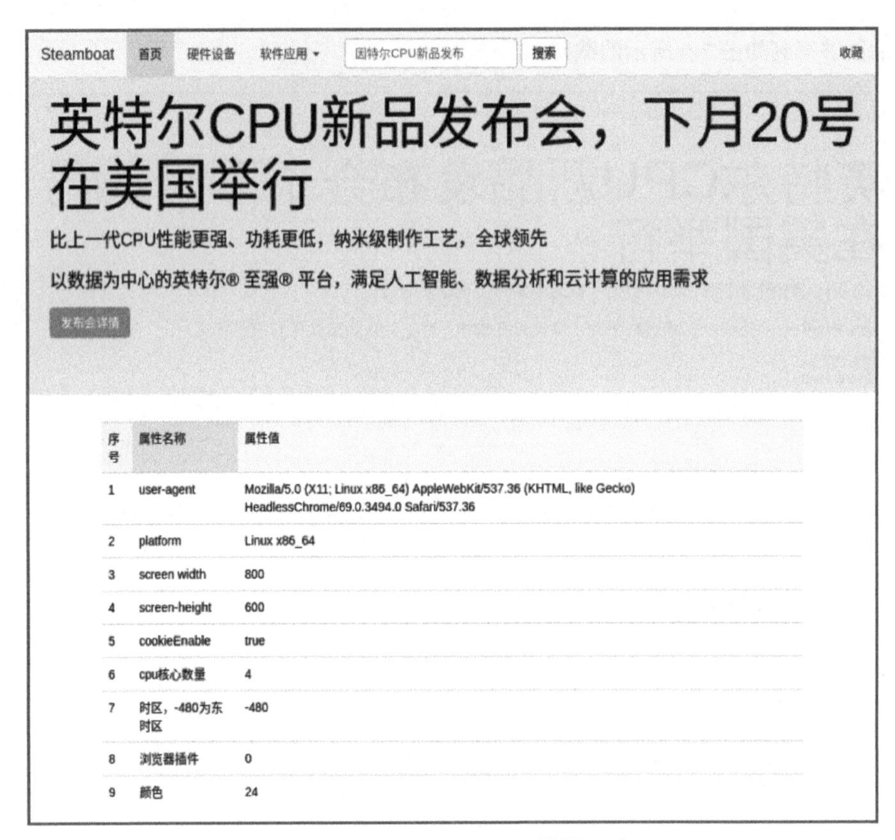

图 7-10　Puppeteer 截图

我们来对比一下 3 种渲染工具访问示例 9 页面后得到的特征属性值，不同之处如表 7-1 所示。

表 7-1　3 种渲染工具的不同特征

名　称	Chrome	Splash	Puppeteer
User-Agent	Chrome	Splash	HeadlessChrome
屏幕分辨率	1920 × 1080	1024 × 768	800 × 600
CPU 核心数量	4	1	4
时　区	–480	0	–480
浏览器插件数量	3	1	0

首先是 User-Agent 属性，Splash 和 Puppeteer 都有明显的标识，所以 User-Agent 属性值可以作为客户端特征。接着看屏幕分辨率，3 种工具的分辨率都不同，所以屏幕分辨率也可以作为客户端特征。核心数量方面，由于阿里云 ECS 是 1 核，所以 Splash 显示为 1 核。一般个人计算机的核心数量为 2 个以上，除非客户端的计算机运行在虚拟机中或是年代久远的。因此，CPU 核心数量同样可以作为客户

端特征。不同渲染工具的浏览器插件数量也是不相同的，虽然插件数量与渲染工具关联并不大（这个值主要受插件安装影响），但这个属性值可以作为客户端特征。事实上，只要有可能出现不同结果的属性，就可以作为客户端特征，所以时区属性值也包含在内。

属性值可以作为特征并不代表服务器端通过单个属性值就能确认客户端身份，它们只是服务器端判断客户端身份的依据之一。要注意的是，这些属性的值可以通过 JavaScript 进行更改，所以这种特征识别方式得到的结果是不可靠的。

7.3 爬虫特征

除了浏览器对象的属性特征之外，爬虫程序本身也有一些特征。例如爬虫程序总是希望在最短的时间内完成爬取工作，或者在测试阶段使用 `for` 循环从列表页中获取超链接，并向详情页的 URL 地址发出请求。由于爬虫程序作业在响应正文中，所以浏览器渲染页面造成的内容差异也会使爬虫程序具有一些特征。相比浏览器特征和 `navigator.webdrvier` 属性值，爬虫程序的特征显得更加可靠。

7.3.1 访问频率限制绕过实战

访问频率指的是单位时间内客户端向服务器端发出网络请求的次数，它是描述网络请求频繁程度的量。正常用户浏览网页的频率不会像爬虫程序那么高，开发者可以将访问频率过高的客户端视为爬虫程序。

示例 10：访问频率限制。

网址：http://www.porters.vip/features/rate.html。

任务：连续 10 次访问目标网页，要求响应状态码为 200。

这个任务看起来挺简单的，我们可以直接用 Requests 库发起请求：

```
import requests

for i in range(10):
    resp = requests.get('http://www.porters.vip/features/rate.html')
    print(resp.status_code)
```

代码运行结果为：

```
200
200
200
200
200
200
503
```

```
503
503
503
```

有 4 次请求的响应状态码为 503。我们可以使用浏览器尝试，连续刷新 10 次页面，网络请求记录如图 7-11 所示。

Name	Status	Type
rate.html	200	document
rate.html	200	document
rate.html	200	document
rate.html	200	document
rate.html	(canceled)	document
rate.html	200	document
rate.html	200	document
rate.html	200	document
rate.html	503	document
rate.html	503	document

图 7-11 网络请求记录

这次有 3 次失败的请求。在测试中发现，如果请求间隔时间变长，就能够保证每次请求的响应状态码都是 200。我们可以在 Python 代码中用 `time.sleep()`方法模拟请求间隔：

```
import requests
import time

for i in range(10):
    resp = requests.get('http://www.porters.vip/features/rate.html')
    print(resp.status_code)
    time.sleep(1)
```

代码运行结果为：

```
200
200
200
200
200
200
200
200
200
200
```

这说明我们已经完成了任务。

实际上，爬虫总是希望请求频率越高越好，这样才能够在最短的时间内完成爬取任务。刚才使用的 `time.sleep(1)`这种降低请求频率的方法并不是爬虫工程师最好的选择。面对根据 IP 地址实现的访问频率限制反爬虫，我们可以使用多台机器共同爬取。假如数据总量为 5 万条，目标网站限速为 1 r/s，

使用 `time.sleep(1)` 这种方式完成爬取任务需要耗费的时间约为 13.9 小时。此时将爬取机器从 1 台增加到 10 台（10 个 IP），那么爬取时间就会降低到 1.39 小时。这种使用多台机器共同爬取的方法称为多机爬取，如果这些机器分布在不同的地域，并且它们使用的是相同的 URL 队列，那么这种爬虫组合就是分布式爬虫。分布式爬虫分为对等分布式和主从分布式，如图 7-12 所示。

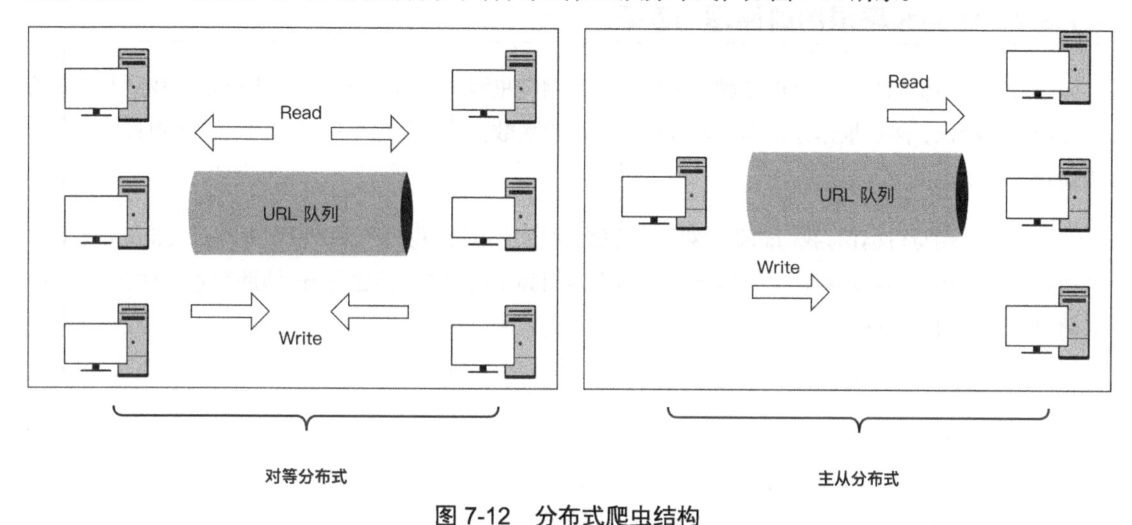

图 7-12 分布式爬虫结构

使用分布式爬虫后，就可以在单位时间内发起更多的请求。这种方式能够有效地应对访问频率限制，但经济成本很高。

除了增加机器外，还可以使用 IP 切换的方式提高访问频率。假如用一台机器作为代理，轮流使用本机 IP 和代理 IP 发起请求，就能够将请访问频率提高 1 倍，9 个代理能够将访问频率提升 9 倍。想要在 1 台机器上提高访问频率，可以使用多个 IP 代理。IP 代理其实是维护一个 IP 池，爬虫程序每次发出请求时都从 IP 池中取出 1 个 IP 作为代理，逻辑如图 7-13 所示。

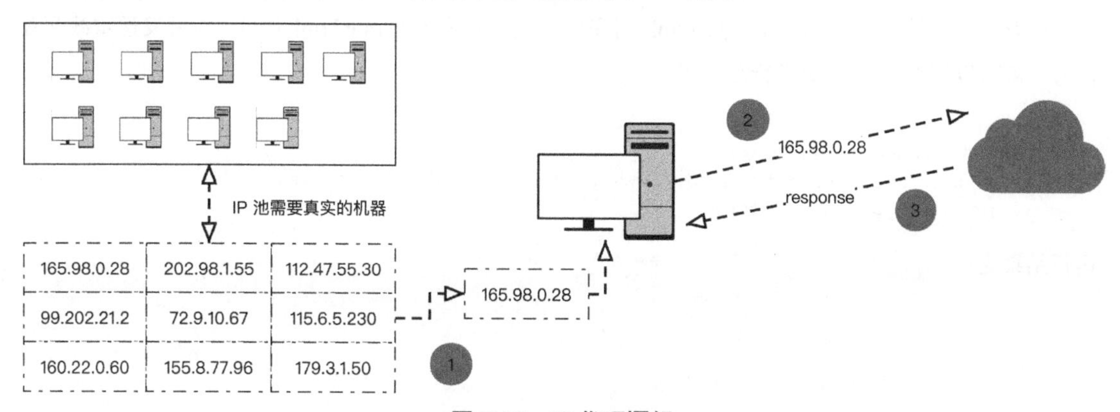

图 7-13 IP 代理逻辑

要注意的是，IP 池中的 IP 地址需要由真实的机器（通常是服务器）提供代理服务，我们将这些提供代理服务的机器的 IP 地址收集起来，汇聚成一个“池”，所以叫作 IP 池。可以自己搭建用于 IP 代理的服务器，也可以直接从提供代理服务的商家购买 IP。

7.3.2 访问频率限制的原理与实现

开发者认为访问频率过高的是爬虫程序。要限制爬虫程序的请求频率，首先就是要找到并确定客户端的身份标识，然后根据标识记录该客户端的请求次数，并且拒绝单位时间内请求次数过多的客户端请求。

提到客户端身份标识，我们想到的第一个答案就是 IP 地址。我们在第 2 章中介绍过 nginx 服务器，本次我们就使用 nginx 实现根据 IP 地址限制爬虫访问频率的功能。新建 nginx 辅助配置文件 rates.conf，并将以下代码写入文件：

```
limit_req_zone $binary_remote_addr zone=rates:10m rate=1r/s;
server {
    listen 8090;
    location /rate.html {
        limit_req zone=rates burst=3 nodelay;
        alias /home/async/htmls/rate.html;
    }
}
```

在配置中，`limit_req_zone` 指令的作用是设置共享内存区域，并给定单位时间内的最大连接数，如果连接数超过此限制，则关闭服务器连接。`$binary_remote_addr` 指令用于获取客户端的 IP 地址，`zone` 用来设置共享内存区域和大小，`rate=1r/s` 代表每秒只允许相同 IP 访问 1 次。`location` 上下文中的 `limit_req` 则指定限速的共享内存区域，其中 `burst=3` 代表 3 个令牌，令牌每秒新增 1 个，超过连接数限制的请求就会被拒绝。

保存配置文件后，在 /home/async/htmls 目录中新建任意内容的 rate.html 文件，然后发送重载配置信号，就可以用 Python 代码进行测试了：

```
import requests
for i in range(10):
    resp = requests.get('http://www.porters.vip:8090/rate.html')
    print(resp.status_code)
```

运行结果为：

```
200
200
200
200
```

```
503
503
503
503
503
503
```

结果中共有6次响应状态码为503的请求，这说明我们已经成功实现了针对客户端IP地址的访问频率限制。

7.3.3 浏览器指纹知识扩展

除了IP地址之外，用于确定客户端身份的标识还有登录后的用户凭证（如Cookie或Token）和浏览器指纹。

Cookie和Token通常由后端程序生成，所以对该标识的限制任务也由后端程序完成。后端程序会维护用户身份标识和单位时间内的请求次数队列。每次客户端发起请求时，后端程序会将请求携带的Cookie或Token信息与队列中的用户身份标识进行对比。如果队列中没有该用户标识记录或单位时间内请求次数未达到阈值，则响应该请求，并且将队列中对应的请求次数进行累加，反之则拒绝该请求。后端实现访问频率限制的逻辑如图7-14所示。

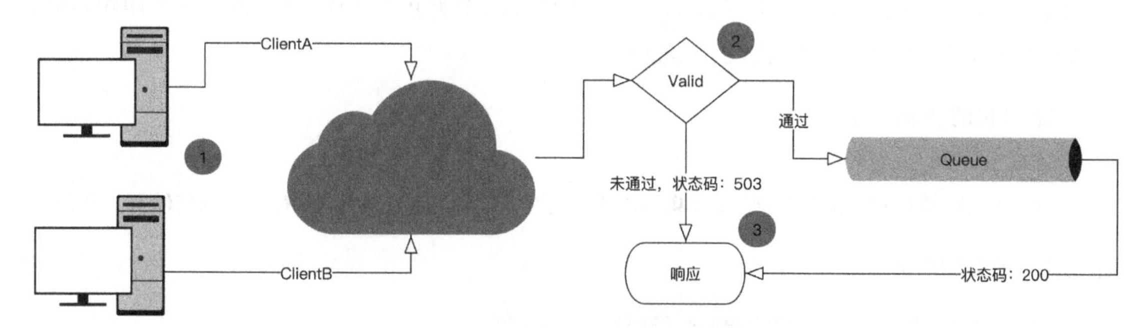

图7-14 后端实现访问频率限制的逻辑

一些成熟的Web框架就附带访问频率限制功能，比如django rest framework，它提供了用于限速的模块Throttling。该模块允许对已登录和未登录的用户进行访问频率限制，官方示例代码如下：

```
REST_FRAMEWORK = {
    'DEFAULT_THROTTLE_CLASSES': (
        'rest_framework.throttling.AnonRateThrottle',
        'rest_framework.throttling.UserRateThrottle'
    ),
    'DEFAULT_THROTTLE_RATES': {
        # 未登录用户，每天仅允许100次请求
        'anon': '100/day',
        # 已登录用户，每天仅允许1000次请求
```

```
        'user': '1000/day'
    }
}
```

访问频率限制的单位时间可以是每秒、每分钟、每小时、每天等。对于使用 Cookie 或 Token 作为依据的访问频率限制方法，我们只需要申请足够多的账号，获取每个账号登录后得到的 Cookie 值或 Token 值，就可以像搭建 IP 池一样搭建一个用户身份凭证池。每次请求时从凭证池中取出一个 Cookie 值或 Token 值，并在代码中使用该值伪造用户身份。

浏览器指纹也称为客户端指纹，是指由多种客户端特征信息组成的字符串结果。组成浏览器指纹的特征信息包括硬件信息（如屏幕的分辨率和色值、CPU 的核心数与类型等）、浏览器信息（如 7.2 节中提到的 platform、插件列表和 User-Agent 属性值等）和不可重复信息（如 IP 地址、已登录用户的 Cookie 等）。其中不可重复信息实际上是可以人为改变的。这些信息组合成的字符串结果的重复概率比较低，但如果是某个网咖或者学校统一采购的计算机，不同设备就很有可能得到相同的指纹信息。因为它们的硬件配置相同，而且在同一个网段，所以重复的概率就会增加。

考虑到这个问题，有人提出利用 UUID、Canvas 和 Webgl 技术获得“唯一”指纹。

UUID 是通用唯一识别码（Universally Unique Identifier）的缩写，是一种软件建构标准，亦为开放软件基金会在分布式计算环境领域的一部分。UUID 的规范为 RFC4122，该规范给出了 UUID 的组成部分和生成算法建议。UUID 由以下几部分组成。

- 60 位的当前时间戳。
- 时钟序列。
- 全局唯一的 IEEE 机器识别号，如果有网卡，从网卡 MAC 地址获得，没有网卡以其他方式获得。

最终生成的 UUID 格式为：

```
f81d4fae-7dec-11D0-a765-00a0c91e6bf6
```

开发者可以将 UUID 写入 Cookie，由服务器端验证请求中的 Cookie 值即可。但如果客户端关闭了 Cookie，那么指纹就失效了。

Canvas 是 HTML5 新增的组件，开发者可以使用 JavaScript 在网页上绘制图案和动效。由 Canvas 绘制的图片可以进行 Base64 编码，得到很长的字符串，业内将这样的字符串称为 Canvas 指纹。Canvas 不依赖 Cookie，所以即使客户端关闭 Cookie 也不会影响服务器端获取 Canvas 生成的指纹。Canvas 绘图代码如下：

```
<!--用 <canvas> 标签在网页中放置画布-->
<canvas id="test-canvas" width="500" height="200"></canvas>
```

```
<script>
  canvas = document.getElementById('test-canvas');  // 定位 canvas 画布
  cvas = canvas.getContext('2d');  // 获取绘图对象
  cvas.clearRect(0, 0, 200, 200); // 擦除(0,0)位置大小为 200×200 的矩形
  cvas.fillStyle = '#dddddd'; // 设置矩形颜色
  cvas.fillRect(10, 10, 130, 130); // 把(10,10)位置大小为 130×130 的矩形涂色
  var path=new Path2D();
  // 绘制形状
  path.arc(75, 75, 50, 0, Math.PI*2, true);
  path.moveTo(110,75);
  path.arc(75, 75, 35, 0, Math.PI, false);
  path.moveTo(65, 65);
  path.arc(60, 65, 5, 0, Math.PI*2, true);
  path.moveTo(95, 65);
  path.arc(90, 65, 5, 0, Math.PI*2, true);
  cvas.strokeStyle = '#0000ff';
  cvas.stroke(path);
</script>
```

运行后会在网页显示如图 7-15 所示的笑脸图案。

图 7-15　Canvas 绘制的笑脸图案（另见彩插）

不同的浏览器一般使用不同的图像处理引擎、图像导出选项、图像压缩级别，即使是使用相同的绘制代码，得出的结果也会有所差别。从操作系统角度来看，不同系统拥有的字体有可能是不同的，字体的渲染差异也会影响 Canvas 绘图结果。由于 Canvas 的这些特性，开发者认为由 Canvas 绘制成的图片值也是不重复的。要使用 Canvas 生成指纹，我们需要完成绘图、图片数据读取和数据压缩等任务。

示例 11：Canvas 生成浏览器指纹。

网址：http://www.porters.vip/features/canvas.html。

Canvas 浏览器指纹展示页主要用于显示 Canvas 绘图的图片数据和该数据的 MD5 加密值，页面内容如图 7-16 所示。

图 7-16　示例 11 页面

示例 11 中所用的 Canvas 绘图代码如下：

```
var canvas = document.createElement('canvas');
var cvas = canvas.getContext('2d');  // 2d 绘图操作对象
var txt = '站在巨人的肩上，iTuring.cn';
cvas.textBaseline = "top";
cvas.textBaseline = "ituring";
cvas.fillStyle = "#dddddd"; // 颜色
cvas.fillRect(130,1,50,50); // 坐标(130,1)且宽高均为 50 的矩形涂色
cvas.fillStyle = "#069";
cvas.fillText(txt, 2, 15); // 绘制带阴影的文字
cvas.fillStyle = "rgba(102, 204, 0, 0.7)";
cvas.fillText(txt, 4, 17);
```

在绘制图形后，使用 `toDataURL()` 方法获取图片 Base64 格式的数据：

```
var images = canvas.toDataURL().replace("data:image/png;base64,","");
```

图片数据非常长，所以示例 11 中使用 MD5 将该数据进行加密，得到固定长度的字符串，加密代码如下：

```
var result = hex_md5(images);
```

最终得到 32 位的字符，如：

```
ca107d2e3350594ff33cccaf5ac4123a
```

我们可以使用不同的浏览器或不同的计算机访问示例 11，页面显示的 Canvas 指纹的 MD5 值如表 7-2 所示。

表 7-2　Canvas 指纹对照表

名称	PC-Chrome	PC-Firefox	Notebook-Chrome	Notebook-Firefox	Phone-QQBrowser	Phone-360Browser
MD5	ca107d2e3350594ff33cccaf5ac4123a	f260561697200e0c9eb1771600b691f1	ca107d2e3350594ff33cccaf5ac4123a	f260561697200e0c9eb1771600b691f1	0eef1d99c44763956c95c664bde30cd8	4a0cfe89c7a0baa54e3bbcf503e5a340

笔者所用计算机的操作系统和 Notebook 的操作系统是相同的，为 Fedora29。根据结果来看，如果客户端使用的操作系统和浏览器是相同的，则得到的 Canvas 指纹也会是相同的。这说明使用 Canvas 得到的指纹是会重复的，它不能作为客户端的身份标识。WebGL 生成指纹的原理和 Canvas 类似，所以 WebGL 生成的指纹也不能作为客户端的身份标识。

单一的 Canvas 指纹、WebGL 指纹和 Navigator 对象属性都不能作为客户端的身份标识，但将这些指纹与属性值组合在一起，就能够降低指纹重复的概率。Fingerprint.js（详见 https://fingerprintjs.com/zh/）是一个开源的指纹检测库，该库通过 JavaScript 从浏览器中收集信息，然后提取可用数据，并将数据加密成一个独特的识别码。Fingerprint.js 使用最先进的识别方法，包括画布指纹追踪、音频采样、WebGL 指纹识别、字体检查和浏览器插件探测等。有兴趣的读者可以通过 Fingerprint.js 进一步了解客户端指纹的相关知识。

7.3.4　淘宝网浏览器指纹案例

并不是所有场景都能使用浏览器指纹作为客户端身份标识。相比 Cookie 和 Token 这种登录后的用户凭据，浏览器指纹更适合用于登录前的检测，比如防止爬虫程序在同一台计算机上建立用户凭证池。

淘宝网用户登录页就用到了浏览器指纹。我们可以在 https://g.alicdn.com/secdev/sufei_data/3.6.12/index.js 中找到获取 WebGL 绘图对象的 Canvas 代码：

```
u.createElement("canvas").getContext("webgl")
```

还有获取 `navigator` 属性值的代码：

```
Object,Array,Function,Math,Date,RegExp,encodeURIComponent,window,document,
navigator,setTimeout,location,history,screen,Image

f.appVersion
f.userAgent
f.language||f.systemLanguage
f.platform
```

该 JavaScript 文件中的代码非常多，我们可以在网页中搜索 Navigator 对象的属性，这样就能够快速找到相关的代码段。代码中的 `f` 代表 Navigator 对象，在 JavaScript 文件中出现的 `appVersion`、`userAgent`、`platform` 等属性说明浏览器指纹技术也被应用在大型互联网产品中。

7.3.5 小结

限制客户端访问频率的前提是找到能够代表客户端身份的特征。对于登录后的用户来说，Cookie 或 Token 等用户凭证是很可靠的特征。但对于未登录的用户来说，综合 Canvas 生成的指纹、WebGL 生成的指纹、Navigator 对象的属性值和客户端的其他属性而生成的特征值，可以作为客户端身份标识，但要注意特征值的重复概率。如果你没有把握生成重复概率低的特征值，不妨试试 Fingerprint.js。

对于限制访问频率这种反爬虫手段，我们可以使用分布式爬虫结构或者搭建对应的池。如果目标网站只是封禁 IP 地址，那么购买代理 IP 池是很好的办法。

7.4 隐藏链接反爬虫

隐藏链接反爬虫指的是在网页中隐藏用于检测爬虫程序的链接的手段。被隐藏的链接不会显示在页面中，正常用户无法访问，但爬虫程序有可能将该链接放入待爬队列，并向该链接发起请求。开发者可以利用这个特点区分正常用户和爬虫程序。

7.4.1 隐藏链接反爬虫示例

示例 12：隐藏链接反爬虫示例。

网址：http://www.porters.vip:8202/。

任务：访问网上商城列表页中每个商品的详情页，拿到详情页的响应正文，页面内容如图 7-17 所示。

图 7-17 示例 12 页面

在编写 Python 代码之前，我们需要确定商品详情页链接地址。点击页面中的“商品详情”就可以跳转到商品详情页，要想获得每件商品详情页的响应正文，只需要向每件商品的详情页 URL 发起网络请求即可。商品详情页链接元素定位如图 7-18 所示。

```
▼<div class="col-md-3">
  ▼<div class="thumbnail">
     <img src="./static/huawei_p30.png" alt="HUAWEI P30" class="imgs">
    ▼<div class="caption">
       <h3>HUAWEI P30</h3>
       <p>New|No price</p>
      ▼<p>
         "关注度: 33870|"
         <a href="/detail/?phone=p30">商品详情</a> == $0
       </p>
     </div>
   </div>
 </div>
▶<div class="col-md-3">…</div>
```

图 7-18 商品详情页链接元素定位

每件商品都包裹在 class 属性为 col-md-3 的 <div> 标签中，商品详情页地址包裹在该 <div> 标签下的 <a> 标签中，对应的 CSS 选择器写法为 .col-md-3 a。接下来循环商品列表，并在循环的过程中提取 <a> 标签的 href 属性值，把它与当前 URL 拼接成完整的 URL 地址。对应 Python 代码为：

```python
import requests
from parsel import Selector
from urllib.parse import urljoin

url = 'http://www.porters.vip:8202/'
resp = requests.get(url)
text = Selector(resp.text)
# 提取商品详情的超链接
shops = text.css('.col-md-3 a::attr("href")').extract()
for s in shops:
    # 循环商品超链接列表，依次向商品详情页发出请求
    detail = urljoin(url, s)
    detail_resp = requests.get(detail)
    # 打印商品详情页响应正文
    print(detail_resp.text)
```

运行结果为：

```
p30's data,you get.
p30pro's data,you get.
Got a spider.
Got a spider.
Got a spider.
Got a spider.
Got a spider.
Got a spider.
```

前面两次请求能够获取数据，但后面的 6 次请求都提示“Got a spider.”，这说明目标网站已经识别了爬虫程序，并拒绝响应。此时我们可以再次运行代码，结果为：

```
Got a spider.
Got a spider.
Got a spider.
Got a spider.
Got a spider.
Got a spider.
Got a spider.
Got a spider.
```

连续 8 次请求都被拒绝。既然爬虫程序无法获取数据，我们就到页面中寻找反爬虫的线索。再次打开示例 12 网站，并没有看到商品信息，而是一段文字提示：

```
Got a spider.Please contact Superuser(Asyncins@aliyun.com)
```

这代表服务器端已经将我们的计算机视为爬虫程序了。发生这种浏览器和爬虫程序都无法得到响应的情况，有很大可能是服务器端禁止我们的 IP 访问服务器。可以用手机浏览器测试一下，打开手机的 4G 网络并访问示例 12 网页，内容如图 7-19 所示。

图 7-19 手机浏览器浏览示例 12 网站

由于手机的 4G 网络与计算机网络不是同一个 IP 地址，所以可以访问示例 12 网站首页。既然目标网站根据 IP 地址拒绝响应，那么我们只需要使用其他机器发起请求，或者重启家里的路由器，待路由器获得新的 IP 后，就可以继续访问示例 12 网站了。

示例 12 网站是如何识别爬虫程序的呢?

我们到页面中找找线索。在首页的商品列表 HTML 中发现了一些不同之处，商品列表 HTML 代码如图 7-20 所示。

```
▼<div class="col-md-12">
  ▶<div class="col-md-3">…</div>
  ▶<div class="col-md-3">…</div>
  ▶<div class="col-md-3 d">…</div>
  ▶<div class="col-md-3">…</div>
  ▶<div class="col-md-3">…</div>
  ▶<div class="col-md-3">…</div>
  ▶<div class="col-md-3 d">…</div>
  ▶<div class="col-md-3">…</div>
```

图 7-20 商品列表 HTML 代码

页面中只有 6 件商品，但是 class 属性为 col-md-3 的 <div> 标签却有 8 对，而且刚才使用 Python 发出请求时得到的响应结果也有 8 条。这其中一定有关联，我们可以进一步观察 <div> 标签，最后发现 class 属性中带有 d 的 <div> 标签与不带有 d 的 <div> 标签下的 <a> 标签，href 属性值不同，其 href 值如下：

```
/detail/?phone=p30
/detail/?phone=p30pro
/details/?phone=p30
/detail/?phone=magic2
/detail/?phone=meta20
/detail/?phone=meta20x
/details/?phone=meta20pro
/detail/?phone=meta20pro
```

在有 d 的 <div> 标签下的 <a> 标签中，href 指向的 URL 为 /details/，不带有 d 的指向的 URL 为 /detail/。我们可以直接访问这两个 URL 地址，当访问 /details/ URL 后，再访问其他的 URL 时就会得到 "Got a spider." 的提示。而且在分析网页时发现 d 的 CSS 样式为：

```
.d {
    display: none;
}
```

该 CSS 样式的作用是隐藏标签，所以我们在页面只看到 6 件商品，但爬虫程序却提取到 8 件商品的 URL。根据两个这个现象，我们可以大胆猜测示例 12 网站的反爬虫逻辑：只要客户端访问 URL 为 /details/ 的接口，就将该客户端视为爬虫，并且拒绝来自该 IP 的请求。

7.4.2 隐藏链接反爬虫原理与实现

由于 CSS 样式隐藏了标签，所以在正常情况下，用户不会点击到 href 中带有/details/的 <a> 标签。但是爬虫程序却不同，如果爬虫工程师在分析网页的时候没有注意到这个特点，就会将所有的 URL 都放到待爬队列，这就导致爬虫程序触发网站的 IP 封禁措施。

要实现隐藏链接反爬虫的效果，我们需要完成以下工作。

- 准备 HTML 页面。
- 定义一个 IP 黑名单队列。
- 编写隐藏链接对应的 API 接口，当客户端访问该接口时将该客户端的 IP 添加到黑名单中。
- 每个页面都加上对客户端黑名单的检测，在客户端访问接口时，判断该客户端的 IP 是否在黑名单中，如果客户端 IP 在黑名单中则拒绝访问，否则返回正确数据。

这里以 Tornado 框架为基础，实现隐藏链接反爬虫的效果。在准备好 HTML 页面后，我们开始编写 Python 代码：

```
import tornado.ioloop
import tornado.web
import os

blacks = set()

class MainHandler(tornado.web.RequestHandler):
    """首页"""
    def get(self):
        # 获取客户端 ip
        client = self.request.remote_ip
        # 将该视图与模板文件夹中的details.html 文件绑定
        self.render("details.html")

def make_app():
    # 路由和静态文件路径设置
    return tornado.web.Application(
        [(r"/", MainHandler)],
        template_path=os.path.join(os.path.dirname(__file__), 'template'),
        static_path=os.path.join(os.path.dirname(__file__), 'static')
    )

if __name__ == "__main__":
    # 绑定端口并启动
    app = make_app()
    app.listen(8202)
    tornado.ioloop.IOLoop.current().start()
```

首先搭建 Tornado 应用的基本结构和定义黑名单容器。考虑到减少黑名单中重复的数据，所以我们选择 Set 作为存放黑名单的容器，然后按照 Tornado 官网教程设置静态文件目录和项目端口。接着实现详情页视图和爬虫程序识别接口：

```
class DetailHandler(tornado.web.RequestHandler):
    """简单的详情页"""
    def get(self):
        # 获取客户端 IP
        client = self.request.remote_ip
```

```
        if client not in blacks:
            # 如果客户端 IP 不在黑名单则返回数据
            params = self.request.arguments  # 获取请求正文
            phone = params.get('phone')[0].decode('utf-8')
            self.finish("%s's data,you get." % phone)
        else:
            # 将响应状态码设置为 403 并返回提示信息
            self.set_status(403)
            self.finish('Got a spider.')

class HunterHandler(tornado.web.RequestHandler):
    """访问到该接口的客户端 IP 都加入黑名单"""
    def get(self):
        # 获取客户端 IP
        client = self.request.remote_ip
        if client not in blacks:
            blacks.add(client)
        # 将响应状态码设置为 403 并返回提示信息
        self.set_status(403)
        self.finish('Got a spider.')
```

DetailHandler是商品详情页视图，逻辑为：获取客户端IP地址并检测该地址是否在黑名单中，如果不在则返回数据，否则将响应状态码设置为403，并返回“Got a spider.”的提示信息。HunterHanlder是爬虫程序识别接口，逻辑为：所有访问该接口的计算机都视为爬虫程序，将客户端IP地址添加到黑名单中，然后将响应状态码设置为403，并返回“Got a spider.”的提示信息。

最后，还需要将这两个视图与路由绑定到一起，添加到make_app()方法中的路由列表里：

```
# 减号代表删除代码，加号代表新增代码
-[(r"/", MainHandler)],
+[(r"/", MainHandler), (r"/detail/", DetailHandler), (r"/details/", HunterHandler)],
```

完成编写工作后，我们可以运行刚才编写的代码，然后打开浏览器访问 http://localhost:8202/。接着在网页中依次点击“商品详情”超链接，服务器端均能够将商品详情返回给浏览器。然后我们访问页面中隐藏的超链接，也就是URL中包含 /details/ 的超链接，服务器端返回的状态码为403，并且页面中显示“Got a spider.”的提示信息。至此，我们已经完成了隐藏链接反爬虫的功能开发。

7.4.3 小结

由于爬虫工程师在分析网页时通常只需要找到目标数据的元素定位，所以隐藏在标签列表中的特殊超链接并不容易被发现，这其实是利用了爬虫工程师的粗心。隐藏链接这种反爬虫手段很适合网站中的列表页。

因为客户端的IP地址会随着网络的关闭与开启而变化，所以在实际的应用中，为了避免误伤到正常用户，IP的封禁并不会持续很久，正确的做法是在一定的时间后解除对客户端IP的封禁。

本章总结

无论是爬虫程序还是我们使用的工具，都有可能存在一些特性，开发者可以根据这些特性来区分正常用户和爬虫程序。要注意的是，这些特性并非是不可改变的。爬虫工程师可以根据一些现象猜测目标网站使用的反爬虫手段，然后做出应对。

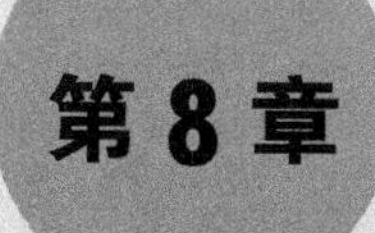

第 8 章

App 反爬虫

Application（以下称 App）主要指安装在智能手机上的应用程序。App 运行在相应的操作系统上，如苹果公司的 iOS 系统或谷歌公司的 Android 系统。App 和网站都是 Web 应用，它们与服务器通信时使用的协议是相同的。与网站不同的是，App 的网络传输和数据收发相对隐蔽，用户既无法直接查看客户端发出的请求信息和服务器端返回的响应内容，也无法直接查看 App 的代码。虽然有些牵强，但这的确构成了被动型反爬虫。

人们常讨论 4G 和 5G 给互联网行业带来的影响，这既是机遇也是挑战。4G 的普及使互联网公司将目光转向移动互联网，5G 的兴起或许会带来更多、更丰富的内容。对于爬虫来说，移动通信网络的更新换代带来的是挑战。从 Web 网站到 App，数据爬取的难度变得越来越大。

在本章中，我们将了解开发者保护 App 数据的常用手段和原理，以及爬虫工程师从 App 中获取数据的方法。

8.1 App 抓包

爬虫要想从 App 中爬取数据，首先要解决的就是请求信息和响应内容的查看问题。抓包指的是利用第三方作为代理，实现监听网络传输与收发数据内容的行为。我们将在本节中学习 App 抓包的相关知识。

8.1.1 HTTP 抓包示例

示例 13：HTTP 抓包。

App 下载网址：https://github.com/asyncins/androidapk/raw/master/Book_a.apk。

任务：爬取网上商城 App 中的商品列表页数据，如图 8-1 所示。

图 8-1 示例 13 中的列表页

在之前的案例中，在爬取列表页中的商品数据前，需要对元素进行定位。但在面对 App 时，要做的第一件事就是找到该页面对应的 URL。相对于网站来说，App 较为封闭，用户无法直接看到网络请求和响应信息。要想查看这些内容，就需要对 App 抓包，常用的抓包软件有 Charles、Fiddler 和 Wireshark。本书将以 Charles（安装步骤详见 1.4.2 节）为例，完成示例 13 指定的任务。

Charles 扮演的是中间人的角色，我们需要更改手机网络的代理设置，将安装有 Charles 的计算机作为网络跳板，这样 Charles 才能读取手机的网络传输信息。要注意的是，被抓包的手机必须和计算机在同一个网络中。首先查看计算机的 IP 地址，然后打开手机的 Wi-Fi 设置，并进入网络设置界面。不同手机的界面不同，但网络设置界面大概如图 8-2 所示。

图 8-2 网络设置界面

点击“代理设置”，在跳转后的界面中选择“手动”选项。在“代理服务器主机名”处填入计算机的 IP 地址，并在“代理服务器端口”处填入 8888（Charles 工具的默认端口），如图 8-3 所示。

图 8-3 代理配置

保存配置后打开 Charles 软件，此时会弹出如图 8-4 所示的提示。

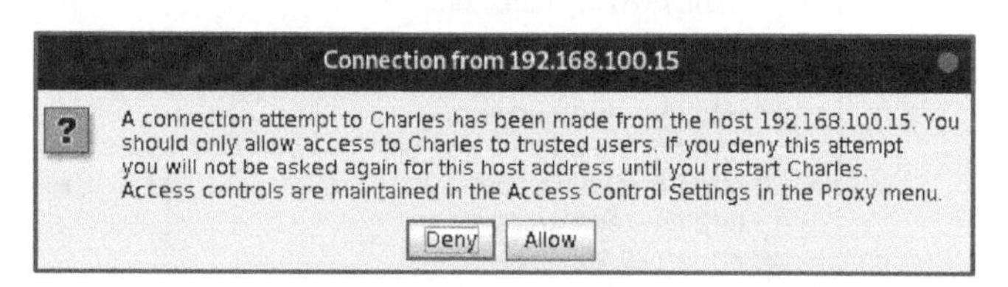

图 8-4 Charles 提示

该弹窗提示检测到一个连接（我们配置过代理的手机），询问是否将其添加到监听设备列表中。点击 Allow 按钮代表同意。Deny 按钮代表不监听该设备，如果不小心点击了这个按钮，那么就需要更改设置，将手机 IP 添加到监听设备列表中。添加方法是在 Charles 菜单栏中点击 Proxy 选项并在弹出的下拉列表中选择 Access Control Settings 选项，如图 8-5 所示。

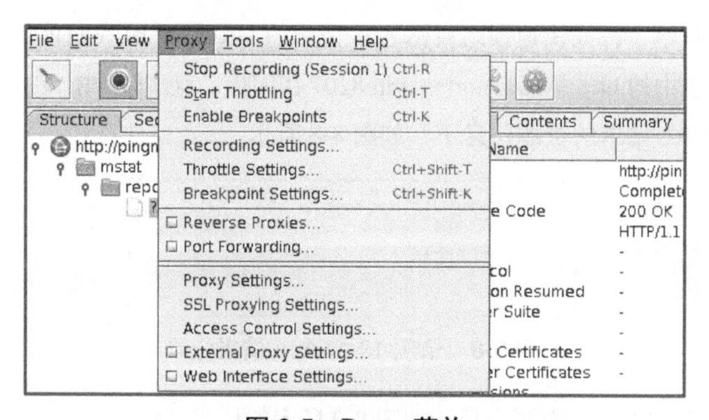

图 8-5 Proxy 菜单

然后在弹出的设置框中点击 Add 按钮，并在 IP 框中输入手机的 IP 地址，最后点击设置框右下角的 OK 按钮。

完成这些设置后，我们就可以监听手机的网络传输了。Charles 工具栏（如图 8-6 所示）中的第二个圆形工具是监听的开关，红色代表正在监听，灰色代表未开启监听。

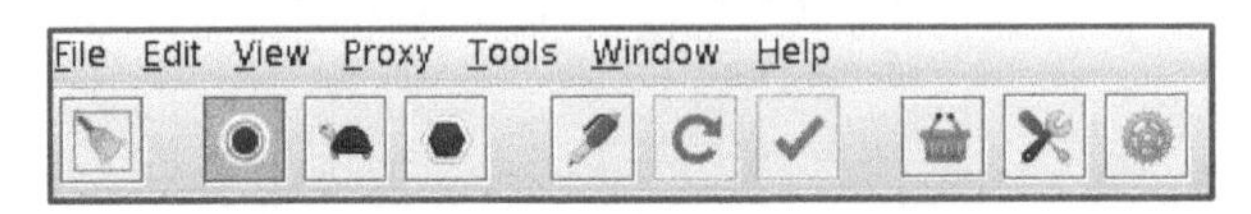

图 8-6 Charles 工具栏（另见彩插）

开启监听后，我们打开手机中名为 Books 的 App，此时在 Charles 界面左侧的 Structure 选项卡中就会显示对应的网络请求，如图 8-7 所示。

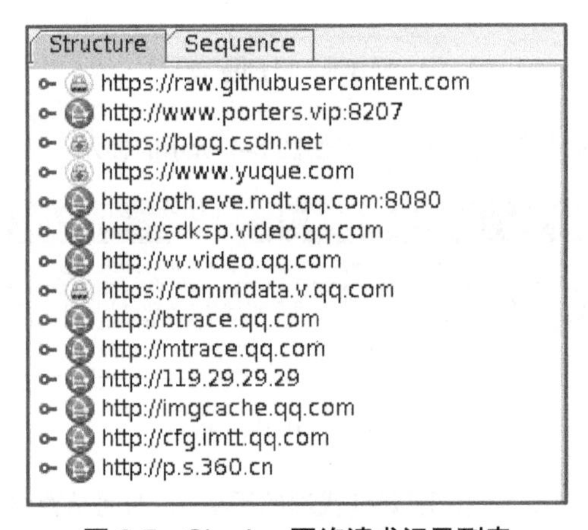

图 8-7 Charles 网络请求记录列表

这个列表中有很多请求记录，这是因为除了示例 13 所述的 App 外，还有其他的程序在运行，Charles 会将手机发送的所有请求都记录下来。当某个网络请求发生时，记录列表中对应的 URL 就会发出黄色闪烁，我们可以根据这个特征快速锁定目标 App 请求的 URL。此时我们重新启动示例 13 App 并观察记录列表，发现列表中的 http://www.porters.vip:8207 在闪烁。点击该 URL 左侧的折叠标签（形如钥匙），就可以查看该 URL 请求的资源信息了，如图 8-8 所示。

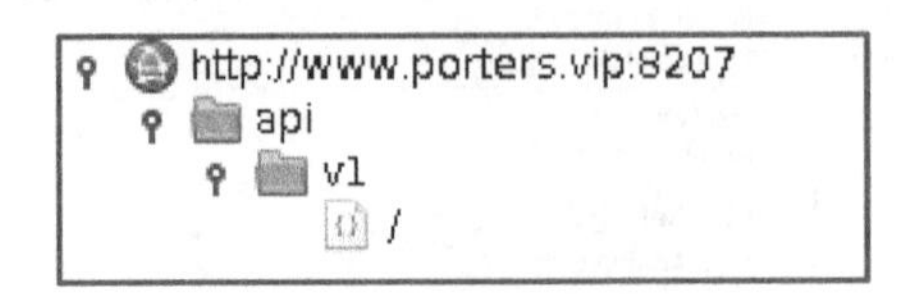

图 8-8 示例 13 的 App 请求记录

点击记录中的“/”，Charles 右侧会显示如图 8-9 所示的请求详情。

Overview | Contents | Summary | Chart | Notes

Name	Value
URL	http://www.porters.vip:8207/api/v1/
Status	Complete
Response Code	200 OK
Protocol	HTTP/1.1
TLS	-
Protocol	-
Session Resumed	-
Cipher Suite	-
ALPN	-
Client Certificates	-
Server Certificates	-
Extensions	
Method	GET
Kept Alive	No
Content-Type	application/json; charset=UTF-8
Client Address	192.168.100.15:49960
Remote Address	www.porters.vip/148.70.66.56:8207

图 8-9　请求详情

这里需要说明的是，Overview 面板显示的是请求总览，Contents 面板显示的是响应正文。从请求总览中可以看到，本次请求的 URL 为 http://www.porters.vip:8207/api/v1/，响应状态码为 200。Contents 面板分为如图 8-10 所示的上下两部分，上半部分显示 URL 和 Host 等 Headers 信息，下半部分显示的是响应正文。

Overview | Contents | Summary | Chart | Notes

```
GET /api/v1/ HTTP/1.1
Host www.porters.vip:8207
Accept-Encoding gzip
User-Agent okhttp/3.4.1
Connection keep-alive
```

Headers | Raw

```
[{
  "name": "HUAWEI P30",
  "price": "No price",
  "follow": 33870,
  "attr": "New",
  "image": "huawei_p30.png"
}, {
  "name": "HUAWEI P30 Pro",
  "price": "No price",
  "follow": 30006,
  "attr": "New",
  "image": "huawei_p30_pro.png"
}, {
  "name": "MATE 20 X",
  "price": "4499",
  "follow": 63870,
  "attr": "HOT",
  "image": "mate_20_x.png"
}, {
  "name": "Magic 2",
```

Headers | Text | Hex | JavaScript | JSON | JSON Text | Raw

图 8-10　Contents 面板

在 Contents 面板下半部分，还提供了视图切换功能，我们可以根据需求切换不同的视图以浏览响应正文。将响应正文与示例 13 中 App 的商品列表数据进行对比，可以发现这正是我们的爬取目标。复制请求的 URL 并在浏览器中打开，如图 8-11 所示。

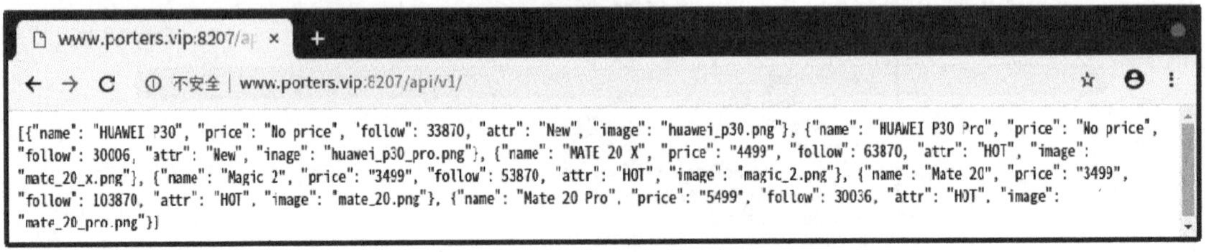

www.porters.vip:8207/api/v1/

不安全 | www.porters.vip:8207/api/v1/

[{"name": "HUAWEI P30", "price": "No price", "follow": 33870, "attr": "New", "image": "huawei_p30.png"}, {"name": "HUAWEI P30 Pro", "price": "No price", "follow": 30006, "attr": "New", "image": "huawei_p30_pro.png"}, {"name": "MATE 20 X", "price": "4499", "follow": 63870, "attr": "HOT", "image": "mate_20_x.png"}, {"name": "Magic 2", "price": "3499", "follow": 53870, "attr": "HOT", "image": "magic_2.png"}, {"name": "Mate 20", "price": "3499", "follow": 103870, "attr": "HOT", "image": "mate_20.png"}, {"name": "Mate 20 Pro", "price": "5499", "follow": 30036, "attr": "HOT", "image": "mate_20_pro.png"}]

图 8-11 浏览器显示内容

既然通过 HTTP 请求可以直接获取示例 13 中 App 的数据，那么我们直接编写 Python 代码发起请求即可：

```
import requests
import json

resp = requests.get('http://www.porters.vip:8207/api/v1/')
# 将响应正文转换成 Python 容器对象
data = json.loads(resp.text)
print(type(data))
for i in data:
    print(i)
```

运行结果为：

```
<class 'list'>
{'name': 'HUAWEI P30', 'price': 'No price', 'follow': 33870, 'attr': 'New', 'image':
'huawei_p30.png'}
{'name': 'HUAWEI P30 Pro', 'price': 'No price', 'follow': 30006, 'attr': 'New', 'image':
'huawei_p30_pro.png'}
{'name': 'MATE 20 X', 'price': '4499', 'follow': 63870, 'attr': 'HOT', 'image':
'mate_20_x.png'}
{'name': 'Magic 2', 'price': '3499', 'follow': 53870, 'attr': 'HOT', 'image':
'magic_2.png'}
{'name': 'Mate 20', 'price': '3499', 'follow': 103870, 'attr': 'HOT', 'image':
'mate_20.png'}
{'name': 'Mate 20 Pro', 'price': '5499', 'follow': 30036, 'attr': 'HOT', 'image':
'mate_20_pro.png'}
```

这说明我们通过对 App 抓包获得了 App 商品列表页的 URL，并编写代码向该 URL 发起网络请求，最终完成了示例 13 的商品数据爬取任务。

8.1.2 掌上英雄联盟抓包案例（HTTP）

掌上英雄联盟 App 是腾讯游戏英雄联盟官方发行的一款 App，该 App 专为英雄联盟玩家打造，功能包括召唤师战绩查看、英雄资料、赛事资讯和赛事回放等，我们也可以通过抓包的方式查看它的请求信息。本次以掌上英雄联盟 Android App v7.3.4(4014) 版本为例，演示英雄联盟“周免英雄”的数据查看。

在手机中安装并打开掌上英雄联盟 App，接着在顶部菜单栏中选择“英雄”选项，界面如图 8-12 所示。

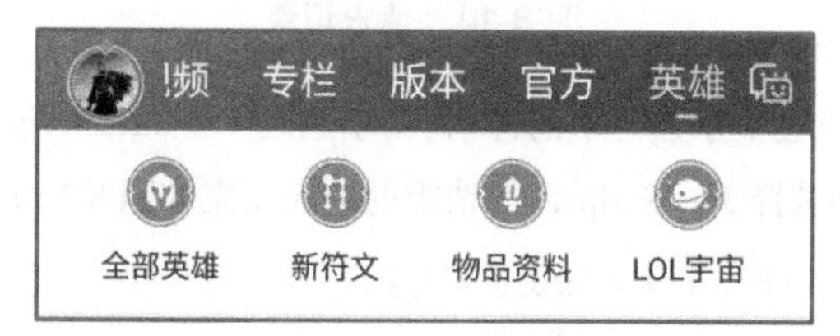

图 8-12　掌上英雄联盟顶部菜单栏

我们在界面中选择“全部英雄”，然后打开 Charles 的监听开关。接着在掌上英雄联盟 App 中切换到“本周限免”面板，就可以看到如图 8-13 所示的内容了。

图 8-13　本周限免英雄列表

此时观察 Charles 的请求记录列表，在列表中找到 http://lol.qq.com 的记录，点击左侧的折叠标签，就可以看到如图 8-14 所示的请求。

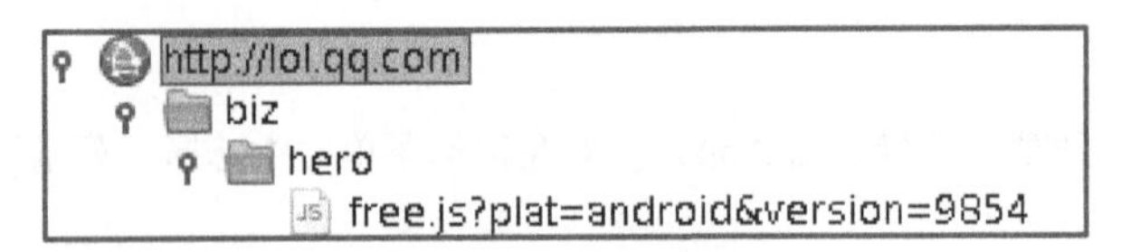

图 8-14 请求记录

选中 free.js 记录，右侧就会显示该请求的详情。由于这是一个 JavaScript 文件，所以我们在 Contents 面板下半部分的视图标签中选择 JavaScript，该请求的响应正文如图 8-15 所示。

```
if (!LOLherojs) var LOLherojs = {};
LOLherojs.free = {
    "keys": {
        "201": "Braum",
        "69": "Cassiopeia",
        "42": "Corki",
        "131": "Diana",
        "36": "DrMundo",
        "81": "Ezreal",
        "105": "Fizz",
        "30": "Karthus",
        "64": "LeeSin",
        "90": "Malzahar",
        "57": "Maokai",
        "102": "Shyvana",
        "37": "Sona",
        "77": "Udyr"
    },
    "data": {
        "Braum": {
            "id": "Braum",
            "key": "201",
            "name": "\u5f17\u96f7\u5c14\u5353\u5fb7\u4e4b\u5fc3",
            "title": "\u5e03\u9686",
            "tags": ["Support", "Tank"],
```

图 8-15 响应正文

虽然这是一段 JavaScript 代码，但是我们可以从文本结构中看出数据主体为 JSON 格式。`keys` 键对应的值是“周免英雄”的 id 和它们的英文名。`data` 键对应的值是每个英雄的属性，如 `name` 对应的是英雄称号，`title` 对应的是英雄名字，而 `tags` 对应的是该英雄的角色定位，如 `Support`（辅助）、`Tank`（坦克）和 `Mage`（法师）。确认数据后，我们将该请求的 URL 复制并使用浏览器访问，访问结果如图 8-16 所示。

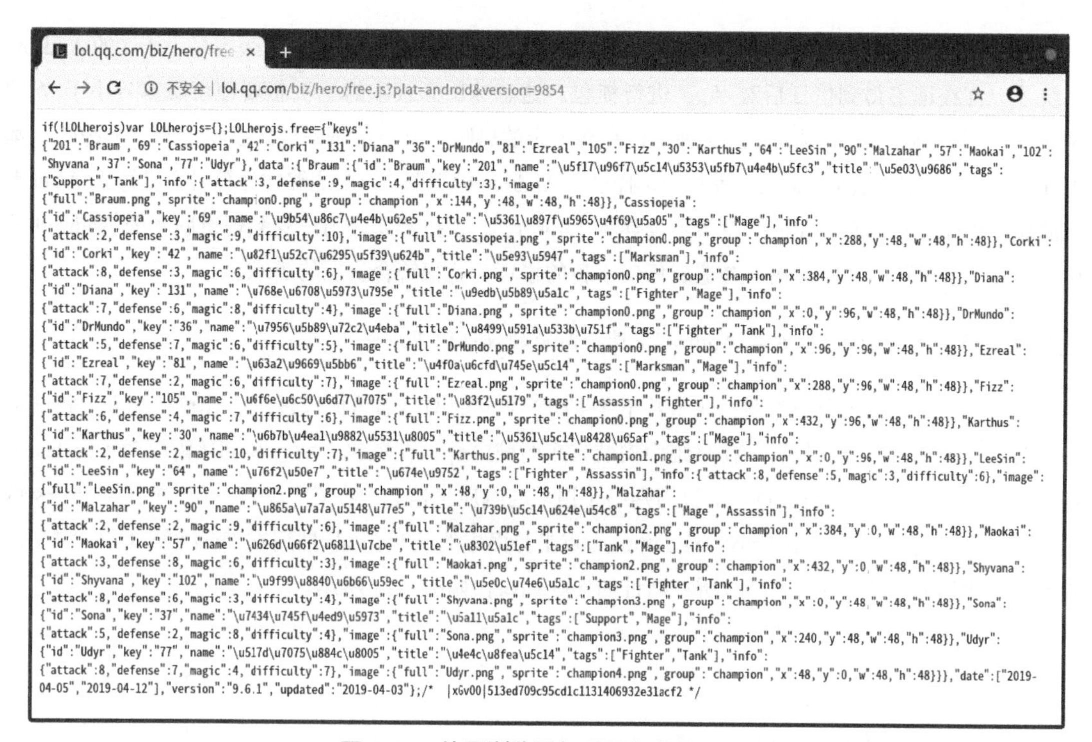

图 8-16 使用浏览器打开周免英雄 URL

将响应正文中英雄名称的 Unicode 编码转换后，就可以得到英雄的中文称号和中文名字：

```
"name":"弗雷尔卓德之心","title":"布隆"
"name":"魔蛇之拥","title":"卡西奥佩娅"
"name":"英勇投弹手","title":"库奇"
"name":"皎月女神","title":"黛安娜"
"name":"探险家","title":"伊泽瑞尔"
...
```

这代表我们已经成功查看 App 基于 HTTP 协议的网络通信内容。

8.1.3 京东商城抓包案例（HTTPS）

我们可以借助抓包工具查看 App 的网络请求信息，前提是 App 使用的网络传输协议是 HTTP。如果 App 使用的网络传输协议是 HTTPS，那情况就复杂多了。没有证书是无法查看请求信息的，好在 Charles 为用户提供了有效的 SSL 证书，我们只需要按照官网的介绍进行证书的安装即可（安装步骤详见 1.4.2 节）。

iOS 和 Android 这两个操作系统的证书信任机制不同，在计算机上安装证书后，还需要在手机上做一些设置。iOS 系统中证书的安装和设置详见 1.4.3 节。

目前大部分 Android 手机的系统版本号是 8 或者 9（有一部分是 7），只有版本号小于 7 的 Android 系统才允许在证书得到信任后对 App 进行抓包。这意味着高版本的手机想要使用版本号小于 7 的 Android 系统，就必须“刷机”。这种操作存在一定的风险，有一定概率导致手机出现重大故障，本书并不推荐这么做。通常，爬虫工程师会选择使用 Android 模拟器（一个能够在计算机上运行 Android 系统的应用软件，软件安装和证书设置步骤详见 1.4.4 节）。模拟器允许用户安装任意版本的 Android 系统，在接近真机体验的同时还不会造成任何设备的损坏，这很符合我们的需求。

说明 请根据操作系统（iOS 或 Android）选择对应的证书设置方法。

接下来我们以京东商城为例，演示基于 HTTPS 协议的网络通信抓包过程。计算机端和手机端证书安装完毕且设置证书信任后，在系统中安装京东商城 App。在抓包之前，我们还需要对 Charles 进行一些设置，以抓取基于 HTTPS 协议的网络（请求与响应）信息。在 Charles 菜单栏中找到 Proxy 选项，并在下拉列表中选择 SSL Proxying Settings。点击界面中的 Add 按钮，然后在 Host 栏中填入“*”，在 Port 栏中填入 443，这代表监听所有网址的 443 端口，如图 8-17 所示。

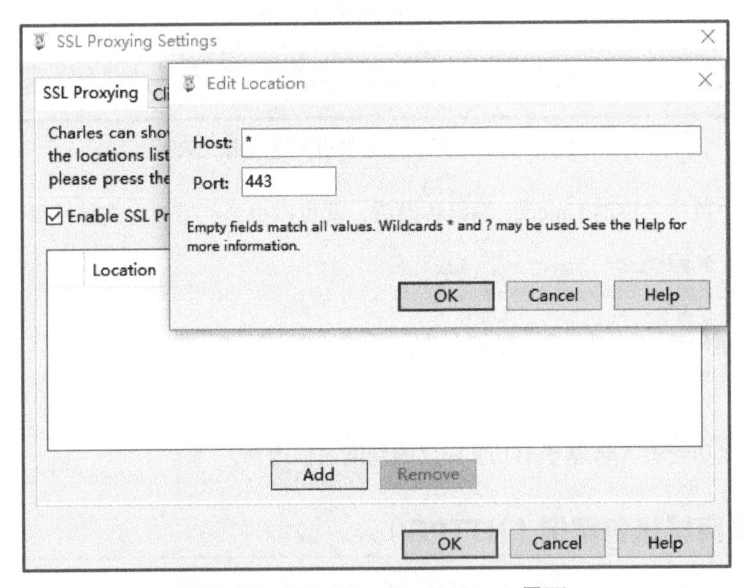

图 8-17 SSL Proxying Settings 界面

完成设置后，剩下的工作与 8.1.1 节演示的相同。开启 Charles 的监听功能，并打开京东商城 App，在 App 顶部搜索框中搜索“智能手机”，结果如图 8-18 所示。

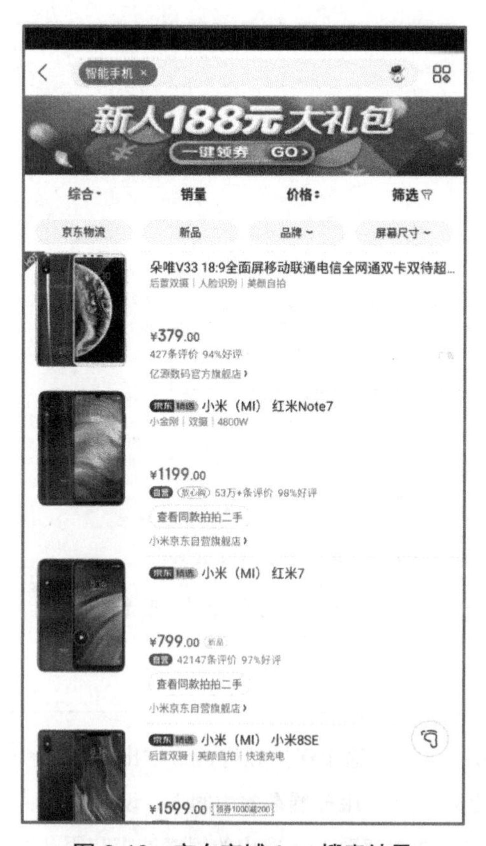

图 8-18　京东商城 App 搜索结果

此时，在 Charles 左侧的 Structure 选项卡中就会看到类似图 8-19 所示的请求记录列表。

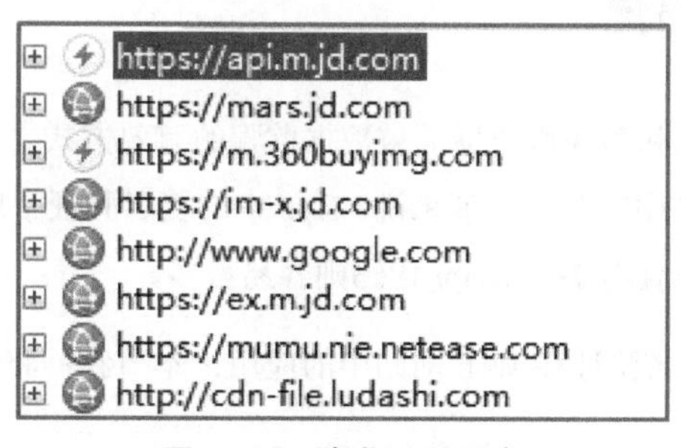

图 8-19　请求记录列表

依次查看列表中包含 jd.com 的所有请求，直到找到与搜索结果对应的请求记录。最终在 https://api.m.jd.com 下找到了搜索结果对应的请求，该请求的响应信息如图 8-20 所示。这代表我们已经成功地看到 App 基于 HTTPS 协议的网络通信内容。

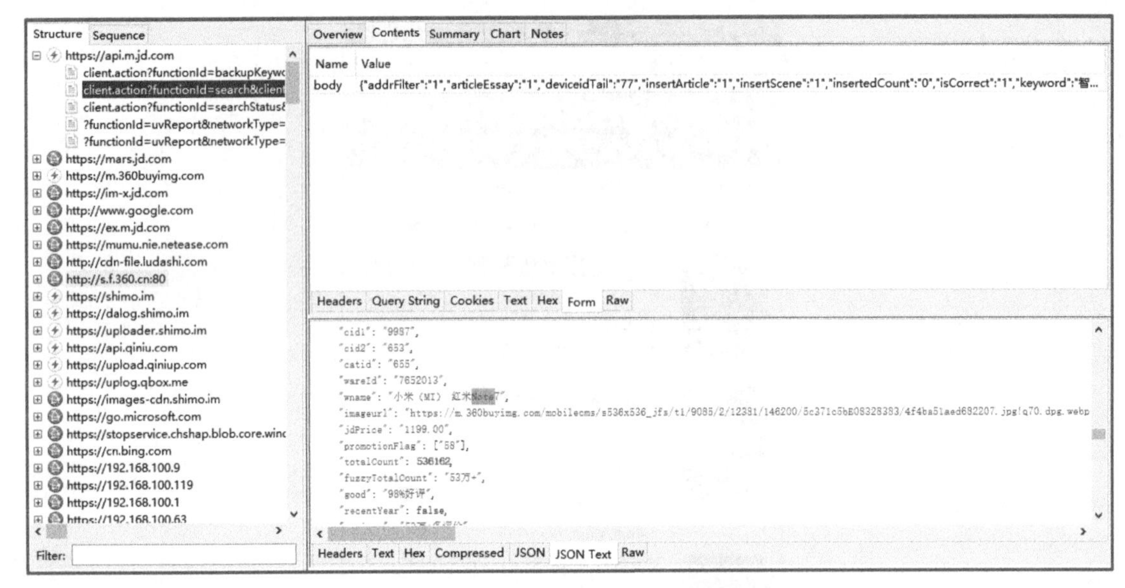

图 8-20 搜索结果的响应信息

8.1.4 小结

App 只是比网站多了一层保护壳，这个保护壳将 App 发出的请求和得到的响应包裹起来，不让用户轻易看到。抓包软件实际上是 App 和服务器端的中间人，设置代理后，网络传输的信息就会经过中间人，这就是我们能够在抓包软件中查看 App 发出的网络请求和服务器端响应信息的原因。

8.2 APK 文件反编译

签名验证是防止恶意连接和避免服务器端被数据欺骗的有效方式之一，也是后端 API 最常用的防护手段之一。相对于 Web 网站中的签名验证来说，App 中的签名验证手段更为安全。这是由于 App 的代码不会直接暴露给外部，而查看 JavaScript 代码则容易得多。

我们在 4.3 节中了解了签名验证在 Web 网站中的应用，本节我们将讨论它在 App 中的应用。

8.2.1 App 签名验证反爬虫示例

示例 14：App 签名验证反爬虫示例。

App 下载网址：https://github.com/asyncins/androidapk/raw/master/Book_a.apk（与示例 13 相同）。

任务：爬取网上商城 App 中的商品详情页数据，如图 8-21 所示。

图 8-21 示例 14 的详情页

我们在上一节中已经安装过该 App，所以本节不需要重复安装。现在开启 Charles 的监听开关，然后打开该 App 并点击商品列表中的商品，此时界面会切换到商品详情页。接着在 Charles 的请求记录列表中找到 URL 为 http://www.porters.vip:8207 的记录，点击该记录左侧的图标展开折叠标签，可以看到该 URL 下具体的请求如图 8-22 所示。

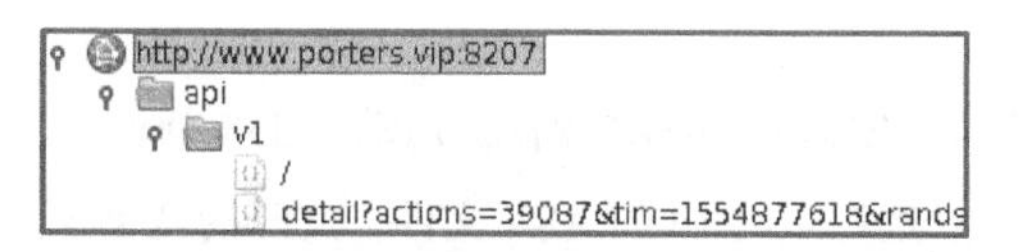

图 8-22 请求记录

记录中有一条包含 detail 的 URI 记录，点击该记录查看请求详情，可以看到该请求对应的响应正文如图 8-23 所示。我们发现响应正文中显示的正是 App 商品详情页的数据。该请求的 URL 为 http://www.porters.vip:8207/api/v1/detail?actions=39087&tim=1554877618&randstr=WREPV&sign=583439e68a1ba5e1696bc566aac977c8。

Overview | Contents | Summary | Chart | Notes

```
GET /api/v1/detail?actions=39087&tim=1554877
Host www.porters.vip:8207
Accept-Encoding gzip
User-Agent okhttp/3.4.1
Connection keep-alive
```

Headers | Query String | Raw

```
{
    "name": "HUAWEI P30",
    "price": "No price",
    "follow": 33870,
    "attr": "New",
    "image": "huawei_p30.png"
}
```

图 8-23 响应正文

这个逻辑和操作过程似乎与上一节是相同的，我们复制该 URL 并用浏览器访问，但服务器端返回的状态码并不是 200，而是 403。根据 URL 中的请求正文，我们可以猜测 App 详情页的接口使用了类似于 4.3 节的签名验证反爬虫。我们在 4.3 节中通过查看网站的 JavaScript 代码整理出请求正文的加密逻辑，但 App 的代码如何查看呢?

8.2.2 APK 文件反编译实战

高级语言的源程序需要通过编译生成可执行文件，编译就是将编程语言翻译成计算机能够识别和处理的二进制数据的过程。反编译又名计算机软件反向工程，指的是将软件应用还原成开发语言代码的过程。APK 是 Android Application Package 的缩写，即 Android 应用程序包。如果我们想要查看 Android 应用程序的源代码，就需要使用反编译手段提取 APK 中的代码。

我们的目的是找到 APK 中计算请求正文参数和值的代码，从而使用 Python 模拟实现，所以不必深究反编译方面的知识。可以借助一些软件帮助我们将 APK 反编译成代码，比如 Apktool 和 JADX，这两种工具都支持多个平台。接下来，我们将以 JADX 为例，学习如何将 APK 反编译成代码，并找到签名验证的相关代码。

在开始实践之前，请确认已安装好 JADX 软件。启动 JADX 软件后，点击“文件”菜单并在下拉列表中选择“打开文件”，然后选择示例 14 的 APK 文件，此时的就会显示如图 8-24 所示的代码目录。

图 8-24　APK 对应的代码目录

点击目录左侧的折叠标签展开该目录。我们随意选择一个文件，JADX 右侧就会显示对应的代码，如图 8-25 所示。

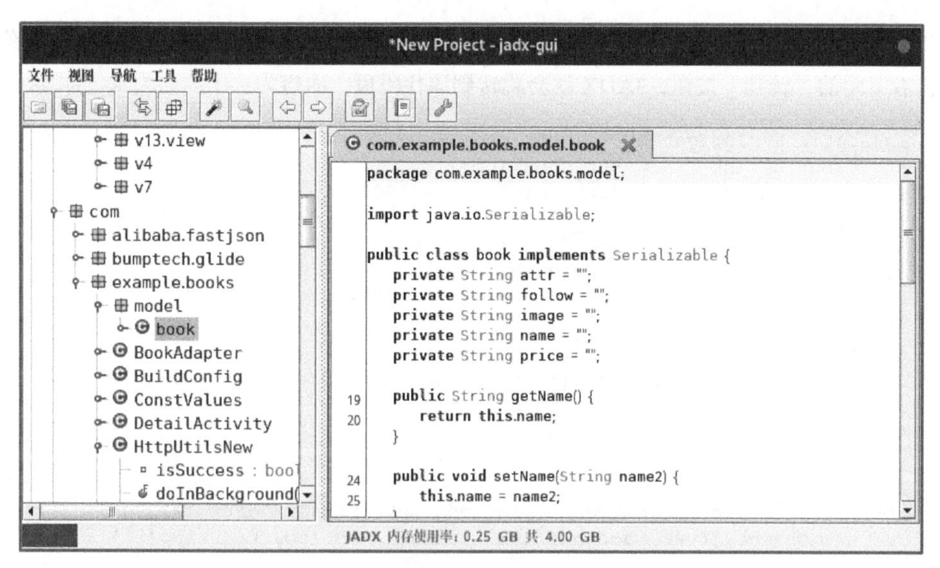

图 8-25 JADX

虽然可能看不懂 Java 语言的代码，也不了解 Android 程序的目录结构，但这并不影响我们寻找签名验证算法。我们可以通过全局搜索找到 `sign` 或者 `randstr` 关键字，进而确定签名验证的算法逻辑。点击菜单栏中的“导航”选项，并在弹出的下拉列表中选择“搜索文本”，然后搜索关键字“sign=”，搜索结果如图 8-26 所示。

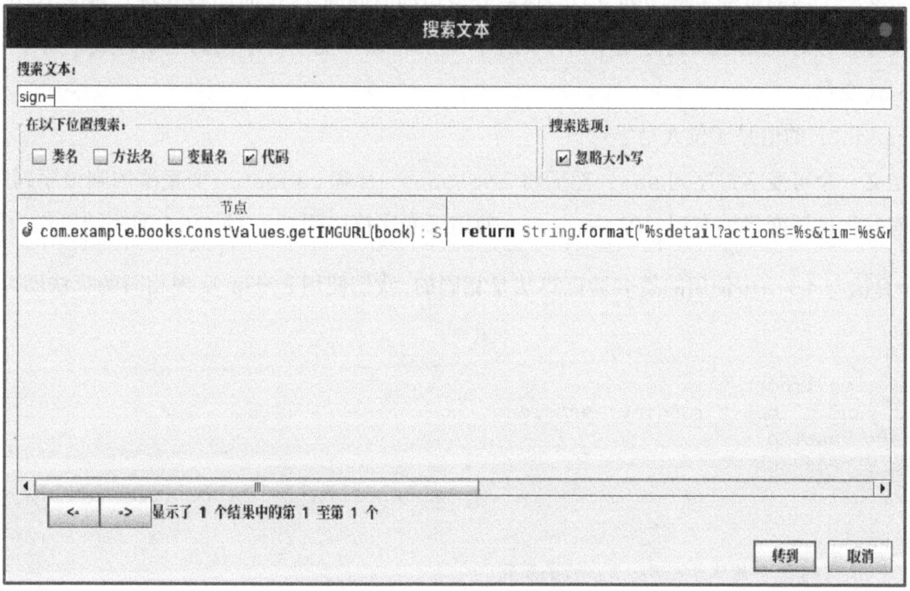

搜索文本
搜索文本:
sign=
在以下位置搜索:
☐ 类名 ☐ 方法名 ☐ 变量名 ☑ 代码
搜索选项:
☑ 忽略大小写
节点
com.example.books.ConstValues.getIMGURL(book) : St
return String.format("%sdetail?actions=%s&tim=%s&r
<- -> 显示了 1 个结果中的第 1 至第 1 个
转到 取消

图 8-26 关键字搜索结果

可以看到，这里只有 1 条符合条件的记录，签名验证的算法很有可能在这段代码中。选中该记录，然后点击右下角的“转到”按钮，JADX 就会跳转到该代码段，内容为：

```
public static String getIMGURL(book obj) {
    StringBuilder sb = new StringBuilder();
    sb.append(new Random().nextInt(99999) + 10000);
    sb.append("");
    String action = sb.toString();
    StringBuilder sb2 = new StringBuilder();
    sb2.append(System.currentTimeMillis() / 1000);
    sb2.append("");
    String tim = sb2.toString();
    String randstr = getRandstr(5).toUpperCase();
    StringBuilder sb3 = new StringBuilder();
    sb3.append(action);
    sb3.append(tim);
    sb3.append(randstr);
    return String.format("%sdetail?actions=%s&tim=%s&randstr=%s&sign=%s",
        new Object[]{URL, action, tim, randstr, md5(sb3.toString())});
}
```

该方法最后返回一串 URI，这个 URI 正是 App 商品详情页的 URI。我们来看看算法，虽然可能不懂 Java 的语法，但我们可以整理出代码逻辑和计算规则。

- 首先定义一个名为 sb 的可变字符序列，然后计算 5 位随机数字并添加到字符序列 sb 中，接着将序列中的元素转成字符串并赋值给 action 变量。
- 定义一个新的可变字符序列 sb2，然后获取当前时间的 13 位时间戳并将其转成 10 位时间戳，接着将该时间戳添加到可变字符序列中，最后将该可变字符序列的元素转成字符串并赋值给 tim 变量。
- randstr 的值是 5 位大写字母。
- 定义一个可变字符序列 sb3，然后将 action、tim 和 randstr 变量添加到该序列中，在返回时将这些变量填充到 URI 中，sign 使用可变字符序列 sb3 的 MD5 加密结果作为值。

这个算法与 4.3 节中使用的签名验证算法是相同的，我们使用 Python 实现相同的算法即可，Python 代码如下：

```
from time import time
from random import randint, sample
import hashlib
import requests


def hex5(value):
    # 使用 MD5 加密值并返回加密后的字符串
    manipulator = hashlib.md5()
    manipulator.update(value.encode('utf-8'))
```

```
    return manipulator.hexdigest()


# 生成 1 至 9 之间的 5 个随机数字
action = "".join([str(randint(1, 9)) for _ in range(5)])
# 生成当前时间戳
tim = round(time())
# 生成 5 个随机大写字母
randstr = "".join(sample([chr(_) for _ in range(65, 91)], 5))
# 3 个参数拼接后进行 MD5 加密
value = action+str(tim)+randstr
hexs = hex5(value)


def uri():
    # 拼接 URI
    args = '?actions={}&tim={}&randstr={}&sign={}'.format(action, tim, randstr, hexs)
    return args

url = 'http://www.porters.vip:8207/api/v1/detail' + uri()
resp = requests.get(url)
print(resp.status_code, resp.text)
```

运行结果为：

```
200 {"name": "HUAWEI P30", "price": "No price", "follow": 33870, "attr": "New", "image":
"huawei_p30.png"}
```

至此，我们已经学会如何使用工具反编译 APK 文件，并在代码中找到了签名验证的算法，完成了爬取任务。

8.2.3　小结

App 与服务器的通信使用的也是 HTTP 协议和 WebSocket 协议，所以基于这两种网络协议的反爬虫手段都可以应用在 App 上。想要查看 App 的代码，必须将对应的 APK 文件反编译成代码。

8.3　代码混淆反爬虫

代码混淆指的是将代码转换成一种功能等价但人类难以阅读和理解的文本。混淆指使用简短或冗长且无规律的字符替换代码中的方法、类和变量的名称，在缺乏注释和混淆映射表的情况下，工程师几乎无法阅读项目代码。开发者为了保护 App 的信息和代码，通常会使用代码混淆手段，这给爬虫工程师带来了非常大的困扰。在本节中，我们将学习 Android 项目代码混淆的相关知识。

8.3.1 Android 代码混淆原理

Android 代码混淆其实是对项目中的字符进行映射与压缩。混淆时会将代码中的类名、变量名和函数名用无意义的简短名称进行映射，示例如下：

```
# 映射示例：映射前 -->  映射后
seaking --> e
class indexview -->  class v
```

这能够保证反编译 APK 后得到的代码无法见名知意，令 APK 难以被逆向。Android 可以使用 ProGuard（详见 https://developer.android.google.cn/studio/build/shrink-code#shrink-code）来实现混淆。

ProGuard 是 Android 官方提供的代码压缩和混淆工具，它会检测和移除封装应用中的未使用的类、字段、方法、属性以及自带代码库中的未使用项。ProGuard 还可优化字节码，移除未使用的代码指令，以及用短名称混淆其余的类、字段和方法。

要通过 ProGuard 启用代码压缩，就要在项目工程中的 build.gradle 文件中将 `minifyEnabled` 的值设置为 `true`：

```
# 减号代表删除代码，加号代表增加代码
buildTypes {
    release {
        - minifyEnabled false
        + minifyEnabled true
        proguardFiles getDefaultProguardFile('proguard-android-optimize.txt'),
            'proguard-rules.pro'
    }
}
```

除了 `minifyEnabled` 属性外，还要设置用于定义 ProGuard 规则的 `proguardFiles` 属性。代码压缩工作会按照 Android SDK tools/proguard/ 文件夹中 proguard-android.txt 的默认配置进行。如果想要进一步压缩代码，可以将文件指向 proguard-android-optimize.txt，该文件中的压缩配置不仅包括默认配置，还包括在字节码一级（方法内和方法间）的分析优化，能够进一步减小 APK 文件的大小并帮助其提高运行速度。ProGuard 允许开发者在默认配置的基础上自定义 ProGuard 规则。自定义规则的文件名为 proguard-rules.pro，开发者只需要在该文件中填写压缩配置即可。

每次构建时，ProGuard 都会在<module-name>/build/outputs/mapping/release/ 中输出下列文件。

- **dump.txt**：说明 APK 中所有类文件的内部结构。
- **mapping.txt**：提供原始与混淆过的类、方法和字段名称之间的转换。
- **seeds.txt**：列出未进行混淆的类和成员。
- **usage.txt**：列出打算从 APK 文件中移除的代码。

这些文件便于开发者对混淆后的代码进行追踪和调试。mapping.txt 是代码混淆后的映射关系文本，如果该文本被覆盖或丢失，那么即使是项目开发者，也无法阅读混淆过后的代码。如果你对 Android 资源压缩感兴趣，可以到 Android 官网查看。

在完成配置之后，重新将项目打包生成 APK 文件。下面我们使用 JADX 对混淆过的 APK 文件进行反编译操作，然后对比混淆前后的代码。在混淆之前，DetailActivity 文件中的代码如下：

```
package com.example.books;
# 省略部分 import 代码
import com.example.books.model.book;

public class DetailActivity extends APPCompatActivity {
    /* access modifiers changed from: private */
    public ImageView iv_img;
    /* access modifiers changed from: private */
    public TextView labAttr;
    /* access modifiers changed from: private */
    public TextView labFollow;
    /* access modifiers changed from: private */
    public TextView labName;
    /* access modifiers changed from: private */
    public TextView labPrice;
    /* access modifiers changed from: private */
    public book mObj;

    /* access modifiers changed from: protected */
    public void onCreate(Bundle savedInstanceState) {
        super.onCreate(savedInstanceState);
        setContentView((int) R.layout.activity_detail);
        InitUI();
        DataToUI();
    }

    private void InitUI() {
        this.iv_img = (ImageView) findViewById(R.id.iv_img);
        this.labName = (TextView) findViewById(R.id.labName);
        this.labPrice = (TextView) findViewById(R.id.labPrice);
        this.labFollow = (TextView) findViewById(R.id.labFollow);
        this.labAttr = (TextView) findViewById(R.id.labAttr);
    }

    private void DataToUI() {
        String imgur = ConstValues.getIMGURL(null);
        Log.e("URL", imgur);
        AnonymousClass1 anonymousClass1 = new HttpUtilsNew(imgur) {
            public void onResult(String strResult, boolean isSuccess) {
                Log.e("test", strResult);
                if (isSuccess) {
                    DetailActivity.this.mObj = (book) JSON.parseObject(strResult,
                        (Class<T>) book.class);
                    if (DetailActivity.this.mObj != null) {
```

```
                        DetailActivity.this.labName.setText(DetailActivity.this.
                            mObj.getName());
                        DetailActivity.this.labPrice.setText(DetailActivity.this.
                            mObj.getPrice());
                        DetailActivity.this.labFollow.setText(DetailActivity.this.
                            mObj.getFollow());
                        DetailActivity.this.labAttr.setText(DetailActivity.this.
                            mObj.getAttr());
                        Glide.with((FragmentActivity) DetailActivity.this).load
                            (String.format("https://raw.githubusercontent.com/
                            asyncins/bookimage/master/%s", new Object[]
                            {DetailActivity.this.mObj.getImage()})).placeholder
                            ((int) R.mipmap.ic_launcher).into(DetailActivity.
                            this.iv_img);
                    }
                }
            }
        };
    }
}
```

混淆之后，DetailActivity 文件中的代码为：

```
package com.example.books;
import com.a.a.a;
import com.b.a.e;
# 省略部分 import 代码
import com.example.books.model.book;
public class DetailActivity extends APPCompatActivity {
    /* access modifiers changed from: private */
    public ImageView m;
    /* access modifiers changed from: private */
    public TextView n;
    /* access modifiers changed from: private */
    public TextView o;
    /* access modifiers changed from: private */
    public TextView p;
    /* access modifiers changed from: private */
    public TextView q;
    /* access modifiers changed from: private */
    public book r;
    public void onCreate(Bundle bundle) {
        super.onCreate(bundle);
        setContentView((int) R.layout.activity_detail);
        this.m = (ImageView) findViewById(R.id.iv_img);
        this.n = (TextView) findViewById(R.id.labName);
        this.o = (TextView) findViewById(R.id.labPrice);
        this.p = (TextView) findViewById(R.id.labFollow);
        this.q = (TextView) findViewById(R.id.labAttr);
        b.b();
        StringBuilder sb = new StringBuilder();
        sb.append(new Random().nextInt(99999) + 10000);
```

```
        String sb2 = sb.toString();
        StringBuilder sb3 = new StringBuilder();
        sb3.append(System.currentTimeMillis() / 1000);
        String sb4 = sb3.toString();
        String upperCase = b.c().toUpperCase();
        StringBuilder sb5 = new StringBuilder();
        sb5.append(sb2);
        sb5.append(sb4);
        sb5.append(upperCase);
            String format = String.format("%sdetail?actions=%s&tim=%s&randstr=
            %s&sign=%s", new Object[]{"http://www.porters.vip:8207/api/v1/",
            sb2, sb4, upperCase, b.a(sb5.toString())});
        Log.e("URL", format);
        AnonymousClass1 anonymousClass1 = new c(format) {
            public final void a(String str, boolean z) {
                Log.e("test", str);
                if (z) {
                    DetailActivity.this.r = (book) a.a(str, book.class);
                    if (DetailActivity.this.r != null) {
                        DetailActivity.this.n.setText(DetailActivity.this.r.getName());
                        DetailActivity.this.o.setText(DetailActivity.this.r.getPrice());
                        DetailActivity.this.p.setText(DetailActivity.this.r.getFollow());
                        DetailActivity.this.q.setText(DetailActivity.this.r.getAttr());
                        e.a((FragmentActivity) DetailActivity.this).a(String.
                            format("https://raw.githubusercontent.com/asyncins/
                            bookimage/master/%s", new Object[]{DetailActivity.
                            this.r.getImage()})).a().a(DetailActivity.this.m);
                    }
                }
            }
        };
    }
}
```

通过对比我们看到，混淆后不仅变量名、类名被缩短，而且代码的顺序出现了“错乱”的现象，原本不属于这个文件的代码被放了进来。要想将混淆后的代码恢复原貌，恐怕得花很大的功夫。

8.3.2 掘金社区 App 代码混淆案例

掘金社区是一个帮助开发者成长的技术社区，每天都有数十万的开发者活跃在其中，App 界面如图 8-27 所示。开发者可以在社区中领略各个领域最前沿的技术和知识，也可以在社区中分享自己的工作动态。

图 8-27 掘金社区 App 界面

掘金社区的 Android 应用也使用了代码混淆的手段来保护应用源代码。我们可以在各大应用商店中下载掘金社区的 App（出于安全考虑，掘金开发团队对发布在应用商店中的 App 都做了加固，如果直接下载，无法获得仅混淆而未加固的 APK 文件）。下面是经过代码混淆处理的掘金社区 App 的 APK 文件，使用 JADX 对这个 App 进行反编译，会得到如图 8-28 所示的项目结构和代码。

```
push
user
    a
    activity
    b
    c
    d
    e
    f
    view
    R
    UserApp
        a
        initMC(Application) : null
        initModuleApp(Application) : nu
        initModuleData(Application) : r
        onCreate() : null
    a
xiaoce
    a
    b
    c
    d
    e
        a
    f
    R
    XiaoceApp
    XiaoceReadActivity
    a
        a
```

```
   /* compiled from: UserApp.kt */
   public final class UserApp extends BaseApp {

       /* compiled from: UserApp.kt */
       public static final class a implements l {
26         a() {
           }

28         public void a(String str) {
29             i.c("MQ init success:" + str);
           }

32         public void a(int i, String str) {
33             i.c("MQ init failure:" + str);
           }
       }

15     public void onCreate() {
16         super.onCreate();
17         im.juejin.android.common.a.a(this);
       }

21     public void initModuleApp(Application application) {
22         a.d.b.i.b(application, "application");
22         b a2 = b.a();
22         a.d.b.i.a((Object) a2, "ServiceFactory.getInstance()");
22         a2.a((k) new a());
23         initMC(application);
       }

26     private final void initMC(Application application) {
27         g.a(application, "f40d80c73c8290d62f914e1c7fb6df8f", new a());
36         com.meiqia.meiqiasdk.c.b.a((c) new im.juejin.android.user.e.a());
       }
```

图 8-28 反编译后的掘金社区 App 项目结构和代码

从文件名和代码可以看出，这是混淆过后的代码，我们很难将原项目的逻辑整理出来。

8.3.3 小结

代码混淆并不能阻止 APK 被反编译，但是可以有效提高他人阅读程序代码的难度，进而加强对数据的保护。要注意的是，代码中的字符串并不会被混淆。如果混淆不彻底，代码依然有迹可循，无法达到数据保护的目的。

8.4 App 应用加固知识扩展

对于一些特定的场景来说，代码是否混淆都不会对爬虫工程师造成影响。虽然在 8.3.1 节中混淆了 DetailActivity 文件中的代码，导致阅读困难，但因为字符串不会被混淆，且混淆并不彻底，所以 `sign` 计算方法的主体代码还在：

```
StringBuilder sb = new StringBuilder();
sb.append(new Random().nextInt(99999) + 10000);
String sb2 = sb.toString();
StringBuilder sb3 = new StringBuilder();
sb3.append(System.currentTimeMillis() / 1000);
String sb4 = sb3.toString();
String upperCase = b.c().toUpperCase();
StringBuilder sb5 = new StringBuilder();
sb5.append(sb2);
sb5.append(sb4);
sb5.append(upperCase);
String format = String.format("%sdetail?actions=%s&tim=%s&randstr=%s&sign=%s",
                    new Object[]{"http://www.porters.vip:8207/api/v1/", sb2, sb4,
                    upperCase, b.a(sb5.toString())});
```

我们依然可以通过全局搜索的方式找到 `sign` 的计算规则。

除了按照 Android 官方文档介绍的代码混淆方法外，很多安全服务类公司还推出了 App 加固服务，如奇虎 360 的加固保、腾讯的乐固和网易的易盾等。App 一般从防逆向、防调试、防篡改和防窃取等角度出发，使用 DEX 加密、LLVM 混淆、内存监控等手段保护自己的源代码和资源。本节以 DEX 加密为例，了解一些 App 安全加固的概念。

DEX 加密的主要目的是防止 App 被反编译。JADX 等反编译工具实际上是先将 DEX 文件编译成 Smail 语言的代码，再转换成 class 文件进行阅读和修改。DEX 加密实际上是用代码对 Android 项目的 Classes.dex 文件进行加密，就像在原来的 DEX 上面加了一层壳一样，所以 DEX 加密又称为加壳。加壳原理如图 8-29 所示。

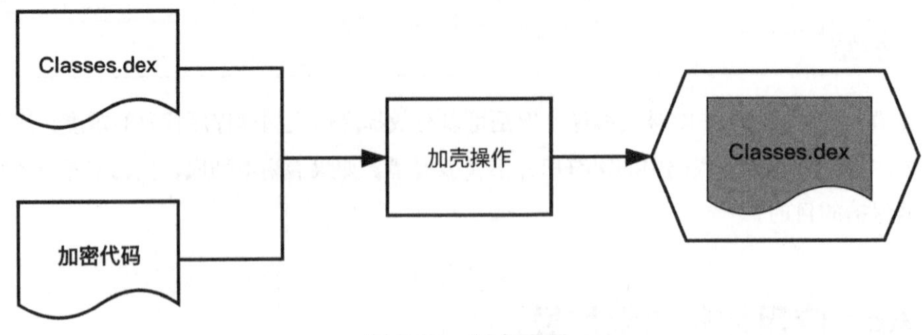

图 8-29 加壳原理

如果使用 JADX 等工具将加壳后的 App 反编译，那么得到的是“壳”的 class 文件，无法读取原来 APK 文件中的代码。

我们可以用奇虎 360 的加固保来加固示例 13 中的 App，然后用 JADX 反编译加固后的 APK，看看加固后的 APK 是否还会被反编译出源代码。注册并登录 360 加固保网站后，就可以免费使用 App 加固服务了。加固保提供的免费加固服务如图 8-30 所示。

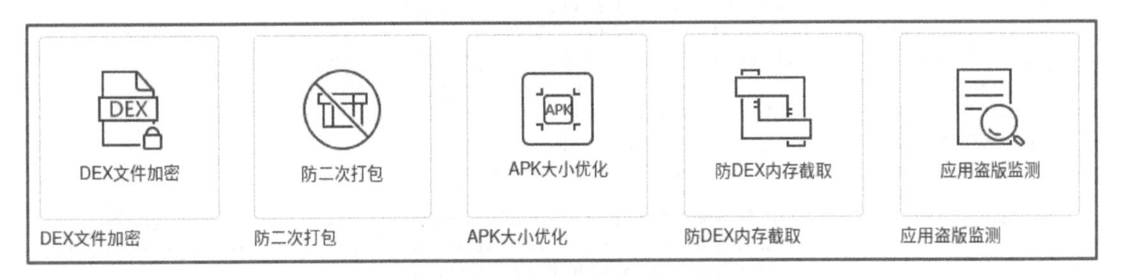

图 8-30 加固保免费加固服务

我们只需要将 APK 文件上传到加固保，它就会对该 APK 进行加固，加固界面如图 8-31 所示。

图 8-31 加固界面

此时使用 JADX 反编译加固后的 APK，得到如图 8-32 所示的项目结构和代码。

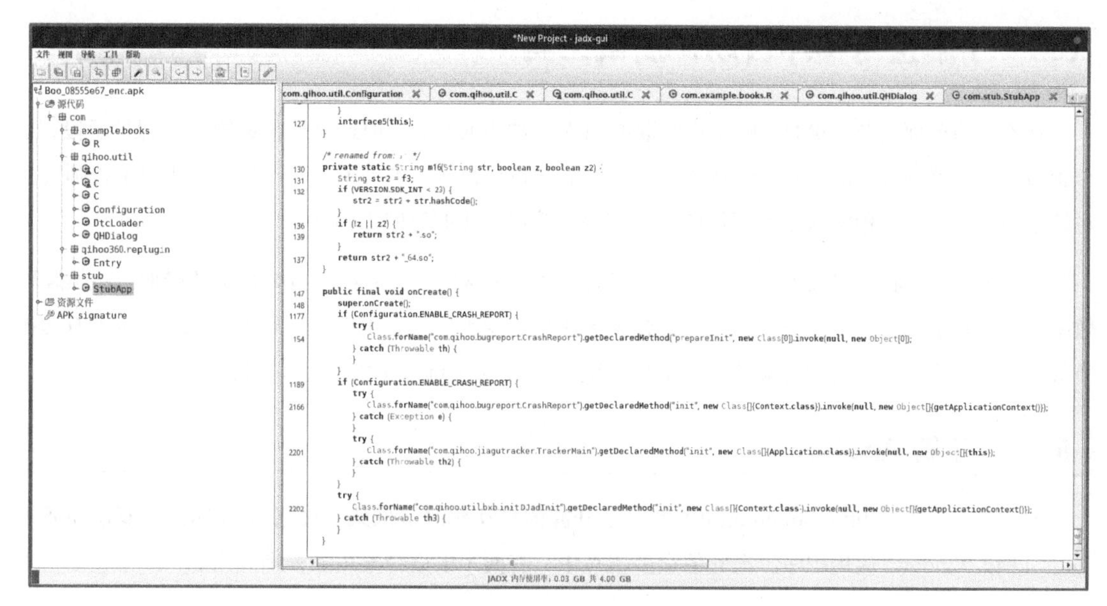

图 8-32　加固后的 APK 反编译结果

反编译结果不再是原 APK 的代码，而是“壳”的代码。我们使用全局搜索工具搜索关键字 sign，此时得到的搜索结果如图 8-33 所示。

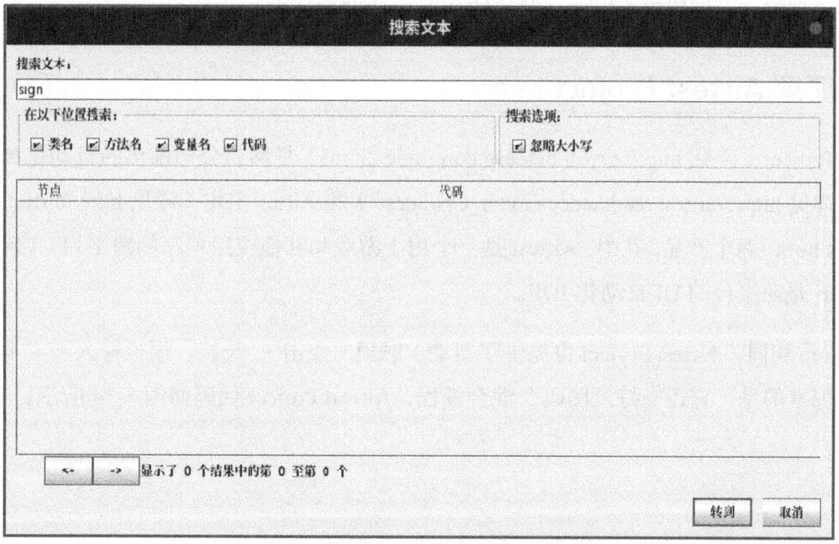

搜索文本

搜索文本：

sign

在以下位置搜索：☑ 类名 ☑ 方法名 ☑ 变量名 ☑ 代码

搜索选项：☑ 忽略大小写

节点　代码

<-　->　显示了 0 个结果中的第 0 至第 0 个

转到　取消

图 8-33　关键字 sign 的搜索结果

我们并未在反编译后的代码中找到 sign 关键字。这说明 App 加固能够防止 App 被逆向，同时也能够有效保护 App 的源代码和资源。

8.5 了解应用程序自动化测试工具

在本章的前面几节，我们了解了代码混淆和 App 加固的知识，但这只是常见的 App 保护手段，这个领域还很多鲜为人知的技巧，涉及的逆向工程的知识也很多，本书无法一一讨论。爬虫工程师要面对的东西有很多，这种深入逆向工程的工作应该交给更专业的逆向工程师。

在第 5 章中，我们接触了一些网页渲染工具，并利用这些工具完成了目标数据的爬取。虽然爬取效率不一定是最高的，但省去了解密、调整参数和代码逻辑复写等工作。实际上，App 领域也有功能类似的渲染工具（准确地说，应该是自动化测试工具），如 Appium 和 Airtest Project。

8.5.1 了解 Appium

Appium（详见 http://appium.io/）是一个开源的自动化测试框架，使用 WebDriver 驱动 iOS、Android 和 Windows 应用程序。在它的众多优点中，有两个很适合爬虫工程师利用。

- 在所有平台上使用标准自动化 API，用户无须以任何方式重新编译应用程序或对其进行修改；
- 多语言支持，如 Python、Java、C#、JavaScript（Node.js）、Object-C 和 Ruby。

Appium 提供了滑动、触摸（点击）、长按、模拟输入和文本提取等常见功能。有了这些功能的支撑，爬虫工程师就可以模拟用户操作，并能够从 App 中获取数据。

8.5.2 了解 Airtest Project

Airtest Project（详见 http://airtest.netease.com/index.html）是网易公司推出的自动化测试项目，包含 Airtest（详见 https://airtest.readthedocs.io/zh_CN/latest/）和 Airtest IDE（详见 http://airtest.netease.com/docs/en/index.html）两个产品。其中，Airtest 是一个用于游戏和其他应用程序的跨平台 UI 自动化框架，而 Airtest IDE 是跨平台的 UI 自动化 IDE。

与 Appium 相同，Airtest Project 也提供了滑动、触摸（点击）、长按、模拟输入和文本提取等常见功能。令人惊喜的是，它还支持“图码”混合编程，Airtest Project 代码如图 8-34 所示。

图 8-34 Airtest Project 代码

在游戏测试中，测试工具很难精准定位按钮，或者判断是否出现某个物体。Airtest Project 采用了"图码"混编的方式，开发者只需要将截图放到代码中，工具就会按照代码设定去执行点击或滑动操作，甚至还可以判断游戏中是否出现某个物体（图 8-34 中左侧第 9 行代码用于判断是否出现"疾风鱼"）。Airtest Project 通过图像识别和 UI 层次结构实现了令人惊喜的功能，这使它能够胜任复杂环境下的游戏测试工作，App 测试工作当然也不在话下。Airtest Project 图像识别与定位如图 8-35 所示。

图 8-35 Airtest Project 图像识别与定位

Airtest Project 支持对 iOS 应用、Android 应用、Windows 应用、Web 应用进行测试，Airtest IDE 可以安装在 Windows、macOS 和 Ubuntu 等操作系统中。Airtest Project 的“图码”混合编程很有趣，感兴趣的读者可以深入了解。

8.5.3 小结

本节介绍的应用程序自动化测试工具 Appium 和 Airtest Project 能够帮助我们模拟真实的用户操作。借助这些工具，爬虫工程师可以从经过接口加密和应用加固的 App 中爬取想要的数据。

而面对这种情况，开发者可以通过限制访问频率或使用自动化测试工具的方式，限制爬虫程序对后端 API 的访问，从而达到保护数据的目的。

本章总结

我们首先学习了 App 抓包的方法，然后了解了 APK 文件反编译的相关知识，接着讨论了代码混淆及其有效性，最后了解了 Appium 和 Airtest Project 这两款应用程序自动化测试工具。

App 相对网站来说更为封闭，因此安全性也更高一些，我们可以使用抓包手段查看 App 的网络请求信息。代码混淆和 App 加固是保护 App 数据的有效手段，但并不是全部。应用程序自动化测试工具很有趣，但它并不能解决所有问题（如访问频率限制）。

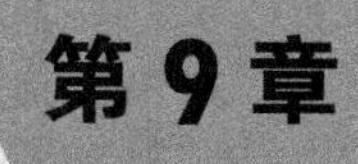

第9章 验证码

验证码（英文缩写CAPTCHA）是指能够区分用户是计算机或者人类的全自动程序。验证码可以有效防止恶意注册、刷票、论坛“灌水”等有损网站利益的行为。验证码的原理很简单：人类有主观意识，能够根据要求执行操作，而计算机却不能。

最初，验证码是一张带有字符的图片，用户只需要将图片中的字符输入到文本框中即可，但这种简单的验证码很快就被绕过了。于是人们向图片中加入了一些混淆的元素，如斜线、彩色斑点等，然而有干扰的图片也撑不了多久。接着出现了一些基于用户操作的验证码，也就是我们常说的行为验证码。常见的有滑动验证码、拼图验证码和文字点选验证码等。

行为验证码的出现导致爬虫程序获取数据的难度直线增加，给爬虫工程师带来了非常大的困扰。技术总是在博弈中进步，计算机视觉和深度学习的崛起使得爬虫工程师又看到了希望。

接下来，我们将以几种典型的验证码为例，深入学习验证码的原理、实现方式和绕过方法。

9.1 字符验证码

字符验证码是指用数字、字母、汉字和标点符号等字符作为元素的图片验证码。字符验证码是常见的验证码类型。它将人类视觉和计算机视觉的差异作为区分用户身份的依据。

9.1.1 字符验证码示例

示例15：字符验证码示例。

网址：http://www.porters.vip/captcha/words.html。

任务：使用程序通过登录界面中的字符验证码校验。

用户登录界面时，需要将页面显示的字符验证码填写到文本框中，然后点击“登录”按钮，即可获得验证结果。示例 15 的页面内容如图 9-1 所示。

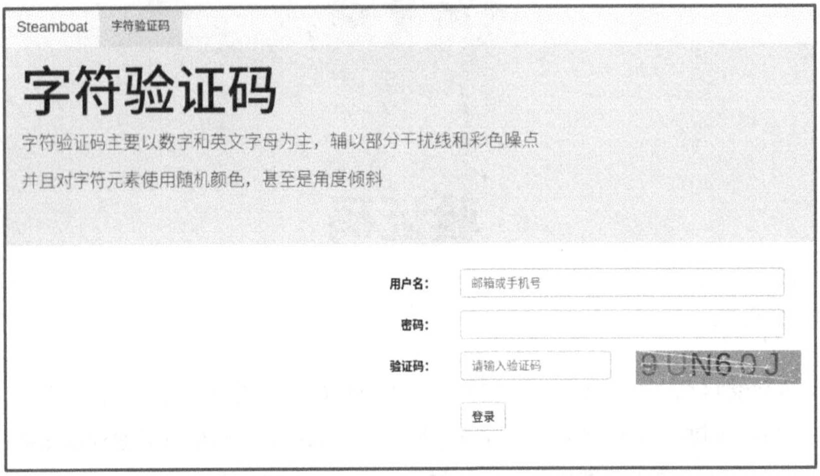

图 9-1　示例 15 的页面（另见彩插）

页面中出现的验证码由随机数字和大写字母组成，并带有斜线和噪点。我们曾在 6.1 节中用 PyTesseract 库成功地从图片中识别电话号码，那么 PyTesseract 库是否可以用来识别验证码图片中的字符呢？

将示例 15 中的验证码截图保存，然后使用 PyTesseract 库对图片中的字符进行识别，对应的 Python 代码如下：

```
import pytesseract
from os import path

# 保存在本地的验证码图片
images = path.join(path.dirname(path.abspath(__file__)), 'images/words.png')
# 使用 PyTesseract 库识别验证码中的字符并打印
print(pytesseract.image_to_string(images))
```

首先导入保存在本地的验证码图片，然后使用 PyTesseract 库中的 `image_to_string` 方法识别验证码中的字符，并打印识别结果。如果运行结果为空，说明并没有识别出图片中的字符。

相对于 6.1 节中的电话号码图片来说，本节所面对的是带有彩色背景斜线和噪点图片，而且图片中的字符颜色与背景色并没有强烈的反差，这些因素都会影响识别效果。要想提高识别的成功率，我们必须对图片进行处理，例如降低斜线和噪点对文字的干扰，增强背景色与字符颜色的反差。也就是说，我们需要对图片进行灰度处理（去掉彩色）和二值化处理（降低干扰、增强颜色反差）。对图片进行灰度处理的 Python 代码如下：

```
try:
    from PIL import Image
except ImportError:
    import Image
import pytesseract
from os import path

# 保存在本地的验证码图片路径
images = path.join(path.dirname(path.abspath(__file__)), 'images/words.png')
# 图片灰度处理
gray = Image.open(images).convert('L')
# 显示处理后的图片
gray.show()
```

经过灰度处理的验证码如图 9-2 所示。

图 9-2 灰度处理后的图片（另见彩插）

这时整张图片变成了灰色，但字符颜色与背景颜色反差并不明显，对识别没有明显帮助。接下来，我们对图片进行二值化处理，并尝试识别处理后的图片。完整的 Python 代码如下：

```
try:
    from PIL import Image
except ImportError:
    import Image
import pytesseract
from os import path


def handler(grays, threshold=160):
    """对灰度图片进行二值化处理
    默认阈值为 160，可根据实际情况调整
    """
    table = []
    for i in range(256):
        if i < threshold:
            table.append(0)
        else:
            table.append(1)
    anti = grays.point(table, '1')
    return anti


# 保存在本地的验证码图片路径
images = path.join(path.dirname(path.abspath(__file__)), 'images/words.png')
# 图片灰度处理
gray = Image.open(images).convert('L')
# 图片二值化处理
```

```
image = handler(gray)
image.show()
# 使用 PyTesseract 库识别验证码中的字符并打印
print(pytesseract.image_to_string(image))
```

二值化处理其实是根据阈值调整原图的像素值，将大于阈值的像素点颜色改为白色，小于阈值的像素点颜色改为黑色，这样就能够达到增强颜色反差的目的。彩色的验证码图片在进行灰度和二值化（阈值 160）处理后变成了如图 9-3 所示的样子。

图 9-3　二值化处理后的验证码图片（另见彩插）

处理后的图片轮廓清晰，字符与背景颜色反差大，与 6.1 节中的电话号码图片相差不大。但运行结果令人失望，依然无法识别出图片中的字符。这说明 PyTesseract 库的识别很容易受到干扰信息的影响，本次尝试以失败告终。

如果使用第 6 章提到的腾讯 OCR，能否解决字符识别的问题呢？原图与对应的识别结果如图 9-4 所示，对于随机的 9 张验证码图片，成功识别的有 4 张，未能成功识别的有 5 张。

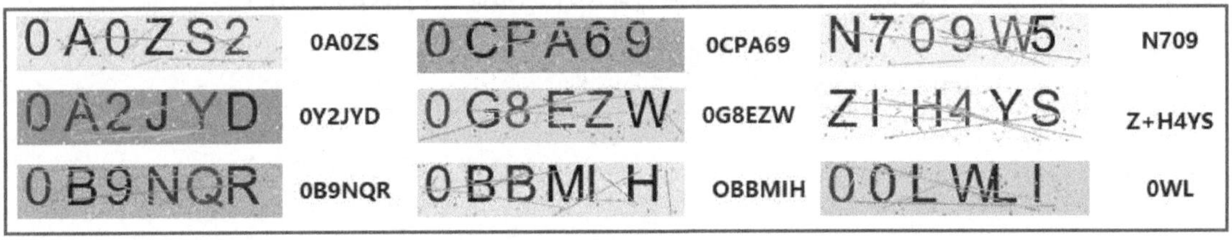

图 9-4　腾讯 OCR 识别结果（另见彩插）

在实际应用中，图片验证码的识别成功率达到 75% 才能够满足爬虫工程师的需求。面对这样的问题，我们是否还有其他办法呢？从识别结果可以看出，OCR 对字符验证码的识别同样受字符间距、斜线和噪点的影响。

9.1.2 实现字符验证码

字符验证码主要由数字、大写字母、彩色斜线、彩色噪点和彩色背景组成。

如图 9-5 所示，图像分为 3 层，最底层为背景色，字符（数字和大写字母）层在背景色之上，干扰（斜线和噪点）层则在最上面。层的顺序影响验证码的效果，如果顺序不对，则无法得到与示例 15 相同的验证码。验证码的绘制流程如图 9-6 所示。

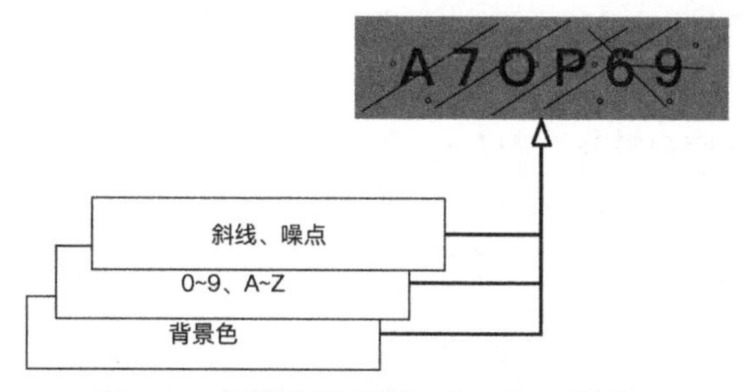

图 9-5 字符验证码的组成（另见彩插）

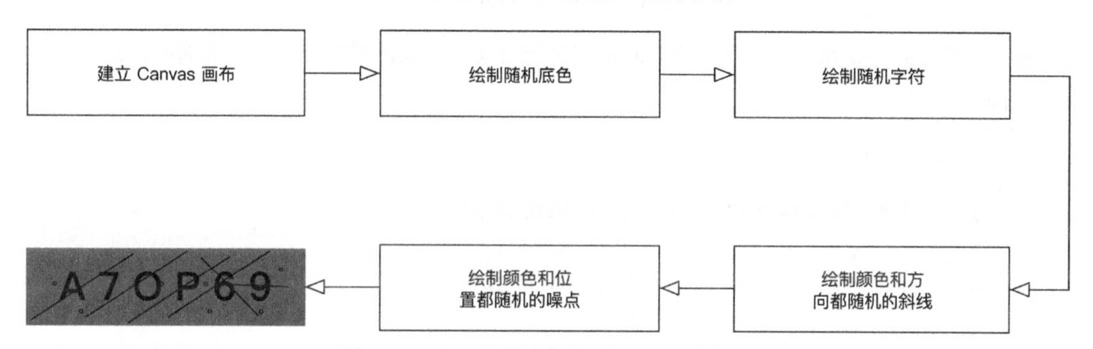

图 9-6 验证码的绘制流程（另见彩插）

首先，我们需要在 HTML 代码中建立 Canvas 画布，并设定画布的宽和高。对应的 HTML 代码如下：

```
<canvas width="200" height="40" id="wordsCanvas"></canvas>
```

图像绘制工作使用 JavaScript 代码实现，在绘制之前，需要获取对应的 Canvas 画布及 Canvas 对象，对应的代码如下：

```
$(function(){
    var wordsCanvas = document.getElementById('wordsCanvas');
    var cvas = wordsCanvas.getContext('2d');
})
```

然后绘制随机背景色。可以编写一个方法生成随机颜色，以便后续使用。由于背景大小与画布大小相同，所以背景色的绘制范围与画布大小相同，对应的 JavaScript 代码如下：

```
// 绘制底色，颜色范围为 120~230
cvas.fillStyle = randColor(120, 230);
cvas.fillRect(0, 0, width, height);
```

接着定义字符大小、字符随机颜色、字符取值范围等，对应的 JavaScript 代码如下：

```
function randNumber(min, max){
    // 随机数字
    var res = parseInt(Math.random() * (max - min) + min);
    return res;
```

```
}
function randColor(min, max){
    // 随机颜色
    var r = randNumber(min, max);
    var g = randNumber(min, max);
    var b = randNumber(min, max);
    var colorRes = 'rgb(${r}, ${b}, ${b})';
    return colorRes;
}
var fontSize = randNumber(36, 40); // 大小
var fonts = fontSize +'px Arial'; // 字体
var letter = "ABCDEFGHIJKLMNPQRSTUVWSYZ1234567890"; // 字符范围
```

用户输入的验证码需要与当前页面显示的验证码进行对比，所以这里需要保存生成的验证码，对应的 JavaScript 代码如下：

```
var strs = [];  // 当前验证码
```

然后就可以开始绘制验证码了，对应的 JavaScript 代码如下：

```
for(var i=0;i<6;i++){
    var single = letter[randNumber(0, letter.length)];  // 随机取字符
    cvas.font = fonts; // 指定字体
    cvas.textBaseline = 'top';
    cvas.fillStyle=randColor(30, 140); // 随机色
    cvas.save();
    cvas.translate( 30 * i + 15 , 15); // 位置向右偏移
    cvas.fillText(single, -15 + 5, -15); // 绘制字符
    cvas.restore();
    strs.push(single)
}
```

此时页面中显示的验证码如图 9-7 所示。

ST1T43

图 9-7 验证码（另见彩插）

最后绘制斜线和噪点，对应的 JavaScript 代码如下：

```
function cvasInterfere(cvas, width, height){
    // 随机色斜线
    for(var i=0;i<8;i++){
        cvas.beginPath();
        cvas.moveTo(randNumber(0, width),randNumber(0, height));
        cvas.lineTo(randNumber(0, width),randNumber(0, height));
        cvas.strokeStyle=randColor(180, 220);
        cvas.closePath();
        cvas.stroke();
    }
    // 随机色噪点
```

```
        for(var i=0;i<80;i++){
            cvas.beginPath();
            cvas.arc(randNumber(0, width),randNumber(0, height), 1, 0, 2 * Math.PI);
            cvas.closePath();
            cvas.fillStyle=randColor(150, 250);
            cvas.fill();
        }
    }
    // 绘制干扰信息
    cvasInterfere(cvas, width, height);
```

此时页面中显示的验证码如图 9-8 所示。

图 9-8 验证码（另见彩插）

验证工作通常由后端完成，为了便于观察验证结果，本书验证码案例的验证工作均使用 JavaScript 完成。用户输入计算结果后，点击“登录”按钮才会触发结果验证方法。验证逻辑很简单，只需要将用户输入的字符与 JavaScript 代码中记录的字符进行对比即可。要注意的是，用户通常只输入小写字母，所以在对比前，我们需要将用户输入的字符转换成大写。我们定义一个验证方法，将其与 HTML 中的“登录”按钮绑定在一起。验证方法的 JavaScript 代码如下：

```
function wordsVerifys(){// 验证
    var codeStr = strs.join('');
    // 将用户输入的字符转换成大写
    var inputCode = document.getElementById('code').value.toUpperCase();
    if(inputCode==codeStr){
        alert('验证码: ' + inputCode + ', 通过验证。');
    }else{
        alert('很遗憾，未通过验证');
    }
}
```

HTML 代码中的事件绑定代码如下：

```
<button type="" class="btn btn-default" onclick='wordsVerifys()'>登录</button>
```

这样我们就完成了字符验证码的绘制和结果验证工作。

9.1.3 深度学习的概念

深度学习是当前最火热的技术领域之一，能够帮助人们解决一些“传统”方法难以应对的问题。它是机器学习研究中的一个新领域，动机在于建立能够模拟人脑进行分析学习的神经网络，希望模仿人脑的机制来解释数据，例如图像、声音和文本。

对于没有接触过深度学习的朋友来说，很难从上面的描述中得到“原来这就是深度学习”这样的收获。

深度学习其实很好理解，我们来看看下面的例子。我们之所以能够辨认出图 9-9 中左侧的动物是一只鸭子，右侧的动物是一只鹅，是因为我们的大脑中存储了如图 9-10 所示的动物特征信息。这些特征包括头、掌、颈、羽、喙、尾，每个特征又可以细化到颜色、形状、高度、宽度和位置等。

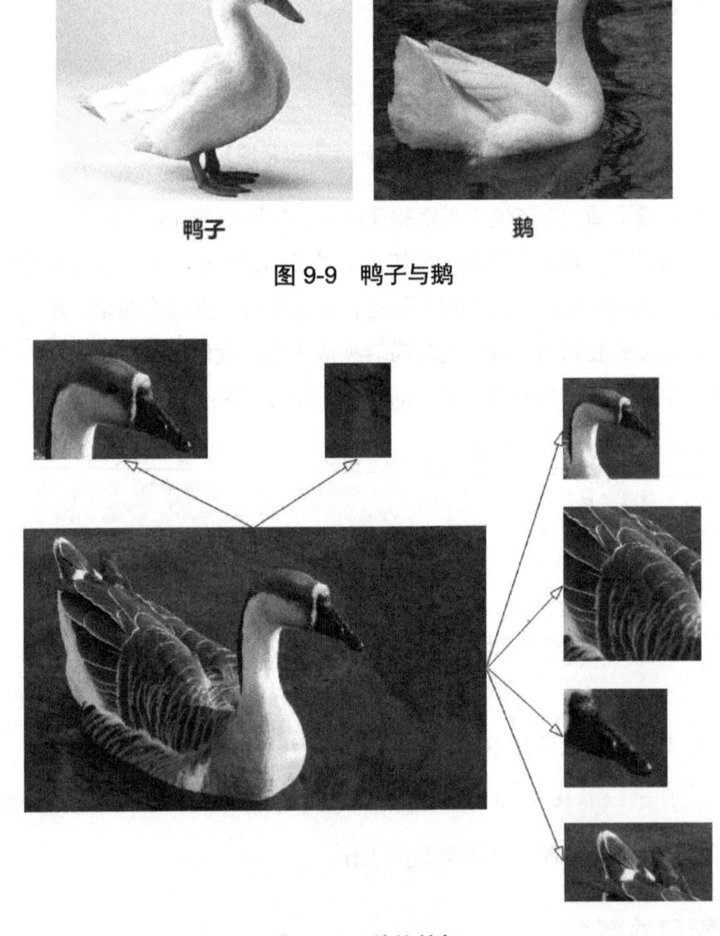

图 9-9 鸭子与鹅

图 9-10 鹅的特征

我们在电视片段、手机照片和图书中见过不同样子的鹅，如图 9-11 所示。可能从父母和朋友那里得知“这样的动物”叫作鹅，所以我们才能够在之后每次见到鹅的时候辨认出这是一只鹅，而不是一只鸭子。

图 9-11　各种各样的鹅

深度学习就是模仿人类学习的过程，想要让计算机自动辨认图片中的文字，就需要“教”计算机“认识”图中的文字，当计算机“见过”的图片足够多的时候，就能够形成“记忆”。深度学习领域有对应的术语，比如教计算机认识图中文字的过程叫作“训练”，形成的记忆叫作“模型”，而识别图片中的内容则叫作“预测”。

训练的过程其实就是特征提取，计算机从我们给出的验证码图片中提取特征信息，然后与正确的验证码字符进行关联。经过大量的训练后，计算机就能够预测指定图片中的字符。要注意的是，训练样本的质量直接影响预测准确率。如图 9-12 所示，你每一次见到“鸭子”的时候，别人都告诉你这是一只“鹅”。

图 9-12　人类认知过程

久而久之，你就会将这些特征与鹅相关联，导致你每次见到鸭子时，都会说它是一只鹅。所以，训练样本必须提供正确的描述。

9.1.4 卷积神经网络的概念

图片特征提取的方法很多，本书主要讨论卷积神经网络提取图片特征的方法。卷积神经网络（Convolutional Neural Network，CNN）是包含卷积计算且具有深度结构的前馈神经网络。它是深度学习技术领域中非常具有代表性的神经网络之一。相对于其他神经网络结构来说，卷积神经网络需要的参数更少，运算效率也更高。

卷积神经网络中常见的概念有输入层、图片数字化处理、卷积层、卷积运算、池化层、全连接层和输出层等。一个简单的卷积神经网络结构如图 9-13 所示。

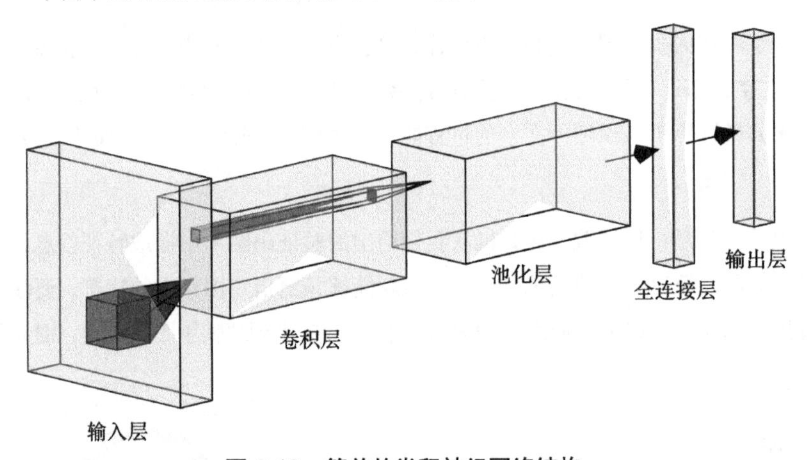

图 9-13 简单的卷积神经网络结构

输入层

输入层用于输入整个神经网络的数据。举个例子，在用于处理图片验证码的卷积神经网络中，输入的数据是一张验证码图片。计算机擅长处理数字，在将图片传入卷积神经网络前，我们需要将图片进行如图 9-14 所示的数字化处理。

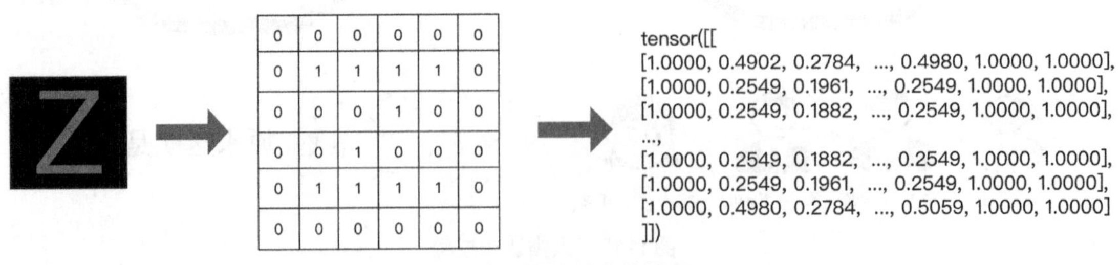

图 9-14 图片数字化处理

图片数字化处理

图片数字化处理是先将图片转换为像素矩阵，然后将像素矩阵转换为张量的过程。图片的像素值通常在 0~255，图片数字化实际上是将 [0, 255] 的 `PIL.Image` 对象转换成取值范围是 [0, 1.0000] 的 Tensor 对象。

卷积层

卷积层的主要作用是提取图片对应的像素矩阵的特征，特征提取其实就是卷积运算的过程。

卷积运算

卷积运算是卷积神经网络最基本的组成部分之一。假设有一张大小为 6×6 的灰度图片，我们使用大小为 3×3 的卷积核提取图片中的特征，具体过程如图 9-15 所示。

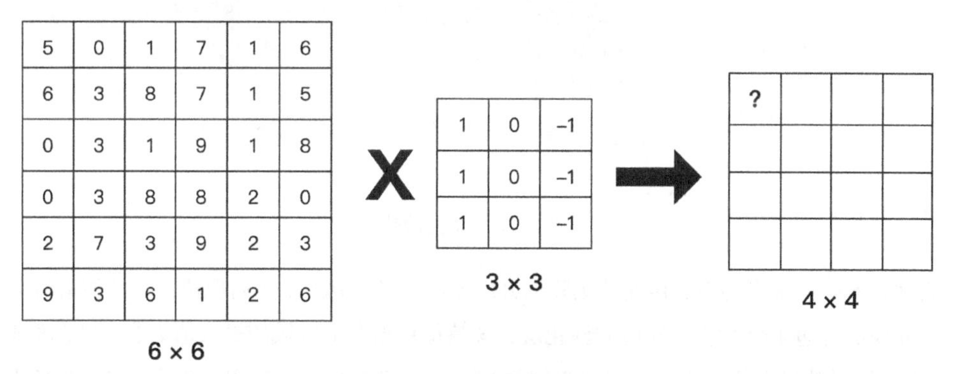

图 9-15 特征提取过程

进行卷积运算时，通常用卷积核中的值与传入数据对应位置的值相乘，然后将乘积相加，得到输出结果，具体过程如图 9-16 所示。

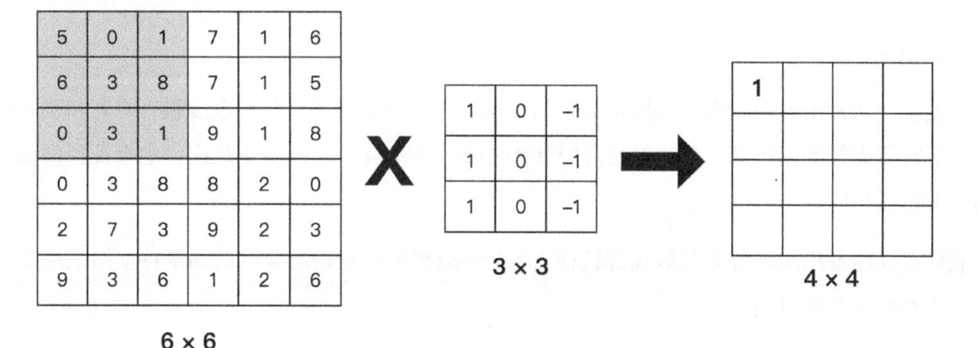

图 9-16 卷积运算过程

输出矩阵左上角的值是由输入矩阵的值与卷积核的值相乘并将乘积相加得到的结果，输出矩阵左上角的值运算如下：

$$5\times1+6\times1+0\times1+0\times0+3\times0+3\times0+1\times(-1)+8\times(-1)+1\times(-1)=1$$

输出矩阵其他位置的值也是按照这个方法进行运算的，最终会得到一个大小为 4×4 的矩阵。

池化层

池化层能够有效缩减数据量，提高计算速度和所提取特征的健壮性。池化层缩减数据量的方法分为最大池化和平均池化。最大池化如图 9-17 所示。

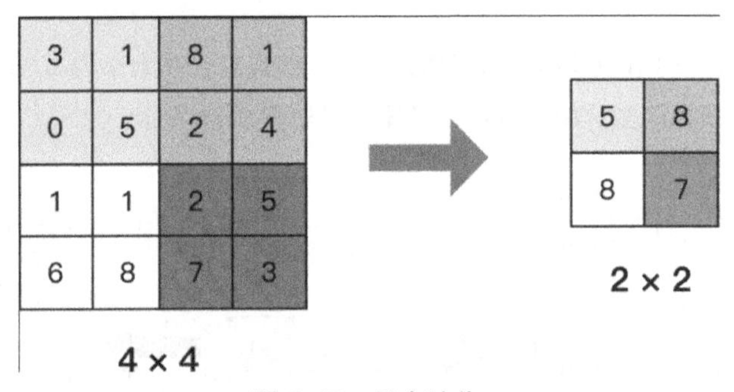

图 9-17 最大池化

最大池化实际上是将卷积层传递的矩阵拆分成 $n\times n$ 个单位区域，然后保留该区域像素值中的最大值。假设卷积层传递 4×4 大小的矩阵到池化层，该特征数据左上区域的最大值为 5，右上区域的最大值为 8，左下区域的最大值为 8，右下区域的最大值为 7。在池化层中使用大小为 2×2、步长为 2 的过滤器提取特征数据，最后输出大小为 2×2 的矩阵。平均池化则是将 $n\times n$ 大小的像素值的平均值作为特征。可以看到，在保留明显特征（最大数字）的情况下，池化层将卷积层传入的矩阵宽高缩小了一半。

全连接层

全连接层通常出现在卷积神经网络的最后几层。它将当前向量进行维度变换，对卷积层和池化层提取到的特征进行加权计算，最后经过降维转到 Label 的维度。它的本质是由一个特征空间线性变换到另一个特征空间。

我们可以将卷积层理解为获取局部特征，而全连接则是将卷积层获取的局部特征组装成如图 9-18 所示的完整特征图的过程。

图 9-18 鹅的特征信息和全连接

输出层

输出层通常使用归一化函数 softmax 输出分类标签。假设全连接层输出的向量包含了如图 9-18 所示的特征信息，那么就可以得到对应的分类结果，如图 9-19 所示。

图 9-19 鹅的特征信息和分类输出

图 9-18 和图 9-19 能够帮助我们更好地理解全连接和输出层，但并不是说分类操作通过图片拼凑得出结果。实际上，这些运算和分类操作都基于数字以及计算机运算得出。至此，我们对卷积神经网络有了初步的了解。

9.1.5 使用卷积神经网络预测验证码

在本节中，我们将通过源码解析的方式了解卷积神经网络识别验证码的相关知识。

框架的选择

深度学习领域有很多成熟的框架，如 TensorFlow、PyTorch 和 Caffe 等。使用框架可以缩短开发时间，将主要精力放在业务上，本案例使用的框架为 PyTorch。

环境准备

在正式开始编写代码之前，请检查是否具备算力 3.5 以上的 GPU，并按照 1.5 节的指引配置深度学习环境。

算力 3.5 以上的 GPU 的计算效率是 CPU 的十倍至百倍。如果没有 GPU 的支持，样本训练的时间会变得非常长。

案例下载

案例存储在 GitHub 仓库，使用命令：

```
$ git clone https://github.com/asyncins/captcha_cnn
```

可以将源码复制到本地。

图片下载

本案例提供了 30 000 张用于训练的验证码图片、3000 张用于检验训练成果的验证码图片和 1000 张待预测的验证码图片，图片压缩文件存放在腾讯微云（详见 https://share.weiyun.com/5l3pMZu）。captcha_cnn 项目的目录结构如图 9-20 所示。

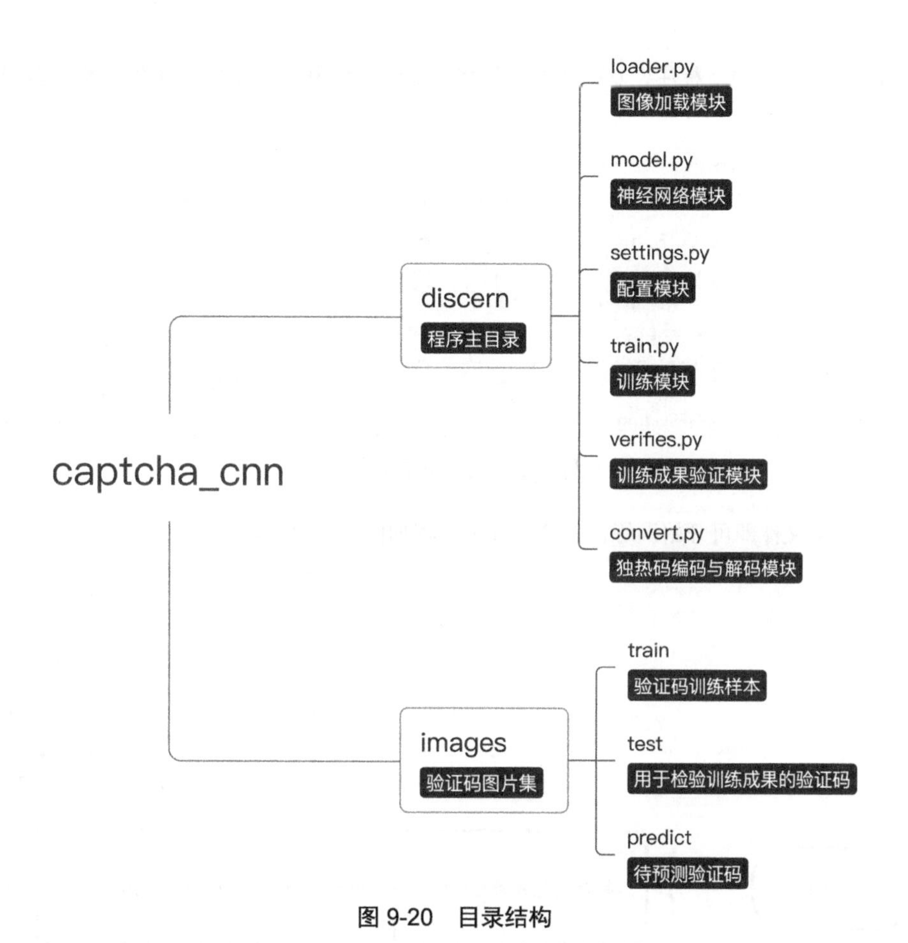

图 9-20 目录结构

在 captcha_cnn 项目中有一个名为 discern 的目录。该目录是程序主目录，其中包含图像加载模块、神经网络模块、配置模块、训练模块、训练成果验证模块和独热码编码与解码模块。解压图片压缩文件后，得到一个名为 images 的目录，将该目录复制到 captcha_cnn 中，与 discern 同级。可以发现，images 中有名为 train、test 和 predict 这 3 个目录，它们存放着数量不同、用途不同的验证码图片。其中，test 是 train 的真子集，predict 既不包含于 test 也不包含于 train，它们的关系如图 9-21 所示。

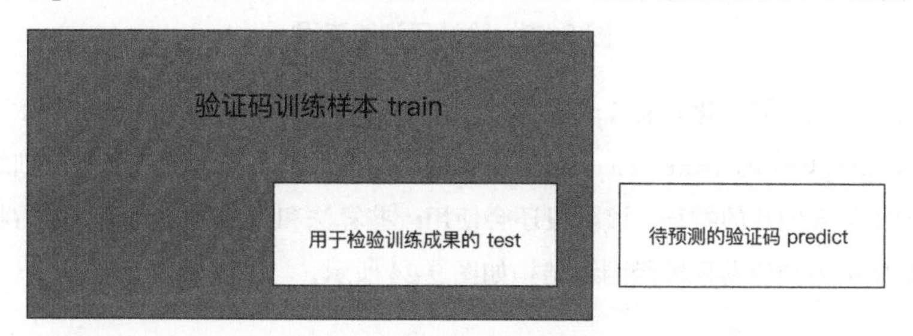

图 9-21 验证码目录的关系

这 3 种验证码都经过了标注，其标注方式是将验证码图片中的字符作为图片名称。标注过的验证码如图 9-22 所示。

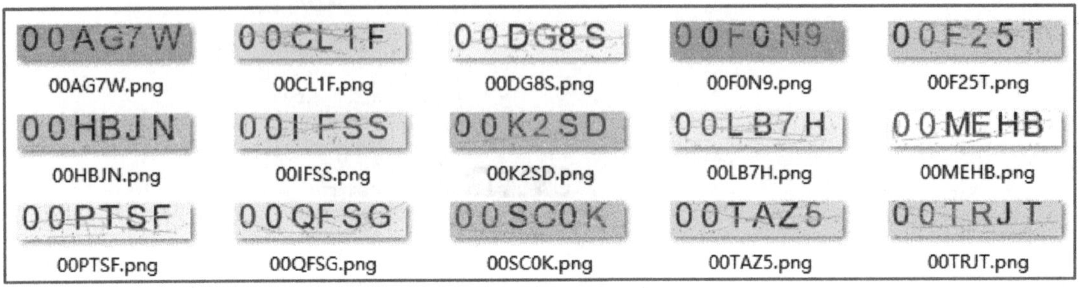

00AG7W.png
00CL1F.png
00DG8S.png
00F0N9.png
00F25T.png
00HBJN.png
00IFSS.png
00K2SD.png
00LB7H.png
00MEHB.png
00PTSF.png
00QFSG.png
00SC0K.png
00TAZ5.png
00TRJT.png

图 9-22 标注过的验证码

运行 train.py 文件即可开始训练，具体的训练流程如图 9-23 所示。

train
DC5638
2TDHG9
0K7YT3
NBA135
开始
初始化卷积神经网络
加载训练样本
训练并不断优化
保存训练结果
结束

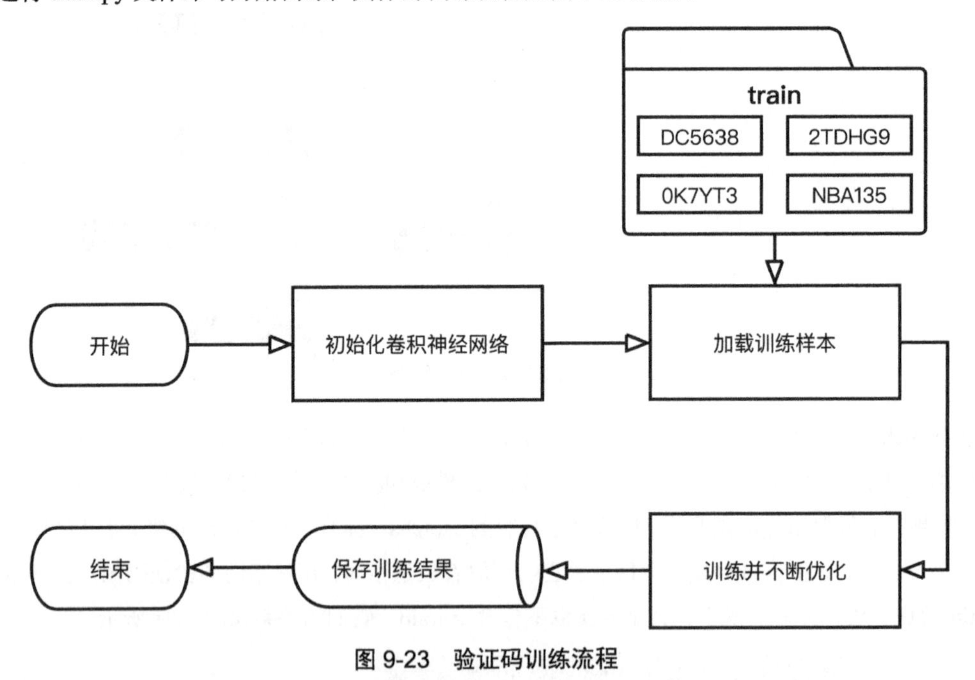

图 9-23 验证码训练流程

训练开始后，首先会初始化 model.py 中定义的卷积神经网络 `CaptchaModelCNN`，并开启训练模式。然后使用 loader.py 中的 `loaders()` 方法加载训练样本。接着进入训练阶段，训练其实是使用卷积神经网络提取所传入图片的特征，该阶段还会使用一些算法和方法优化训练。最后将训练结果保存到文件中。本案例中用到的卷积神经网络结构如图 9-24 所示。

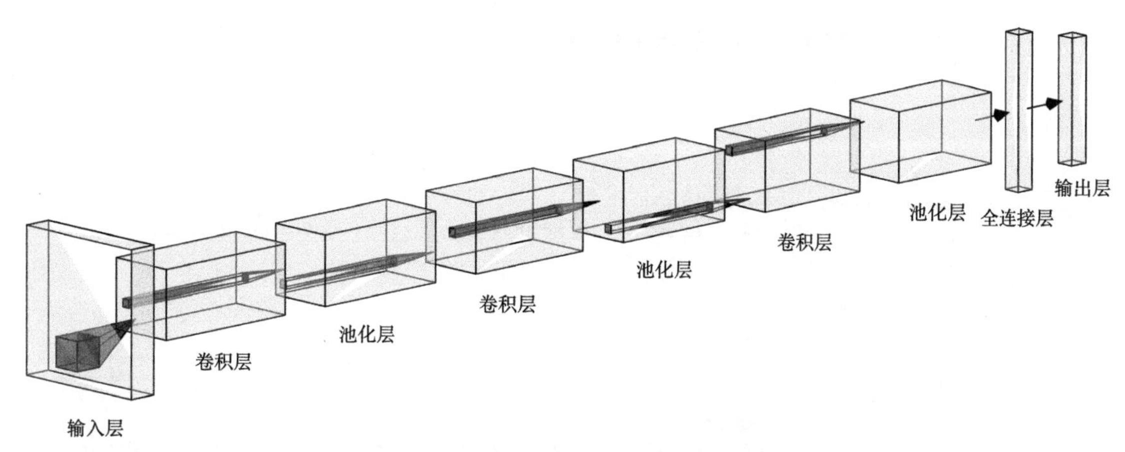

图 9-24 本案例所用的卷积神经网络结构

对应的卷积神经网络代码如下：

```
# model.py
from torch.nn import Module
from torch.nn import Sequential
from torch.nn import Conv2d
from torch.nn import BatchNorm2d
from torch.nn import Dropout
from torch.nn import ReLU
from torch.nn import MaxPool2d
from torch.nn import Linear
from settings import *

class CaptchaModelCNN(Module):
    """用于识别验证码的卷积神经网络"""

    def __init__(self):
        super(CaptchaModelCNN, self).__init__()

        # 设定参数
        self.pool = 2  # 最大池化
        self.padding = 1  # 矩形边的补充层数
        self.dropout = 0.5  # 随机概率
        self.kernel_size = 3  # 卷积核大小为 3×3

        # 卷积池化
        self.layer1 = Sequential(
            # 时序容器 Sequential，参数按顺序传入
            # 二维卷积层，卷积核大小为 self.kernel_size，边的补充层数为 self.padding
            Conv2d(1, 32, kernel_size=self.kernel_size, padding=self.padding),
            # 对小批量 3d 数据组成的 4d 输入进行批标准化(Batch Normalization)操作
            BatchNorm2d(32),
            # 设置 Dropout 层
            Dropout(self.dropout),
```

```
            # 对输入数据运用修正线性单元函数
            ReLU(),
            # 最大池化
            MaxPool2d(2))

        # 卷积池化
        self.layer2 = Sequential(
            Conv2d(32, 64, kernel_size=self.kernel_size, padding=self.padding),
            BatchNorm2d(64),
            Dropout(self.dropout),
            ReLU(),
            MaxPool2d(2))

        # 卷积池化
        self.layer3 = Sequential(
            Conv2d(64, 64, kernel_size=self.kernel_size, padding=self.padding),
            BatchNorm2d(64),
            Dropout(self.dropout),
            ReLU(),
            MaxPool2d(2))

        # 全连接
        self.fc = Sequential(
            Linear((IMAGE_WIDTH // 8) * (IMAGE_HEIGHT // 8) * 64, 1024),
            Dropout(self.dropout),
            ReLU())
        self.rfc = Sequential(Linear(1024, CAPTCHA_NUMBER * len(CHARACTER)))

    def forward(self, x):
        out = self.layer1(x)
        out = self.layer2(out)
        out = self.layer3(out)
        out = out.view(out.size(0), -1)
        out = self.fc(out)
        out = self.rfc(out)
        return out
```

我们的目标是识别验证码图片中的字符，字符的色彩并不会影响识别。为了减少输入数据量，这里将训练样本进行灰度处理，然后再将图片进行数字化处理。这两项工作都在文件加载模块中进行，对应的代码如下：

```
# loader.py
import torch
from PIL import Image
from torch.utils.data import Dataset
from torch.utils.data import DataLoader
from torchvision import transforms

from convert import one_hot_encode
from settings import *
```

```
class ImageDataSet(Dataset):
    """ 图片加载和处理 """

    def __init__(self, folder):
        self.transform = transforms.Compose([
            # 图片灰度处理
            transforms.Grayscale(),
            # 把一个取值范围是[0,255]的PIL.Image对象转换成取值范围是[0,1.0]的Tensor对象
            transforms.ToTensor()
        ])
        self.folder = folder
        # 从传入的文件夹路径中载入指定后缀为IMAGE_TYPE值的文件
        self.images = list(pathlib.Path(folder).glob('*.{}'.format(IMAGE_TYPE)))

    def __len__(self):
        return len(self.images)

    def __getitem__(self, idx):
        image_path = self.images[idx]
        image = self.transform(Image.open(image_path))
        # 获取独热码和字符位置列表
        vector, order = one_hot_encode(image_path.stem)
        label = torch.from_numpy(vector)
        return image, label, order


def loaders(folder: str, size: int) -> object:
    # 包装数据和目标张量的数据集
    objects = ImageDataSet(folder)
    return DataLoader(objects, batch_size=size, shuffle=True)
```

图片的数字化处理在这里指的是将图片转换为张量数据，将标注信息（图片名称）转换成离散值。标注信息转离散值使用的是独热码，独热码的编码方法和解码方法如下：

```
# convert.py
import numpy
from settings import CHARACTER, CAPTCHA_NUMBER

def one_hot_encode(value: list) -> tuple:
    """编码，将字符转为独热码
    vector为独热码，order用于解码
    """
    order = []
    shape = CAPTCHA_NUMBER * len(CHARACTER)
    vector = numpy.zeros(shape, dtype=float)
    for k, v in enumerate(value):
        index = k * len(CHARACTER) + CHARACTER.get(v)
        vector[index] = 1.0
        order.append(index)
    return vector, order
```

```
def one_hot_decode(value: list) -> str:
    """解码，将独热码转为字符
    """
    res = []
    for ik, iv in enumerate(value):
        val = iv - ik * len(CHARACTER) if ik else iv
        for k, v in CHARACTER.items():
            if val == int(v):
                res.append(k)
                break
    return "".join(res)
```

训练过程中采用梯度下降和Adam优化器对训练进行优化，并将训练结果保存到文件中，对应的代码如下：

```
# train.py
import torch
import logging
from torch.nn import MultiLabelSoftMarginLoss
from torch.autograd import Variable
from torch.optim import Adam
from settings import *
from model import CaptchaModelCNN
from loader import loaders

logging.basicConfig(level=logging.INFO)

def start_train():
    # 使用自定义的卷积神经网络训练
    model = CaptchaModelCNN().cuda()
    model.train()  # 训练模式
    logging.info('Train start')
    # 损失函数
    criterion = MultiLabelSoftMarginLoss()
    # Adam 优化器
    optimizer = Adam(model.parameters(), lr=RATE)
    ids = loaders(PATH_TRAIN, BATCH_SIZE)
    logging.info('Iteration is %s' % len(ids))
    for epoch in range(EPOCHS):
        for i, (image, label, order) in enumerate(ids):
            # 包装 Tensor 对象并记录其 operations
            images = Variable(image).cuda()
            labels = Variable(label.float()).cuda()
            predict_labels = model(images)
            loss = criterion(predict_labels, labels)
            # 将 module 中的所有模型参数的梯度设置为 0
            optimizer.zero_grad()
            # 梯度求解
            loss.backward()
            # 进行单次优化（参数更新）
            optimizer.step()
            i += 1
```

```
            if i % 100 == 0:
                logging.info("epoch:%s, step:%s, loss:%s" % (epoch, i, loss.item()))
                # 保存训练结果
                torch.save(model.state_dict(), MODEL_NAME)
    # 保存训练结果
    torch.save(model.state_dict(), MODEL_NAME)
    logging.info('Train done')
```

程序所使用的常量（如图片路径、验证码字符范围、训练结果所保存的文件名称、图片规格和训练参数等）均在 settings.py 中设置：

```
import pathlib
from os import path

# 路径
PARENT_LAYER = pathlib.Path.cwd().parent

# 数字与大写字母混合
NUMBER = [str(_) for _ in range(0, 10)]
LETTER = [chr(_).upper() for _ in range(97, 123)]
CHARACTER = {v: k for k, v in enumerate(NUMBER + LETTER)}

# 图片路径
PATH_IMAGE = path.join(PARENT_LAYER, 'images')
PATH_TRAIN = path.join(PATH_IMAGE, 'train')
PATH_TEST = path.join(PATH_IMAGE, 'test')
PATH_PREDICT = path.join(PATH_IMAGE, 'predict')

# 图片规格
CAPTCHA_NUMBER = 6
IMAGE_HEIGHT = 40
IMAGE_WIDTH = 200
IMAGE_TYPE = 'png'

# 训练参数
EPOCHS = 15
BATCH_SIZE = 32
RATE = 0.001
MODEL_NAME = 'result.pkl'
```

运行 train.py 后，我们可以通过如下命令查看训练时的 GPU 使用情况：

```
$ nvidia-smi
```

最后终端输出的内容如图 9-25 所示。

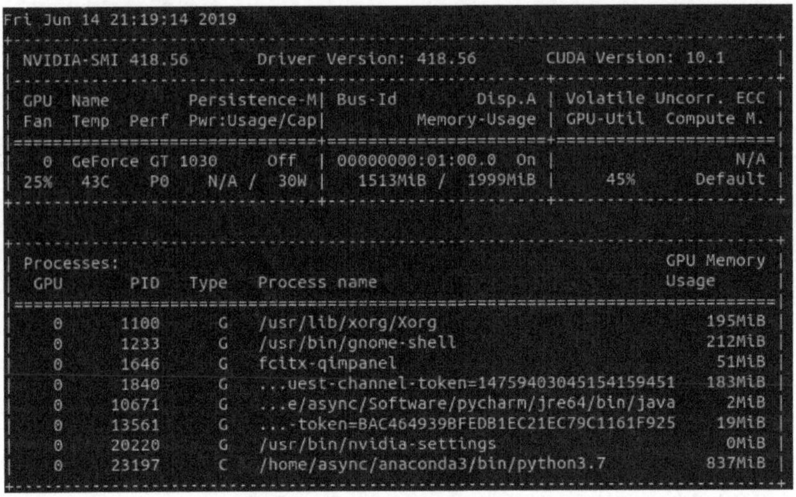

```
Fri Jun 14 21:19:14 2019
+-----------------------------------------------------------------------------+
| NVIDIA-SMI 418.56       Driver Version: 418.56       CUDA Version: 10.1     |
|-------------------------------+----------------------+----------------------+
| GPU  Name        Persistence-M| Bus-Id        Disp.A | Volatile Uncorr. ECC |
| Fan  Temp  Perf  Pwr:Usage/Cap|         Memory-Usage | GPU-Util  Compute M. |
|===============================+======================+======================|
|   0  GeForce GT 1030     Off  | 00000000:01:00.0  On |                  N/A |
| 25%   43C    P0    N/A /  30W |   1513MiB /  1999MiB |     45%      Default |
+-------------------------------+----------------------+----------------------+

+-----------------------------------------------------------------------------+
| Processes:                                                       GPU Memory |
|  GPU       PID   Type   Process name                             Usage      |
|=============================================================================|
|    0      1100      G   /usr/lib/xorg/Xorg                           195MiB |
|    0      1233      G   /usr/bin/gnome-shell                         212MiB |
|    0      1646      G   fcitx-qimpanel                                51MiB |
|    0      1840      G   ...uest-channel-token=14759403045154159451   183MiB |
|    0     10671      G   ...e/async/Software/pycharm/jre64/bin/java     2MiB |
|    0     13561      G   ...-token=BAC464939BFEDB1EC21EC79C1161F925    19MiB |
|    0     20220      G   /usr/bin/nvidia-settings                       0MiB |
|    0     23197      C   /home/async/anaconda3/bin/python3.7          837MiB |
+-----------------------------------------------------------------------------+
```

图 9-25 GPU 使用情况

训练完成后，就可以对图片进行预测了。运行 verifies.py 文件即可开始预测，预测时程序会先初始化 model.py 中定义的卷积神经网络 `CaptchaModelCNN` 并开启测试模式。接着载入训练时保存的训练结果文件和待预测的图片。为了观察预测效果，在预测过程中将预测结果与验证码对应的字符进行对比，并打印预测准确率。要注意的是，预测准确率与待预测图片集有关，要想得到真实准确的预测准确率，就要避免待预测图片与训练样本重复。在程序中对图片集的重复情况进行了检查，并打印重复结果。verifies.py 文件中的代码如下：

```
# verifies.py
import numpy
import torch
import logging
from torch.autograd import Variable

from settings import *
from convert import one_hot_decode
from loader import loaders
from model import CaptchaModelCNN

logging.basicConfig(level=logging.INFO)

def start_verifies(folder):
    model = CaptchaModelCNN().cuda()
    model.eval()  # 预测模式
    # 载入模型
    model.load_state_dict(torch.load(MODEL_NAME))
    logging.info('load cnn model')
    verifies = loaders(folder, 1)
    correct, total, current, cha_len,  = 0, 0, 0, len(CHARACTER)
    for i, (image, label, order) in enumerate(verifies):
```

```
        captcha = one_hot_decode(order)  # 正确的验证码
        images = Variable(image).cuda()
        predict_label = model(images)
        predicts = []
        for k in range(CAPTCHA_NUMBER):
            # 根据预测结果取值
            code = one_hot_decode([(numpy.argmax(predict_label[0, k * cha_len:
                (k + 1) * cha_len].data.cpu().numpy()))])
            predicts.append(code)
        predict = ''.join(predicts)  # 预测结果
        current += 1
        total += 1
        if predict == captcha:
            logging.info('Success, captcha:%s->%s' % (captcha, predict))
            correct += 1
        else:
            logging.info('Fail, captcha:%s->%s' % (captcha, predict))
        if total % 300 == 0:
            logging.info('当前预测图片数为%s 张，准确率为%s%%' % (current, int(100 *
                correct / current)))
    logging.info('完成。数据集%s 当前预测图片数为%s 张，准确率为%s%%' % (folder, total,
        int(100 * correct / total)))


def get_image_name(folder):
    # 加载指定路径下的图片，并返回图片名称列表
    images = list(pathlib.Path(folder).glob('*.{}'.format(IMAGE_TYPE)))
    image_name = [i.stem for i in images]
    return image_name


if __name__ == '__main__':
    folders = PATH_PREDICT  # 指定预测集路径
    trains = get_image_name(PATH_TRAIN)  # 获取训练样本所有图片的名称
    pres = get_image_name(folders)  # 获取预测集所有图片的名称
    repeat = len([p for p in pres if p in trains])  # 获取重复数量
    start_verifies(folders)  # 开启预测
    logging.info('预测前确认待预测图片与训练样本的重复情况，'
                 '待预测图片%s 张，训练样本%s 张，重复数量为%s 张' % (len(pres), len(trains),
                 repeat))
```

在通常情况下，会先使用 test 图片集检验训练成果，然后再对待预测的验证码进行预测，最后以 `predict` 的预测准确率为准。待预测图片集的路径可以在 verifies.py 文件中指定，图片集路径对应的变量名为 `folders`。

本次使用 30 000 张验证码作为训练样本，3000 张验证码用于检验训练成果，1000 张验证码待预测。训练参数如下：

```
EPOCHS = 15
BATCH_SIZE = 32
RATE = 0.001
```

训练参数中的 `EPOCHS=15` 是指用训练集中的全部样本训练 15 次。`BATCH_SIZE = 32` 是指每批数据量的大小为 32。`RATE` 是指学习率（learning rate）。

最终，test 预测结果如下：

```
INFO:root:完成。数据集 test 当前预测图片数为 3000 张，准确率为 99%
INFO:root:预测前确认待预测图片与训练样本的重复情况，待预测图片 3000 张，训练样本 30000 张，重复数量为 3000 张
```

predict 预测结果如下：

```
INFO:root:完成。数据集 predict 当前预测图片数为 1000 张，准确率为 100%
INFO:root:预测前确认待预测图片与训练样本的重复情况，待预测图片 1000 张，训练样本 30000 张，重复数量为 0 张
```

预测准确率相当高。这代表我们完全有能力通过示例 15 的验证码校验，本次任务完成。

9.1.6 小结

添加了干扰信息的字符验证码可以有效增加识别难度和错误率。除了斜线和噪点外，还可以使用字符扭曲、角度旋转和文字重叠等方法。

由于图像识别在深度学习领域已相当成熟，所以我们才能够轻松地完成验证码预测工作。本书对深度学习和卷积神经网络仅进行简单的介绍，感兴趣的读者可以深入了解相关知识。

9.2 计算型验证码

计算型验证码在字符验证码的基础上增加了数学运算，它也是将人类视觉和计算机视觉的差异作为区分用户的依据。

9.2.1 计算型验证码示例

示例 16：计算型验证码示例。

网址：http://www.porters.vip/captcha/mathes.html。

任务：使用程序通过登录页面中的计算型验证码校验。

在登录界面中，用户需要计算页面显示的数学题并将答案填写到文本框中，然后点击“登录”按钮，即可获得验证结果。示例 16 的页面内容如图 9-26 所示。

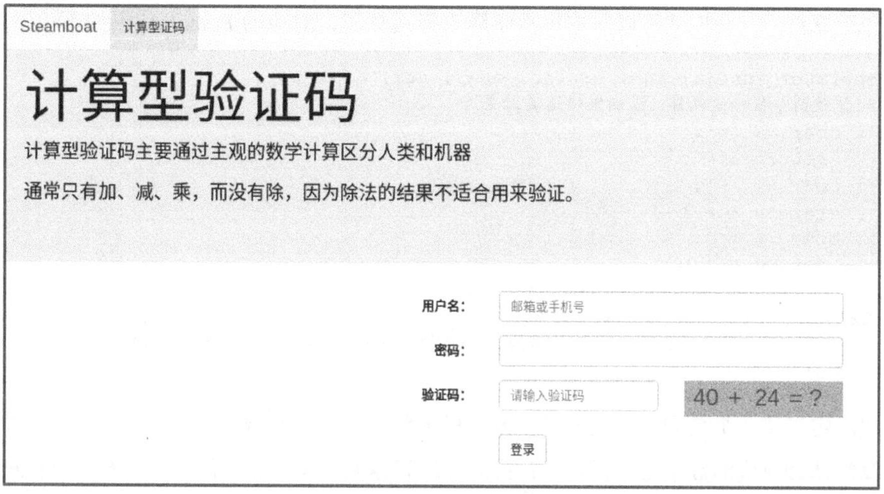

Steamboat 计算型验证码

计算型验证码

计算型验证码主要通过主观的数学计算区分人类和机器

通常只有加、减、乘，而没有除，因为除法的结果不适合用来验证。

用户名： 邮箱或手机号

密码：

验证码： 请输入验证码 40 + 24 = ?

登录

图 9-26　示例 16 页面

对于这种没有斜线、噪点等干扰元素的验证码，我们可以用 PyTesseract 库进行识别，根据识别结果选择运算方法即可。我们将页面中的验证码截图保存，在代码测试通过后再实现在线识别。本地图片识别的 Python 代码如下：

```
try:
    from PIL import Image
except ImportError:
    import Image
import pytesseract
from os import path

# 保存在本地的验证码图片路径
images = path.join(path.dirname(path.abspath(__file__)), 'images/mathes.png')
# 使用 PyTesseract 库识别图中的计算题并打印
print(pytesseract.image_to_string(images))
```

运行结果为：

```
40 + 24=?
```

这说明 PyTesseract 库能够满足我们的需求。要想得到运算结果，还需要从图中提取数字和运算符。提取代码如下：

```
import re
# 将识别结果复制给 strings
strings = pytesseract.image_to_string(images)
# 从识别结果中提取数字
string = re.findall('\d+', strings)
# 从识别结果中提取运算符
operator = re.findall('[+|\-|\*]', strings)
```

得到数字和运算符后，我们就可以对这道数学题进行运算了，对应的 Python 代码如下：

```
def operator_func(a: int, b: int, oper: str) -> int:
    # 接收两个值和运算符，返回数学运算结果
    if oper == '+':
        return a + b
    if oper == '-':
        return a - b
    if oper == '*':
        return a * b

# 将识别结果传入运算方法，获得运算结果
res = operator_func(int(string[0]), int(string[1]), operator[0])
print(res)
```

上述代码定义了一个名为 `operator_func` 的方法，该方法接收 `a`、`b` 和 `oper` 这 3 个参数，然后根据运算符选择对应的数学运算操作，并将运算结果返回。代码的运行结果为 64，这说明我们完全有能力通过示例 16 的验证码校验，本次任务完成。

9.2.2 实现计算型验证码

我们继续使用 Canvas 实现计算型验证码。首先在 HTML 中定义宽度为 200、高度为 40 的 `<canvas>` 标签，对应的 HTML 代码如下：

```
<canvas width="200" height="40" id="matchesCanvas"></canvas>
```

计算型验证码由数字和运算符组成，并且能够对用户的输入进行验证，所以我们需要编写运算方法、随机数生成方法和结果验证方法，其中运算包括乘法、加法和减法。对应的 JavaScript 代码为：

```
function randNumber(min, max){
    // 随机数生成方法
    var res = parseInt(Math.random() * (max - min) + min);
    return res;
}

function multMath(){
    // 乘法
    var first = randNumber(1, 20);
    var second = randNumber(5, 15);
    return [first, second, '*']
}

function additionMath(){
    // 加法
    var first = randNumber(20, 99);
    var second = randNumber(3, 99);
    return [first, second, '+']
}
```

```
function subMath(){
    // 减法
    var first = randNumber(46, 99);
    var second = randNumber(1, 45);
    return [first, second, '-']
}
```

为了避免出现复数或者计算难度大的情况，所以在随机数取值的时候要注意以下几点。

- 减法方法中的被减数要大于减数。
- 乘法方法中的乘数小于等于 20。
- 加法方法中的加数小于等于 100。

接着我们就可以在 <canvas> 标签上绘制数学题了，具体的绘制流程和结果验证逻辑如图 9-27 所示。

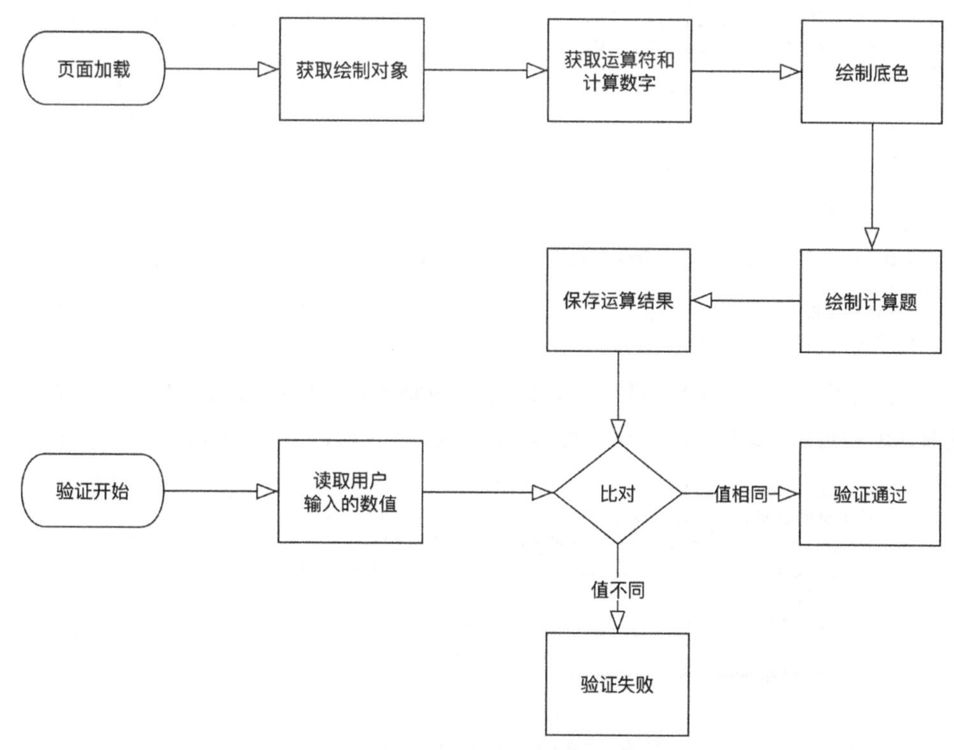

图 9-27　绘制流程和结果验证逻辑

在页面加载时，自动触发方法的功能可以用 jQuery 语法实现，对应的代码如下：

```
$(function(){
    // 此处编写代码主体
})
```

然后在该方法中编写绘制验证码底色和计算题的代码，具体代码如下：

```
var matchesCanvas = document.getElementById('matchesCanvas');
var cvas = matchesCanvas.getContext('2d');
// 获取计算题
var mathList = [multMath(), additionMath(), subMath()];
var i = (randNumber(0, mathList.length));
var maths = mathList[i]

var width = matchesCanvas.width - 20; var height = matchesCanvas.height;
// 先绘制背景色
cvas.fillStyle = '#CDC8B1';
cvas.fillRect(0, 0, width, height)
// 再绘制计算题
cvas.fillStyle = '#7F7F7F';
var fontSize = 26;
cvas.font = fontSize +'px Arial';
cvas.textBaseline = 'middle';
cvas.fillText(maths[0], 10, 20);
cvas.fillText(maths[2], 50, 20);
cvas.fillText(maths[1], 80, 20);
cvas.fillText('= ?', 120, 20);
if(i == 0){
    var result = parseInt(maths[0]) * parseInt(maths[1]);
}else if(i == 1){
    var result = parseInt(maths[0]) + parseInt(maths[1]);
}else{
    var result = parseInt(maths[0]) - parseInt(maths[1]);
}
// 给出计算结果
mathesResult.push(result);
```

用户输入计算结果后，点击“登录”按钮才会触发结果验证方法。这里我们定义一个验证方法，并且在 HTML 中将该方法与 `onclick` 事件绑定在一起。用于验证输入结果的 JavaScript 代码如下：

```
function mathesVerify(){
    // 计算型验证码，用户输入结果
    var codeInt = parseInt(mathesResult.join(''));
    var inputCode = parseInt(document.getElementById('code').value);
    if(inputCode==codeInt){
        alert('计算结果：' + inputCode + '，通过验证。');
    }else{
        alert('很遗憾，未通过验证');
    }
}
```

HTML 代码中的事件绑定代码为：

```
<button type="" class="btn btn-default" onclick='mathesVerify()'>登录</button>
```

这样我们就完成了计算型验证码的绘制和验证功能。当然，我们还可以为验证码添加干扰信息，如斜线和噪点，对应的 JavaScript 代码如下：

```
// 定义干扰信息的绘制方法
function cvasInterfere(cvas, width, height){
    // 干扰线
    for(var i=0;i<8;i++){
        cvas.beginPath();
        cvas.moveTo(randNumber(0, width),randNumber(0, height));
        cvas.lineTo(randNumber(0, width),randNumber(0, height));
        cvas.strokeStyle=randColor(180, 220);
        cvas.closePath();
        cvas.stroke();
    }
    // 干扰噪点
    for(var i=0;i<80;i++){
        cvas.beginPath();
        cvas.arc(randNumber(0, width),randNumber(0, height), 1, 0, 2 * Math.PI);
        cvas.closePath();
        cvas.fillStyle=randColor(150, 250);
        cvas.fill();
    }
}

// 在计算题绘制完成后，为验证码加上干扰线和噪点
cvasInterfere(cvas, width, height)
```

加上干扰信息的验证码如图 9-28 所示。

11 * 12 = ?

图 9-28　增加了干扰信息的计算型验证码（另见彩插）

9.2.3　小结

计算型验证码其实也是字符验证码的一种，但它增加了数学运算逻辑，所以难度相对较高。但只要能够识别图片中的字符，就能够通过校验。

9.3　滑动验证码

技术总是在博弈中进步，随着时间的推移，字符验证码的作用也逐渐降低。因此，开发者试图通过从行为方面区分人类和计算机。他们认为，计算机难以准确地完成鼠标按下、拖曳、释放等行为，所以开发出了滑动验证码。

9.3.1　滑动验证码示例

示例 17：滑动验证码示例。

网址：http://www.porters.vip/captcha/sliders.html。

任务：使用程序通过登录界面中滑动验证码的校验。

在用户登录时的页面内容如图 9-29 所示。

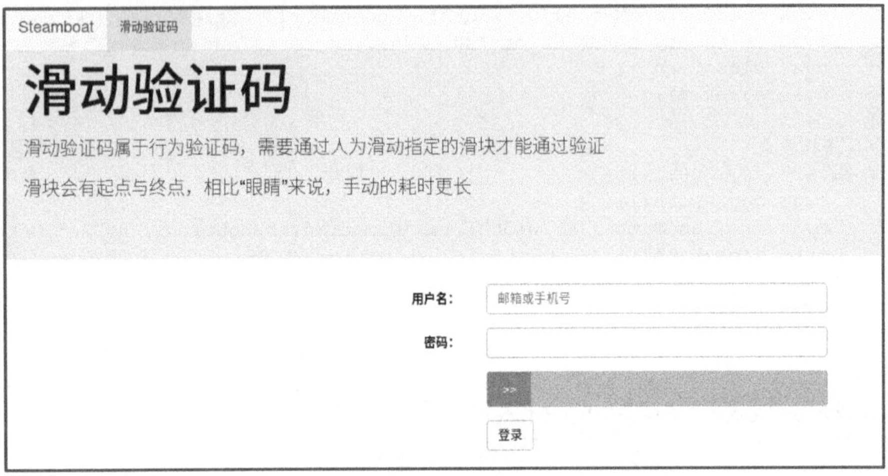

图 9-29 示例 17 的页面

我们可以通过人为操作来观察不同验证状态的页面内容。例如当滑块被滑动到一半的时候，放开鼠标，此时的页面内容如图 9-30 所示。

图 9-30 未通过验证时的页面内容

由于未达到滑轨终点，所以未能通过验证，验证失败后滑块会重新回到滑轨的起始位置。当滑块滑动到滑轨终点时再放开鼠标，此时页面给出“验证通过”的提示，如图 9-31 所示。

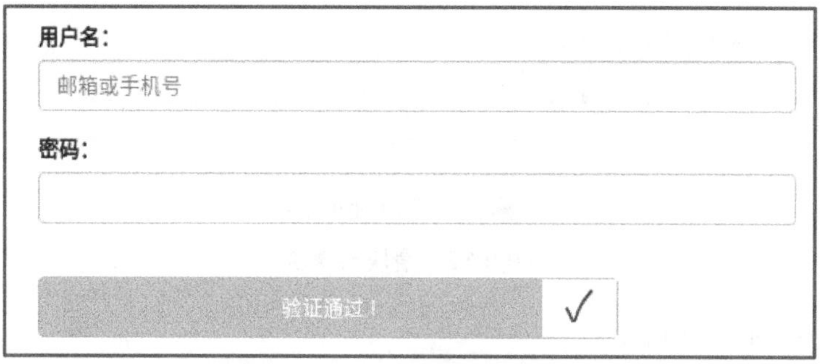

用户名：

邮箱或手机号

密码：

验证通过！ √

图 9-31　滑块移动到滑轨终点

测试结果说明滑动验证码需要我们将滑块从滑轨的起始位置移动到滑轨的终点位置。我们可以使用 Selenium 套件来完成滑动的工作。在此之前，我们需要确定滑块需要移动的距离。滑块的 CSS 样式如下：

```
.hover{
    margin-left: 16px;
    width: 50px;
    height: 38px;
    background: #ad99ff;
    text-align: center;
    line-height: 38px;
}
```

滑轨的 CSS 样式如下：

```
.tracks{
    width: 390px;
    height: 40px;
    background: #d0c4fe;
    overflow: hidden;
    border: 1px solid #c5c5c5;
    border-radius: 4px;
    text-align: center;
}
```

我们从滑块和滑轨的 CSS 样式中得知，滑块宽度为 50 px，滑轨长度为 390 px。如图 9-32 所示，由于滑块的起始位置与滑轨的起始位置相同，所以滑块需要移动的距离等于滑轨长度减去滑块宽度。

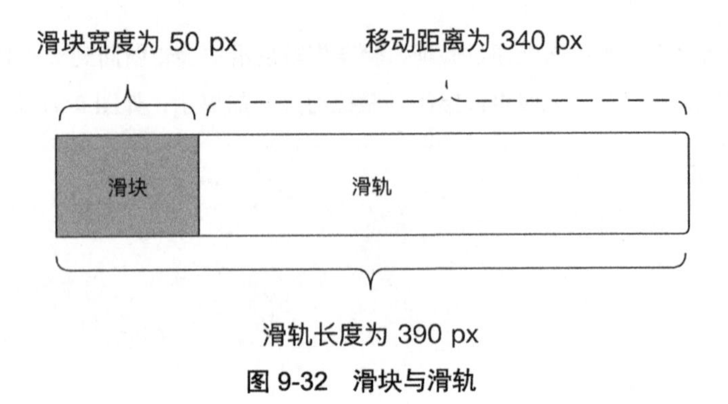

图 9-32 滑块与滑轨

人为滑动验证码的过程如下。

(1) 打开页面并将鼠标移动到滑块位置。

(2) 按下鼠标并将滑块拖曳到滑轨终点位置。

(3) 放开鼠标，等待验证结果。

我们使用 Selenium 套件完成滑动工作时，也需要按照这个流程。第 (1) 步对应的 Python 代码如下：

```
from selenium import webdriver


browser = webdriver.Chrome()
# 驱动 Chrome 浏览器打开滑动验证码示例页面
browser.get('http://www.porters.vip/captcha/sliders.html')
# 定位滑块
hover = browser.find_element_by_css_selector('.hover')
```

第 (2) 步需要按下并移动鼠标，但是不能立即松开鼠标，所以这里不能使用 `click()` 方法。Selenium 中有一个名为 `ActionChains` 的模块，该模块提供了我们需要的方法，这些方法可以满足我们按下鼠标不松开、拖曳和松开鼠标等需求。第 (2) 步和第 (3) 步对应的 Python 代码如下：

```
action = webdriver.ActionChains(browser)
action.click_and_hold(hover).perform()  # 点击并保持不松开
action.move_by_offset(340, 0)  # 设置滑动距离，横向距离为 340px，纵向距离为 0px
action.release().perform()  # 松开鼠标
```

运行结果如图 9-33 所示，这说明我们已经通过了验证，完成了本次任务。

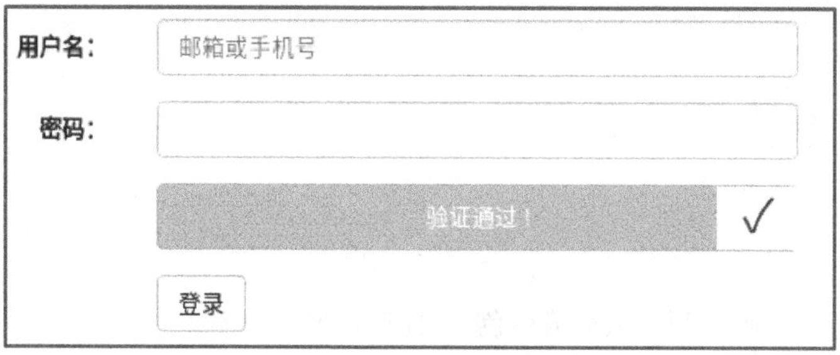

图 9-33 滑动结果

9.3.2 实现滑动验证码

如图 9-34 所示，滑动验证码主要由滑块和滑轨组成，我们需要为其添加 CSS 样式和提示文字。

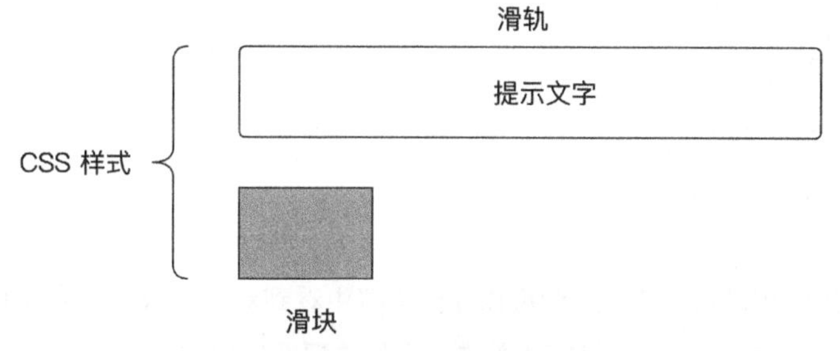

图 9-34 滑动验证码组成

滑块、滑轨和提示文字对应的 HTML 代码如下：

```
<div class="tracks" id="tracks">
  <div class="hover" id="sliderblock">>>></div>
  <div class="slidertips" id="slidertips">验证通过!</div>
</div>
```

为了便于区分滑块和滑轨，CSS 中将设定不同的颜色，对应的代码如下：

```
.tracks{
    /*滑轨样式*/
    width: 390px;
    height: 40px;
    background: #d0c4fe;
    overflow: hidden;
    border: 1px solid #c5c5c5;
    border-radius: 4px;
    text-align: center;
}
.hover{
    /*滑块样式*/
    left:0px;
```

```
    position: absolute;
    margin-left: 16px;
    width: 50px;
    height: 38px;
    background: #ad99ff;
    text-align: center;
    line-height: 38px;
}
```

当鼠标移动到滑块上时，滑块会变成白色，对应的 CSS 代码如下：

```
.hover:hover{
    background: #fff;
}
```

验证通过后，会显示“验证通过”的提示信息，但在验证通过前却没有显示任何文字。标签的显示与隐藏可以通过 visibility 属性实现。提示信息的 CSS 样式如下：

```
.slidertips {
    /*提示信息样式*/
    height: 38px;
    line-height: 38px;
    color: #fff;
    visibility: hidden;
}
```

此时滑动验证码的布局已完成，我们可以在浏览器中看到对应的效果。滑块的移动、事件监听和结果验证等功能需要使用 JavaScript 编写。首先，我们需要获取滑块、滑轨和提示信息所属的 DOM，对应的 JavaScript 代码如下：

```
$(function(){
    var tracks = document.getElementById('tracks'),
    sliderblock = document.getElementById('sliderblock'),
    slidertips = document.getElementById('slidertips');
})
```

滑块位置和滑轨长度都需要通过代码获取，对应的 JavaScript 代码如下：

```
// 滑块宽度
var sliderblockWidth = $('#sliderblock').width();
// 滑轨长度
var tracksWidth = $('#tracks').width();
```

此外，我们需要监听 mousedown、mousemove 和 mouseup 这 3 个事件。当鼠标点击滑块时，记录滑块的起始位置，对应的 JavaScript 代码如下：

```
sliderblock.addEventListener('mousedown', function (e) {
    // 监听 mousedown 事件，记录滑块起始位置
    startCoordinateX = e.clientX  // 滑块起始位置
});
```

要注意的是，鼠标事件之间并没有关联。如鼠标的移动并不需要先按下鼠标左键，所以为了防止滑块在未被点击时就跟随鼠标移动，还需要记录 mousedown 的状态。网页加载时，mousedown 的状态为 false，只有当滑块被点击时，mousedown 的状态才会改为 true。这里 mousedown 监听方法的代码改为：

```
var mousemove = false; // mousedown 状态
sliderblock.addEventListener('mousedown', function (e) {
    // 监听 mousedown 事件，记录滑块起始位置
    mousemove = true;  // 鼠标按下时，mousedown 状态改变
    startCoordinateX = e.clientX  // 滑块起始位置
});
```

当用鼠标移动滑块时，网页需要显示滑块的实时位置，同时要确保滑块不能像图 9-35 所示，从左边或右边移出滑轨。

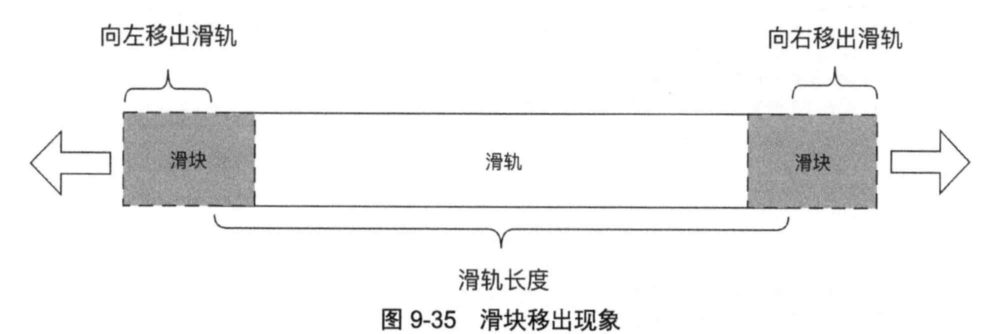

图 9-35 滑块移出现象

实时位置显示可以通过改变滑块 CSS 样式实现，而防止移出则需要限制滑块的位置，对应的 JavaScript 代码如下：

```
var distanceCoordianteX = 0; // 滑块起始位置
tracks.addEventListener('mousemove', function (e) {
    //监听鼠标移动
    if (mousemove) {// 鼠标点击滑块后才跟踪移动
        distanceCoordianteX = e.clientX - startCoordinateX;  // 滑块当前位置
        if (distanceCoordianteX > tracksWidth - sliderblockWidth) {
            // 通过限制滑块位移距离，避免滑块向右移出滑轨
            distanceCoordianteX = tracksWidth - sliderblockWidth;
        } else if (distanceCoordianteX < 0) {
            // 通过限制滑块位移距离，避免滑块向左移出滑轨
            distanceCoordianteX = 0;
        }
        // 根据移动距离显示滑块位置
        sliderblock.style.left = distanceCoordianteX + 'px';
    }
})
```

鼠标松开代表用户完成操作，此时需要记录滑块的位置，并调用验证方法：

```
sliderblock.addEventListener('mouseup', function (e){
    // 鼠标松开视为完成滑动，记录滑块当前位置并调用验证方法
    var endCoordinateX = e.clientX;
    verifySliderRetuls(endCoordinateX);
})
```

验证逻辑很简单，程序在用户按下和松开鼠标时都记录了滑块的位置，如果滑块位置的差值与所需滑动距离相等，则判定通过验证。反之，则判定未通过验证，同时将滑块位置重置到之前的起始位置，方便用户再次滑动。要注意的是，用户滑动操作很难做到 0 像素的精准度，考虑到用户体验，在验证方法中允许 3 像素的误差。差值与滑动距离的判断使用数学运算符“小于”进行，所以取差值的绝对值。对应的 JavaScript 代码如下：

```
function verifySliderRetuls(endCoordinateX){// 验证滑动结果
    mousemove = false;  // 此时鼠标已松开，防止滑块跟随鼠标移动
    // 允许误差 3 像素
    if (Math.abs(endCoordinateX - startCoordinateX - tracksWidth) <
        sliderblockWidth + 3) {
        // 验证通过后设置提示样式
        sliderblock.style.color = '#666';
        sliderblock.style.fontSize = '28px';
        sliderblock.style.backgroundColor = '#fff';
        sliderblock.innerHTML = '✓';
        slidertips.style['visibility'] = 'visible';
        console.log('验证成功');
    } else {
        // 如果验证失败，滑块复位
        distanceCoordianteX = 0;
        sliderblock.style.left = 0;
        console.log('验证失败');
    }
}
```

至此，我们已经完成了滑动验证码的布局代码和功能代码的编写。

9.3.3 小结

在本节中，我们使用程序通过了滑动验证码的校验，并了解了滑动验证码的校验依据和实现过程，其中通过验证的关键是滑块的移动距离。

9.4 滑动拼图验证码

滑动拼图验证码在滑动验证码的基础上增加了随机滑动距离，用户需要使用滑动的方式完成拼图，才能通过校验。我们将在本节中了解滑动拼图验证码的校验原理和实现过程，并编写程序通过校验。

9.4.1 滑动拼图验证码示例

示例 18：滑动拼图验证码示例。

网址：http://www.porters.vip/captcha/jigsaw.html。

爬虫任务：使用程序通过滑动拼图验证码的校验。

用户需要在登录页面使用滑动的方式完成拼图。示例 18 的页面内容如图 9-36 所示。

图 9-36 示例 18 的页面主体部分

与示例 17 不同的是，滑动拼图验证码的目标位置是不固定的，这意味着滑块的移动距离也是随机的。当鼠标按下滑块时，图片中会出现如图 9-37 所示的缺口。

图 9-37 鼠标按下后的滑动拼图验证码界面

用户的任务是将底色为白色网格的圆角矩形移动到半透明的缺口上。要注意的是，松开鼠标时自动进入结果验证流程。如果验证失败，滑块将回到起始位置，用户可以重新滑动。如果通过验证，网页会弹出相关的提示。

滑动拼图验证码中的圆角矩形和缺口只是为了照顾人类视觉。如图 9-38 所示，用户可通过观察圆角矩形和缺口的重叠来判断是否完成滑块的移动。

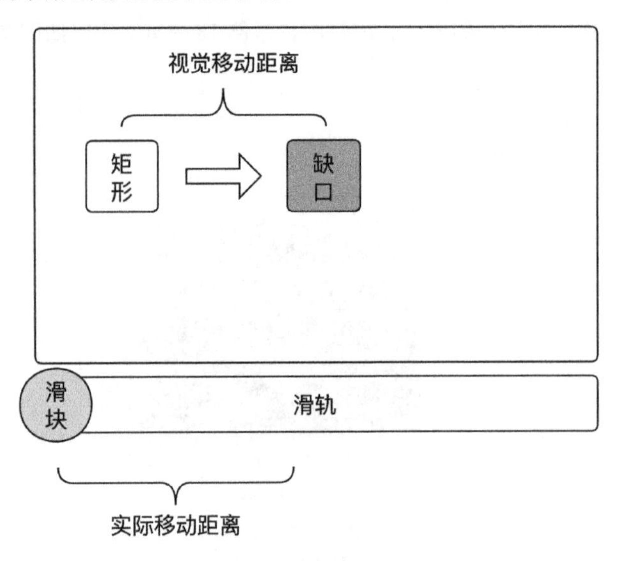

图 9-38 滑动拼图验证码的判断依据

实际上，程序将滑块在滑轨上移动的距离作为判断依据。我们唤起 Chrome 调试工具并切换到元素面板，观察不同情况下滑块位置和验证结果的关系。在滑动拼图验证码的 HTML 页面中，圆角矩形的 `id` 为 `missblock`，缺口 `id` 为 `targetblock`，滑块 `id` 为 `jigsawCircle`。在滑块被点击之前，圆角矩形、缺口和滑块的 HTML 代码如下：

```
<!-- 圆角矩形 -->
<div class="missblock" id="missblock" style="background-image:
  url(&quot;images/0.jpg&quot;);"></div>
<!-- 缺口 -->
<div class="targetblock" id="targetblock"></div>
<!-- 滑块 -->
<span class="jigsawCircle" id="jigsawCircle"></span>
```

当用户的鼠标在滑块上按下，但未移动鼠标时，三者的 HTML 代码如下：

```
<!-- 圆角矩形 -->
<div class="missblock" id="missblock" style="background-image:
  url(&quot;images/0.jpg&quot;); display: block; top: 21px;
  background-position: -117px -2px; left: 10px;"></div>
```

```
<!-- 缺口 -->
<div class="targetblock" id="targetblock" style="display: block; left: 130px;
  top: 21px;"></div>
<!-- 滑块 -->
<span class="jigsawCircle" id="jigsawCircle" style="left: 0px;"></span>
```

对比这两种情况下的HTML代码，发现在鼠标按下后，三者的CSS样式都发生了变化，而且样式中 `left` 属性都设置了值。接下来，观察圆角矩形和缺口位置重叠时的代码，即通过验证时三者的HTML：

```
<!-- 圆角矩形 -->
<div class="missblock" id="missblock" style="background-image:
  url(&quot;images/0.jpg&quot;); display: block; top: 21px;
  background-position: -117px -2px; left: 130px;"></div>
<!-- 缺口 -->
<div class="targetblock" id="targetblock" style="display: block;
  left: 130px; top: 21px;"></div>
<!-- 滑块 -->
<span class="jigsawCircle" id="jigsawCircle" style="left: 120px;"></span>
```

将圆角矩形和缺口重叠的过程中，三者的 `left` 属性值再次发生了变化。`left` 属性值代表的是它们在页面中的位置，位置变化如图 9-39 所示。

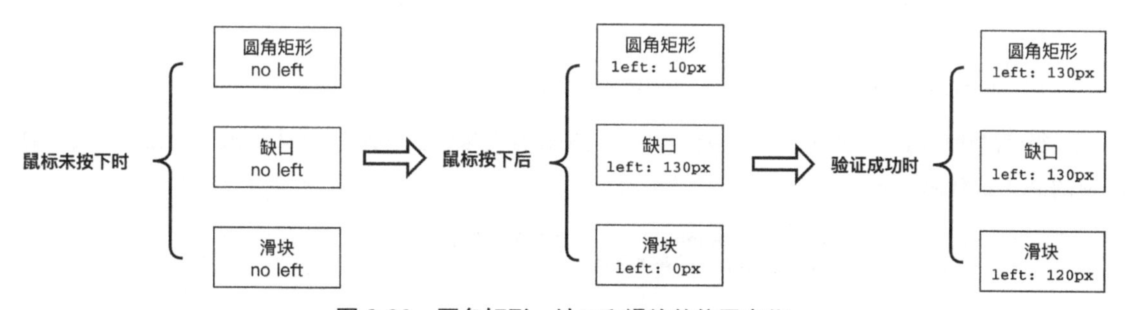

图 9-39 圆角矩形、缺口和滑块的位置变化

当在滑块上按下鼠标时，圆角矩形和缺口才会显示，我们可以将它们此时所在的位置看作起始位置。当圆角矩形与缺口重叠时，它们所在的位置可以看作终点位置。圆角矩形的起始位置为 `left: 10px`，终点位置为 `left: 130px`，实际上它的移动距离和滑块的移动距离是相等的。

通过对圆角矩形、缺口和滑块的位置分析，我们知道滑块移动的距离是缺口与圆角矩形 `left` 属性值的差值。我们可以使用 Selenium 套件帮助完成滑动工作。为了得到圆角矩形和缺口的 `left` 属性，我们需要在网页加载完成后定位滑块元素，然后模拟鼠标按下并保持不松开的状态。对应的 Python 代码如下：

```
from selenium import webdriver
browser = webdriver.Chrome()
# 驱动 Chrome 浏览器打开滑动验证码示例页面
browser.get('http://www.porters.vip/captcha/jigsaw.html')
```

```
# 定位滑块
jigsawCircle = browser.find_element_by_css_selector('#jigsawCircle')
action = webdriver.ActionChains(browser)
# 点击并保持不松开
action.click_and_hold(jigsawCircle).perform()
# 返回当前页面的html 代码
html = browser.page_source
```

接着驱动浏览器返回当前页面的HTML代码，并使用CSS选择器从HTML代码中提取圆角矩形和缺口的CSS样式。然后使用正则表达式从对应的CSS样式中提取`left`属性值，并计算滑块需要移动的距离。对应的Python代码如下：

```
import re
from parsel import Selector
sel = Selector(html)
# 获取圆角矩形和缺口的CSS 样式
mbk_style = sel.css('#missblock::attr("style")').get()
tbk_style = sel.css('#targetblock::attr("style")').get()
# 编写用于从CSS 样式中提取 left 属性值的匿名函数
extract = lambda x: ''.join(re.findall('left: (\d+|\d+.\d+)px', x))
# 调用匿名函数获取CSS 样式中的 left 属性值
mbk_left = extract(mbk_style)
tbk_left = extract(tbk_style)
# 计算当前拼图验证码滑块所需移动的距离
distance = float(tbk_left) - float(mbk_left)
```

得到滑动距离后，使用`move_by_offset()`方法移动鼠标，最后释放鼠标按键即可触发验证。对应的Python代码如下：

```
action.move_by_offset(distance, 0)  # 设置滑动距离
action.release().perform()  # 松开鼠标
```

代码运行后，浏览器弹出如图9-40所示的提示消息。

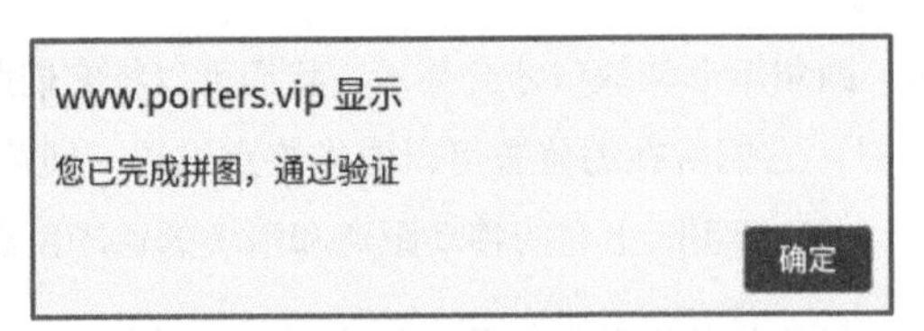
www.porters.vip 显示
您已完成拼图，通过验证
确定

图9-40 浏览器弹出的提示消息

这说明我们使用代码通过了滑动拼图验证码的验证。

9.4.2 实现滑动拼图验证码

如图9-41所示，滑动拼图验证码主要由滑块、滑轨、矩形、缺口和背景图组成，并根据需求为其添加CSS样式和提示文字。

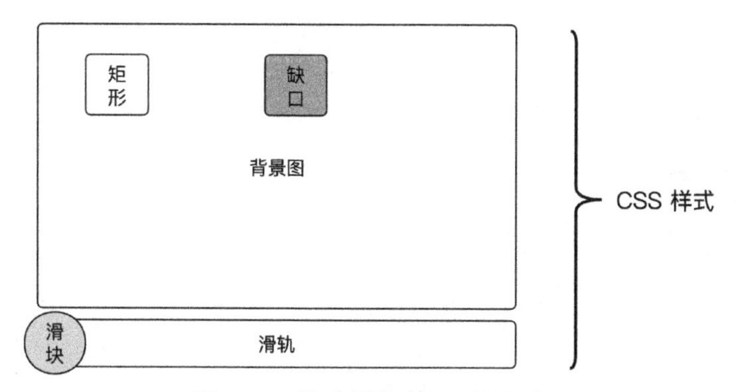

图 9-41　滑动拼图验证码的组成

对应的 HTML 代码如下：

```
<div class="jigsaw" id="jigsaw">
  <div class="imagebox" id="imagebox">
    <img class="imageback" id="imageback">
    <div class="missblock" id="missblock"></div>
    <div class="targetblock" id="targetblock"></div>
  </div>
  <div class="jigsawTrack" id="jigsawTrack">
    <span class="jigsawCircle" id="jigsawCircle"></span>
    <span class="jigsawTips" id="jigsawTips">请滑动圆点以完成拼图</span>
  </div>
</div>
```

滑块形状、滑块颜色、滑轨底色、背景图和边框等元素的 CSS 样式如下：

```
/* 拼图验证码 */

.jigsaw {
    /* 外层样式 */
    padding: 20px;
    background-color: #fff;
    box-shadow: 2px 2px 8px 0 rgba(0, 0, 0, 0.4);
}

.imagebox {
    /* 背景图样式 */
    position: relative;
    overflow: hidden;
    box-shadow: 0 0 8px 0 rgba(0, 0, 0, 0.4);

}

.imagebox img {
    /* 背景图大小 */
    width: 100%;
}
```

```
.jigsawTrack {
    /* 滑轨样式 */
    display: flex;
    align-items: center;
    position: relative;
    height: 30px;
    border-radius: 20px;
    margin: 20px 0;
    padding: 4px 0 4px 70px;
    box-shadow: 0 0 20px 0 rgba(0, 0, 0, 0.2) inset;
    background: #f5f5f5;
    user-select: none;
}

.jigsawTips {
    /* 提示文字样式 */
    opacity: 1;
    transition: opacity 0.5s ease-in-out;
    color: #aaa;
}

.jigsawCircle {
    /* 滑块颜色、大小及形状 */
    position: absolute;
    top: -5px;
    left: 0px;
    width: 45px;
    height: 45px;
    border-radius: 50%;
    background-color: #ae99ff;
    box-shadow: 2px 2px 6px 0 rgba(0, 0, 0, 0.2);
}

.missblock {
    /* 圆角矩形大小、背景等 */
    position: absolute;
    left: 10px;
    width: 38px;
    height: 38px;
    border-radius: 5px;
    background-repeat: no-repeat;
    background-attachment: scroll;
    background-size: 300px;
    box-shadow: 0 0 10px 0 rgba(0, 0, 0, 0.4), 0 0 10px 0 rgba(90, 90, 90, 0.4);
    z-index: 10;
}

.targetblock {
    /* 缺口大小及颜色 */
    position: absolute;
    width: 38px;
    height: 38px;
    border-radius: 5px;
```

```
    background-color: rgba(0, 0, 0, 0.1);
    box-shadow: 0 0 10px 0 rgba(0, 0, 0, 0.4) inset;
}
```

此时，滑动拼图验证码的布局已完成。我们可以在浏览器中看到如图 9-42 所示的显示效果。

图 9-42 滑动拼图验证码显示效果

背景图的设置、缺口显隐、事件监听和结果验证等工作都在 JavaScript 代码中完成。首先，我们需要获取所用到的标签和提示信息所属的 DOM。对应的 JavaScript 代码如下：

```
var jigsaw = $('.jigsaw'), jigsawTrack = $('.jigsawTrack'),
    jigsawCircle = $('.jigsawCircle'), jigsawTips = $('.jigsawTips'),
    missblock = $('.missblock'), targetblock = $('.targetblock')
```

接着设置背景图和滑块的背景，根据图片高度计算缺口的坐标，并调用 `mousedown` 事件监听的方法。对应的 JavaScript 代码如下：

```
$(function() {
    var imageback = $('.imageback') // 背景图所在标签
    imageback.attr('src', 'images/1.jpg') // 背景图
    missblock.css('background-image', 'url('images/0.jpg') ')// 矩形背景
    var imageHeight = imageback.height();
    var imageWidth = imageback.width();
    // 根据背景图标签的宽高生成缺口坐标
    var CoordinateX = imageWidth/2 * Math.random(), CoordinateY = imageHeight / 2 *
        Math.random()
    // 调用 mousedown 事件监听方法
    mouseDowns(CoordinateX , CoordinateY)
})
```

`mousedown` 事件发生时，需要在页面中显示圆角矩形和缺口，同时隐藏滑动提示信息，并调用 `mousemove` 事件的监听方法。对应的 JavaScript 代码如下：

```
function mouseDowns(CoordinateX, CoordinateY) {// 鼠标按下
    jigsawCircle.mousedown(function(e) {
        e.stopPropagation()
        // 鼠标按下时，显示圆角矩形的位置
        missblock.css('left', '${missblockFirst}px')
        // 鼠标按下时，滑块的位置
        var circleMousedown = jigsawCircle.offset().left
        missblock.css({// 矩形显示
            display: 'block',
            top: '${CoordinateY}px',
```

```
        'background-position': '-${CoordinateX}px -${CoordinateY}px'
    })
    // 缺口显示
    targetblock.css({ display: 'block', left: '${CoordinateX}px',
        top: '${CoordinateY}px' })
    var distanceX = e.clientX - $(this).offset().left;
    // 提示文字设为透明
    jigsawTips.css('opacity', '0')
    // 监听鼠标移动事件
    jigsaw.bind('mousemove', function(e) {
        mouseMoves(e, distanceX)
    })
})
```

鼠标移动时，页面实时显示滑块和圆角矩形的当前位置。除此之外，还要避免滑块移出滑轨。对应的 JavaScript 代码如下：

```
function mouseMoves(e, distanceX) {
    // 滑块移动范围控制在滑轨中，不可超出
    var jigsawCirclePosition = e.clientX - distanceX - $(jigsawTrack).offset().left;
    var jigsawTrackWidth = jigsawTrack.width(); // 滑轨长度
    if (jigsawCirclePosition < 0) {
        jigsawCirclePosition = 0
    }else if (jigsawCirclePosition > jigsawTrackWidth) {
        jigsawCirclePosition = jigsawTrackWidth
    }
    // 实时显示滑块和圆角矩形的位置
    jigsawCircle.css('left', '${jigsawCirclePosition}px')
    missblock.css('left', '${jigsawCirclePosition + missblockFirst}px')
}
```

当用户松开鼠标时，程序进入验证结果判断流程。缺口与圆角矩形的差值如果和滑块移动距离相等，则通过验证。当验证失败时，我们需要将滑块复位并重置缺口位置，以便用户再次验证。要注意的是，无论结果如何，都要移除对 `mousemove` 和 `mouseup` 的监听。对应的 JavaScript 代码如下：

```
// 监听mouseup，根据滑块位置判断结果
jigsaw.bind('mouseup', function() {
    // 滑块移动距离等于鼠标松开时的x坐标减去鼠标按下时的x坐标
    var circleMouseup = jigsawCircle.offset().left;
    var endPosition = circleMouseup - circleMousedown;
    // 误差在2px以内则算成功
    if (Math.abs(endPosition - CoordinateX + missblockFirst) > 2) {
        console.log('验证失败')
        // 缺块和滑块归位
        jigsawCircle.css('left', '0px');
        missblock.css('left', '10px');
        // 显示提示文字
        jigsawTips.css('opacity', '1');
        } else {
            alert('您已完成拼图，通过验证');
        }
    // 移除鼠标事件监听
```

```
    jigsaw.unbind('mousemove')
    jigsaw.unbind('mouseup')
})
```

至此，我们已经完成了滑动拼图验证码的布局代码和逻辑代码的编写。

9.4.3 难度升级

由于示例 18 中的缺口使用 JavaScript 和 CSS 样式实现，所以爬虫工程师可以通过 `left` 属性值计算出滑块移动距离，从而轻易地通过验证。如果将缺口融入到背景图中，那么就能够给爬虫工程师增加不小的难度。

Canvas 非常符合我们的需求，我们只需要改动一部分代码即可实现这样的效果。需要改动的代码主要集中在缺口显示功能上，我们只需要在计算出缺口位置后，不再使用 CSS 样式显示，而是将缺口的形状绘制在背景图中即可。将示例 18 的 HTML 代码改为：

```
<div class="jigsaw" id="jigsaw">
  <div class="imagebox" id="imagebox">
    <canvas width="350" height="287" id=jigsawCanvas></canvas>
    <div class="missblock" id="missblock"></div>
  </div>
  <div class="jigsawTrack" id="jigsawTrack">
    <span class="jigsawCircle" id="jigsawCircle"></span>
    <span class="jigsawTips" id="jigsawTips">请滑动圆点以完成拼图</span>
  </div>
</div>
```

CSS 样式代码也需要做一些变动。接着在 JavaScript 中使用 Canvas 将缺口绘制到背景图上。为了与之前的效果区分，我们可以换一张背景图。由于使用 Canvas 绘制图片和缺口，所以代码结构有一定的变化，JavaScript 代码变动较多，详见 http://www.porters.vip/captcha/js/jigsawCanvas.js。

无论是使用 CSS 样式显示缺口还是使用 Canvas 绘制缺口，最终的显示效果都是相同的。此时，页面中的验证码如图 9-43 所示。

图 9-43 Canvas 绘制的验证码背景图

由于这一次将缺口与背景图绘制在同一个 Canvas 画布上，所以 HTML 代码中不会显示缺口的位置信息，对应的 HTML 代码如下：

```
<div class="imagebox" id="imagebox">
  <canvas width="350" height="287" id="jigsawCanvas"></canvas>
  <div class="missblock" id="missblock" style="display: block; top: 33.7546px;
    background-position: -10px -33.7546px; left: 287px;"></div>
</div>
```

这能够避免爬虫工程师通过 CSS 样式计算滑块所需移动的距离。完整的 Canvas 滑动拼图验证码示例详见示例 19（http://www.porters.vip/captcha/jigsawCanvas.html）。

9.4.4 图片中的缺口位置识别

在无法通过 CSS 样式拿到缺口坐标的情况下，想要计算滑块所需移动的距离是很难的。人类视觉可以分辨出缺口的具体位置，计算机也可以做到。我们可以将没有缺口的图片与有缺口的图片进行对比，通过一定的技术手段判断缺口的位置，从而计算出滑块所需移动的距离。

完成这个任务的前提是拿到用于对比的图片。Canvas 将图片绘制到页面，所以我们无法通过网络请求的方式直接拿到图片，只能使用截图的手段获取图片。要注意的是，截图是针对页面 HTML 元素进行的，所以我们在截图的时候，一定会将圆角矩形也截取。要避免这个问题，就需要在鼠标按下且截图前，隐藏或删除圆角矩形。截图的整个流程如图 9-44 所示。

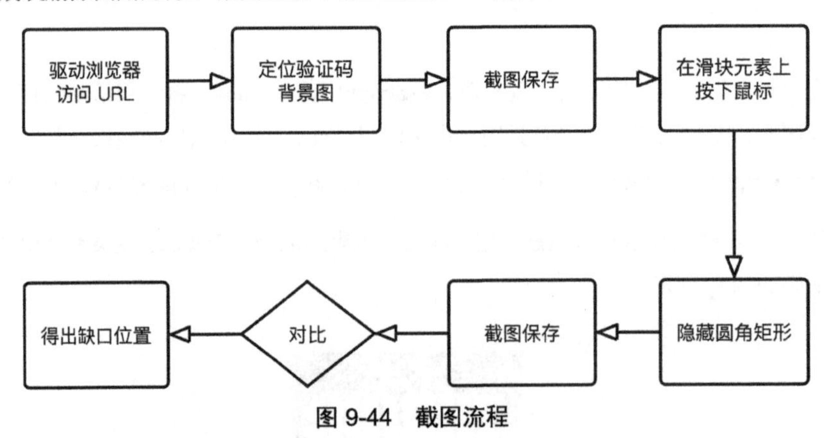

图 9-44 截图流程

对应的 Python 代码如下：

```
from selenium import webdriver

browser = webdriver.Chrome()
# 驱动 Chrome 浏览器打开滑动验证码示例页面
browser.get('http://www.porters.vip/captcha/jigsawCanvas.html')
```

```
# 定位滑块
jigsawCircle = browser.find_element_by_css_selector('#jigsawCircle')
# 定位背景图片
jigsawCanvas = browser.find_element_by_css_selector('#jigsawCanvas')
jigsawCanvas.screenshot('before.png')
action = webdriver.ActionChains(browser)
# 点击并保持不松开
action.click_and_hold(jigsawCircle).perform()
# 执行 JavaScript 隐藏圆角矩形的 HTML 代码
scripts = """
var missblock = document.getElementById('missblock');
missblock.style['visibility'] = 'hidden';
"""
browser.execute_script(scripts)
# 再次截图
jigsawCanvas.screenshot('after.png')
```

运行后得到如图 9-45 所示的两张图片。

图 9-45　图片对比

我们可以通过对比两张图片的像素，将不同的像素找出来，这样就可以知道缺口的位置了。PIL 库的 Image 模块非常强大，我们可以使用该模块对比两张图片的异同，然后得出缺口所在的位置。首先，我们使用 Image 模块的 `open()` 方法打开待对比的两张图片，对应的 Python 代码如下：

```
from PIL import Image
# 打开待对比的图片
image_a = Image.open('after.png')
image_b = Image.open('before.png')
```

然后使用 ImageChops 模块中的 `difference()` 方法对比图片像素的不同，并获取图片差异位置的坐标，对应的 Python 代码如下：

```
from PIL import ImageChops
# 使用 ImageChops 模块中的 difference()方法对比图片像素的不同
diff = ImageChops.difference(image_b, image_a)
# 获取图片差异位置的坐标
diff_position = diff.getbbox()
print(diff_position)
```

getbbox()方法会返回图片差异的坐标信息，坐标顺序为：左、上、右、下。代码运行结果为：

```
(152, 131, 191, 170)
```

在返回的坐标元组中，左侧坐标就是缺口位置。得到缺口位置后，就可以计算和移动滑块了。对应的 Python 代码如下：

```
position_x = diff_position[0]
action.move_by_offset(int(position_x)-10, 0)  # 设置移动距离
action.release().perform()  # 松开鼠标
```

第二行被减去的 10 是圆角矩形的 left 属性值。代码运行结果如图 9-46 所示。

图 9-46 验证通过的提示信息

这说明通过对比图片像素信息以获取缺口位置的方法是可行的。

9.4.5 小结

滑动拼图验证码分为滑动和拼图两个部分，滑动需要用到人类的行为，而拼图则需要用到人类的视觉。通过验证的关键是图片缺口，只要能够找到缺口位置，就能够通过验证。

9.5 文字点选验证码

文字点选验证码要求用户完成下面两项工作。

- 阅读验证要求。
- 按序点击图片文字。

这是一种比滑动拼图验证码更难的验证码，也是近 1 年来各大验证码厂商大力推广的验证码产品。下面我们就来了解文字点选验证码的相关知识，以及它成为“热门”对象的原因。

9.5.1 文字点选验证码示例

示例 20：文字点选验证码示例。

网址：http://www.porters.vip/captcha/clicks.html。

任务：编写程序通过登录页面的文字点选验证码校验。

用户需要根据页面给出的验证要求依次点击图片中的文字通过验证。示例 20 的页面内容如图 9-47 所示。

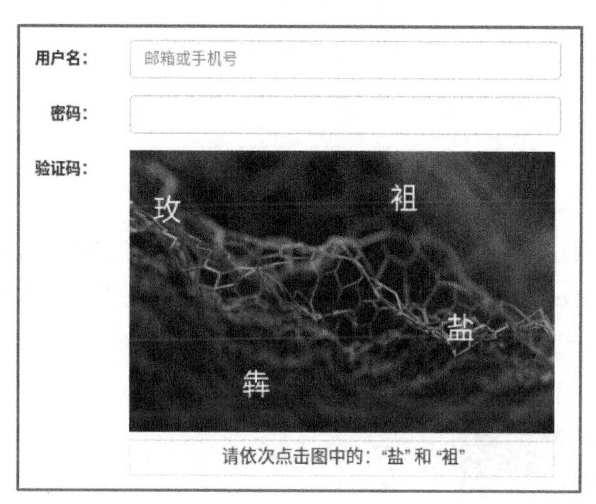

图 9-47　示例 20 的界面

示例 20 的点选验证码的验证结果有两种：通过验证和验证失败。当用户按照页面给出的验证要求点击对应文字后，页面会给出如图 9-48 所示的提示。

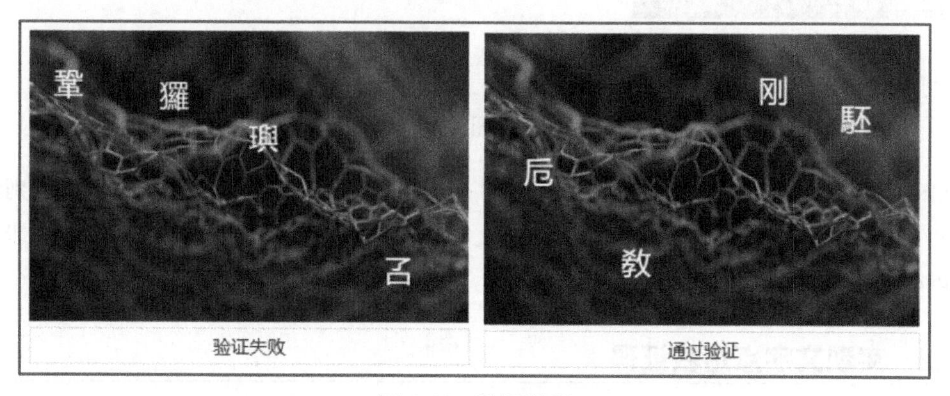

图 9-48　验证提示

首先需要提取验证要求，用正则表达式就可以完成，对应的 Python 代码如下：

```
import re
from selenium import webdriver
from parsel import Selector
```

```
url = 'http://www.porters.vip/captcha/clicks.html'
browser = webdriver.Chrome()
browser.get(url)
html = Selector(browser.page_source)
# 获取验证要求
require = html.css('#divTips::text').get()
# 用正则提取验证要求中的文字
target = re.findall('"(.)"', require)
print(target)
```

运行结果为：

```
['侔', '瑳']
```

接下来就要考虑如何定位图片中的文字，并识别文字内容。我们可以用第 6 章提到的腾讯 OCR（详见 https://cloud.tencent.com/product/ocr）试试，看看能否定位文字。图片识别结果如图 9-49 所示。

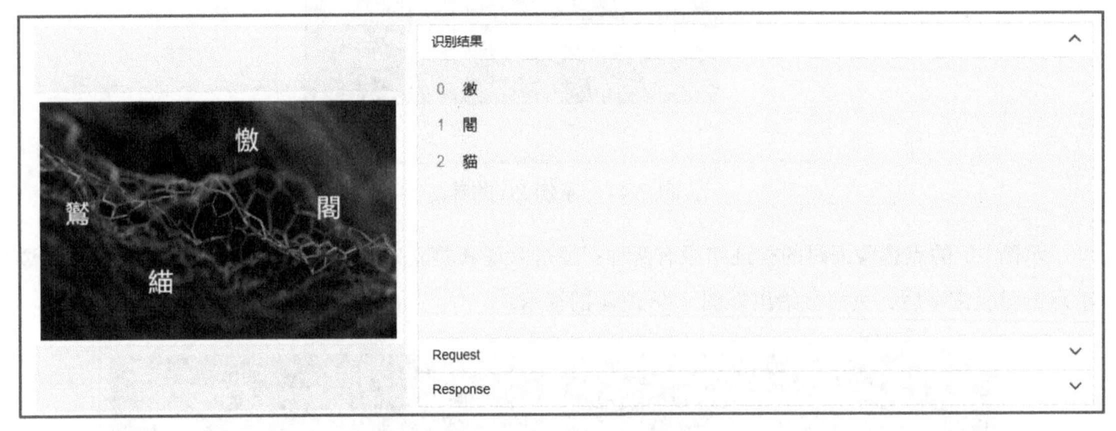

图 9-49 图片识别结果

在图片中有 4 个汉字，但识别结果只显示了 3 个，并且只有 1 个文字能与之对应。从识别结果得知，OCR API 对于生僻字的识别准确率很低，对文字数量和位置的检测也无法满足我们的需求。深度学习能够解决我们的问题吗？

9.5.2 实现文字点选验证码

如图 9-50 所示，文字点选验证码主要由验证要求和带有文字的背景图组成，我们根据需求为其添加 CSS 样式和提示文字。

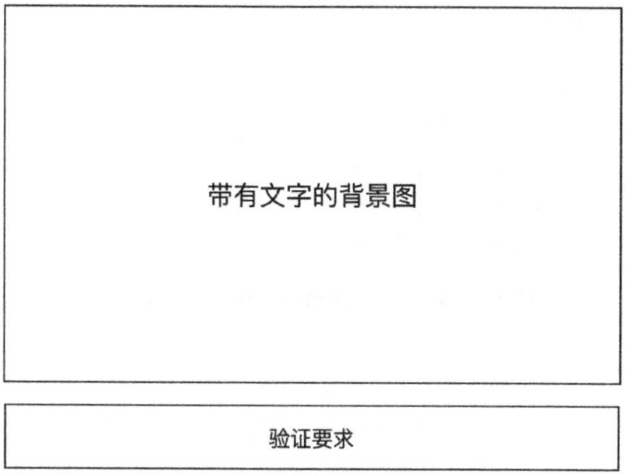

带有文字的背景图

验证要求

图 9-50 文字点选验证码组成

对应的 HTML 代码如下：

```
<!--带有文字的背景图-->
<canvas id='clickCanvas' width="385" height="250"></canvas>
<!--验证要求-->
<div id='divTips' style='border: 1px solid #e0e0e0;font-size: 16px;height:
  32px;line-height: 32px;text-align: center;'></div>
```

背景图的设置、随机文字生成、事件监听和结果验证等工作都在 JavaScript 代码中完成。首先，我们需要获取所用到的标签对应的 DOM，并获取 `CanvasRenderingContext2D` 对象，对应的 JavaScript 代码如下：

```
$(function(){
    var clickCanvas = document.getElementById('clickCanvas');
    var cvas = clickCanvas.getContext('2d')
    var divTips = document.getElementById('divTips');
})
```

接着绘制背景图，定义随机文字在 Canvas 画布上的位置，对应的 JavaScript 代码如下：

```
var images = new Image();
var fontSizes = 26; // 字体大小
images.src = 'images/3.jpg';

images.onload = function doCanvas(){
    cvas.drawImage(images, 0, 0, clickCanvas.width, clickCanvas.height);
    cvas.save();
    cvas.font = '${fontSizes}px Arial';
    cvas.fillStyle = '#ffffff';
    var positions = []
    var chineseStr = [];
    var shifted = [];
    var targets = [];
    var randTimes = 0;
```

```
    var userClick = [];
    var clickTimes = 0;
    // X 需要按文字顺序安排
    var positionX_1 = randNumber(20, 50);
    var positionX_2 = randNumber(70, 170);
    var positionX_3 = randNumber(190, 250);
    var positionX_4 = randNumber(270, 370);
    positions = [positionX_1, positionX_2, positionX_3, positionX_4]
```

然后生成 4 个随机汉字和随机 Y 坐标，对应的 JavaScript 代码如下：

```
getChinese=function(){
    // 随机汉字
    eval( "var singleStr=" +  '"\\u' + (Math.round(Math.random() * 20901) + 19968).
        toString(16)+'"');
    return singleStr;
}
for(var i=0;i<4;i++){
    // 获取汉字并生成一定规律的随机坐标
    var positionCommonY = randNumber(50, 220);  // Y 随机
    var positionX = positions[i];
    var chinese = getChinese();
    var chineseStrPosition = {chinese, positionX, positionCommonY}
    chineseStr.push(chineseStrPosition)
}
```

将得到的文字绘制到 Canvas 画布上，对应的 JavaScript 代码如下：

```
// 绘制文字
for(var i=0;i<4;i++){
    data = chineseStr[i]
    cvas.fillText(data.chinese, data.positionX, data.positionCommonY)
}
```

此时，Canvas 已经能够在页面中绘制如图 9-51 所示的背景图和随机汉字了。

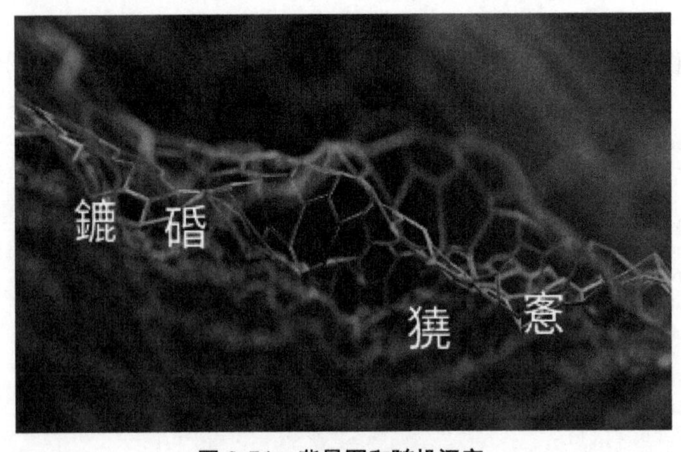

图 9-51 背景图和随机汉字

用户看到验证码，但并不知道要点击哪个汉字，所以我们还需要增加验证要求，对应的JavaScript代码如下：

```
// 汉字坐标数组复制
var chineseStrCopy = []
for(var i=0;i<chineseStr.length;i++){
    chineseStrCopy.push(chineseStr[i])
}

while (randTimes < 2){
    var randnum = randNumber(0, 4);
    if(shifted.indexOf(randnum)){
        shifted.push(randnum);
        // 从汉字-坐标数组中随机取子数组
        var target = chineseStrCopy[randnum]
        targets.push({target, randnum});
        randTimes += 1;
    }else{
        console.log('shifted:'+shifted+'-randum:'+randnum)
    }
}
tipsStr0 = targets[0].target.chinese;
tipsStr1 = targets[1].target.chinese;
divTips.innerHTML = '请依次点击图中的: "${tipsStr0}"和"${tipsStr1}" '
```

当用户点击对应的文字时，程序将记录点击的坐标，并且开始计数。当计数次数为2时（即用户点击2次画布），程序自动进入验证流程。验证前，需要监听鼠标点击事件，对应的JavaScript代码如下：

```
$('#clickCanvas').bind('mousedown', function(e){
    // 监听点击事件
    e = e || window.event;
    mouseClick(e);
})
```

当点击发生时，就开始计数，对应的JavaScript代码如下：

```
function mouseClick(e){
    // 获取canvas相对于浏览器的坐标
    var rect = clickCanvas.getBoundingClientRect();
    // 获取鼠标在canvas上的位置
    var x = (e.clientX - rect.left);
    var y = (e.clientY - rect.top);
    coordinates = {x, y};  // 记录点击坐标
    userClick.push(coordinates);
    clickTimes += 1;  // 记录点击次数
}
```

当计数为2时，进入验证流程。在`mouseClick()`方法中增加以下代码：

```
if(clickTimes == 2){
    // 点击 2 次，自动进入判断流程
    data0 = targets[0].target;
    data1 = targets[1].target;
    clickTimes = 0;// 重置点击次数
    if(data0.positionX + fontSizes > userClick[0].x &&
        data0.positionCommonY + fontSizes > userClick[0].y &&
        data1.positionX + fontSizes > userClick[1].x &&
        data1.positionCommonY + fontSizes > userClick[1].y){
        divTips.innerHTML = '通过验证';
        console.log('ok')
        }else{
            divTips.innerHTML = '验证失败';
            console.log('no!')
        }

}
```

程序根据鼠标点击的坐标和对应文字的坐标来判断用户是否正确点击了验证要求中的文字。至此，我们就完成了与示例 20 功能相同的文字点选验证码编写工作。

9.5.3 目标检测的概念

通过文字点选验证码校验的关键是找到图片中文字的具体位置。目标检测是深度学习领域的一个研究方向，常见的应用有人脸识别、自动驾驶等。目标检测主要用于确定图片中物体的位置并判断该物体类型，也就是对图片中的物体进行定位和分类。目标检测结果如图 9-52 所示。

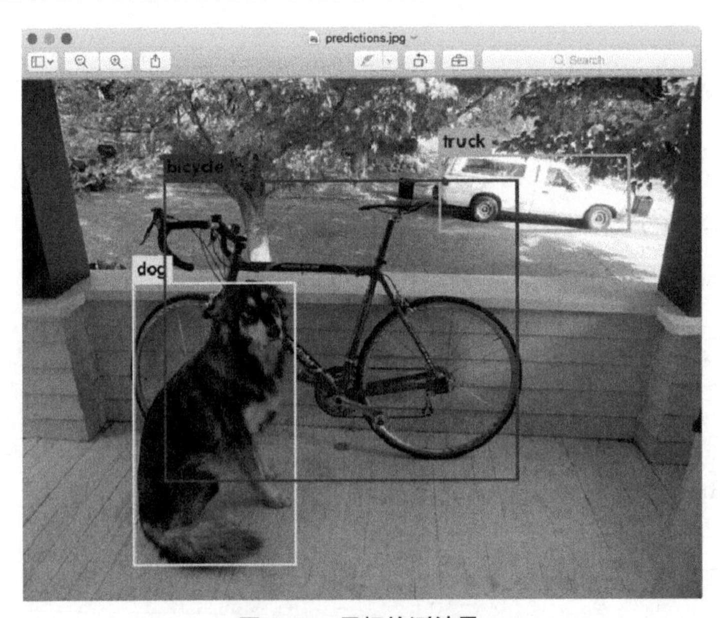

图 9-52 目标检测结果

目标检测能够识别出图片中的物体，并将这些物体分类。

深度学习领域中的目标检测算法有很多，如R-CNN、SSD、YOLO和Faster等，本书将使用YOLO算法（详见 https://pjreddie.com/darknet/yolo/）实现图片中的文字位置检测。YOLO算法的全称为you only look once，它只需要对图片进行单次检测，就能得到最终的检测结果。YOLO算法在速度上有很大优势。根据官网介绍，YOLO算法将单个神经网络应用于完整图像，该网络将图像划分为若干区域并预测每个区域的边界框和概率，这些边界框由预测的概率加权得到。由于它使用单一网络进行预测，而不像R-CNN算法需要数千张图像，所以它非常快，比R-CNN算法快1000倍以上。YOLO算法处理图片的流程如下。

(1) 将输入的图片大小调整为预设值，如600像素×600像素。
(2) 使用卷积神经网络提取图片特征。
(3) 得到目标位置与所属分类。

YOLO算法对图片中目标的定位原理如图9-53所示。

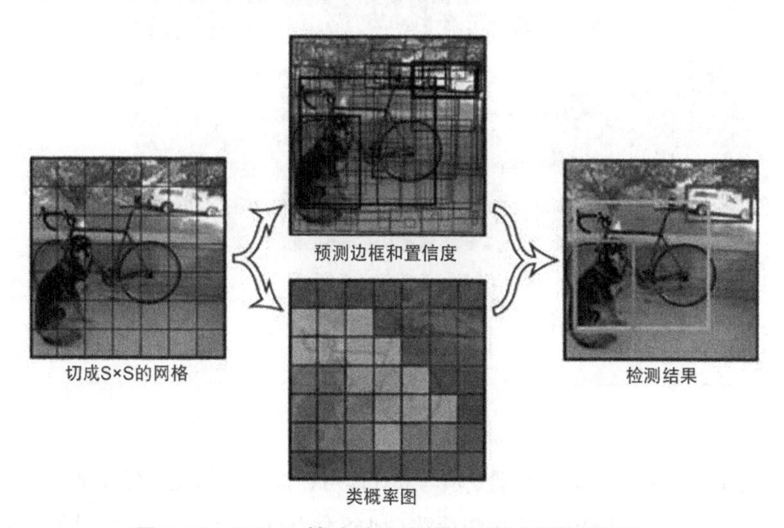

图9-53 YOLO算法处理图片（图片来源于网络）

首先，将 $P \times P$ 大小的图切成 $S \times S$ 的网格，目标中心点所在的格子负责该目标的相关检测，每个网格预测 B 个边框、置信度和 C 种类别的概率。在YOLO算法中，S=7，B=2，C 取决于数据集中物体类别的数量，例如有狗、自行车、汽车、飞机和电视这5种类别，那么 $C = 5$。

9.5.4 深度学习实现文字定位

我们将在本节中使用Darknet框架和YOLO算法实现文字点选验证码图片中的文字定位。本书提供了用于训练和预测的 310 张图片及对应的 310 份标注结果，图片和标注结果可在 https://share.weiyun.com/5ptKIUg 下载。

当然，也可以选择自己标注。在标注数据之前，请按照 1.5.6 节的指引安装并启动图像标注工具 LabelImg。在 LabelImg 界面左侧选择待标注的图片目录后，界面就会按顺序显示图片。此时，我们可以用快捷键 W 唤起标注框，并标注文字。标注界面如图 9-54 所示。

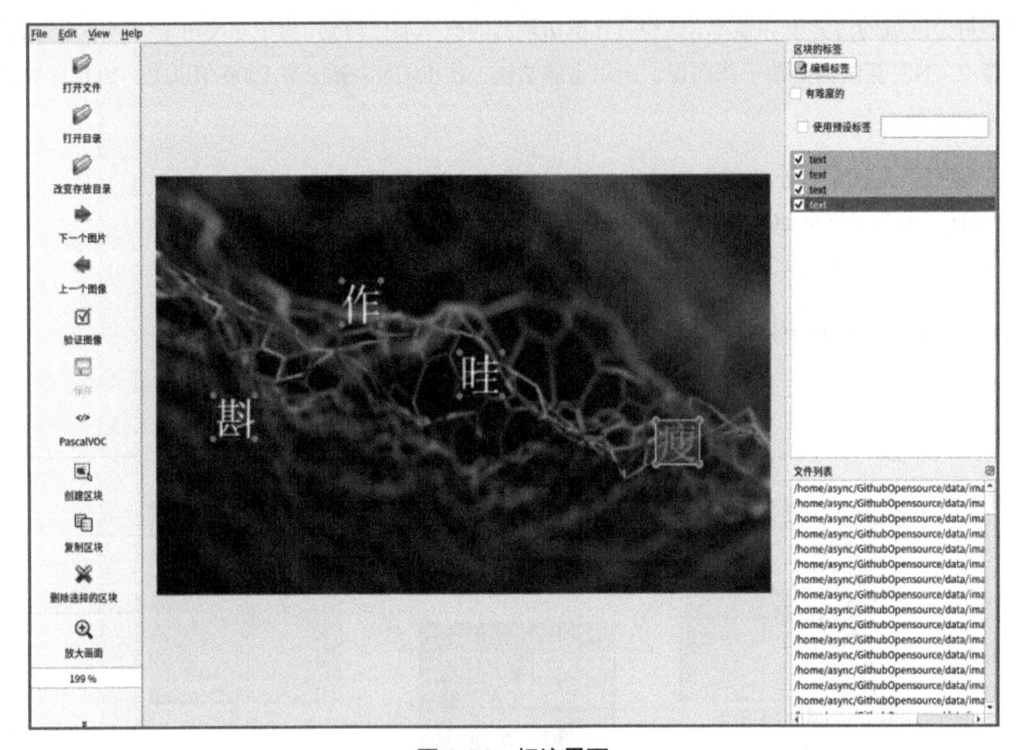

图 9-54 标注界面

由于目标只有文字，所以在标注类别处填写 text 即可，即所有的文字标注都使用 text 作为分类标签。完成图中 4 个汉字的标注工作后，使用快捷键 Ctrl+S 保存标注结果。标注结果的默认格式为 XML，文件名与图片名称相同。XML 文件的内容如下：

```
<annotation>
    <folder>predict</folder>
    <filename>1557104173.png</filename>
    <path>H:\GithubOpenSource\Examples\predict\1557104173.png</path>
    <source>
        <database>Unknown</database>
    </source>
    <size>
        <width>385</width>
```

```
        <height>250</height>
        <depth>3</depth>
    </size>
    <segmented>0</segmented>
    <object>
        <name>text</name>
        <pose>Unspecified</pose>
        <truncated>0</truncated>
        <difficult>0</difficult>
        <bndbox>
            <xmin>37</xmin>
            <ymin>131</ymin>
            <xmax>63</xmax>
            <ymax>157</ymax>
        </bndbox>
    </object>
    <object>
        <name>text</name>
        <pose>Unspecified</pose>
        <truncated>0</truncated>
        <difficult>0</difficult>
        <bndbox>
            <xmin>118</xmin>
            <ymin>63</ymin>
            <xmax>142</xmax>
            <ymax>89</ymax>
        </bndbox>
    </object>
    <object>
        <name>text</name>
        <pose>Unspecified</pose>
        <truncated>0</truncated>
        <difficult>0</difficult>
        <bndbox>
            <xmin>191</xmin>
            <ymin>106</ymin>
            <xmax>218</xmax>
            <ymax>132</ymax>
        </bndbox>
    </object>
    <object>
        <name>text</name>
        <pose>Unspecified</pose>
        <truncated>0</truncated>
        <difficult>0</difficult>
        <bndbox>
            <xmin>314</xmin>
            <ymin>147</ymin>
            <xmax>341</xmax>
            <ymax>173</ymax>
        </bndbox>
    </object>
</annotation>
```

该文件中记录着图片名、图片路径、目标类型和目标坐标等信息。`<size>`标签记录的是图片的宽和高，`<object>`标签记录的是标注对象的坐标信息和分类。一张图片标注完成并保存后，点击 LabelImg 左侧的“下一个图片”，开始对下一张图片进行同样的标注操作，直到完成该目录下所有图片的标注工作。此时，图片目录中的文件如图 9-55 所示。

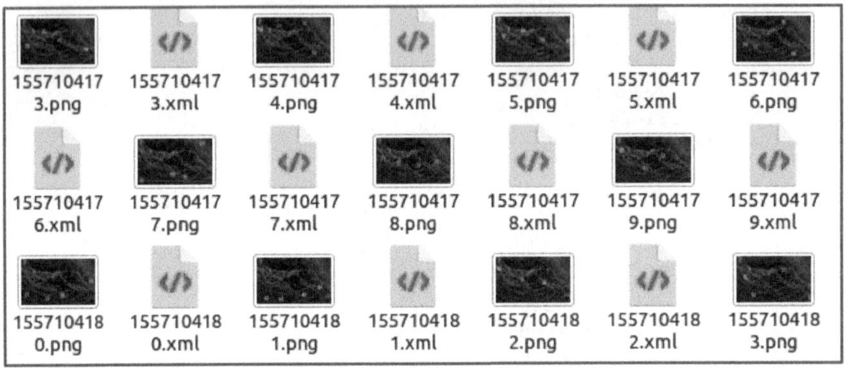

1557104173.png 1557104173.xml 1557104174.png 1557104174.xml 1557104175.png 1557104175.xml 1557104176.png
1557104176.xml 1557104177.png 1557104177.xml 1557104178.png 1557104178.xml 1557104179.png 1557104179.xml
1557104180.png 1557104180.xml 1557104181.png 1557104181.xml 1557104182.png 1557104182.xml 1557104183.png

图 9-55 图片目录

每一张图片都对应一个 XML 文件。本书提供的图片及标注结果正是使用这样的方法所得。准备好用于训练的数据后，就可以建立目标检测项目了。

新建一个名为 captcha_darknet 的 Python 项目，将 darknet 项目克隆到 captcha_darknet 目录下，并按照 1.5.5 节的指引编译 Darknet。Darknet 训练时只需要用到目标坐标和分类信息，且数据文件的格式为文本格式，而非标注时得到的 XML 格式，所以这里要将标注结果转换为文本格式。

这里要注意的是，如果选择自己标注，就需要进行格式转换。如果你使用的是本书提供的图片和标注结果，那就不需要再进行格式转换的操作了。因为 data 目录下的 labels 目录中已经包含了转换好的文本。本书提供了用于格式转换和生成训练集文件路径的代码，使用命令 `$ git clone git@github.com:asyncins/captcha_darknet.git` 即可将转换代码克隆到本地。该项目的根目录共有 3 个 Python 文件，分别是 convert.py、predict.py 和 settings.py。此时将这 3 个文件复制到刚才我们建立的 captcha_darknet 项目中，与 darknet 目录同级。然后直接运行 convert.py 文件，运行后会在 data 目录下多出一个名为 train.txt 的文本文件，该文件中记录着用于训练的图片路径。

准备好图片和标注结果之后，还需要配置一些训练参数。进入 darknet 项目的 cfg 目录并新建 train.cfg 文件。然后将 darknet 目录下的 yolov3-tiny.cfg 文件中的所有配置复制到 train.cfg 中，且改动部分参数：

```
# 加号代表新增配置项，减号代表删除配置项 [net]
- batch=1
+ batch=3
- max_batches = 500200
+ max_batches = 3000
```

其中 batch 为每批次数量，batch 的大小受限于显存，在具体使用时可以根据显存大小调整，如果出现“out of memory”的提示，则需要减小 batch 的值。max_batches 为训练批次数，由于验证码的目标检测并不是很复杂，所以对应的值可以设置得小一些，如 3000。

在训练参数设置完成后，还需要设置目标检测的类别。在 darknet 的 data 目录下新建名为 captcha.names 的文件，将本次训练集的目标类别填入文件。本次目标检测类别只有 text，所以我们只需要将 text 填写到 captcha.names 文件中。如果有多个类别，则填入多个类别，以换行符作为分隔。然后配置训练集路径、验证集路径、类别文件、权重目录和类别数量等，在 darknet 的 data 目录下新建名为 captcha.data 的文件，并将以下配置填入文件（TXT 文件按实际路径填写）：

```
classes= 1
train  = /home/async/GithubOpensource/data/train.txt
valid  = /home/async/GithubOpensource/data/predict.txt
names = data/captcha.names
backup = weights
```

Darknet 官网提到，如果开发者希望训练 YOLO，还需要下载卷积图层的权重文件 darknet53.conv.74（下载地址为 https://pjreddie.com/media/files/darknet53.conv.74）。在 darknet 目录下新建名为 weights 的目录，将下载好的权重文件放到该目录下。

一切准备就绪，我们便可以在 captcha_darknet/darknet 目录下唤起终端，并执行如下训练命令：

```
./darknet detector train data/captcha.data cfg/train.cfg weights/darknet53.conv.74
-gpus 0
```

该命令指定了训练所用的配置文件、权重文件和 GPU。命令执行后，控制台的输出如下：

```
# 符号"..."代表省略部分内容
Region 16 Avg IOU: -nan, Class: -nan, Obj: -nan, No Obj: 0.000016, .5R: -nan, .75R:
-nan,  count: 0
Region 23 Avg IOU: 0.653048, Class: 0.999120, Obj: 0.865615, No Obj: 0.003582, .5R:
0.916667, .75R: 0.250000,  count: 12
1918: 1.754300, 1.275639 avg, 0.001000 rate, 0.136161 seconds, 5754 images
Loaded: 0.000044 seconds
...
```

训练完成后，会生成一个名为 train_final.weights 的文件，该文件保存在 captcha.data 配置中 backup 设定的目录下（例如 weights）。

得到 train_final.weights 文件后，我们就可以对图片中的文字进行定位了。在 darknet 目录下新建名为 predict 的目录，并在该目录下放置一张如图 9-56 所示的验证码图片，图片名称为 predict.png。

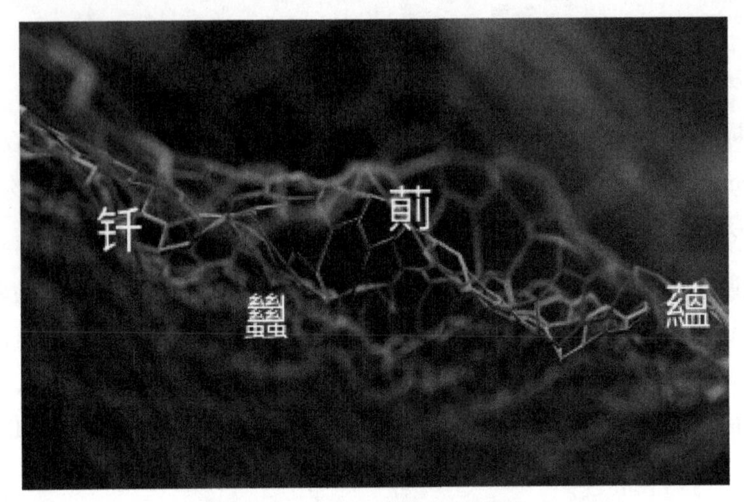

图 9-56 predict 目录下的图片

接着尝试对该图片中的文字进行定位，命令如下：

```
./darknet detector test data/captcha.data cfg/train.cfg weights/train_final.weights
predict/predict.png -thresh 0.5 -gpus 0
```

该命令指定了定位时所用的配置文件、权重文件、待定位的图片、GPU 和检测阈值。在默认情况下，YOLO 仅显示检测到的置信度为 0.25 或更高的对象。但我们可以使用 `-thresh <val>` 更改此阈值。命令执行后，控制台输出如下：

```
0
layer     filters    size              input                output
    0 conv     16  3 x 3 / 1   416 x 416 x   3   ->   416 x 416 x  16  0.150 BFLOPs
    1 max          2 x 2 / 2   416 x 416 x  16   ->   208 x 208 x  16
    2 conv     32  3 x 3 / 1   208 x 208 x  16   ->   208 x 208 x  32  0.399 BFLOPs
    3 max          2 x 2 / 2   208 x 208 x  32   ->   104 x 104 x  32
    4 conv     64  3 x 3 / 1   104 x 104 x  32   ->   104 x 104 x  64  0.399 BFLOPs
    5 max          2 x 2 / 2   104 x 104 x  64   ->    52 x  52 x  64
    6 conv    128  3 x 3 / 1    52 x  52 x  64   ->    52 x  52 x 128  0.399 BFLOPs
    7 max          2 x 2 / 2    52 x  52 x 128   ->    26 x  26 x 128
    8 conv    256  3 x 3 / 1    26 x  26 x 128   ->    26 x  26 x 256  0.399 BFLOPs
    9 max          2 x 2 / 2    26 x  26 x 256   ->    13 x  13 x 256
   10 conv    512  3 x 3 / 1    13 x  13 x 256   ->    13 x  13 x 512  0.399 BFLOPs
   11 max          2 x 2 / 1    13 x  13 x 512   ->    13 x  13 x 512
   12 conv   1024  3 x 3 / 1    13 x  13 x 512   ->    13 x  13 x1024  1.595 BFLOPs
   13 conv    256  1 x 1 / 1    13 x  13 x1024   ->    13 x  13 x 256  0.089 BFLOPs
   14 conv    512  3 x 3 / 1    13 x  13 x 256   ->    13 x  13 x 512  0.399 BFLOPs
   15 conv    255  1 x 1 / 1    13 x  13 x 512   ->    13 x  13 x 255  0.044 BFLOPs
   16 yolo
   17 route  13
```

```
   18 conv    128  1 x 1 / 1    13 x  13 x 256   ->    13 x  13 x 128  0.011 BFLOPs
   19 upsample             2x    13 x  13 x 128   ->    26 x  26 x 128
   20 route  19 8
   21 conv    256  3 x 3 / 1    26 x  26 x 384   ->    26 x  26 x 256  1.196 BFLOPs
   22 conv    255  1 x 1 / 1    26 x  26 x 256   ->    26 x  26 x 255  0.088 BFLOPs
   23 yolo
Loading weights from weights/train_final.weights...Done!
predict/predict.png: Predicted in 0.022798 seconds.
text: 100%
text: 100%
text: 99%
text: 97%
```

从输出信息中可以看到，图片经过多层卷积后得到定位结果。darknet 目录下多出一张名为 predictions.jpg 的图片，图片中的文字均被矩形框包裹在内，矩形框上方标注着每个目标的类型。图片内容如图 9-57 所示。

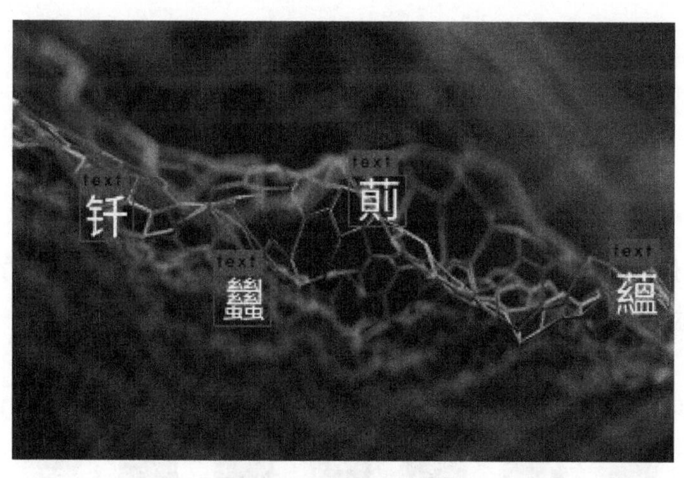

图 9-57 predictions.jpg

这说明 Darknet 和 YOLO 能够准确地定位图片中的目标，并对目标进行分类。

9.5.5 批量检测与坐标输出

Darknet 官网并未提供批量检测和坐标输出的方法，我们可以通过更改源码的方式来实现这一功能。上面介绍到单张图片的目标检测命令，我们可以在此基础上使用 `for` 循环实现批量检测。这里用到 Python 的 `os.system()`方法，该方法可以让开发者执行系统命令。批量检测的流程如下。

(1) 准备待检测的图片。

(2) 加载所有待检测的图片。

(3) 循环执行图片检测命令。

刚才我们已经将 predict.py 文件复制到 captcha_darknet 目录下，该文件的内容如下：

```
# predict.py
import os
from pathlib import Path

from settings import *

# 配置
instruct = 'test'
data = 'captcha.data'
cfg = 'train.cfg'
weights = 'train_final.weights'
predicts = list(Path(PATH_PREDICTS).glob('*.{}'.format(IMAGE_TYPE)))
if not os.path.isdir(PATH_OUT):
    # out 目录存储输出图片，如果该目录不存在，则创建
    os.makedirs(PATH_OUT)
# 循环检测
for i in predicts:
    out = os.path.join(PATH_OUT, str(i.name))

    command = 'cd darknet && ./darknet detector {instruct} data/{data} cfg/{cfg}' \
              ' weights/{weights} -out {out}  {i} -thresh 0.5 -gpus 0 ' \
              .format(instruct=instruct, data=data, cfg=cfg,
                      weights=weights, out=out, i=i)
    os.system(command)
```

然后运行该文件，此时 data 目录下会多出一个名为 out 的目录，out 目录下存放的是检测后的图片，如图 9-58 所示。

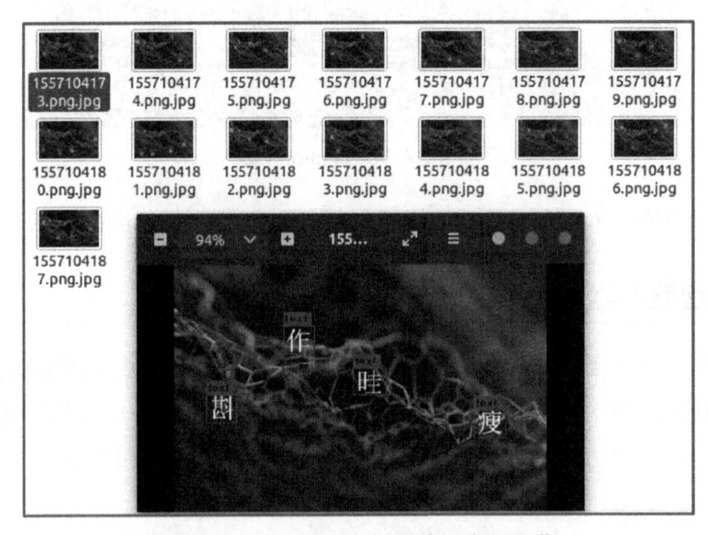

图 9-58 out 目录下的图片列表及预览

批量检测的任务完成了，接下来是坐标输出。图片中包裹文字的矩形框是为了便于我们观察，实

际上图片的切割需用到每个矩形框的坐标。要想保存矩形框的坐标，就要找到坐标计算的代码或者绘制矩形框的代码。当我们执行命令`./darknet detector test`时，其实是调用 /darknet/examples/detector.c 中的`run_detector()`方法。该方法获取传递的参数，当参数中第 3 个位置的值为`test`时，就会调用`test_detector()`方法检测图片中的目标并在得到检测结果后为图片中的目标绘制矩形框。矩形框绘制的方法为`draw_detections()`，该方法在 /darknet/src/image.c 文件中，对应代码如下：

```
void draw_detections(image im, detection *dets, int num, float thresh, char **names,
    image **alphabet, int classes)
{
    int i,j;
    for(i = 0; i < num; ++i){
        char labelstr[4096] = {0};
        int class = -1;
        for(j = 0; j < classes; ++j){
            if (dets[i].prob[j] > thresh){
                if (class < 0) {
                    strcat(labelstr, names[j]);
                    class = j;
                } else {
                    strcat(labelstr, ", ");
                    strcat(labelstr, names[j]);
                }
                printf("%s: %.0f%%\n", names[j], dets[i].prob[j]*100);
            }
        }
        if(class >= 0){
            int width = im.h * .006;

            /*
               if(0){
                   width = pow(prob, 1./2.)*10+1;
                   alphabet = 0;
               }
             */

            // printf("%d %s: %.0f%%\n", i, names[class], prob*100);
            int offset = class*123457 % classes;
            float red = get_color(2,offset,classes);
            float green = get_color(1,offset,classes);
            float blue = get_color(0,offset,classes);
            float rgb[3];

            // width = prob*20+2;

            rgb[0] = red;
            rgb[1] = green;
            rgb[2] = blue;
            box b = dets[i].bbox;
            // printf("%f %f %f %f\n", b.x, b.y, b.w, b.h);

            int left  = (b.x-b.w/2.)*im.w;
            int right = (b.x+b.w/2.)*im.w;
```

```
            int top   = (b.y-b.h/2.)*im.h;
            int bot   = (b.y+b.h/2.)*im.h;

            if(left < 0) left = 0;
            if(right > im.w-1) right = im.w-1;
            if(top < 0) top = 0;
            if(bot > im.h-1) bot = im.h-1;
            draw_box_width(im, left, top, right, bot, width, red, green, blue);
            if (alphabet) {
                image label = get_label(alphabet, labelstr, (im.h*.03));
                draw_label(im, top + width, left, label, rgb);
                free_image(label);
            }
            if (dets[i].mask){
                image mask = float_to_image(14, 14, 1, dets[i].mask);
                image resized_mask = resize_image(mask, b.w*im.w, b.h*im.h);
                image tmask = threshold_image(resized_mask, .5);
                embed_image(tmask, im, left, top);
                free_image(mask);
                free_image(resized_mask);
                free_image(tmask);
            }
        }

    }
}
```

矩形框的坐标计算和绘制工作就是由以上代码完成的，我们可以借鉴 draw_detections() 方法中坐标计算的代码。除了获取坐标之外，我们还需要将坐标保存到文件中，且文件名称要与图片名称对应。实现这个功能，要求在输入检测命令时就传入文件名，然后在 run_detector() 方法中获取对应的文件名，接着传递给 test_detector() 方法，并传递给获取坐标的方法，最后将坐标写入该文件。在 predict.py 文件中新增以下代码：

```
if not os.path.isdir(PATH_COO):
    # coo 目录存储输出坐标，如果该目录不存在，则创建
    os.makedirs(PATH_COO)
```

然后在 for 循环中生成坐标存储的文件路径，并将该路径通过命令传入 run_detector() 方法。for 循环的代码改为：

```
for i in predicts:
    out = os.path.join(PATH_OUT, str(i.name))
    coo = os.path.join(PATH_COO, str(i.stem) + '.txt')
    command = 'cd darknet && ./darknet detector {instruct} data/{data} cfg/{cfg}' \
              ' weights/{weights} -out {out} -coo {coo} {i} -thresh 0.5 -gpus 0 ' \
              .format(instruct=instruct, data=data, cfg=cfg,
                      weights=weights, out=out, coo=coo, i=i)
    os.system(command)
```

由于命令中设置的参数为 coo，所以 run_detector() 方法中也要接收对应的参数和值：

```
// detector.c
// 新增控制台参数 coo 和对应值的接收
char *coo = find_char_arg(argc, argv, "-coo", 0);
```

并且在调用 `test_detector()` 方法时将 coo 传入:

```
// 加号为新增代码，减号为删减代码
- if(0==strcmp(argv[2], "test")) test_detector(datacfg, cfg, weights, filename,
    thresh, hier_thresh, outfile, fullscreen);
+ if(0==strcmp(argv[2], "test")) test_detector(datacfg, cfg, weights, filename,
    thresh, hier_thresh, outfile, fullscreen, coo);
```

接着将 `char *coo` 填写到 `test_detector()` 方法的参数中。现在我们只需要编写坐标计算和文件写入的方法，然后在 `test_detector()` 方法中调用它即可。在 image.c 文件中新建名为 `write_coos` 的方法:

```
void write_coos(image im, detection *dets, int num, float thresh, char **names,
    image **alphabet, int classes, char *coo){
    // 计算图片中的目标坐标
    int i,j;
    for(i = 0; i < num; ++i){
        char labelstr[4096] = {0};
        int class = -1;
        for(j = 0; j < classes; ++j){
            if (dets[i].prob[j] > thresh){
                if (class < 0) {
                    strcat(labelstr, names[j]);
                    class = j;
                } else {
                    strcat(labelstr, ", ");
                    strcat(labelstr, names[j]);
                }
            }
        }
        if(class >= 0){
            box b = dets[i].bbox;
            int left  = (b.x-b.w/2.)*im.w;
            int right = (b.x+b.w/2.)*im.w;
            int top   = (b.y-b.h/2.)*im.h;
            int bot   = (b.y+b.h/2.)*im.h;

            if(left < 0) left = 0;
            if(right > im.w-1) right = im.w-1;
            if(top < 0) top = 0;
            if(bot > im.h-1) bot = im.h-1;
            // 将目标坐标写入与图片同名的 TXT 文件
            FILE *file;
            file = fopen(coo, "a");
            fprintf(file, "%d %d %d %d\n", left, top, right, bot);
            fclose(file);
        }
    }
}
```

该方法接收图片对象、阈值、类别以及用于保存坐标的文件路径等参数。经过一番计算后，得出图片中目标的坐标，然后将坐标写入指定的文件中。write_coos()方法编写完成后，在 test_detector()方法中调用即可：

```
// 调用 write_coos()方法将图片中的目标坐标写入文件
write_coos(im, dets, nboxes, thresh, names, alphabet, l.classes, coo);
```

要注意的是，改动以 .c 结尾的文件后，需要重新编译才会生效。

以上工作完成后，将待检测的图片放到 data/predict 目录下，然后运行 predict.py 文件。终端输出信息如下：

```
# 符号...代表省略部分内容
layer     filters    size              input                output
    0 conv     16  3 x 3 / 1   416 x 416 x   3   ->   416 x 416 x  16  0.150 BFLOPs
    1 max          2 x 2 / 2   416 x 416 x  16   ->   208 x 208 x  16
    2 conv     32  3 x 3 / 1   208 x 208 x  16   ->   208 x 208 x  32  0.399 BFLOPs
    3 max          2 x 2 / 2   208 x 208 x  32   ->   104 x 104 x  32
    4 conv     64  3 x 3 / 1   104 x 104 x  32   ->   104 x 104 x  64  0.399 BFLOPs
    5 max          2 x 2 / 2   104 x 104 x  64   ->    52 x  52 x  64
    6 conv    128  3 x 3 / 1    52 x  52 x  64   ->    52 x  52 x 128  0.399 BFLOPs
    7 max          2 x 2 / 2    52 x  52 x 128   ->    26 x  26 x 128
    8 conv    256  3 x 3 / 1    26 x  26 x 128   ->    26 x  26 x 256  0.399 BFLOPs
    9 max          2 x 2 / 2    26 x  26 x 256   ->    13 x  13 x 256
   10 conv    512  3 x 3 / 1    13 x  13 x 256   ->    13 x  13 x 512  0.399 BFLOPs
   11 max          2 x 2 / 1    13 x  13 x 512   ->    13 x  13 x 512
   12 conv   1024  3 x 3 / 1    13 x  13 x 512   ->    13 x  13 x1024  1.595 BFLOPs
   13 conv    256  1 x 1 / 1    13 x  13 x1024   ->    13 x  13 x 256  0.089 BFLOPs
   14 conv    512  3 x 3 / 1    13 x  13 x 256   ->    13 x  13 x 512  0.399 BFLOPs
   15 conv    255  1 x 1 / 1    13 x  13 x 512   ->    13 x  13 x 255  0.044 BFLOPs
   16 yolo
   17 route  13
   18 conv    128  1 x 1 / 1    13 x  13 x 256   ->    13 x  13 x 128  0.011 BFLOPs
   19 upsample            2x    13 x  13 x 128   ->    26 x  26 x 128
   20 route  19 8
   21 conv    256  3 x 3 / 1    26 x  26 x 384   ->    26 x  26 x 256  1.196 BFLOPs
   22 conv    255  1 x 1 / 1    26 x  26 x 256   ->    26 x  26 x 255  0.088 BFLOPs
   23 yolo
Loading weights from weights/train_final.weights...0
Done!
/home/async/GithubOpensource/data/predict/1557104183.png: Predicted in 0.021789
seconds.
text: 100%
text: 100%
text: 99%
text: 98%
...
```

这说明 Darknet 正常运行。data 目录下多出了一个名为 coo 的目录，该目录存储着记录图片中目标坐标信息的文本文件，如图 9-59 所示。

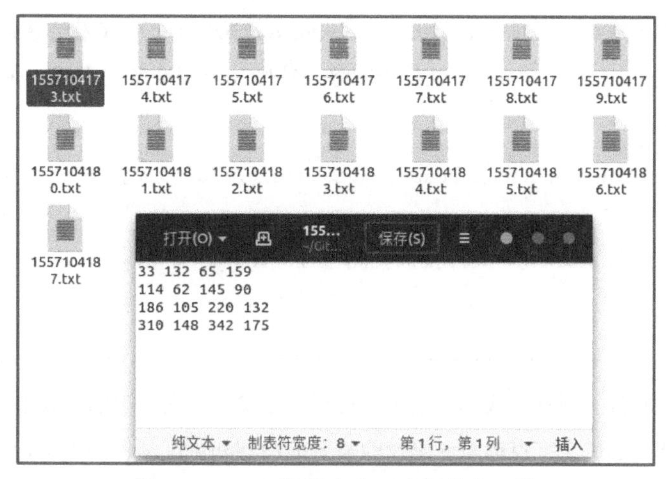

图 9-59　coo 目录内容及坐标信息预览

我们可以将 TXT 文件中的内容与同名 XML 文件中记录的坐标进行对比，以此判断得到的坐标是否准确，对比结果如图 9-60 所示。

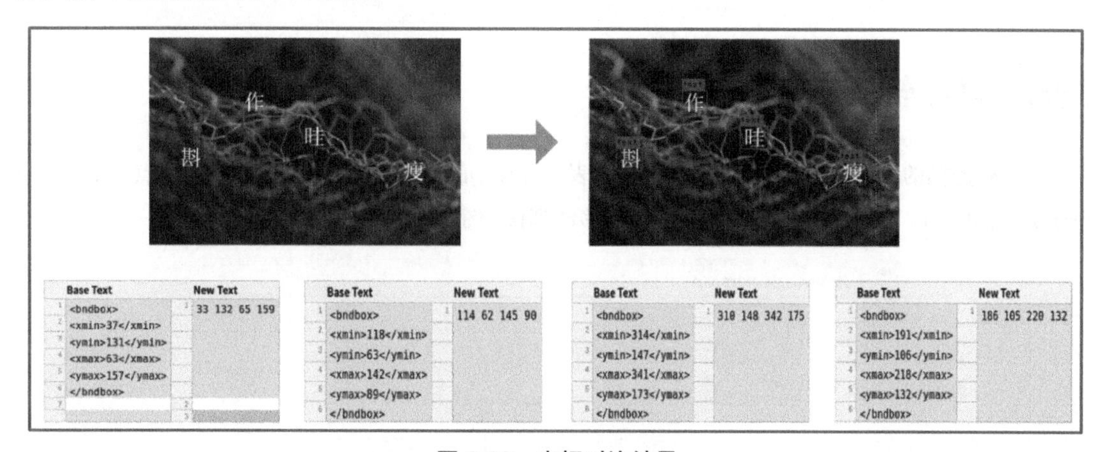

图 9-60　坐标对比结果

图片中的“斟”“作”“哇”“瘦”等字均被检测出来，而且每个字都被矩形框包裹。TXT 文件中的坐标与 XML 中的坐标对比结果证明，Darknet 和 YOLO 对目标检测的准确度非常高，可以满足我们的需求。接下来根据坐标裁剪图片，然后使用 9.1 节介绍的方法识别图片中的文字，再按照验证要求点击对应文字即可。本节的目的是了解目标检测的原理及其在验证码识别领域的应用，图片裁剪和文字识别训练不再赘述。

目标检测项目可以在 GitHub 下载，地址为 https://github.com/asyncins/captcha_darknet。captcha_darknet 项目未包含用于训练的图片、已标注的 XML 文件和待检测的图片，但包含用于训练的权重文件，使用前需要下载本书提供的数据（详见 https://share.weiyun.com/5ptKIUg），下载完成后解压 data.zip 文件，得到的 data 目录应与 captcha_darknet 目录处于同级。待图片数据准备完成后，在 darknet 目录下运行如下训练命令即可：

```
./darknet detector train data/captcha.data cfg/train.cfg weights/darknet53.conv.74
-gpus 0
```

训练完成后，可运行 predict.py 文件批量检测验证码图片。

9.5.6 小结

计算机要想通过验证，必须完成读懂要求、目标位置检测、文字识别和点击等操作。与本章前几节介绍的验证码相比，通过文字点选验证码校验需要的步骤和难度都增加不少，这也是它备受验证码厂商和网站经营者欢迎的原因。

点选验证码的关键是目标定位和识别。深度学习领域的目标检测技术已经非常成熟，它能够帮助我们快速而准确地定位到图片中的目标，并对目标进行分类。

9.6 鼠标轨迹的检测和原理

鼠标轨迹指的是鼠标移动的坐标集合，它代表鼠标移动的位置和距离。假设我们需要点击如图 9-61 所示的页面中的“提交”按钮，就需要将鼠标移动到该按钮上，并执行点击操作。

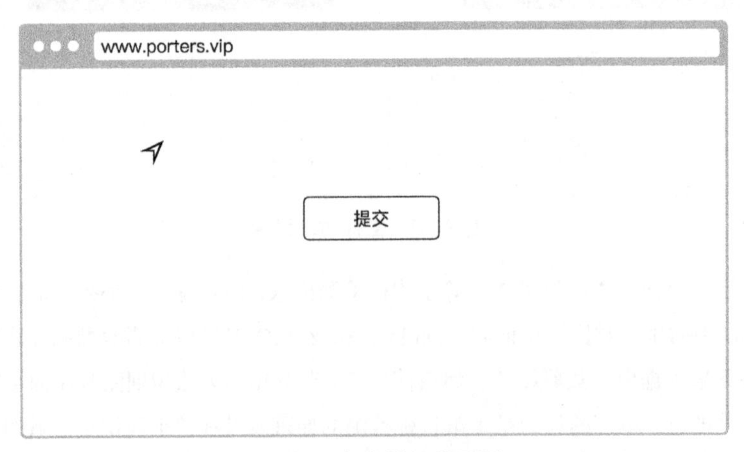

图 9-61 包含按钮的页面

鼠标从页面的某个位置移动到按钮的过程中，无论从哪个方向进入，都会产生轨迹，如图 9-62 所示。

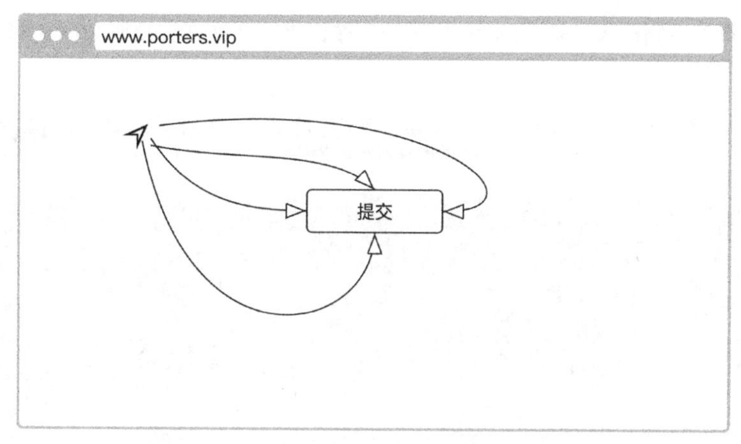

图 9-62 鼠标移动到按钮上时可能产生的轨迹

轨迹记录的是鼠标移动时若干位置的 x 坐标和 y 坐标，坐标集合如下所示：

```
[644:52,645:52,700:59,706:59,714:59,730:59,738:61,766:61,774:63,784:63,794:63,804:65,
812:65,824:67,834:67,844:67,854:69,864:69,876:71,886:71,896:73,908:73,918:75,928:77]
```

我们可以通过一个例子来看看鼠标轨迹的特点。打开示例 21（网址为 http://www.porters.vip/captcha/mousemove.html），如图 9-63 所示，该页面分为 3 个部分：绿幕、黄幕和白幕。网页会记录用户在绿幕中移动鼠标时的坐标信息，黄幕会实时显示鼠标在绿幕中的移动轨迹，白幕则实时显示记录的坐标信息。

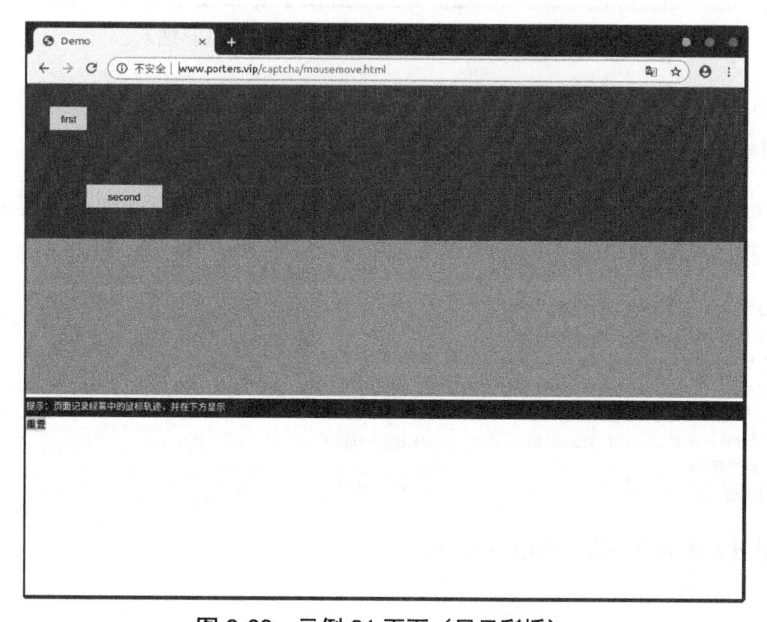

图 9-63 示例 21 页面（另见彩插）

假如鼠标从页面左侧进入，然后移动到“first”按钮上，那么就会得到如图9-64所示的轨迹和坐标记录。

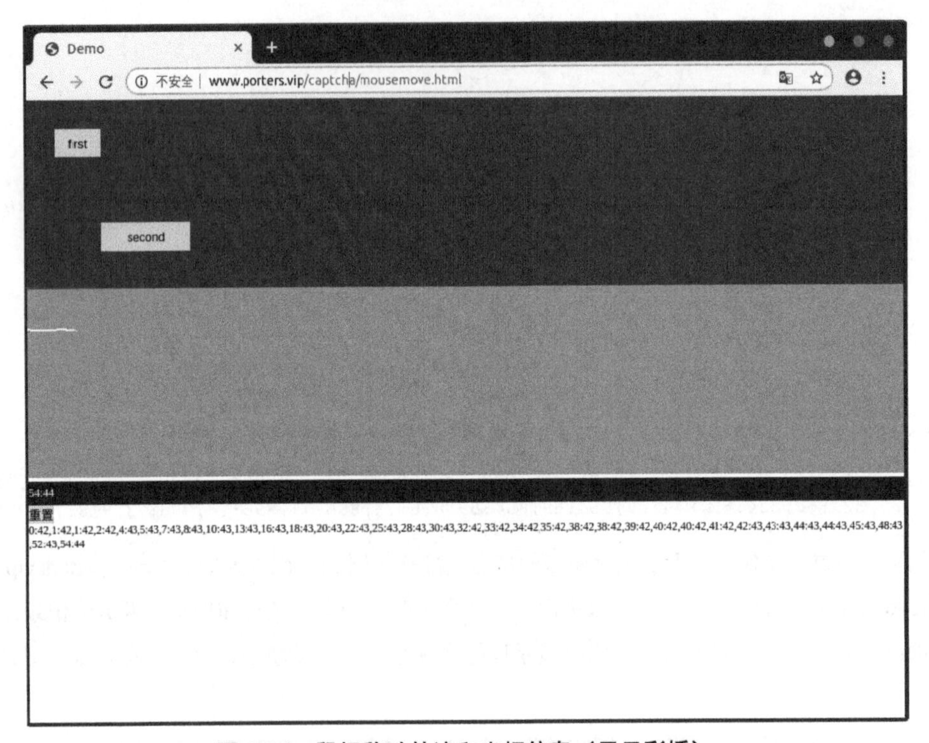

图9-64　鼠标移动轨迹和坐标信息（另见彩插）

虽然在移动鼠标时已经尽量避免手臂晃动，但根据黄幕上的移动轨迹和白幕中显示的坐标记录来看，移动过程中还是有一定的晃动现象。

如果使用Selenium套件点击按钮，会出现什么样的轨迹呢？是一条直线吗？还是曲线呢？为了得到答案，我们编写代码实现按钮点击操作：

```
from selenium import webdriver
browser = webdriver.Chrome()
# 访问指定 URL
browser.get('http://www.porters.vip/captcha/mousemove.html')
# 定位页面中的 first 按钮
button = browser.find_element_by_class_name('button1')
# 点击 first 按钮
button.click()
```

代码执行后，轨迹和鼠标坐标信息如图9-65所示。

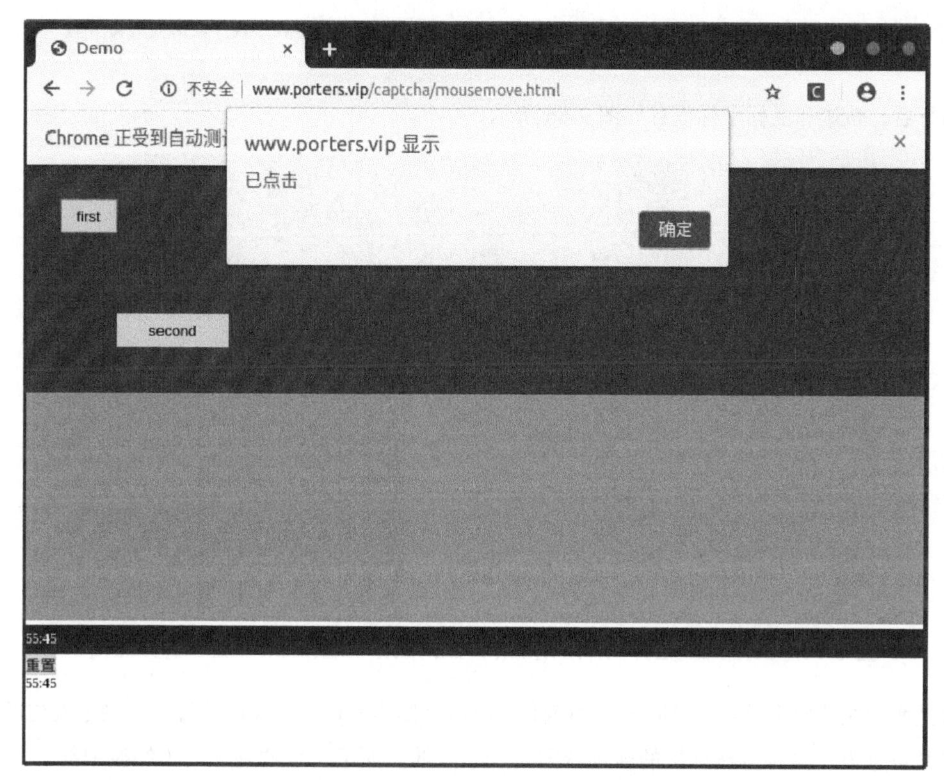

图 9-65 Selenium 套件点击按钮时的轨迹和鼠标坐标信息（另见彩插）

可以看到，使用 Selenium 套件点击按钮时，只产生了 1 个坐标记录，并不像我们手动点击时会产生很多的坐标记录。这是由于 Selenium 套件的定位方式造成的，CSS 选择器定位的方式类似于人类点击手机屏幕，所以只会在点击处留下一组坐标。

开发者可以根据人类移动鼠标时手臂会晃动这个特点区分正常用户和爬虫程序。手臂晃动的特点可以应用在滑动验证码中，开发者使用 JavaScript 代码记录移动滑块时的鼠标坐标信息，然后根据晃动的偏差（即两个相邻 y 坐标的差值）实现对爬虫程序的检测。我们可以用 9.3.1 节的滑动方法试试，看看使用 Selenium 套件模拟滑动操作时的鼠标轨迹是什么样的。对应的 Python 代码如下：

```
from selenium import webdriver
browser = webdriver.Chrome()

# 访问指定 URL
browser.get('http://www.porters.vip/captcha/mousemove.html')
# 定位页面中的 first 按钮
hover = browser.find_element_by_class_name('button1')

action = webdriver.ActionChains(browser)
action.click_and_hold(hover).perform()  # 点击并保持不松开
```

```
action.move_by_offset(340, 5)  # 设置滑动距离，横向距离上 340px，纵向距离为 5px
action.release().perform()  # 松开鼠标
```

代码执行后，轨迹和鼠标坐标信息如图 9-66 所示。

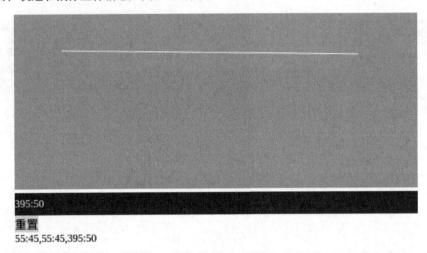

图 9-66 Selenium 套件执行滑动操作产生的鼠标轨迹和坐标信息（另见彩插）

虽然我们在代码中设置了纵向 5 px 的偏移，但这个偏移是在滑动操作的最后一刻才发生的。从黄幕中的轨迹来看，这种方法产生的轨迹依旧是一条直线，而不是手臂晃动产生的波浪线。这其实与 Python 代码中设置的滑动参数有关，刚才只是设置了 `move_by_offset(340, 5)`，所以导致 5 px 的偏移在滑动操作的最后一刻才发生。实际上，改动 `move_by_offset()` 方法中的参数就可以模拟出人类手臂晃动的效果，比如将 `move_by_offset(340, 5)` 改为：

```
# 设置滑动距离，横向总距离为 340px，纵向晃动
action.move_by_offset(100, 3)
action.move_by_offset(40, -5)
action.move_by_offset(10, 3)
action.move_by_offset(5, 2)
action.move_by_offset(10, -1)
action.move_by_offset(30, 3)
action.move_by_offset(55, -2)
action.move_by_offset(10, 1)
action.move_by_offset(30, 3)
action.move_by_offset(20, -1)
action.move_by_offset(10, -4)
action.move_by_offset(10, 2)
action.move_by_offset(10, -6)
```

代码执行后，产成的轨迹如图 9-67 所示。

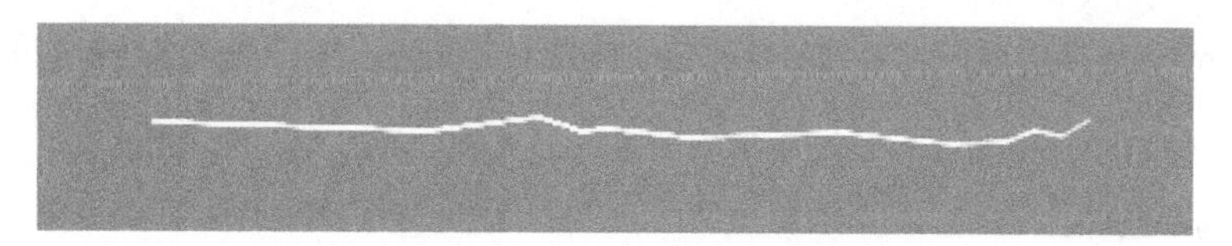

图 9-67 Selenium 套件模拟手臂晃动产生的鼠标轨迹（另见彩插）

本次滑动所产生的鼠标坐标集合如下：

```
55:45,55:45,155:48,195:43,205:46,210:48,220:47,250:50,305:48,315:49,345:52,365:51,
375:47,385:49,395:43
```

y 坐标的变化与我们在 Python 代码中设定的值相同，这说明 Selenium 套件也可以模拟出人类手臂晃动的轨迹。如果想要更接近手臂晃动的效果，只需要调整 `move_by_offset()` 方法中的坐标参数即可。

细心的读者可能发现了另外一个特点：相同的距离，人类移动鼠标时，页面记录的坐标信息较多，而 Selenium 套件滑动时，页面记录的坐标信息则比较少。这是因为鼠标每移动 1 像素，页面都会记录当时的坐标，而 Selenium 套件移动鼠标时记录的坐标数为 `move_by_offset()` 的数量加 2，其中 2 是鼠标按下和释放时的记录。如图 9-68 所示，鼠标需要移动的距离为 50 px，人类移动时会产生 52 个坐标记录，而 Selenium 套件移动时不一定能够产生 52 个坐标记录。

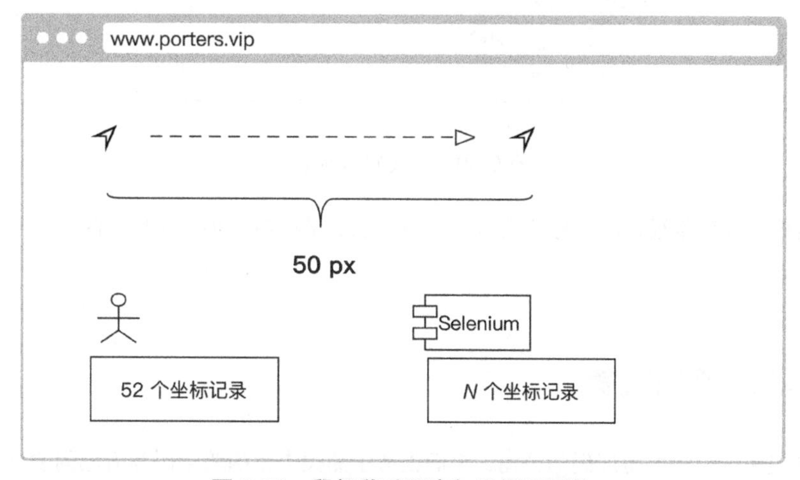

图 9-68 鼠标移动距离与坐标记录数

根据本节中几个实验的结果，我们得到以下信息。

- 开发者可以记录鼠标移动时的坐标信息，坐标信息集合就是鼠标轨迹。
- 人类移动鼠标时，手臂晃动导致 *y* 坐标小幅度变化。
- Selenium 套件可以模拟出人类移动鼠标时的手臂晃动效果。

❑ Selenium 套件移动鼠标时得到的坐标记录数量有可能与人类移动鼠标时得到的坐标数量不同。

也就是说，使用 Selenium 套件模拟人类移动鼠标时，必须满足“手臂晃动效果”和“数量足够的坐标记录”这两个条件。

鼠标从页面某个位置移动到按钮上的路线是无限多的，这代表坐标的数量是无法确定的，开发者如何通过坐标数量判断移动鼠标的是人类呢？这其实是“最短路径”的问题。假设当鼠标移动到登录框范围内才开始记录坐标，鼠标从图 9-69 中所示的位置移动到登录框中滑块所在位置有 4 条路线，其中 1 号线的路径是最短的（两点之间直线最短），其他 3 条线的路径都比 1 号线的路径长。

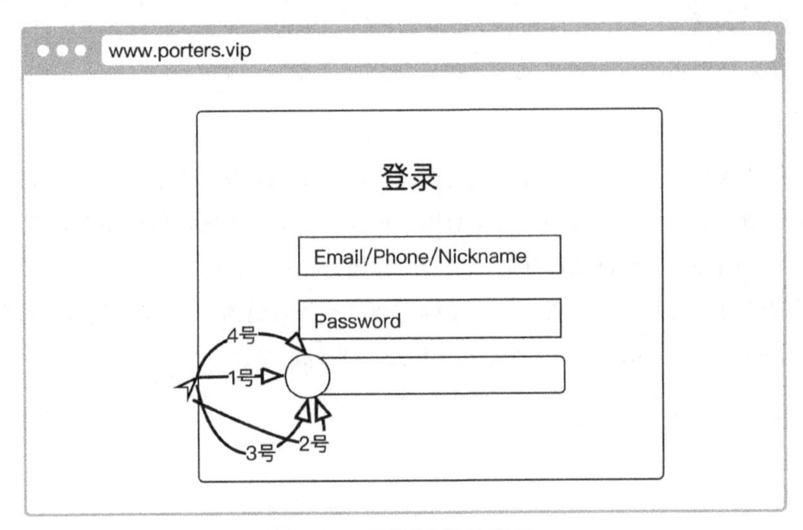

图 9-69 最短路径示意图

以 1 号线作为最短路径，即鼠标移动时的页面记录的坐标数不小于 1 号线的长度值，否则将操作者视为爬虫程序。

9.7 验证码产品赏析

市场上有很多专门研发验证码的公司，它们创造了品类丰富的验证码和有趣的验证机制。本书介绍到的验证码正是从这些产品演变而来的，接下来我们一起了解这些验证码产品。

9.7.1 滑动验证码

滑动验证码是出现时间较早的行为验证码，纯粹的滑动验证码逐渐退出市场，保留下来的是滑动拼图验证码。图 9-70 中列出的是几家专业的业务安全公司推出的滑动拼图验证码产品。

腾讯滑动拼图验证码

极验滑动拼图验证码

网易易盾滑动拼图验证码

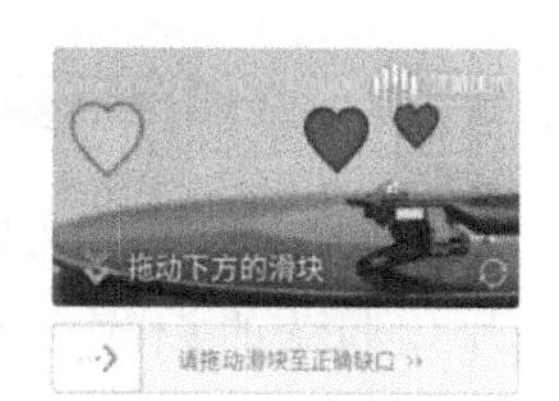

顶象滑动拼图验证码

图 9-70 滑动拼图验证码产品及所属公司

前面 3 个验证码都只有 1 个缺口，而第 4 个却有两个大小不同、位置不同的缺口。如果使用 9.4 节中介绍到的缺口识别方法，是无法直接通过校验的，必须对比缺口和对应图形（此处为心形）的大小。相比之下，使用程序通过第 4 个验证码产品的难度显然更高。

9.7.2 图标验证码

通过 9.4 节和 9.5 节的学习，我们知道点选验证码的通过难度比滑动验证码的更高，点选验证码也因此取代了滑动验证码在行为验证方面的地位。由于文字点选验证码的识别难度并不是非常大，因此衍生出图标点选验证码和按序拖动这两种难度更高的验证码。图 9-71 中列出的是市场上难度较高的验证码产品。

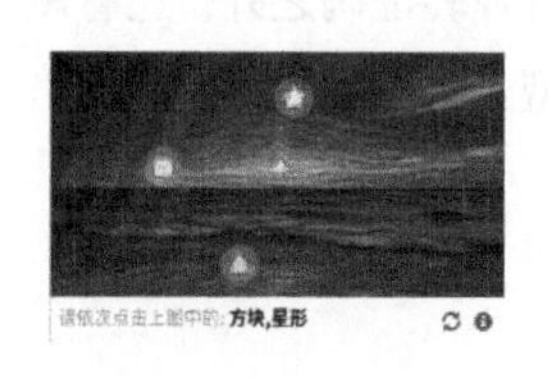

螺丝帽图标点选验证码

网易易盾图标点选验证码

极验图标点选验证码

天验图标路径验证码

图 9-71 图标验证码产品及所属公司

前面 3 个验证码的验证要求都是相同的，用户只需要按顺序点击图片中的图标即可。网易易盾的验证码和极验的验证码对图片中的图标进行了反色和倾斜处理，这种方法可以增加识别难度。第 4 个验证码在反色和倾斜的基础上增加了拖动要求。由于拖动会产生路径，所以鼠标轨迹的检测也可以在此应用。相比之下，使用程序通过第 4 个验证码的难度显然更高。

9.7.3　空间推理验证码

空间推理验证码是市场上最新推出的验证码产品，用户要根据给出的提示点选相应的物体。由于图片空间形态的多样性和复杂性，识别难度变得更高。空间推理验证码产品及所属公司如图 9-72 所示。

请点击黄色字母对应的大写

请点击数字"5"正下方的物体

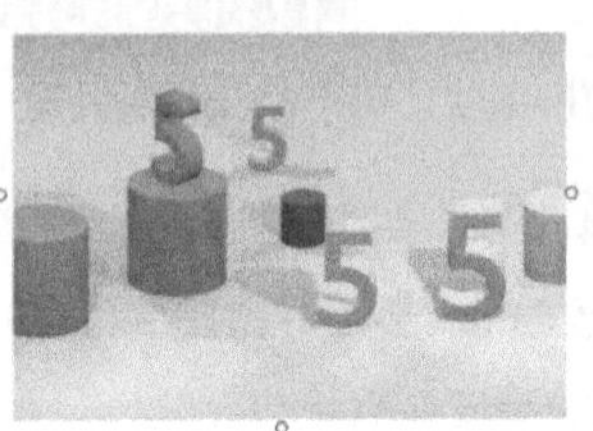

腾讯空间推理验证码

请点击与灰色物体有相同大小的红色物品。

请点击在蓝色球体右侧的大尺寸物品。

极验空间推理验证码

图 9-72　空间推理验证码产品及所属公司（另见彩插）

空间推理验证码很有趣，它以颜色、方向、形状、大小、尺寸等人类主观认知作为区分用于与爬虫程序的条件，主观要求非常强。这不仅要求计算机能够从图片中识别出物体，并且要求对物体的属性（颜色、形状和大小等）有准确的判断。与滑动验证码和图标验证码相比，使用程序通过空间图例验证码的难度显然更高。

9.7.4　小结

验证码产品非常丰富，除了本节列举的滑动验证码、图标验证码和空间推理验证码之外，还有短信验证码、邮箱验证码和语音验证码等，这些都是互联网中常见的验证码类型。从各家产品的推陈出新来看，需要用户具有极强主观意识的验证码会是下一代验证码追求的目标。

本章总结

我们在本章中学习了常见验证码的原理和实现，并找到了应对方法。验证码之所以从字符识别发展到空间推理，是因为图像识别技术不断发展。技术总是在博弈中进步，验证码的发展历程可以概括为“兵来将挡，水来土掩”。

现代验证码试图从行为和主观意识方面区分正常用户和计算机，后者明显更有效。

第 10 章

综合知识

我们在前面几章中了解了不同类型的反爬虫和验证码。在本章中我们将学习常见的编码与加密算法，并讨论 JavaScript 代码混淆和法律法规的相关知识。

10.1 编码与加密

我们将在本节中学习开发中经常用到的编码、消息摘要算法和加密算法方面的知识。作为开发者，掌握这些知识可以让我们在设计反爬虫时有更丰富的搭配。而作为爬虫工程师，掌握这些知识可以让我们在面对“奇怪”的字符串时能够更快地找到突破口。

10.1.1 ASCII 编码

字符集是指各国家的文字、标点符号、图形符号和数字等字符的集合。计算机要准确地处理不同字符集，就需对字符进行编码。ASCII 是基于拉丁字母表的一套计算机编码系统，主要用于显示现代英语和其他西欧语言。ASCII 编码实际上约定了字符和二进制的映射关系，如小写字母“a”对应的 8 位二进制数为 01100001。因此，我们也可以将它看作二进制与拉丁字符的映射表。

ASCII 的 RFC 文档编号为 20（详见 https://tools.ietf.org/html/rfc20），其中约定了 ASCII 的使用范围、标准码、字符表示和代码识别等内容。ASCII 标准码如图 10-1 所示。

```
|----------------------------------------------------------------------------------|
  B  \ b7 ------------>| 0    | 0    | 0    | 0    | 1    | 1    | 1    | 1    |
   I  \  b6 ---------->| 0    | 0    | 1    | 1    | 0    | 0    | 1    | 1    |
    T  \   b5 -------->| 0    | 1    | 0    | 1    | 0    | 1    | 0    | 1    |
     S                 |---------------------------------------------------------|
              COLUMN->| 0    | 1    | 2    | 3    | 4    | 5    | 6    | 7    |
|b4 |b3 |b2 |b1 | ROW |      |      |      |      |      |      |      |      |
+---------------------+---------------------------------------------------------+
| 0 | 0 | 0 | 0 | 0   | NUL  | DLE  | SP   | 0    | @    | P    |    ` |    p |
|---|---|---|---|-----|------|------|------|------|------|------|------|------|
| 0 | 0 | 0 | 1 | 1   | SOH  | DC1  | !    | 1    | A    | Q    |    a |    q |
|---|---|---|---|-----|------|------|------|------|------|------|------|------|
| 0 | 0 | 1 | 0 | 2   | STX  | DC2  | "    | 2    | B    | R    |    b |    r |
|---|---|---|---|-----|------|------|------|------|------|------|------|------|
| 0 | 0 | 1 | 1 | 3   | ETX  | DC3  | #    | 3    | C    | S    |    c |    s |
|---|---|---|---|-----|------|------|------|------|------|------|------|------|
| 0 | 1 | 0 | 0 | 4   | EOT  | DC4  | $    | 4    | D    | T    |   d  |    t |
|---|---|---|---|-----|------|------|------|------|------|------|------|------|
| 0 | 1 | 0 | 1 | 5   | ENQ  | NAK  | %    | 5    | E    | U    |   e  |    u |
|---|---|---|---|-----|------|------|------|------|------|------|------|------|
| 0 | 1 | 1 | 0 | 6   | ACK  | SYN  | &    | 6    | F    | V    |   f  |    v |
|---|---|---|---|-----|------|------|------|------|------|------|------|------|
| 0 | 1 | 1 | 1 | 7   | BEL  | ETB  | '    | 7    | G    | W    |   g  |    w |
|---|---|---|---|-----|------|------|------|------|------|------|------|------|
| 1 | 0 | 0 | 0 | 8   | BS   | CAN  | (    | 8    | H    | X    |   h  |    x |
|---|---|---|---|-----|------|------|------|------|------|------|------|------|
| 1 | 0 | 0 | 1 | 9   | HT   | EM   | )    | 9    | I    | Y    |   i  |    y |
|---|---|---|---|-----|------|------|------|------|------|------|------|------|
| 1 | 0 | 1 | 0 | 10  | LF   | SUB  | *    | :    | J    | Z    |   j  |    z |
|---|---|---|---|-----|------|------|------|------|------|------|------|------|
| 1 | 0 | 1 | 1 | 11  | VT   | ESC  | +    |  ;   | K    | [    |   k  |    { |
|---|---|---|---|-----|------|------|------|------|------|------|------|------|
| 1 | 1 | 0 | 0 | 12  | FF   | FS   | ,    | <    | L    | \    |   l  |    | |
|---|---|---|---|-----|------|------|------|------|------|------|------|------|
| 1 | 1 | 0 | 1 | 13  | CR   | GS   | -    | =    | M    | ]    |   m  |    } |
|---|---|---|---|-----|------|------|------|------|------|------|------|------|
| 1 | 1 | 1 | 0 | 14  | SO   | RS   | .    | >    | N    | ^    |   n  |    ~ |
|---|---|---|---|-----|------|------|------|------|------|------|------|------|
| 1 | 1 | 1 | 1 | 15  | SI   | US   | /    | ?    | O    | _    |   o  | DEL  |
+---------------------+---------------------------------------------------------+
```

图 10-1 ASCII 标准码表

ASCII 码默认使用 7 位二进制数来表示所有的大写字母、小写字母、数字（0 ~ 9）、标点符号和特殊的控制符。字符表示和代码识别部分约定了字符与二进制的映射关系，在 ASCII 标准码中，b7 为高位，b1 为低位。例如字符“K”在标准码表中的第 11 行第 4 列。按照 b7 到 b1 的高低位排序，那么字符“K”的 7 位二进制表示如图 10-2 所示。

b7	b6	b5	b4	b3	b2	b1
1	0	0	1	0	1	1

图 10-2 字符“K”的 7 位二进制表示

假设我们用“→”符号表示映射关系，那么有 1001011→K。RFC 20 中约定，在 8 位字节中最高位始终为 0。也就是说，我们也可以用 8 位二进制来表示字符“K”，如图 10-3 所示。

b8	b7	b6	b5	b4	b3	b2	b1
0	1	0	0	1	0	1	1

图 10-3 字符“K”的 8 位二进制表示

即 01001011→K。除了二进制表示之外，我们通常还会用到十进制表示和十六进制表示。有网友整理了多种进制与字符映射关系的对照表，如图 10-4 所示。

二进制	十进制	十六进制	图形	二进制	十进制	十六进制	图形	二进制	十进制	十六进制	图形
0010 0000	32	20	(空格)(␠)	0100 0000	64	40	@	0110 0000	96	60	`
0010 0001	33	21	!	0100 0001	65	41	A	0110 0001	97	61	a
0010 0010	34	22	"	0100 0010	66	42	B	0110 0010	98	62	b
0010 0011	35	23	#	0100 0011	67	43	C	0110 0011	99	63	c
0010 0100	36	24	$	0100 0100	68	44	D	0110 0100	100	64	d
0010 0101	37	25	%	0100 0101	69	45	E	0110 0101	101	65	e
0010 0110	38	26	&	0100 0110	70	46	F	0110 0110	102	66	f
0010 0111	39	27	'	0100 0111	71	47	G	0110 0111	103	67	g
0010 1000	40	28	(	0100 1000	72	48	H	0110 1000	104	68	h
0010 1001	41	29	)	0100 1001	73	49	I	0110 1001	105	69	i
0010 1010	42	2A	*	0100 1010	74	4A	J	0110 1010	106	6A	j
0010 1011	43	2B	+	0100 1011	75	4B	K	0110 1011	107	6B	k
0010 1100	44	2C	,	0100 1100	76	4C	L	0110 1100	108	6C	l
0010 1101	45	2D	-	0100 1101	77	4D	M	0110 1101	109	6D	m
0010 1110	46	2E	.	0100 1110	78	4E	N	0110 1110	110	6E	n
0010 1111	47	2F	/	0100 1111	79	4F	O	0110 1111	111	6F	o
0011 0000	48	30	0	0101 0000	80	50	P	0111 0000	112	70	p
0011 0001	49	31	1	0101 0001	81	51	Q	0111 0001	113	71	q
0011 0010	50	32	2	0101 0010	82	52	R	0111 0010	114	72	r
0011 0011	51	33	3	0101 0011	83	53	S	0111 0011	115	73	s
0011 0100	52	34	4	0101 0100	84	54	T	0111 0100	116	74	t
0011 0101	53	35	5	0101 0101	85	55	U	0111 0101	117	75	u
0011 0110	54	36	6	0101 0110	86	56	V	0111 0110	118	76	v
0011 0111	55	37	7	0101 0111	87	57	W	0111 0111	119	77	w
0011 1000	56	38	8	0101 1000	88	58	X	0111 1000	120	78	x
0011 1001	57	39	9	0101 1001	89	59	Y	0111 1001	121	79	y
0011 1010	58	3A	:	0101 1010	90	5A	Z	0111 1010	122	7A	z
0011 1011	59	3B	;	0101 1011	91	5B	[	0111 1011	123	7B	{
0011 1100	60	3C	<	0101 1100	92	5C	\	0111 1100	124	7C	|
0011 1101	61	3D	=	0101 1101	93	5D	]	0111 1101	125	7D	}
0011 1110	62	3E	>	0101 1110	94	5E	^	0111 1110	126	7E	~
0011 1111	63	3F	?	0101 1111	95	5F	_				

图 10-4 多种进制与字符映射关系对照表

10.1.2 详解 Base64

Base64 基于 64 个可打印字符来表示 8 位二进制数据，它是网络中常见的编码方式。Base64 的出现是为了解决不可打印的字符（如非英文的字符）在网络传输过程中造成的乱码现象。字符“async”使用 Base64 编码后，得到“YXN5bmM=”，我们很难“读”懂编码后的字符表示的内容。

很多反爬虫设计会将 Base64 编码也纳入其中，这正是考虑到编码结果的不可读性。虽然从 Base64 编码结果可以推导出编码前的字符，但它的迷惑作用还是非常大的。

接下来，我们来了解 Base64 的编码过程和计算方法。

Base64 的 RFC 文档编号为 4648，文档地址为 https://tools.ietf.org/html/rfc4648。RFC4648 约定了 Base16、Base32 和 Base64 的编码规范和计算方法。将字符进行 Base64 编码时，首先要将字符转换成对应的 ASCII 码，然后得出 8 位二进制数，接着连接 3 个 8 位输入，形成字节数为 24 的输入组，再将 24 位输入组拆分成 4 组 6 位的二进制数，然后将 6 位二进制数转换为十进制数，最后找到十进制数在 Base64 编码表中对应的字符，并将这些字符组合成新的字符串，这个字符串就是编码结果。编码过程中用到的 Base64 编码表如图 10-5 所示。

Value	Encoding	Value	Encoding	Value	Encoding	Value	Encoding
0	A	17	R	34	i	51	z
1	B	18	S	35	j	52	0
2	C	19	T	36	k	53	1
3	D	20	U	37	l	54	2
4	E	21	V	38	m	55	3
5	F	22	W	39	n	56	4
6	G	23	X	40	o	57	5
7	H	24	Y	41	p	58	6
8	I	25	Z	42	q	59	7
9	J	26	a	43	r	60	8
10	K	27	b	44	s	61	9
11	L	28	c	45	t	62	+
12	M	29	d	46	u	63	/
13	N	30	e	47	v		
14	O	31	f	48	w	(pad)	=
15	P	32	g	49	x		
16	Q	33	h	50	y		

图 10-5 Base64 编码表

要注意的是，在编码过程中，如果字符位数少于 24 位，那么就需要进行特殊处理，也就是在编码结果的末尾用“=”符号填充。

我们可以通过一个例子来加深对 Base64 编码过程的理解。首先，我们将字符 async 转换成 ASCII 码，并找到对应的 8 位二进制数。字符、ASCII 码和 8 位二进制数的对应值如图 10-6 所示。

字符	a	s	y	n	c
ASCII	97	115	121	110	99
8 位二进制	0110 0001	0111 0011	0111 1001	0110 1110	0110 0011

图 10-6 字符“async”对应的 ASCII 码和 8 位二进制数

接着将 3 组 8 位二进制数连接成 24 位的输入组，再将 24 位输入组拆分成 4 组 6 位的二进制数。要注意的是，如果输入组的元素不足 24 位，那么就用 0 进行填充。24 位输入组转换成 6 位二进制数的过程如图 10-7 所示。

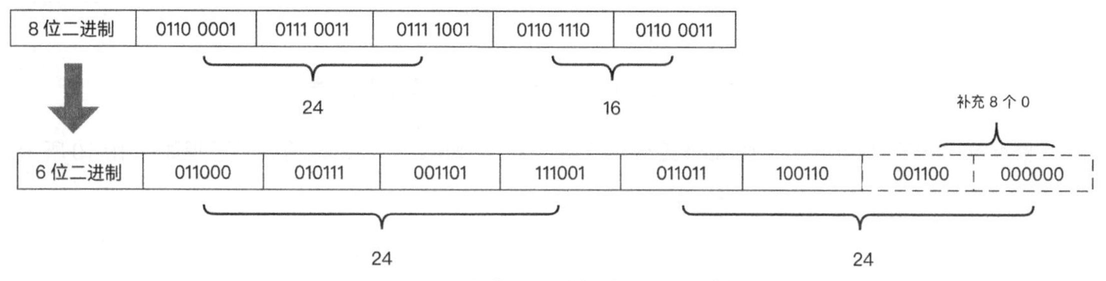

图 10-7 24 位输入组转换成 6 位二进制数

得到 6 位二进制数之后，我们还需要计算出对应的十进制。二进制转十进制其实是按权相加，将二进制数写成加权系数展开式，并按十进制加法规则求和。字符“a”对应的 6 位二进制数为 011000，将其转换成十进制时，计算过程如图 10-8 所示。

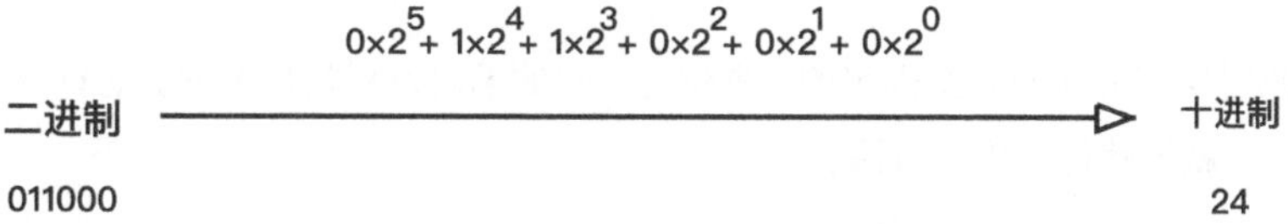

$$0\times2^5 + 1\times2^4 + 1\times2^3 + 0\times2^2 + 0\times2^1 + 0\times2^0$$

二进制 ——▷ 十进制

011000 24

图 10-8 二进制数 011000 转换成十进制的过程

按照这个计算方法，计算其他的 6 位二进制数，最后得到字符“async”对应的十进制值：

24 23 13 57 27 38 12 65

补位字符“=”没有对应的值，本书约定其值为 65。在得到所有的十进制值之后，就可以将其与 RFC4648 中的 Base64 编码表进行映射，从而得出编码后的字符串。映射过程如图 10-9 所示。

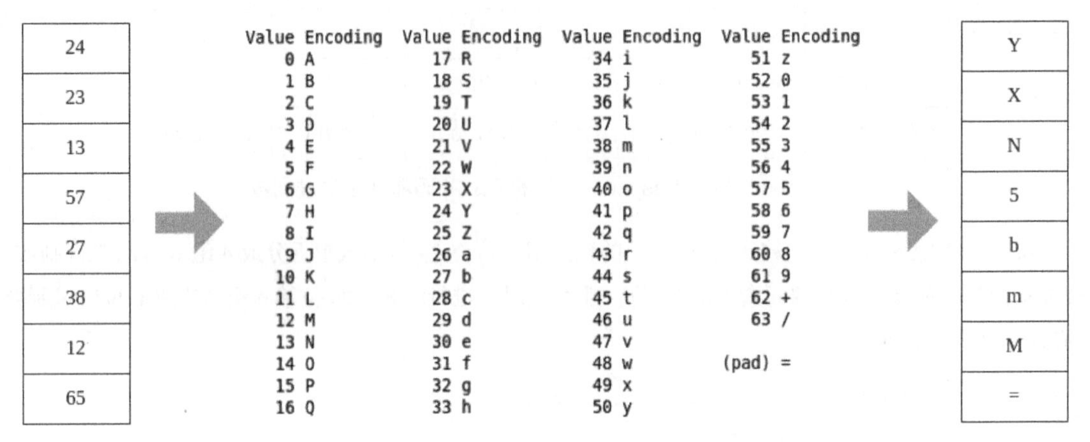

Value	Encoding	Value	Encoding	Value	Encoding	Value	Encoding
0	A	17	R	34	i	51	z
1	B	18	S	35	j	52	0
2	C	19	T	36	k	53	1
3	D	20	U	37	l	54	2
4	E	21	V	38	m	55	3
5	F	22	W	39	n	56	4
6	G	23	X	40	o	57	5
7	H	24	Y	41	p	58	6
8	I	25	Z	42	q	59	7
9	J	26	a	43	r	60	8
10	K	27	b	44	s	61	9
11	L	28	c	45	t	62	+
12	M	29	d	46	u	63	/
13	N	30	e	47	v		
14	O	31	f	48	w	(pad)	=
15	P	32	g	49	x		
16	Q	33	h	50	y		

图 10-9　十进制值与 Base64 编码表映射过程

最终得出字符“async”的 Base64 编码结果为“YXN5bmM=”，完整的编码过程如图 10-10 所示。

字符	a	s	y	n	c	Base64 编码过程		
ASCII	97	115	121	110	99			
8 位二进制	0110 0001	0111 0011	0111 1001	0110 1110	0110 0011			
6 位二进制	011000	010111	001101	111001	011011	100110	001100	000000
十进制	24	23	13	57	27	38	12	65
输出	Y	X	N	5	b	m	M	=

图 10-10　完整的 Base64 编码过程

Base64 编码时所用的对照表是固定的，也就是说它的编码过程是可逆的。这意味着我们只需要将编码的流程倒置，就能够得解码的方法。

Base64 编码表中的“+”和“/”会影响文件编码和 URI 编码，我们在实际使用时，需要考虑到应用场景中是否包含文件编码或 URI 。如果在 URI 场景下使用 Base64，就会引起错误，RFC4648 文档中给出了一个解决办法：使用“-”和“_”替代“+”和“/”。

10.1.3　基于编码的反爬虫设计

在上一节中，我们学习了 Base64 编码的相关知识，了解到编码过程以及使用到的对照表。Base64 被广泛应用在互联网中，有经验的爬虫工程师看到带有“==”符号或者“=”符号的字符串时，自然就会认为这是 Base64 编码字符串后得到的结果。如：

```
d3d3Lmh1YXdlaS5jb20=
d3d3Lmp1ZWppbi5pbQ==
```

这时候，爬虫工程师只需要按照 Base64 解码规则进行倒推，就能得到原字符。很多编程语言有 Base64 解码模块，解码不费吹灰之力。我们可以使用 Python 解码上方的字符串：

```
from base64 import b64decode

code = ['d3d3Lmh1YXdlaS5jb20=', 'd3d3Lmp1ZWppbi5pbQ==']
for c in code:
    string = b64decode(c).decode('utf8')
    print(string)
```

代码运行后，输出结果如下：

```
www.huawei.com
www.juejin.im
```

爬虫工程师很轻松就拿到了原字符，这显然不是开发者想要见到的结果。其实，开发者还可以通过自定义编码规则的方式保护数据。只需要稍微改动一下 Base64 编码过程中用到的对照表，或者改动输入组的划分规则，就可以创造一个新的编码规则。

Base64 编码和解码时都是将原本 8 位的二进制数转换成 6 位的二进制数。如果我们改动位数，将其设置为 5 位或者 4 位，那么就可以实现新的编码规则，对应的 Python 代码如下：

```
class Custom64:
    comparison = {'0': 'A', '1': 'B', '2': 'C', '3': 'D', '4': 'E',
                  '5': 'F', '6': 'G', '7': 'H', '8': 'I', '9': 'J',
                  '10': 'K', '11': 'L', '12': 'M', '13': 'N', '14': 'O',
                  '15': 'P', '16': 'Q', '17': 'R', '18': 'S', '19': 'T',
                  '20': 'U', '21': 'V', '22': 'W', '23': 'X', '24': 'Y',
                  '25': 'Z', '26': 'a', '27': 'b', '28': 'c', '29': 'd',
                  '30': 'e', '31': 'f', '32': 'g', '33': 'h', '34': 'i',
                  '35': 'j', '36': 'k', '37': 'l', '38': 'm', '39': 'n',
                  '40': 'o', '41': 'p', '42': 'q', '43': 'r', '44': 's',
                  '45': 't', '46': 'u', '47': 'v', '48': 'w', '49': 'x',
                  '50': 'y', '51': 'z', '52': '0', '53': '1', '54': '2',
                  '55': '3', '56': '4', '57': '5', '58': '6', '59': '7',
                  '60': '8', '61': '9', '62': '+', '63': '/', '65': '=',
                  }

    def encode(self, value: str, threshold: int = 4) -> str:
        # 对传入的字符进行编码，并返回编码结果
        value = ''.join(['0' + bin(ord(t))[2:] for t in value])
        inputs = self.shift(value, threshold)
        result = ''
        for i in inputs:
            if i == '0' * threshold:
                # 如果全为 0，则视为补位
                encoding = 65
            else:
                encoding = 0
                for key, v in enumerate(i):
```

```
                # 二进制数按权相加得到十进制数
                val = int(v) * pow(2, len(i) - 1 - key)
                encoding += val
            # 从对照表中取值
            after = self.comparison.get(str(encoding))
            result += after
        return result

    def decode(self, value: str, threshold: int, group: int = 8) -> str:
        """对传入的字符串解码，得到原字符"""
        result = []
        coder = self.str2binary(value, threshold=threshold)
        bins = self.shift(''.join(coder), group)
        for i in range(len(bins)):
            binary = ''.join(bins)[i * group: (i + 1) * group]
            if binary != '0' * group:
                # 如果全为 0，则视为补位，无须处理
                result.append(''.join([chr(i) for i in [int(b, 2) for b in
                    binary.split(' ')]]))
        return ''.join(result)

    def str2binary(self, value: str, threshold: int = 6) -> list:
        """字符串先转十进制，再转二进制"""
        result = []
        values = self.str2decimal(value)
        for i in values:
            # 判断是否为补位
            if i == '65':
                val = '0' * threshold
            else:
                val = '{:0{threshold}b}'.format(int(i), threshold=threshold)
            result.append(val)
        return result

    @staticmethod
    def shift(value: str, threshold: int, group: int = 24) -> list:
        """位数转换"""
        remainder = len(value) % group
        if remainder:
            # 如果有余数，则说明需要用 0 补位
            padding = '0' * (group - remainder)
            value += padding
        # 按照 threshold 值切割字符
        result = [value[i:i + threshold] for i in range(0, len(value), threshold)]
        return result

    def str2decimal(self, value: str) -> list:
        """使用 Base64 编码表做对照，取出字符串对应的十进制数"""
        keys = []
        for t in value:
            for k, v in self.comparison.items():
                if v == t:
                    keys.append(k)
        return keys
```

```
if __name__ == '__main__':
    # threshold 的值建议为 4、5 或 6
    cus = Custom64()
    encode_res = cus.encode('async', threshold=5)
    decode_res = cus.decode(encode_res, threshold=5)
    print(encode_res)
    print(decode_res)
```

类 `Custom64` 完成了自定义位数的编码和解码功能。首先，用字典实现 RFC4648 中的 Base64 编码表。然后定义了用于编码字符串的方法 `encode()`和用于解码的方法 `decode()`，还有其他用于转换的方法。使用参数传递的方式就可以在 Base64 编码和自定义编码之间进行切换。代码运行后，输出结果如下：

```
MFZXSbTD=A
async
```

如果我们将 `threshold` 的值改为 6，那么 `Custom64` 就等同于 Base64 编码，对应的输出结果如下：

```
YXN5bmM=
async
```

当我们使用 `Custom64` 对字符“async”进行编码时，只要设置 `threshold` 的值不为 6，得到的编码结果就是不相同的。如果爬虫工程师使用 Base64 对该编码结果进行解码，那么他将无法得到正确的原字符。这不仅达到了保护数据的目的，还能够迷惑爬虫工程师，使其将时间花费在“Base64 解码不成功”的问题上。

10.1.4 MD5 消息摘要算法

MD5 消息摘要算法（MD5 Message-Digest Algorithm，简称 MD5）是一种被广泛使用的散列函数，它能够将任意长度的消息转换成 128 位的消息摘要。与 Base64 编码不同的是，MD5 是不可逆的，这意味着我们可以将字符串转换为 MD5 值，但无法将 MD5 值转换成原字符串。

MD5 的 RFC 文档编号为 1321，文档地址为 https://tools.ietf.org/html/rfc1321。RFC1321 约定了一些术语和符号，并描述了 MD5 算法的计算步骤和方法。消息摘要的计算共有 5 个步骤。

(1) Append Padding Bits。

(2) Append Length。

(3) Initialize MD Buffer。

(4) Process Message in 16-Word Blocks。

(5) Output。

第 (5) 步将输出 128 位的消息摘要。

如果我们要生成“async”的消息摘要，那么就需要先将其转换为二进制数，如下：

01100001 01110011 01111001 01101110 01100011

RFC1321 将消息位数称为 b，此处为 40。接着需要按照 RFC1321 中 Append Padding Bits 的描述附加填充位，在第 b+1 位填充 1，并在第 b+2 位到第 448 位填充 0，总共得到 448 位。接着按照 Append Length 的描述，计算原始信息长度与 2^{64} 的模，也就是 b mod 2^{64}，此处为 40 mod 2^{64}，计算结果为 40。将此值转换为 64 位二进制数，即：

00101000 00000000 00000000 00000000 00000000 00000000 00000000 00000000

将该 64 位二进制数追加到 448 位之后得到共 512 位的二进制数，然后将这 512 位的二进制数进行分组，分组可以用 **M**[0, ⋯, N–1] 表示，其中 N 为 16 的倍数，最后得到 16 组 32 位的分组结果。

Append Padding Bits 和 Append Length 的过程如图 10-11 所示。

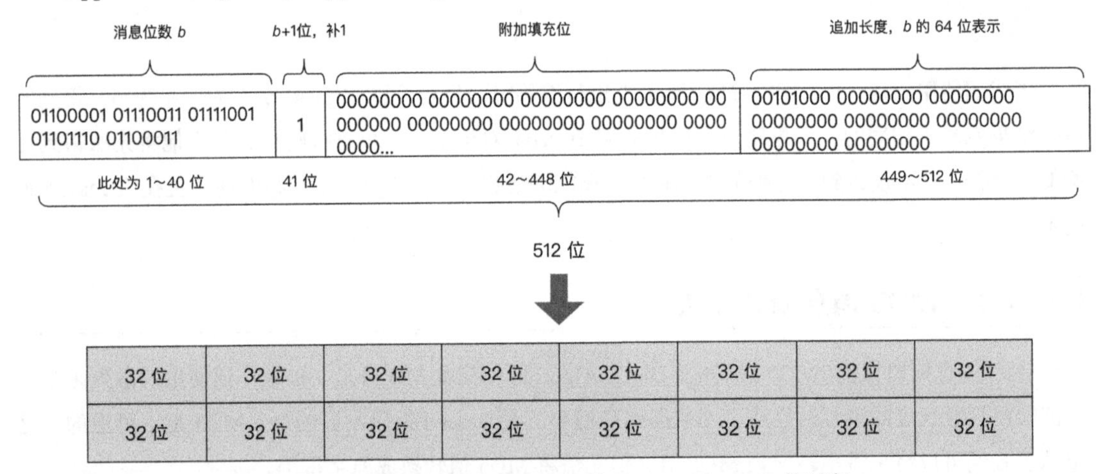

图 10-11 Append Padding Bits 和 Append Length 的过程

至此，我们就完成了消息摘要算法的前两个步骤。

Initialize MD Buffer 中给出了用于消息摘要计算的 4 个常数：

```
word A: 01 23 45 67
word B: 89 ab cd ef
word C: fe dc ba 98
word D: 76 54 32 10
```

Process Message in 16-Word Blocks 中给出了具体的计算步骤和所需的其他条件。首先，定义 4 个用于计算的函数：

```
F(X,Y,Z) = XY v not(X) Z
G(X,Y,Z) = XZ v Y not(Z)
H(X,Y,Z) = X xor Y xor Z
I(X,Y,Z) = Y xor (X v not(Z))
```

每个函数都将 3 个 32 位的字符作为输入，计算后输出 1 个 32 位的字符作为计算结果。这一步使用了一个具有 64 个元素的表 ***T***，***T*** 为 [1, ⋯, 64]。***T*** [*i*] 表示表格的第 *i* 个元素，计算公式为：

$$\boldsymbol{T}[i] = 2^{32} \times abs(\sin(i))$$

接着用代码实现以下操作（此处为 RFC1321 示例）：

```
/* Process each 16-word block. */
For i = 0 to N/16-1 do
    /* Copy block i into X. */
    For j = 0 to 15 do
        Set X[j] to M[i*16+j].
    end /* of loop on j */
    /* Save A as AA, B as BB, C as CC, and D as DD. */
    AA = A
    BB = B
    CC = C
    DD = D
    /* Round 1. */
    /* Let [abcd k s i] denote the operation
        a = b + ((a + F(b,c,d) + X[k] + T[i]) <<< s). */
    /* Do the following 16 operations. */
    [ABCD  0  7  1]  [DABC  1 12  2]  [CDAB  2 17  3]  [BCDA  3 22  4]
    [ABCD  4  7  5]  [DABC  5 12  6]  [CDAB  6 17  7]  [BCDA  7 22  8]
    [ABCD  8  7  9]  [DABC  9 12 10]  [CDAB 10 17 11]  [BCDA 11 22 12]
    [ABCD 12  7 13]  [DABC 13 12 14]  [CDAB 14 17 15]  [BCDA 15 22 16]

    /* Round 2. */
    /* Let [abcd k s i] denote the operation
        a = b + ((a + G(b,c,d) + X[k] + T[i]) <<< s). */
    /* Do the following 16 operations. */
    [ABCD  1  5 17]  [DABC  6  9 18]  [CDAB 11 14 19]  [BCDA  0 20 20]
    [ABCD  5  5 21]  [DABC 10  9 22]  [CDAB 15 14 23]  [BCDA  4 20 24]
    [ABCD  9  5 25]  [DABC 14  9 26]  [CDAB  3 14 27]  [BCDA  8 20 28]
    [ABCD 13  5 29]  [DABC  2  9 30]  [CDAB  7 14 31]  [BCDA 12 20 32]

    /* Round 3. */
    /* Let [abcd k s t] denote the operation
        a = b + ((a + H(b,c,d) + X[k] + T[i]) <<< s). */
    /* Do the following 16 operations. */
    [ABCD  5  4 33]  [DABC  8 11 34]  [CDAB 11 16 35]  [BCDA 14 23 36]
    [ABCD  1  4 37]  [DABC  4 11 38]  [CDAB  7 16 39]  [BCDA 10 23 40]
    [ABCD 13  4 41]  [DABC  0 11 42]  [CDAB  3 16 43]  [BCDA  6 23 44]
    [ABCD  9  4 45]  [DABC 12 11 46]  [CDAB 15 16 47]  [BCDA  2 23 48]

    /* Round 4. */
    /* Let [abcd k s t] denote the operation
        a = b + ((a + I(b,c,d) + X[k] + T[i]) <<< s). */
```

```
    /* Do the following 16 operations. */
    [ABCD  0  6 49]  [DABC  7 10 50]  [CDAB 14 15 51]  [BCDA  5 21 52]
    [ABCD 12  6 53]  [DABC  3 10 54]  [CDAB 10 15 55]  [BCDA  1 21 56]
    [ABCD  8  6 57]  [DABC 15 10 58]  [CDAB  6 15 59]  [BCDA 13 21 60]
    [ABCD  4  6 61]  [DABC 11 10 62]  [CDAB  2 15 63]  [BCDA  9 21 64]

    /* Then perform the following additions. (That is increment each
        of the four registers by the value it had before this block
        was started.) */
    A = A + AA
    B = B + BB
    C = C + CC
    D = D + DD

end /* of loop on i */
```

将最后得到的 A、B、C、D 按照从 A 的低位到 D 的高位进行排序，就能得到 MD5 算法的输出。

相比 Base64 编码，MD5 的运算过程要复杂很多。由于 MD5 在运算过程中使用了补位、追加和移位等操作，所以他人无法从输出结果倒推出输入字符，这个特性被称为“不可逆”。MD5 可以对任意长度的消息进行运算，输出固定位数（128 位）的结果，这个特性被称为“压缩”。

MD5 的典型应用场景就是一致性验证，如文件一致性和信息一致性。文件一致性验证常常出现在软件下载站点或操作系统镜像下载站点，文件下载场景如图 10-12 所示。

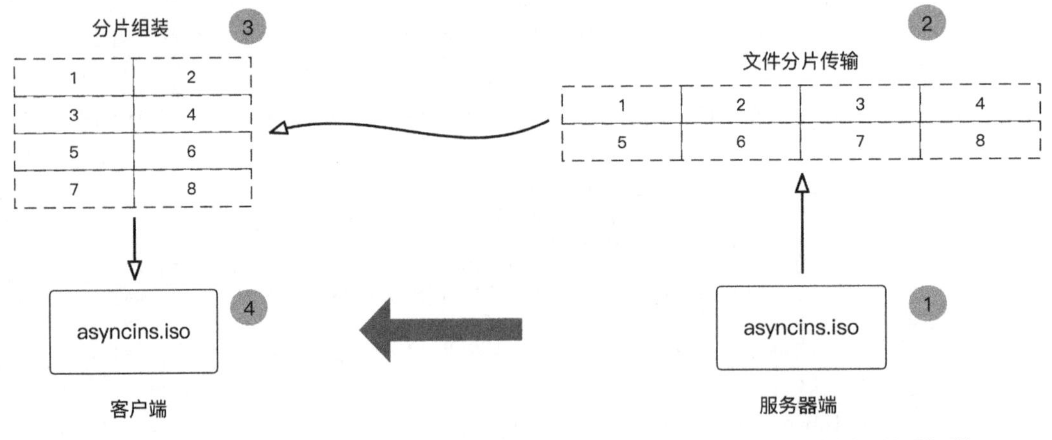

图 10-12 文件下载场景

服务器端到客户端的文件传输通常是分片进行的，传输过程有可能出现文件分片缺失或不完整的情况。MD5 在此场景下的作用是验证下载后的文件是否与服务器端文件一致，及时发现文件缺失现象。客户端在文件下载完成后计算该文件的 MD5 值，并与服务器端给出的 MD5 值进行对比，如果值相同，则代表文件完整，反之则代表文件有缺失。

信息一致性的验证，我们在 4.3 节中就接触过。签名验证就是信息一致性的一种应用，其场景如图 10-13 所示。

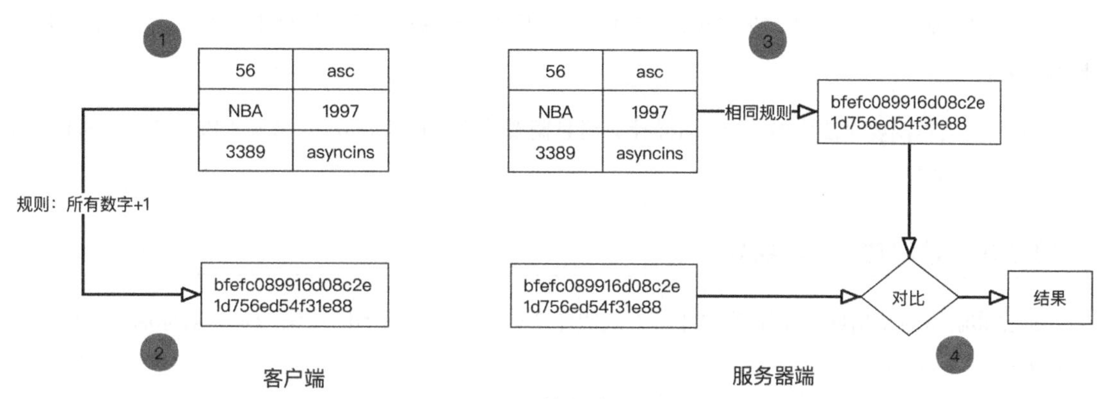

图 10-13 签名验证场景

客户端原始数据为“56 asc NBA 1997 3389 asyncins”，在计算消息摘要之前，按照规则将原始数据中的所有数字都加上 1，得到“57 asc NBA 1998 3390 asyncins”。然后使用消息摘要算法 MD5 对处理后的字符串进行计算，得到“bfefc089916d08c2e1d756ed54f31e88”，并将该 MD5 值与原始数据上传到服务器端。接着服务器端将原始消息按照相同的规则进行处理，将服务器端计算得到的 MD5 值与客户端上传的 MD5 值进行对比，如果值相同，则代表数据未被篡改。

MD5 算法具有“不可逆”和“压缩”这两种特性，而 MD5 算法输出的值则具有“不可读”的特性，这也使其成为密码保存的不二之选。Web 网站将密码保存到数据库的时候，通常是存储密码字符串的 MD5 值，如图 10-14 所示。

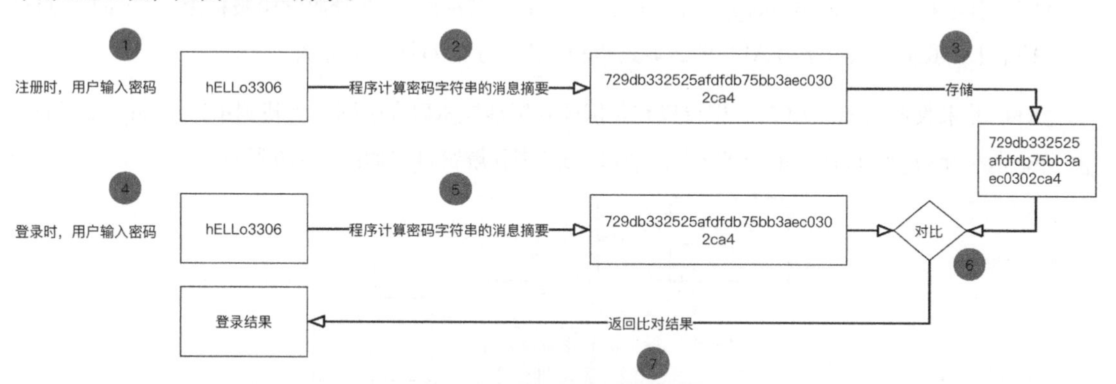

图 10-14 密码存储与校验场景

程序会计算用户在注册时输入的字符串“hELLo3306”的 MD5 值，然后将该值作为用户的“密码”保存在数据库中。当用户登录时，程序会计算用户输入的“hELLo3306”的 MD5 值，并将该值与数据库中存储的相同用户的“密码”进行对比，如果值相同，则代表密码正确。由于 MD5 算法的“不可逆”特性、“压缩”特性和 MD5 值的“不可读”特性，所以即使“密码”（即 729db332525afdfdb75bb3aec0302ca4）泄露，也不会影响账户的安全性。这正是 MD5 算法被广泛应用于密码存储、校验场景的根本原因。

MD5 是消息摘要算法中的一种，同样计算消息摘要的算法还有 SHA1（详见 RFC3174）和 SHA256（详见 RFC4634）等。

10.1.5 对称加密与 AES

加密和解密时使用同一个密钥的加密方式叫作对称加密，使用不同密钥的是非对称加密，它们的区别如图 10-15 所示。

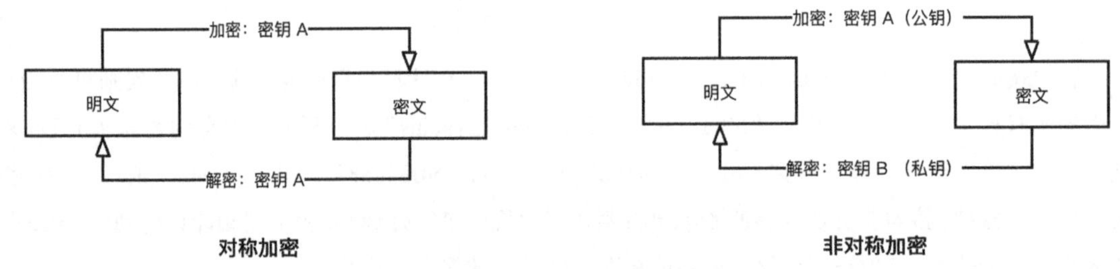

图 10-15 对称加密和非对称加密的区别

相对于非对称加密来说，对称加密的速度更快，速度的优势使得它更适合大量数据加密的场景。常见的对称加密算法有 DES、3DES、BLOWFISH、RC5 和 AES 等。目前应用最为广泛、强度最高的是 AES，其全称为 advanced encryption standard（高级加密标准），在密码学中被称为 Rijndael 加密算法。接下来，我们将通过学习 AES 的运算过程和原理来了解对称加密算法。

RFC 并未收录 AES，AES 文档可以在美国国家标准技术研究院网站上找到（详见 http://csrs.nist.gov/publications/fips/fips197/fips-192.pdf）。AES 的加密和解密过程如图 10-16 所示。

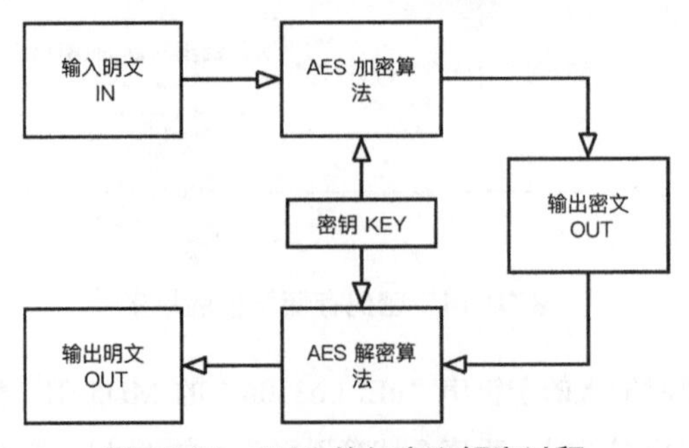

图 10-16 AES 的加密和解密过程

密钥是整个过程中最关键的部分，只有拿到加密时使用的密钥，才能够将密文转换为加密前的明文。明文需要经过多轮运算后才能得到密文，密文也需要经过多轮运算后才能够得到明文，运算轮次与密钥的长度有关。密钥的长度可以是 128 位、192 位或者 256 位，长度越大，需要运算的轮次就越多，密钥长度和运算轮次的关系如图 10-17 所示。

	密钥长度 (Nk words)	数据块大小 (Nb words)	运算的轮次 (Nr)
AES–128	4	4	10
AES–192	6	4	12
AES–256	8	4	14

图 10-17　密钥长度与运算轮次的关系

以密钥长度 128 位为例，密钥将会分为 4 组（Nk），即 4 个数据块（Nb），每组 32 位，对应的轮次（Nr）为 10 轮（192 位和 256 位对应的分别是 12 轮和 14 轮）。

运算在二维字节数组上进行，该数组被称为 state。state 由 4 行字节组成，每行包含 Nb（Nb 为密钥长度除以 32）字节。加密操作围绕着 state 进行，经过对应轮次运算后输出的结果即为密文。输入、数组和密文的关系如图 10-18 所示。

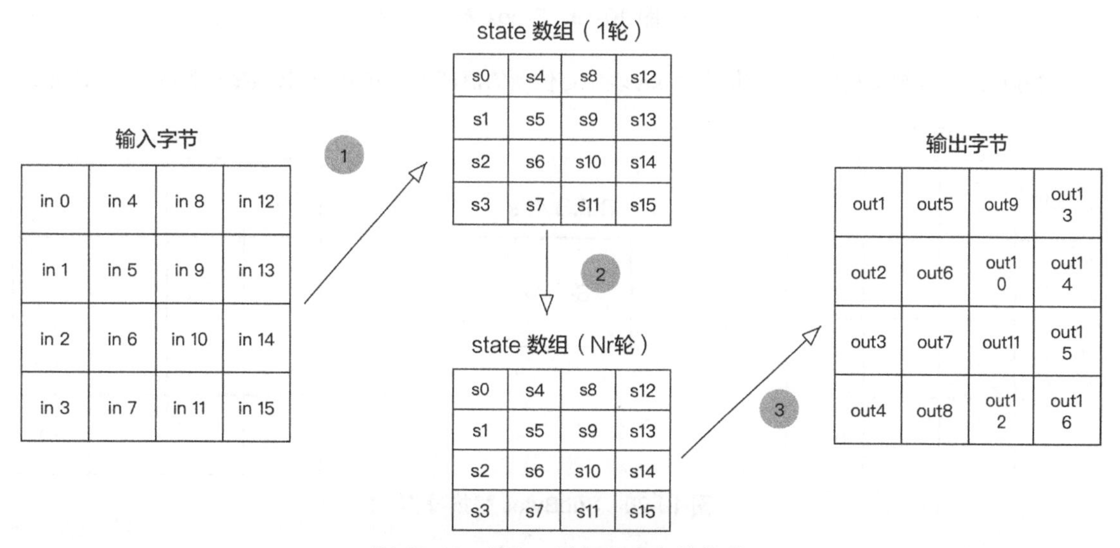

图 10-18　输入、数组和密文的关系

矩阵中字节的排列顺序为从上到下，从左到右。运算包含以下几个步骤。

(1) SubBytes：替换操作，通过非线性函数将 state 中的字节替换成 S-box 表中对应的字节。

(2) ShiftRows：行移位操作，将 state 中每行的字节按照规律进行移位。

(3) MixColumns：列混合操作，通过线性函数对 state 中的列进行混合。

(4) AddRoundKey：按位异或操作，将 128 位的轮密钥与 state 中的数据进行按位异或操作。

SubBytes 步骤中用到的 S-box 表如图 10-19 所示。

		y															
		0	1	2	3	4	5	6	7	8	9	a	b	c	d	e	f
x	0	63	7c	77	7b	f2	6b	6f	c5	30	01	67	2b	fe	d7	ab	76
	1	ca	82	c9	7d	fa	59	47	f0	ad	d4	a2	af	9c	a4	72	c0
	2	b7	fd	93	26	36	3f	f7	cc	34	a5	e5	f1	71	d8	31	15
	3	04	c7	23	c3	18	96	05	9a	07	12	80	e2	eb	27	b2	75
	4	09	83	2c	1a	1b	6e	5a	a0	52	3b	d6	b3	29	e3	2f	84
	5	53	d1	00	ed	20	fc	b1	5b	6a	cb	be	39	4a	4c	58	cf
	6	d0	ef	aa	fb	43	4d	33	85	45	f9	02	7f	50	3c	9f	a8
	7	51	a3	40	8f	92	9d	38	f5	bc	b6	da	21	10	ff	f3	d2
	8	cd	0c	13	ec	5f	97	44	17	c4	a7	7e	3d	64	5d	19	73
	9	60	81	4f	dc	22	2a	90	88	46	ee	b8	14	de	5e	0b	db
	a	e0	32	3a	0a	49	06	24	5c	c2	d3	ac	62	91	95	e4	79
	b	e7	c8	37	6d	8d	d5	4e	a9	6c	56	f4	ea	65	7a	ae	08
	c	ba	78	25	2e	1c	a6	b4	c6	e8	dd	74	1f	4b	bd	8b	8a
	d	70	3e	b5	66	48	03	f6	0e	61	35	57	b9	86	c1	1d	9e
	e	e1	f8	98	11	69	d9	8e	94	9b	1e	87	e9	ce	55	28	df
	f	8c	a1	89	0d	bf	e6	42	68	41	99	2d	0f	b0	54	bb	16

图 10-19 S-box 表

替换时，只需要根据原字节的值在 S-box 表中定位新的值即可。SubBytes 替换操作如图 10-20 所示。

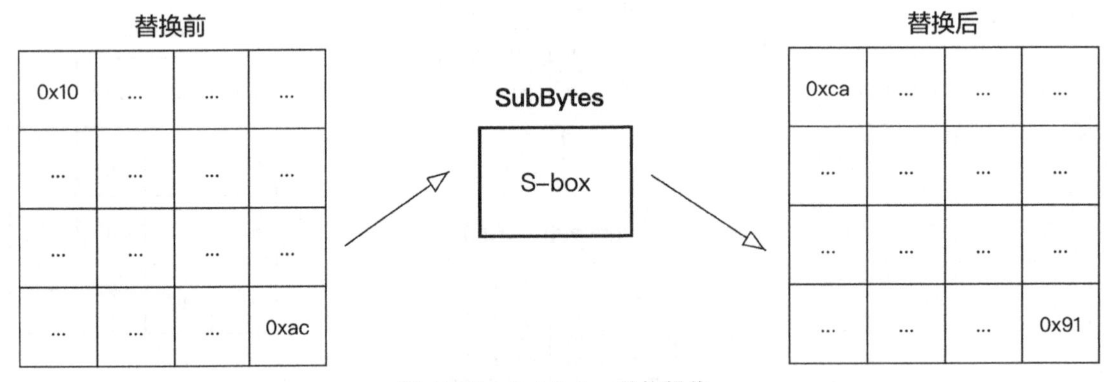

图 10-20 SubBytes 替换操作

行移位操作按照左循环进行，如图 10-21 所示。state 的第 0 行左移 0 字节，第 1 行左移 1 字节，第 2 行左移 2 字节，第 3 行左移 3 字节。

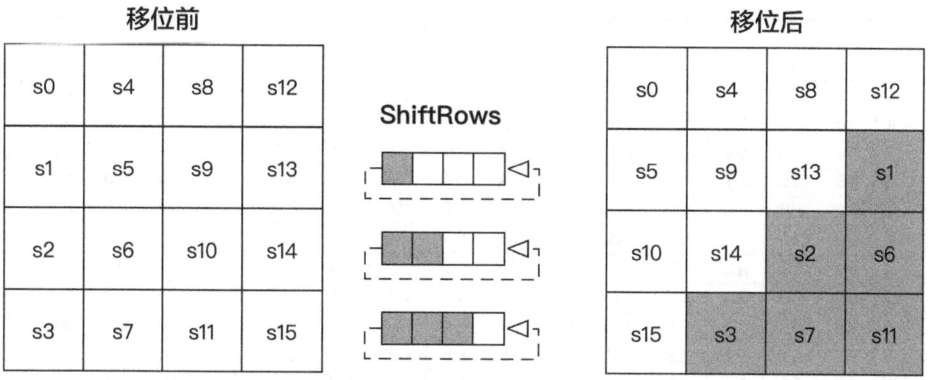

移位前

s0	s4	s8	s12
s1	s5	s9	s13
s2	s6	s10	s14
s3	s7	s11	s15

ShiftRows

移位后

s0	s4	s8	s12
s5	s9	s13	s1
s10	s14	s2	s6
s15	s3	s7	s11

图 10-21 ShiftRows 行移位操作

列混合操作是矩阵相乘。经过替换和移位的 state 与固定值的矩阵相乘，得到新的 state，如图 10-22 所示。

$$\begin{pmatrix} S_{0,0} & S_{0,1} & S_{0,2} & S_{0,3} \\ S_{1,0} & S_{1,1} & S_{1,2} & S_{1,3} \\ S_{2,0} & S_{2,1} & S_{2,2} & S_{2,3} \\ S_{3,0} & S_{3,1} & S_{3,2} & S_{3,3} \end{pmatrix} \times \begin{pmatrix} 02 & 03 & 01 & 01 \\ 01 & 02 & 03 & 01 \\ 01 & 01 & 02 & 03 \\ 03 & 01 & 01 & 02 \end{pmatrix} = \begin{pmatrix} S'_{0,0} & S'_{0,1} & S'_{0,2} & S'_{0,3} \\ S'_{1,0} & S'_{1,1} & S'_{1,2} & S'_{1,3} \\ S'_{2,0} & S'_{2,1} & S'_{2,2} & S'_{2,3} \\ S'_{3,0} & S'_{3,1} & S'_{3,2} & S'_{3,3} \end{pmatrix}$$

图 10-22 列混合操作

按位异或操作其实是将密钥与 state 进行异或操作，如图 10-23 所示。

for 0 £ c < Nb $$\left[\boldsymbol{W}_{\text{round} \times \text{Nb} + \text{c}} \right] \oplus \left[S_{0,0} \quad S_{0,1} \quad S_{0,2} \quad S_{0,3} \right] = \left[S'_{0,0} \quad S'_{0,1} \quad S'_{0,2} \quad S'_{0,3} \right]$$

图 10-23 按位异或操作

解密过程是加密过程的逆操作。加密时，在 SubBytes 步骤中用到 S-box，解密时则需要用到 AES 文档提供的 Inverse S-box 表，如图 10-24 所示。

		y															
		0	1	2	3	4	5	6	7	8	9	a	b	c	d	e	f
x	0	52	09	6a	d5	30	36	a5	38	bf	40	a3	9e	81	f3	d7	fb
	1	7c	e3	39	82	9b	2f	ff	87	34	8e	43	44	c4	de	e9	cb
	2	54	7b	94	32	a6	c2	23	3d	ee	4c	95	0b	42	fa	c3	4e
	3	08	2e	a1	66	28	d9	24	b2	76	5b	a2	49	6d	8b	d1	25
	4	72	f8	f6	64	86	68	98	16	d4	a4	5c	cc	5d	65	b6	92
	5	6c	70	48	50	fd	ed	b9	da	5e	15	46	57	a7	8d	9d	84
	6	90	d8	ab	00	8c	bc	d3	0a	f7	e4	58	05	b8	b3	45	06
	7	d0	2c	1e	8f	ca	3f	0f	02	c1	af	bd	03	01	13	8a	6b
	8	3a	91	11	41	4f	67	dc	ea	97	f2	cf	ce	f0	b4	e6	73
	9	96	ac	74	22	e7	ad	35	85	e2	f9	37	e8	1c	75	df	6e
	a	47	f1	1a	71	1d	29	c5	89	6f	b7	62	0e	aa	18	be	1b
	b	fc	56	3e	4b	c6	d2	79	20	9a	db	c0	fe	78	cd	5a	f4
	c	1f	dd	a8	33	88	07	c7	31	b1	12	10	59	27	80	ec	5f
	d	60	51	7f	a9	19	b5	4a	0d	2d	e5	7a	9f	93	c9	9c	ef
	e	a0	e0	3b	4d	ae	2a	f5	b0	c8	eb	bb	3c	83	53	99	61
	f	17	2b	04	7e	ba	77	d6	26	e1	69	14	63	55	21	0c	7d

图 10-24 Inverse S-box 表

AddRoundKey 步骤中的操作在加密和解密时是相同的，其他解密步骤可按照 AES 文档介绍到的 InvShiftRows、InvMixCloumns 进行。

从 AES 文档的介绍中我们知道，AES 加密过程中的操作都是可逆的，关键就在于密钥。DES 和 3DES 等对称加密算法的关键也是密钥。

大部分编程语言有成熟的 AES 库，如 JavaScript 语言的 CryptoJS 库，Python 语言的 pycrypto 库，我们可以使用这些库快速地实现加密需求。pycrypto 库实现 AES 加密和解密的代码如下：

```
from Crypto.Cipher import AES
# 初始化 AES 对象时传入密钥、加密模式和 iv
aes1 = AES.new('63f09k56nv2b10cf', AES.MODE_CBC, '01pv928nv2i5ss68')
# 待加密消息
message = "Hi!I am from the earth number 77"
print('待加密消息: %s' % message)
# 加密操作
cipher_text = aes1.encrypt(message)

# 初始化 AES 对象时传入与加密时相同的密钥、加密模式和 iv
aes2 = AES.new('63f09k56nv2b10cf', AES.MODE_CBC, '01pv928nv2i5ss68')
# 解密操作
plaint_text = aes2.decrypt(cipher_text)
print('密文: %s' % cipher_text)
print('明文: %s' % plaint_text.decode('utf8'))
```

代码运行前，请安装 pycrypto 库（安装命令为 `pip install pycrypto`）。代码运行结果如下：

```
待加密消息：Hi!I am from the earth number 77
密文：
b'\xfbU\xd2\x1f\x9f\xdf\x0b\x1a"=5\xc5\xbd]\x80;\xee[=\x06I\x0cKZ\xd3L&(j\x98R\x11
'
明文：Hi!I am from the earth number 77
```

10.1.6 非对称加密与 RSA

1976年，计算机科学家Whitfield Diffie和Martin Hellman二人提出了新的加密方式，这种加密方式可以在不传递密钥的情况下实现加密和解密操作，它利用的是两种规则之间的数学关系。与对称加密不同的是，这种方式需要用到两个密钥：公钥（public key）和私钥（private key）。公钥和私钥是一对，如果用该公钥对数据进行加密，那么只有用对应的私钥才能够解密数据。反之，如果用私钥对数据进行加密，那么只有用对应的公钥才能够解密数据。由于加密和解密时使用的密钥是不相同的，所以这种加密方式被称为非对称加密。

在非对称加密算法中，应用最广泛、强度最高的是RSA算法，该算法由Rivest、Shamire和Adleman三人提出。RSA算法的版本很多，RSA 2.0版本的RFC编号为2437，RSA 2.1版本的RFC编号为3447，RSA 2.2版本的RFC编号为8017。

在开始学习RSA算法的原理之前，我们需要了解一些数学概念，如质数、互质关系、欧拉函数、欧拉定理和模反元素。

质数

质数又称素数，定义为：在大于1的自然数中，除了1和它本身之外不能被其他数整除的数（如97）。

互质关系

公因数只有1的两个数（如15和16）构成互质关系。人们总结了一些方法来判断两个数是否构成互质关系。

- 相邻的两个自然数构成互质关系，如17和18。
- 相邻的两个奇数构成互质关系，如7和9。
- 两个数之间，数值较大的数为质数时，两个数构成互质关系，如97和50。

欧拉函数

在给定的条件（正整数 n）下，求小于等于 n 的正整数中，有多少个数与 n 构成互质关系。这个求值的方法就叫作欧拉函数，欧拉函数用 $\varphi(n)$ 表示。假设 n 为7，那么在1到7之间与7形成互质关系的数有1、2、3、4、5、6这6个数，即 $\varphi(n) = 6$。

欧拉定理

欧拉定理表明，如果两个正整数 n 和 m 构成互质关系，则 n 的 $\varphi(m)$ 次方恒等于 1(mod n)。

模反元素

正整数 n 和 m 构成互质关系，那么一定可以找到整数 b，使得 $nb-1$ 被 m 整除。整数 b 就叫作正整数 n 的模反元素。如 3 和 5 互质，那么 $3\times2-1$ 能够被 5 整除，所以整数 2 就是正整数 3 的模反元素。同理，$3\times7-1$ 也能够被 5 整除，所以整数 7 也是正整数 3 的模反元素。我们也可以理解为 2 加或减 m 的整数倍都是正整数 3 的模反元素，如−14、−3、2、7、12 等，即 n 的 $\varphi(m)-1$ 次方就是 n 的模反元素。

了解这些数学概念之后，我们就可以开始学习 RSA 算法的公钥计算和私钥计算方面的知识了。

公钥计算

设定两个构成互质关系的质数 p 和 q，并计算它们的乘积 n。接着用公式 $\varphi(n)=(p-1)(q-1)$ 计算乘积 n 的欧拉函数 $\varphi(n)$。然后选择一个整数 e（要求 $1<e<\varphi(n)$，且 e 与 $\varphi(n)$ 构成互质关系）。最后将 (n,e) 作为公钥。

私钥计算

在公钥计算的基础上，计算整数 e 对于 $\varphi(n)$ 的模反元素 b，将 (n,b) 作为私钥。

将 (n,e) 和 (n,b) 转成 ASN.1 格式，就得到了最终的公钥和私钥。计算出公钥和私钥后，我们就可以对明文进行加密了。设明文为 m，密文为 c，则加密公式如下：

$$c = m^{e \bmod n}$$

解密公式如下：

$$m = c^{b \bmod n}$$

在公钥和私钥生成的过程中出现了 p、q、n、$\varphi(n)$、e、b 等 6 个数，这些数中最关键的就是与 n 组成私钥的 b，b 泄露等同于私钥泄露。当 p 和 q 足够大的时候，即使 n 泄露，他人也无法通过分解 n 得到 p 和 q，进而无法求出 b。RSA 算法的可靠性正是建立在大数分解的数论难题基础之上的。

在了解 RSA 加密和解密的原理之后，我们来学习如何使用 pycrypto 库完成对数据的加密和解密。对应的 Python 代码如下：

```
from Crypto import Random
from Crypto.PublicKey import RSA
from Crypto.Cipher import PKCS1_v1_5
import base64


message = 'async'  # 消息原文

# 初始化RSA对象
rsa = RSA.generate(1024, Random.new().read)
# 生成私钥
private_key = rsa.exportKey()
# 生成公钥
public_key = rsa.publickey().exportKey()
# 打印私钥和公钥
print(private_key.decode('utf8'))
print(public_key.decode('utf8'))

# 将私钥和公钥存入对应名称的文件
with open('private.pem', 'wb') as f:
    f.write(private_key)

with open('public.pem', 'wb') as f:
    f.write(public_key)

with open('public.pem', 'r') as f:
    # 从文件中加载公钥
    pub = f.read()
    pubkey = RSA.importKey(pub)
    # 用公钥加密消息原文
    cipher = PKCS1_v1_5.new(pubkey)
    c = base64.b64encode(cipher.encrypt(message.encode('utf8'))).decode('utf8')

with open('private.pem', 'r') as f:
    # 从文件中加载私钥
    pri = f.read()
    prikey = RSA.importKey(pri)
    # 用私钥解密消息密文
    cipher = PKCS1_v1_5.new(prikey)
    m = cipher.decrypt(base64.b64decode(c), 'error').decode('utf8')

print('消息原文: %s\n 消息密文:%s\n 解密结果: %s' % (message, c, m))
```

这段代码生成一对公钥和私钥，并实现了对消息原文“async”的加密和解密。代码运行结果如下：

```
-----BEGIN RSA PRIVATE KEY-----
MIICXAIBAAKBgQCfxyCGYO8t+zhcUSr2xRjvXl0iaX78fpeHRQrBVm/ZWZBk3+71
/cMyK/4+eEeJO+7RpgTsE3znRFu9mF+2B8OVyO10F76jWnLx4uE+qvS2fJRz6XH4
p40VKpxN0zGao7k0vZJkZrZGry+704/eyzpDFChztORFNR6q+nSiu77WywIDAQAB
AoGAbDyMv/tyi4efiopBvKGQXrdiCCnHKGzpYW1X99kCNA8EThGU43dgf+BlfxQk
Acdj5Qm+U95vwosAStOqIrnnt8I6ASag89NXM+vOUszGQ84EONj+oKwBcBgfxObF
8q8hK9g3P9dRrYfbgXnF7VqeDKRnD5qlWHRRyEoJTRkn/mECQQDIGh1FI5WjhTIY
+dnfMpj4nhRFtvHGLrl8yRXuO206mh7hXFd6A0mi9JORdt0/KQMwoSusZ+/VguTd
```

```
eQ4nhDbtAkEAzGlP8hPU4V/JmNq9L88HR3B2xFMb2ryaCcN1fJk3aikCYp3vgHIZ
8IYcfNMxYY/P8IQNXl/yC52L3/F1tCUVlwJBAL5ND58sS2h7CPz1yP1ayl5PQGpY
pTDcSO1i8+dgPu4nmsyqnErei45dWWZTC/DAWVdLQBSzuERvOqdiNFLii7UCQEMI
tkL45fMS6pXKBgjLp+NxqkEv0A6nkwxooPq/dEDIOhQFHynMQV1zXZxB1gvckaCa
bZfpdwMAI4LJOIRfNPkCQGQhvUm5VRjgMPJgQ8wgpPZwwuuZHM9XOaR2SX445Iy3
ioijM1oBaYOiOj7B4dckm8epVjSGd1st6FRQARKvs5k=
-----END RSA PRIVATE KEY-----
-----BEGIN PUBLIC KEY-----
MIGfMA0GCSqGSIb3DQEBAQUAA4GNADCBiQKBgQCfxyCGYO8t+zhcUSr2xRjvXl0i
aX78fpeHRQrBVm/ZWZBk3+71/cMyK/4+eEeJO+7RpgTsE3znRFu9mF+2B8OVyO10
F76jWnLx4uE+qvS2fJRz6XH4p40VKpxN0zGao7k0vZJkZrZGry+704/eyzpDFChz
tORFNR6q+nSiu77WywIDAQAB
-----END PUBLIC KEY-----
消息原文：async
消息密文:TOBEdgrOE80TXdusj0Ezfr61G4C7a46Rvnr9oT9qTdyLYHASU+gtU/0Olz3LVGPC0MUVB1EApb
TqMTjWSKoqw91snTTMxlTPALC7Raap42oG8JMs8CW621oKZ69LGNRQY/F5oGW1OKic2l6vZXUOb3xerPpV
TVPDPy/W2CKWYBc=
解密结果：async
```

要注意的是，考虑到易读性，在实际应用中会将公钥、私钥和密文进行 Base64 编码。

10.1.7 小结

无论是 Base64 编码、消息摘要算法 MD5 还是加密算法，都使用一定的计算规则将一串字符转换成“不可读”的另一串字符。计算规则有可逆与不可逆之分，并且还具有不同的复杂度。不可逆的消息摘要算法常用于签名，而可逆的对称加密算法 AES 和非对称加密算法 RSA 通常用于保护数据。编码规则 Base64 虽然不是加密算法，但我们可以在其规则之上稍作修改，同样能够达到保护数据的目的。

10.2 JavaScript 代码混淆

在学习混淆知识前，我们先来了解一下代码压缩。在对用户体验造成影响的因素中，最重要的是“网页打开速度”，即资源加载速度和页面渲染速度。资源加载速度的常用优化方法是压缩，压缩的对象包括 HTML 文档、图片和 JavaScript 文件等。压缩后的文件体积相对较小，不仅有利于网络传输，还能起到保护代码的作用。这是因为在压缩过程中会删除注释、空格和换行符等元素，将多个 JavaScript 文件合并以及缩短变量名。

随着浏览器和各大 IDE 推出代码格式化功能，文件压缩对代码的保护就被削弱了。为了更好地保护代码，开发者想到了代码混淆这样的办法。在 8.3 节中，我们了解了 Android 代码混淆反爬虫。在本节中，我们将学习 JavaScript 代码混淆的相关知识。

10.2.1 常见的混淆方法

常用的混淆方法有正则替换、代码编码和代码复杂化等。为了防止有心人在浏览器中调试，开发者甚至会在代码中加入一些能够干扰调试的代码。

1. 正则替换之变量名替换

这实际上是用简短的字母替换方法中的变量名，也可以在此基础上增加空格和换行符的删除操作。原代码（S1）如下：

```
function transToDict(name, age, vip){
    /* 格式转换 */
    result = "{name:" + name + ", age:" + age + ", isVIP:" + vip + "}";
    console.log(result);
    return result;
}
```

将原代码进行简单的正则替换后，得到如下代码（即混淆结果，以下称 HX1）：

```
;function transToDict(n,a,v){/* 格式转换 */result="{name:"+n+", age:"+a+", isVIP:
"+v+"}";console.log(result);return result};
```

将这样的代码放到 IDE 中，使用代码格式化功能就能够将空格和换行符还原，这显然达不到目的。

2. 正则替换之进制替换

除了能解析 Base64 编码外，浏览器还能解析十六进制的字符。原代码（S2）如下：

```
var ins = 1 + 2, ss = "abc";
function pack(a, b){
    return a + b + ss;
};
var pp = pack(ins, 6);
console.log(pp);
```

将原代码中的字符串和数字转为十六进制，并删除空格和换行符，最终得到如下代码（HX2）：

```
var ins=\x31+\x32,ss="\x61\x62\x63";function pack(a,b){return a+b+ss}var
pp=pack(ins,\x36);console.log(pp);
```

HX2 代码的可读性较差，但也达到了“掩人耳目”的目的。

3. 代码编码之 Base64

浏览器会自动解析 Base64 编码后的内容，我们可以利用这一特点实现“掩人耳目”的混淆效果。原代码（S3）如下：

```
;function transToDict(n,a,v){/* 格式转换 */result="{name:"+n+", age:"+a+",
isVIP:"+v+"}";console.log(result);return result};var ss = transToDict("P", 20, true);
```

将源代码进行 Base64 编码后得到的字符串为：


```
O2Z1bmN0aW9uIHRyYW5zVG9EaWN0KG4sYSx2KXsvKiDmoLzlvI/ovazmjaIgKi9yZXN1bHQ9IntuYW1lOi
IrbisiLCBhZ2U6IithKyIsIGlzVklQOiIrdisifSI7Y29uc29sZS5sb2cocmVzdWx0KTtyZXR1cm4gcmVz
dWx0fTt2YXIgc3MgPSB0cmFuc1RvRGljdCgiUCIsIDIwLCB0cnVlKTs=
```


打开 Chrome 浏览器并唤起调试工具，切换到 Console 面板。在 Console 面板的命令行（以下称 console shell）中输入以下内容（即混淆结果，以下称 HX3）：

```
eval(atob("O2Z1bmN0aW9uIHRyYW5zVG9EaWN0KG4sYSx2KXsvKiDmoLzlvI/ovazmjaIgKi9yZXN1bHQ
9IntuYW1lOiIrbisiLCBhZ2U6IithKyIsIGlzVklQOiIrdisifSI7Y29uc29sZS5sb2cocmVzdWx0KTtyZ
XR1cm4gcmVzdWx0fTt2YXIgc3MgPSB0cmFuc1RvRGljdCgiUCIsIDIwLCB0cnVlKTs="));
```

console shell 输出结果为：

```
{name:P, age:20, isVIP:true}
```

从输出结果可以看出，这种编码方式可以有效降低代码可读性，而且不会影响代码正确执行。

4. 代码编码之 AAEncode

代码混淆不仅是替换一些字符，一些奇怪的编码也能起到保护代码的作用。常见的编码方法有 AAEncode 和 JJEncode。AAEncode 能将 JavaScript 代码转换为颜文字，而 JJEncode 则将代码转换为“$”符号、“_”符号和“+”符号。例如将原代码 S3 进行 AAEncode 编码后，得到混淆结果 HX4（符号“...”代表省略部分字符，完整结果详见 https://share.weiyun.com/55LW8Di）：

```
ﾟωﾟﾉ= /｀ｍ´)ﾉ ~┻━┻ ['_']; o=(ﾟｰﾟ) =_=3; c=(ﾟΘﾟ) =(ﾟｰﾟ)-(ﾟｰﾟ); (ﾟДﾟ) =(ﾟΘﾟ)= (o^_^o)/
(o^_^o);(ﾟДﾟ)={ﾟΘﾟ: '_' ,ﾟωﾟﾉ : ((ﾟωﾟﾉ==3) +'_') [ﾟΘﾟ] ,ﾟｰﾟﾉ :(ﾟωﾟﾉ+ '_')[o^_^o -
(ﾟΘﾟ)]
...
((o^_^o) +(o^_^o))+ ((o^_^o) - (ﾟΘﾟ))+ (ﾟДﾟ)[ﾟεﾟ]+(ﾟΘﾟ)+ ((o^_^o) +(o^_^o))+
((ﾟｰﾟ) + (ﾟΘﾟ))+ (ﾟДﾟ)[ﾟεﾟ]+(ﾟΘﾟ)+ (ﾟｰﾟ)+ ((ﾟｰﾟ) + (ﾟΘﾟ))+ (ﾟДﾟ)[ﾟεﾟ]+((ﾟｰﾟ) +
(ﾟΘﾟ))+ (ﾟΘﾟ)+ (ﾟДﾟ)[ﾟεﾟ]+((ﾟｰﾟ) + (o^_^o))+ (o^_^o)+ (ﾟДﾟ)[ﾟoﾟ])(ﾟΘﾟ))((ﾟΘﾟ)+
(ﾟДﾟ)[ﾟεﾟ]+((ﾟｰﾟ)+(ﾟΘﾟ))+(ﾟΘﾟ)+(ﾟДﾟ)[ﾟoﾟ]);
```

将 HX4 复制到 console shell 中运行，结果如下：

```
{name:P, age:20, isVIP:true}
```

从运行结果可以看出，AAEncode 编码能够有效降低代码可读性，增加逆向难度，而且不会影响代码正确执行。

5. 代码编码之 JJEncode

JJEncode 与 AAEncode 的编码原理相似，但输出符号不同。将原代码 S3 进行 JJEncode 编码后，得到混淆结果 HX5（完整结果详见 https://share.weiyun.com/5N8iiMU）：

```
asic=~[];asic={___:++asic,$$$$:(![]+"")[asic],__$:++asic,$_$_:(![]+"")[asic],_$_:+
+asic,
...
(\\\"\\"+asic.__$+asic._$_+asic.____+"\\\", "+asic._$_+asic.____+",
"+asic.__+"\\"+asic.__$+asic.$$_+asic._$_+asic._+asic.$$$_+")\\"+asic.$$$+asic._$$
+"\"")())(sojson={___:++sojson,$$$$:(![]+"")[sojson]});
```

代码中的 `asic` 可以替换成其他字符。HX5 在 console shell 中的运行结果如下:

```
{name:P, age:20, isVIP:true}
```

6. 代码复杂化之访问符

有些混淆方法则是改变对象访问符，如将原本用“.”访问对象的方式改为用“[]”访问。原代码（S4）如下:

```
alert("京东商城 618");
```

改变 S4 代码中的对象访问符，得到如下代码（HX6）:

```
window["alert"]("京东商城 618");
```

在此基础上，加入十六进制和 Unicode 混淆手段，得到如下代码（HX7）:

```
window["\x61\x6c\x65\x72\x74"]("\u4eac\u4e1c\u5546\u57ce\x36\x31\x38");
```

7. 代码复杂化之 Packer

Packer 是代码混淆中常用的方法，它能将原代码变得复杂，降低可读性。原代码（S5）如下:

```
function getName(name){console.log(name.name)}getName({name:'asyncins'})
```

使用 Packer 对 S5 代码进行处理，得到如下代码（HX8）:

```
(function(p,a,c,k,e,r){e=String;if(!''.replace(/^/,String)){while(c--)r[c]=k[c]||c;
k=[function(e){return r[e]}];e=function(){return'\\w+'};c=1};while(c--)if(k[c])p=
p.replace(new RegExp('\\b'+e(c)+'\\b','g'),k[c]);return p}('3
0(1){4.5(1.2)}0({2:\'6\'})',7,7,'getName|name|name|function|console|log|asyncins'.
split('|'),0,{}))
```

代码逻辑层层嵌套又相互引用，有效地增加了逆向难度。

要注意的是，无论混淆手段多么复杂，都要确保代码能够正确执行。

10.2.2 混淆代码的还原

混淆并不是加密，混淆后的代码肯定能够在浏览器中执行，否则混淆就失去了意义。所以说，混淆的代码可以被还原，只不过不同的混淆手段在还原时耗费的时间不同。代码还原有一定的规律，例如正则替换这种混淆方法通常会将数字和字母转换为十六进制。

在混淆 S2 时，是将代码中的 String 类型和 Number 类型值替换为对应的十六进制编号，最终得到 HX2。十六进制字符以“\x”符号作为起始，后面跟着位数为 2 的字符（字符由数字和字母组成），这个特点可以作为确认混淆方法的依据。还原时只需要按照对照表进行映射即可得到原代码。HX2 中的十六进制字符为：

```
\x31, \x32, \x61, \x62, \x63, \x36
```

对应的值为：

```
1, 2, a,b,c,6
```

由此推导出 HX2 的原代码为：

```
var ins=1+2,ss="abc";function pack(a,b){return a+b+ss}
    var pp=pack(ins,6);console.log(pp);
```

推导出来的原代码与 S2 相同，说明我们已经成功地将 HX2 还原。

在上一节中，我们演示了几种编码方法，包括 Base64、AAEncode 和 JJEncode。在调用 Base64 编码后得到的代码时，需要使用 eval 关键字。运行命令为（符号“...”代表省略 Base64 编码字符）：

```
eval(atob("..."))
```

AAEncode 和 JJEncode 的编码结果可以直接运行，不需要在代码前加 eval。这两种编码的还原方式很简单，只需要用到 console shell 工具。将 HX4 的完整结果粘贴到 console shell 中并删除最后一组括号（HX4 最后一组括号为((ﾟΘﾟ)+(ﾟДﾟ)[ﾟεﾟ]+((ﾟｰﾟ)+(ﾟΘﾟ))+(ﾟΘﾟ)+(ﾟДﾟ)[ﾟoﾟ])），然后按下回车键即可得到原文输出。console shell 输出结果如下：

```
f anonymous(
) {
;function transToDict(n,a,v){/* 格式转换 */result="{name:"+n+", age:"+a+", isVIP:
    "+v+"}";console.log(result);return result};var ss = transToDict("P", 20, true);
}
```

anonymous() 方法中包裹的代码就是 HX4 原代码。JJEncode 编码结果的还原方式与 AAEncode 相同，即删除最后一组括号。将 HX5 的完整结果粘贴到 console shell 中，删除最后一组括号后按下回车键即可得到原文输出（HX5 最后一组括号为(asic={___:++asic,$$$$:(![]+"")[asic]})）。console shell 输出结果如下：

```
f anonymous(
) {
;function transToDict(n,a,v){/* 格式转换 */result="{name:"+n+", age:"+a+", isVIP:
    "+v+"}";console.log(result);return result};var ss = transToDict("P", 20, true);
}
```

对比发现，HX4 和 HX5 的还原结果与 S3 相同。

在上一节中，我们使用了 Packer 将 S5 代码进行复杂化处理，得到 HX8。但 HX8 并不能像 AAEncode 和 JJEncode 那样直接调用，而是跟 Base64 编码混淆方法一样，需要使用 `eval` 关键字。所以，还原时只需要将 HX8 粘贴到 console shell 中，然后按下回车键即可。console shell 输出结果如下：

```
function getName(name){console.log(name.name)}getName({name:'asyncins'})
```

其输出结果与 S5 相同。HX8 和 HX2 的还原结果说明，如果混淆结果的执行需要用 `eval` 关键字，那么在 console shell 中运行混淆结果即可得到原代码。

10.2.3 混淆原理

通过前面两节的学习，我们了解到代码混淆不仅仅只有正则。正则无法实现类似 Packer 这样的效果，那么实现如此丰富的混淆功能的关键是什么呢？了解过编译原理的读者可能已经有了答案：抽象语法树。

抽象语法树（abstract syntax tree，简称 AST，详见 https://developer.mozilla.org/en-US/docs/Mozilla/Projects/SpiderMonkey/Parser_API#Node_objects）是源代码语法结构的一种抽象表示，是编译器分析和理解语法的基础。原代码 S5 的抽象语法树如图 10-25 所示。

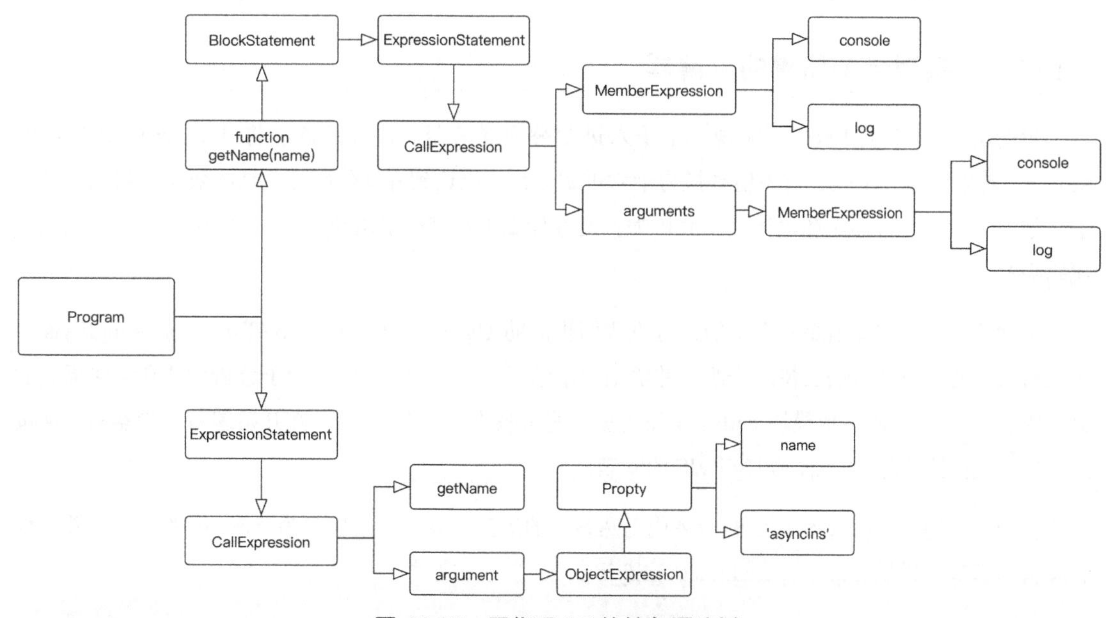

图 10-25 原代码 S5 的抽象语法树

JavaScript 编译器的目的是将 JavaScript 代码编译为机器码，而混淆器的处理结果仍然是 JavaScript 代码。编译器和混淆器对代码的处理流程如图 10-26 所示。

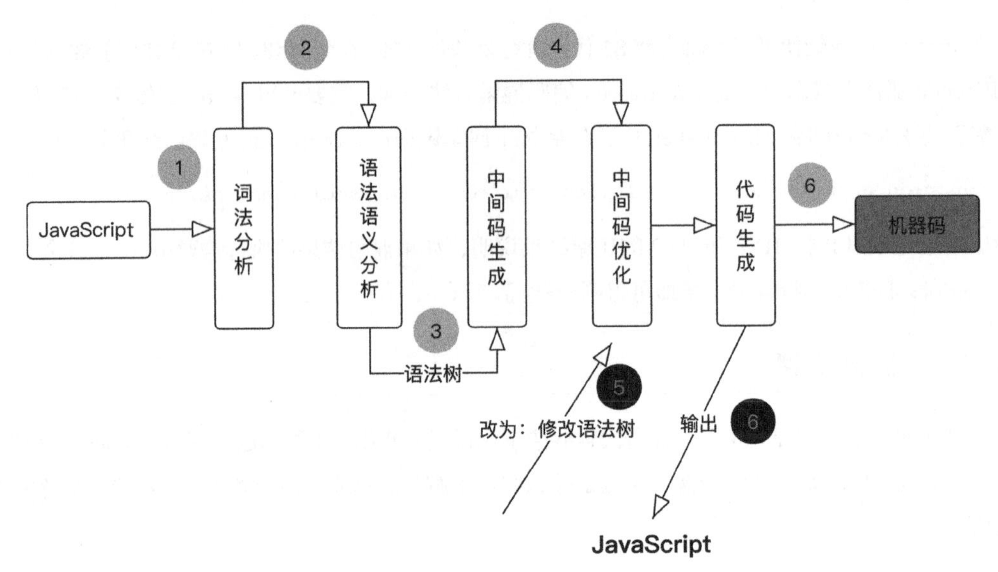

图 10-26 编译器和混淆器对代码的处理流程

混淆器在代码编译过程中修改语法树，并将输出结果改为 JavaScript。了解混淆器对代码的处理流程后，就可以动手编写混淆器了。

10.2.4 实现一个简单的混淆器

我们将在本节中演示如何实现一个十六进制替换混淆器。该混淆器会将 JavaScript 代码中的 `String` 对象值和 `Number` 对象值替换为十六进制字符，以达到降低代码可读性的效果。那么问题来了，如何对代码进行词法和语法语义分析呢？通过什么工具修改语法树并输出混淆结果（JavaScript）代码呢？

手动编写一个编译器是不现实的，这里我们将借助 UglifyJS（详见 http://lisperator.net/uglifyjs/）实现对代码的分析和对语法树的修改，并输出混淆结果。UglifyJS 提供了用于分析词法和语法语义的解析模块 parse、代码生成模块 codegen 和语法树遍历模块 transform 等。在开始编写混淆器前，请按照 1.6 节的指引完成 Node.js 和 UglifyJS 的安装。

我们可以通过 UglifyJS 提供的示例代码熟悉它的语法和规则。新建名为 parse.js 的文件，并将代码解析的示例（详见 http://lisperator.net/uglifyjs/parser）写入文件：

```
var UglifyJS = require("uglify-js");
var ast = UglifyJS.parse("function sum(x, y){ return x + y }");
console.log(ast)
```

使用命令 `node parse.js` 命令运行代码，运行结果如下：

```
AST_Node {
    globals: undefined,
    variables: undefined,
    functions: undefined,
    uses_with: undefined,
    uses_eval: undefined,
    parent_scope: undefined,
    enclosed: undefined,
    cname: undefined,
    body: [
        AST_Node {
            inlined: undefined,
            name: [AST_Node],
            argnames: [Array],
            uses_arguments: undefined,
            length_read: undefined,
            variables: undefined,
            functions: undefined,
            uses_with: undefined,
            uses_eval: undefined,
            parent_scope: undefined,
            enclosed: undefined,
            cname: undefined,
            body: [Array],
            start: [AST_Token],
            end: [AST_Token]
        }
    ],
    start: AST_Token {
        type: 'keyword',
        value: 'function',
        line: 1,
        col: 0,
        pos: 0,
        endline: 1,
        endcol: 8,
        endpos: 8,
        nlb: false,
        comments_before: [],
        comments_after: [],
        file: null,
        raw: undefined
    },
    end: AST_Token {
        type: 'punc',
        value: '}',
        line: 1,
        col: 33,
        pos: 33,
        endline: 1,
        endcol: 34,
        endpos: 34,
        nlb: false,
```

```
        comments_before: [],
        comments_after: [],
        file: null,
        raw: undefined
    }
}
```

代码打印出了 `function sum(x, y){ return x + y }`的抽象语法树。想要访问抽象语法树中的对象，只需要按照抽象语法树的树结构层层跟进即可，对应代码如下：

```
console.log(ast.body[0].name.name)
```

代码运行结果为 `sum`。

我们成功地访问到 JavaScript 代码中的方法名。当然，还可以访问参数名称，对应代码如下：

```
console.log(ast.body[0].argnames[0].name);
console.log(ast.body[0].argnames[1].name);
```

代码运行结果为 `x y`。

在了解了抽象语法树和 UglifyJS 的基本概念和语法后，我们就可以编写混淆器了。首先定义用于混淆的 JavaScript 代码，并解析出它的语法树，对应代码如下：

```
var UglifyJS = require("uglify-js");
// 定义用于混淆的 JavaScript 代码
var code = '
var ins = 1 + 2, ss = "abc";
function pack(a, b){
    return a + b + ss;
};
var pp = pack(ins, 6);
console.log(pp);
'
var astree = UglifyJS.parse(code); // 解析代码并生成语法树
```

接着遍历抽象语法树，找出树中的 `String` 对象和 `Number` 对象，对应代码如下：

```
var trans = new UglifyJS.TreeTransformer(function (node) {
    if (node instanceof UglifyJS.AST_String || node instanceof UglifyJS.AST_Number)
    {// 过滤出 String 对象和 Number 对象
        // 混淆逻辑
        return node; // 返回一个新的叶子节点并用它替换原来的叶子节点
    }
});
```

在获得 `String` 对象和 `Number` 对象之后，使用 `charCodeAt().toString(16)`方法取得对象的十六进制表示。由于十六进制的字符以“`\x`”开头，所以要将该符号与对象的十六进制表示拼接起来，得到可以在浏览器中执行的十六进制字符。对象转十六进制字符对应的代码如下：

```
// 数字、字母转十六进制
function charTo16(s) {
    var result = '';
    for (var i=0; i<s.toString().length; i++) {
        // 用"&#x"作为"\x"的替代，后期换回
        var res = "&#x" + s.toString().charCodeAt(i).toString(16);
        result += res;

    }
    return result;
};
```

现在我们只需要在“混淆逻辑”处将对象传递给 charTo16()方法并更新语法树即可，对应代码如下：

```
// 过滤出 String 对象和 Number 对象
var charhex = charTo16(node.value);
node.value = charhex;
return node; // 更新语法树
```

最后，遍历语法树并输出混淆结果，对应代码如下：

```
astree.transform(trans);  // 遍历 AST 树
var ncode = astree.print_to_string(); // 从 AST 还原成字符串
console.log(ncode.replace(/&#x/g, "\\x"));
```

代码运行结果如下：

```
var ins=\x31+\x32,ss="\x61\x62\x63";function pack(a,b){return a+b+ss}var
pp=pack(ins,\x36);console.log(pp);
```

这证明程序已经完成了代码混淆工作，我们实现了一个简单的混淆器。

10.2.5 小结

在实际项目中遇到的代码混淆可不止这么简单，大型网站的混淆规则和逻辑是非常复杂的。对抽象语法树和混淆器感兴趣的读者，可以前往 UglifyJS 官网了解更多知识。

10.3 前端禁止事件

爬虫工程师分析网页的流程基本上是固定的，包括以下步骤。

(1) 打开网页。

(2) 确定目标。

(3) 分析网络请求或资源。

(4) 定位元素。

开发者可以在每个步骤中进行防护，甚至可以设置陷阱。例如在打开网页时检查客户端的 WebDriver 对象，使用多层标签嵌套并设置 CSS 偏移干扰元素定位。大部分工程师是利用浏览器自带的开发者工具来分析网络请求或资源的，例如 Chrome 浏览器的开发者工具和 Firefox 浏览器的开发者工具。唤起开发者工具的方法有两个。

- 按下快捷键 F12。
- 点击鼠标右键，并在弹出的菜单中选择“检查”（或“审查元素”）。

开发者可以通过禁用 F12 键和鼠标右键来达到预防爬虫工程师分析网页的目的，那么问题来了。

- 如何检测用户按下了键盘呢？
- 如何知晓用户按下的是哪个键？
- 怎样实现禁用 F12 键的效果？
- 鼠标右键的检测和禁用是如何实现的？
- 设置什么样的陷阱干扰对方分析网页呢？

让我们带着这些问题，进入下面两节的学习。

10.3.1 禁止鼠标事件

我们在 2.2.3 节中学习了 HTML DOM 的相关知识，了解到 JavaScript 可以操作 DOM。HTML DOM 事件允许 JavaScript 在 HTML 文档中注册不同事件，当事件触发时会执行对应的 JavaScript。在第 9 章学习验证码时，我们已经用到了 `onmousedown` 和 `onmousemove` 等鼠标事件。

常见的鼠标事件属性及对应描述如表 10-1 所示。

表 10-1 常见的鼠标事件属性及对应描述

属性	描述
onclick	当用户点击某个对象时调用的事件句柄
oncontextmenu	在用户点击鼠标右键打开上下文菜单时触发
ondblclick	当用户双击某个对象时调用的事件句柄
onmousedown	鼠标按钮被按下
onmouseenter	当鼠标指针移动到元素上时触发
onmouseleave	当鼠标指针移出元素时触发
onmousemove	鼠标被移动
onmouseover	鼠标移到某元素之上
onmouseout	鼠标从某元素移开
onmouseup	鼠标按键被松开

开发者可以通过 JavaScript 在 HTML 文档中注册 oncontextmenu 事件检测鼠标右键，当检测到鼠标右键被按下时重置事件或返回 false，这样就能够实现鼠标右键的检测和禁用，进而限制开发者工具的唤起操作。对应代码如下：

```
<html>
<body>
  <p>今天天气真好，下午去海滩游玩。</p>
  <script type="text/javascript">
    document.oncontextmenu = function(){
      // 禁用鼠标右键
      event.returnValue = false
    }
  </script>
</body>
</html>
```

感兴趣的读者可以将代码写入 HTML 文档，并在浏览器中测试。

在一些以文字内容为主的网站（例如小说网站）中，常用的防护手段为禁止复制和禁止选择。这两种防护手段利用的是网页事件 oncopy 和 onselectstart，对应代码如下：

```
<html>
<body>
  <p>今天天气真好，下午去海滩游玩。</p>
  <script type="text/javascript">
    document.oncopy = function(){
      // 禁用复制可导致复制无效
      event.returnValue = false
    }
  </script>
</body>
</html>
```

要注意的是，这种方式并不会隐藏或屏蔽鼠标右键上下文菜单中的“复制”选项，这意味着“复制”选项依然存在且可选择。但无论使用“复制”选项还是快捷键 Ctrl+C 执行粘贴操作时，都会发现剪切板中并没有刚才复制的内容，粘贴结果是前一次复制的内容，而非本次。

与 oncopy 事件不同的是，onselectstart 事件在复制操作前发生，它禁止用户选择网页中的内容，感兴趣的读者可以亲自尝试。

10.3.2 禁止键盘事件

常见的键盘事件、值和对应描述如表 10-2 所示。

表 10-2 常见的键盘事件、值和对应描述

事件	值	描述
DOM_VK_F5	0x74 (116)	按下 F5 键
DOM_VK_F12	0x7B (123)	按下 F12 键
DOM_VK_DELETE	0x2E (46)	按下 Delete 键
DOM_VK_PAGE_UP	0x21 (33)	按下 Page Up 键
DOM_VK_PAGE_DOWN	0x22 (34)	按下 Page Down 键

F12 键对应的代码为 123，也就是说我们可以通过键码来判断键盘事件是否被触发，进而使用户无法使用 F12 键唤起开发者工具，对应代码如下：

```
<html>
<body>
  <p>用户无法通过快捷键"F12"唤起开发者工具。</p>
  <script type="text/javascript">
  document.onkeydown = function(){
    if (window.event && window.event.keyCode == 123) {
      event.returnValue=false
    }
  }
  </script>
</body>
</html>
```

更多键码知识可前往 MDN（详见 https://developer.mozilla.org/en-US/docs/Web/API/KeyboardEvent/keyCode#Constants_for_keyCode_value）查看。

在上一节中，我们通过 oncontextmenu 限制了上下文菜单的弹出，现在又实现了对 F12 键的限制。两种限制搭配，完成了对开发者工具唤起操作的限制。

10.3.3 小结

键盘事件与鼠标事件同理，它们的存在使得开发者可以设计出丰富的限制策略。除了直接返回 False 之外，还可以编写更多的逻辑。例如在检测到 debug 时，使用 while 1 启动无限 debug，达到干扰爬虫工程师调试代码的目的。

10.4 法律法规

爬虫程序会按照爬虫工程师设定的规则自动爬取互联网上的信息，这些信息包括文字、多媒体文件（如图片、视频和音频等）和其他文档。信息的存储、使用和爬取过程都有可能涉及风险。作为一

名爬虫工程师，我们应该如何避免侵犯他人权益？又应该遵守哪些规则呢？本节将列出几个案例，帮助大家了解爬虫领域常见的法律风险及相关的法律法规。

案例 A 巧达科技非法获取计算机信息系统数据案

2019 年 5 月 22 日，新华网报道了巧达科技非法获取计算机信息系统数据案（详见 http://www.xinhuanet.com/tech/2019-05/23/c_1124532023.htm）。报道中提到，嫌疑人利用伪造大量代理 IP 地址、设备标识等技术手段绕过了网站服务器的防护策略，窃取存放在服务器上的用户数据。在窃取数据的过程中还因传输数据量过大导致报案公司服务器数十次中断，影响了上千万用户的正常访问，为报案公司带来严重的经济损失。

案例 B 全国首宗“爬虫”软件案在深圳一审宣判

实时公交查询 App《酷米客》因后台大量数据遭盗取，而将同类产品《车来了》告上法庭。2019 年 4 月 26 日，《深圳晚报》报道了此案（详见 http://wb.sznews.com/MB/content/201904/26/content_642651.html），该案也被称为全国首宗“爬虫”软件案。报道中提到，《车来了》所属公司元光利用网络爬虫技术大量获取并且无偿使用谷米公司《酷米客》软件的实时公交信息数据的行为，实为一种“不劳而获”“食人而肥”的行为，具有非法占用他人无形财产权益，破坏他人市场竞争优势，并为自己谋取竞争优势的主观故意，违反了诚实信用原则，扰乱竞争秩序，构成不正当竞争行为，应当承担相应的侵权责任。

案例 C 大众点评网诉百度不正当竞争案

大众点评网所属公司上海汉涛信息咨询有限公司（以下称汉涛公司）起诉百度所属公司北京百度网讯科技有限公司（以下称百度公司）和城市吧街景地图所属公司上海杰图软件技术有限公司（以下称杰图公司）不正当竞争纠纷。此案由上海市浦东新区人民法院受理，于 2016 年 05 月 26 日结案，裁判文书可在上海市高级人民法院网（详见 http://www.hshfy.sh.cn/shfy/gweb2017/flws_view.jsp?pa=adGFoPaOoMjAxNaOpxtbD8cj9KNaqKbP119a12jUyOLrFJndzeGg9MgPdcssPdcssz）查看。案件中，百度公司提到 Robots 协议。

案例 D 新三板上市公司涉嫌盗取个人信息

2018 年 8 月 20 日，澎湃新闻发表了名为《新三板挂牌公司涉窃取 30 亿条个人信息，非法牟利超千万元》的文章（详见 https://www.thepaper.cn/newsDetail_forward_2362227）。文章中提到，该企业和运营商签订正规合同、拿到登录凭证，然后将非法程序置入用于自动采集用户 Cookie、手机号等信息。在劫持数据后进行爬取、还原等，为了不被发现，还专门购买了 3 万多个 IP 地址用于频繁爬取。该企业将非法收集的大量公民个人信息存储在境外的服务器上，这导致信息有被境外的组织机构或者个人利用，进而危害国家安全的风险。

10.4.1 数据安全管理办法征求意见稿

为了维护国家安全、社会公共利益，保护公民、法人和其他组织在网络空间的合法权益，保障个人信息和重要数据安全，根据《中华人民共和国网络安全法》等法律法规，国家互联网信息办公室会同相关部门研究起草了《数据安全管理办法（征求意见稿）》（详见 http://www.cac.gov.cn/2019-05/28/c_1124546022.htm），以下简称数据安全管理办法。

数据安全管理办法共 5 章。

- 第一章　总则
- 第二章　数据收集
- 第三章　数据处理使用
- 第四章　数据安全监督管理
- 第五章　附则

其中，数据安全管理办法包括：要求明确数据安全责任人，划定数据收集“红线”，自动化采集手段上限，信息授权和数据使用规范等。数据安全管理办法中与爬虫相关的条款如下。

- **第十四条**　网络运营者从其他途径获得个人信息，与直接收集个人信息负有同等的保护责任和义务。
- **第十五条**　网络运营者以经营为目的收集重要数据或个人敏感信息的，应向所在地网信部门备案。备案内容包括收集使用规则，收集使用的目的、规模、方式、范围、类型、期限等，不包括数据内容本身。
- **第十六条**　网络运营者采取自动化手段访问收集网站数据，不得妨碍网站正常运行；此类行为严重影响网站运行，如自动化访问收集流量超过网站日均流量三分之一，网站要求停止自动化访问收集时，应当停止。
- **第十七条**　网络运营者以经营为目的收集重要数据或个人敏感信息的，应当明确数据安全责任人。

数据安全责任人由具有相关管理工作经历和数据安全专业知识的人员担任，参与有关数据活动的重要决策，直接向网络运营者的主要负责人报告工作。

- **第二十四条**　网络运营者利用大数据、人工智能等技术自动合成新闻、博文、帖子、评论等信息，应以明显方式标明“合成”字样；不得以谋取利益或损害他人利益为目的自动合成信息。
- **第二十七条**　网络运营者向他人提供个人信息前，应当评估可能带来的安全风险，并征得个人信息主体同意。

- 第三十二条 网络运营者分析利用所掌握的数据资源，发布市场预测、统计信息、个人和企业信用等信息，不得影响国家安全、经济运行、社会稳定，不得损害他人合法权益。

数据安全管理办法虽未正式发布，但我们也应当遵守征求意见稿中规定的条款，共同营造良好的网络环境。

10.4.2 爬虫协议 Robots

Robots 协议是网站跟爬虫程序之间的协议。网站经营者可以通过 Robots 协议告知爬虫程序可爬取的范围和禁止爬取的范围。Robots 协议最初是为搜索引擎而生的，该协议并不是一个要求强制执行的规范，所以它又被称为“君子协议”。

Robots 协议通常以 TXT 格式的文本文件承载，文件名为 robots.txt。robots.txt 文件必须位于主机的顶级目录中，可通过适当的协议和端口号进行访问。robots.txt 语法较为简单，部分语法如下。

- `User-agent`：定义搜索引擎的类型。
- `Disallow`：定义禁止搜索引擎收录的地址。
- `Allow`：定义允许搜索引擎收录的地址。

可以在 robots.txt 中使用正则表达式。一个简单的 robots.txt 示例如下：

```
User-agent: Baiduspider
Disallow:
User-agent: Sosospider
Disallow:
User-agent: sogou spider
Disallow:
User-agent: YodaoBot
Disallow: /
User-agent: *
Disallow:
Disallow: /secret/
Disallow: /component/
Disallow: /acs/
Allow: .gif$
Crawl-delay: 10
```

`User-agent` 下必须有 `Disallow`，这个组合代表指定的爬虫程序标识和对应的权限，如：

```
User-agent: sogou spider
Disallow:
User-agent: YodaoBot
Disallow: /
User-agent: *
Disallow:
```

上面的代码表示允许标识为 sogou spider 的爬虫程序访问网站，不允许标识为 YodaoBot 的爬虫程序访问网站，并且拒绝除标识为 Baiduspider、Sosospider 和 sogou spider 之外的所有爬虫程序访问网站。未被拒绝的爬虫程序禁止访问 secret、component、asc 目录，对应的规则如下：

```
Disallow: /secret/
Disallow: /component/
Disallow: /acs/
```

该 Robots 协议允许未被拒绝爬虫程序访问网站中的 GIF 文件，对应的规则如下：

```
Allow: .gif$
```

也可以要求爬虫程序的访问频率，如限制 10 秒访问 1 次，对应的规则如下：

```
Crawl-delay: 10
```

对 Robots 协议和语法感兴趣的读者可以参考百度搜索资源平台（详见 https://ziyuan.baidu.com/wiki/2579）上的 Robots 协议介绍。

随着搜索引擎的发展，Robots 协议也逐渐受到重视，有些爬虫框架将 Robots 协议融入框架设计中，如 Scrapy 框架。在发生与爬虫相关的纠纷时，Robots 协议有可能作为举证内容或判决因素之一。

10.4.3 与爬虫相关的法律法规

爬虫程序是一种技术产物，爬虫代码本身并未违反法律。但程序运行过程中有可能对他人经营的网站造成破坏，爬取的数据有可能涉及隐私或机密，数据的使用也有可能产生一些法律纠纷，这是《数据安全管理办法（征求意见稿）》中涉及的几个方面。

在案例 A 中提到"非法获取计算机信息系统数据"，案例 B 和案例 C 中提到"不正当竞争"，案例 D 中提到了"民事侵权"和"非法窃取用户个人信息"等，对应的法律条款如下。

- 非法获取计算机信息系统数据——根据《中华人民共和国刑法》第二百八十五条规定："非法获取计算机信息系统数据、非法控制计算机信息系统罪，是指违反国家规定，侵入国家事务、国防建设、尖端科学技术领域以外的计算机信息系统或者采用其他技术手段，获取该计算机信息系统中存储、处理或者传输的数据，情节严重的行为。犯本罪的，处三年以下有期徒刑或者拘役，并处或者单处罚金；情节特别严重的，处三年以上七年以下有期徒刑，并处罚金。"
- 不正当竞争——《反不正当竞争法》第十七条规定："经营者违反本法规定，给他人造成损害的，应当依法承担民事责任。"
- 侵权——《侵权责任法》第一章第二条规定："侵害民事权益，应当依照本法承担侵权责任。"

- 非法窃取用户个人信息——《中华人民共和国刑法》第二百五十三条规定："违反国家有关规定，向他人出售或者提供公民个人信息，情节严重的，处三年以下有期徒刑或者拘役，并处或者单处罚金；情节特别严重的，处三年以上七年以下有期徒刑，并处罚金。"

细心的读者应该注意到了，案例 A 中介绍到的巧达科技在获取数据时使用了"代理 IP""伪造设备标识"等技术绕过招聘网站服务器防护策略，窃取存放在服务器上的用户数据。案例 D 中介绍到的公司为了不被发现，购买了 3 万多 IP 地址用于频繁爬取。也就是说，用技术手段绕过经营者网站的反爬虫措施属于违法行为。

10.4.4 小结

作为爬虫工程师，我们应当熟读《中华人民共和国网络安全法》，并遵守国家相关规定，营造良好的网络环境。爬虫涉及的法律问题较多，在不明确是否有法律风险时，可以到有关部门咨询。

本章总结

无论是开发者还是爬虫工程师，编码和加密都是必须掌握的知识。我们在本章中学习到的编码算法、消息摘要算法和加密算法均是常见且非常重要的。无论是加密算法还是 JavaScript 代码混淆，在掌握了算法原理或规则之后，就能够快速找到解决问题的办法。

相对于前端工程师和后端工程师来说，爬虫工程师要关注的法律问题更多，《中华人民共和国网络安全法》是每个爬虫工程师都应该了解的知识。